怎样当好造价员丛书

怎样当好建筑工程造价员

本书编写组　编

中国建材工业出版社

图书在版编目(CIP)数据

怎样当好建筑工程造价员/《怎样当好建筑工程造价员》编写组编. —北京:中国建材工业出版社,2013.11

(怎样当好造价员丛书)

ISBN 978-7-5160-0593-4

Ⅰ.①怎… Ⅱ.①怎… Ⅲ.①建筑工程-工程造价 Ⅳ.①TU723.3

中国版本图书馆CIP数据核字(2013)第224203号

怎样当好建筑工程造价员

本书编写组 编

出版发行:中国建材工业出版社

地　　址:北京市西城区车公庄大街6号

邮　　编:100044

经　　销:全国各地新华书店

印　　刷:北京紫瑞利印刷有限公司

开　　本:787mm×1092mm　1/16

印　　张:22.5

字　　数:548千字

版　　次:2013年11月第1版

印　　次:2013年11月第1次

定　　价:62.00元

本社网址:www.jccbs.com.cn

本书如出现印装质量问题,由我社营销部负责调换。电话:(010)88386906

对本书内容有任何疑问及建议,请与本书责编联系。邮箱:dayi51@sina.com

内容提要

本书根据《建设工程工程量清单计价规范》(GB 50500—2013)、《房屋建筑与装饰工程工程量计算规范》(GB 50854—2013)、建筑工程概预算定额及编审规程进行编写，详细介绍了建筑工程造价编制与管理的相关理论及方法。全书主要内容包括概论，建筑工程施工图识读，建筑工程定额简介，土石方工程量计算，桩与地基基础工程工程量计算，砌筑工程工程量计算，混凝土及钢筋混凝土工程工程量计算，门窗与木结构工程工程量计算，金属结构工程工程量计算，屋面及防水工程工程量计算，保温、隔热、防腐工程工程量计算，措施项目工程量计算，工程量清单与计价，建筑工程定额计价和建筑工程造价管理等。

本书实用性较强，既可供建筑工程造价编制与管理人员使用，也可供高等院校相关专业师生学习时参考。

怎样当好建筑工程造价员

编　写　组

主　编：李　丹

副主编：孟秋菊　张才华

编　委：徐海清　孙世兵　陆海军　王艳丽
毛　娟　李建钊　周　爽　徐晓珍
胡亚丽　张　超　赵艳娥　马　静
苗美英　梁金钊　陈井秀

前　言

工程造价的确定是规范建设市场秩序，提高投资效益的重要环节，具有很强的政策性、经济性、科学性和技术性。自我国于2003年2月17日发布《建设工程工程量清单计价规范》，积极推行工程量清单计价以来，工程造价管理体制的改革正不断继续深入，为最终形成政府制定规则、业主提供清单、企业自主报价、市场形成价格的全新计价形式提供了良好的发展机遇。

随着建设市场的发展，住房和城乡建设部先后在2008年和2012年对清单计价规范进行了修订。现行的《建设工程工程量清单计价规范》（GB 50500—2013）是在认真总结我国推行工程量清单计价实践经验的基础上，通过广泛调研、反复讨论修订而成，最终以住房和城乡建设部第1567号公告发布，自2013年7月1日开始实施。与《建设工程工程量清单计价规范》（GB 50500—2013）配套实施的还包括《房屋建筑与装饰工程工程量计算规范》（GB 50854—2013）、《仿古建筑工程工程量计算规范》（GB 50855—2013）、《通用安装工程工程量计算规范》（GB 50856—2013）等9本工程计量规范。

2013版清单计价规范及工程计量规范的颁布实施，对广大工程造价工作者提出了更高的要求，面对这种新的机遇和挑战，要求广大工程造价工作者不断学习，努力提高自己的业务水平，以适应工程造价领域发展形势的需要。为帮助广大工程造价人员更好地履行职责，以适应市场经济条件下工程造价工作的需要，更好地理解工程量清单计价与定额计价的内容与区别，我们特组织了一批具有丰富工程造价理论知识和实践工作经验的专家学者，编写了这套《怎样当好造价员系列》丛书，以期为广大建设工程造价员更快更好地进行建设工程造价的编制工作提供一定的帮助。本系列丛书主要具有以下特点：

（1）丛书以《建设工程工程量清单计价规范》（GB 50500—2013）为基础，配合各专业工程量计算规范进行编写，具有很强的实用价值。本套丛书包含的分册有：《怎样当好建筑工程造价员》、《怎样当好安装工程造价员》、《怎样当好市政工程造价员》、《怎样当好装饰装修工程造价员》、《怎样当好公路工程造价员》、《怎样当好园林绿化工程造价员》、《怎样当好水利水电工程造价员》。

（2）丛书根据《建设工程工程量清单计价规范》（GB 50500—2013）及设计概算、施工图预算、竣工结算等编审规程对工程造价定额计价与工程量清单计价的内容及区别联系进行了介绍，并详细阐述了建设工程合同价款约定、工程计量、合同价款调整、合同价款期中支付、合同解除的价款结算与支付、竣工结算与支付、合同价款争议的解决、工程造价鉴定及工程计价资料与档案等内容，对广大工程造价人员的工作具有较强的指导价值。

（3）丛书内容翔实、结构清晰、编撰体例新颖，在理论与实例相结合的基础上，注重应用理解，以更大限度地满足造价工作者实际工作的需要，增加了图书的适用性和使用范围，提高了使用效果。

本系列丛书在编写过程中参阅了大量相关书籍，并得到了有关单位与专家学者的大力支持与指导，在此表示衷心的感谢。限于编者的学识及专业水平和实践经验，丛书中错误与不当之处，敬请广大读者批评指正。

编　者

目　录

第八章 门窗与木结构工程工程量计算 ………………………………… (176)

第九章 金属结构工程工程量计算 ……………………………………… (200)

第一章　概　　论

第一节　工程造价概述

一、工程造价的含义

本质上工程造价属于价格范畴。在市场经济条件下，工程造价有两种含义。所谓的两种含义，是以不同角度把握同一事物的本质。对建设工程的投资者来说，面对市场经济条件下的工程造价就是项目投资，是“购买”项目要付出的价格；同时也是投资者在作为市场供给主体时“出售”项目时定价的基础。

1. 工程造价的第一种含义

工程造价是指建设一项工程预期开支或实际开支的全部固定资产投资费用。显然，这一含义是从投资者——业主的角度来定义的。投资者选定一个投资项目，为了获得预期的效益，就要通过项目评估进行决策，然后进行设计招标、工程招标，直至竣工验收等一系列投资管理活动。在投资活动中所支付的全部费用形成了固定资产和无形资产。所有这些开支就构成了工程造价。从这个意义来说，工程造价就是工程投资费用，建设项目工程造价就是建设项目固定资产投资。

2. 工程造价的第二种含义

工程造价是指工程价格。即为建成一项工程，预计或实际在土地市场、设备市场、技术劳务市场以及承包市场等交易活动中所形成的建筑安装工程的价格和建设工程总价格。显然，工程造价的第二种含义是以社会主义商品经济和市场经济为前提的。它是以工程这种特定的商品形式作为交易对象，通过招投标或其他交易方式，在进行多次预估的基础上，最终由市场形成的价格。通常把这种含义认定为工程承发包价格。

工程造价的两种含义是对客观存在的概括。它们既共生于一个统一体，又相互区别。区别工程造价的两种含义，其理论意义在于为投资者和以承包商为代表的供应商的市场行为提供理论依据。不同的利益主体绝不能混为一谈。同时，两种含义也是对单一计划经济理论的一个否定与反思。

二、工程造价的特点

由于工程建设的特点，使工程造价具有以下几个特点：

1. 大额性

能够发挥投资效用的任何一项工程，不仅实物形体庞大，而且造价高昂，需要投资几百万、几千万，甚至上亿的资金。工程造价的大额性使其关系到有关各方面的重大经济利益，同时也会对宏观经济产生重大影响。

2. 个别性、差异性

任何一项工程都有特定的用途、功能和规模。因此，对每一项工程的结构、造型、空间分割、设备配置和内外装饰都有具体的要求，所以工程内容和实物形态都具有个别性、差异性。工程内容和实物形态的差异性决定了工程造价的个别性、差异性。

3. 动态性

任何一项工程从决策到竣工交付使用，都有一个较长的建设期间，而且由于不可控因素的影响，在预计工期内，许多影响工程造价的动态因素，如：工程变更、设备、材料价格、工资标准以及费率、利率、汇率会发生变化。这种变化导致工程造价在整个建设期处于不确定状态，直至竣工决算后才能最终确定工程的实际造价。建设周期长，资金的时间价值突出，这体现了建设工程造价的动态性。

4. 层次性

一个建设项目往往包含多项能够独立发挥生产能力和工程效益的单项工程（车间、写字楼、住宅楼等）。一个单项工程又由能够各自发挥专业效能的多个单位工程（土建工程、电气安装工程等）组成。与此相适应，工程造价有三个层次：建设项目总造价、单项工程造价和单位工程造价。因此，造价的层次性取决于工程的层次性。

5. 兼容性

工程造价的兼容性首先表现在它具有两种含义，其次表现在工程造价构成因素的广泛性和复杂性。在工程造价中，首先说成本因素非常复杂；其次为获得建设工程用地支出的费用、项目可行性研究和规划设计费用、与一定时期政府政策（产业和税收政策）相关的费用占有相当的份额；再次盈利的构成也较为复杂，资金成本较大。

三、我国现行工程造价的构成

工程造价是工程项目按照确定的建设内容、建设规模、建设标准、功能要求和使用要求等全部建成并验收合格交付使用所需的全部费用。工程造价的构成按工程项目建设过程中各类费用支出或花费的性质、途径等来确定，是通过费用划分和汇集所形成的工程造价的费用分解结构。

我国现行工程造价的构成主要划分为设备及工、器具购置费用、建筑安装工程费用、工程建设其他费用、预备费、建设期贷款利息、固定资产投资方向调节税等。具体构成内容如图1-1所示。

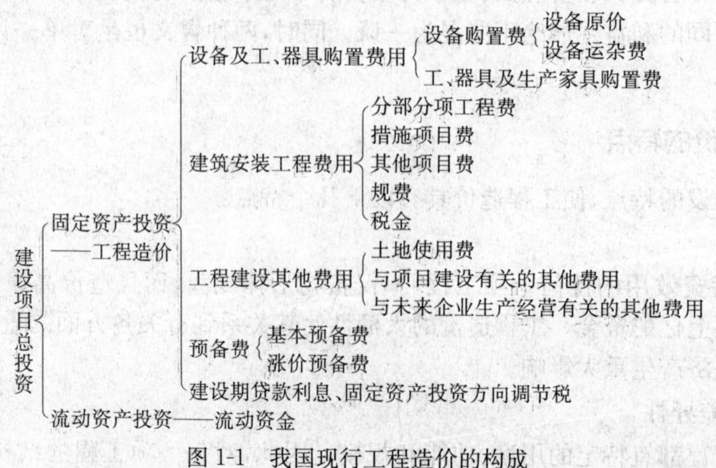

图1-1 我国现行工程造价的构成

第二节 工程造价构成与计算

一、建筑安装工程费用

(一)建筑安装工程费用项目组成

2013年7月1日起施行的《建筑安装工程费用项目组成》中规定:建筑安装工程费用项目按费用构成要素组成划分为人工费、材料费、施工机具使用费、企业管理费、利润、规费和税金(图1-2),按工程造价形成顺序划分为分部分项工程费、措施项目费、其他项目费、规费和税金(图1-3)。

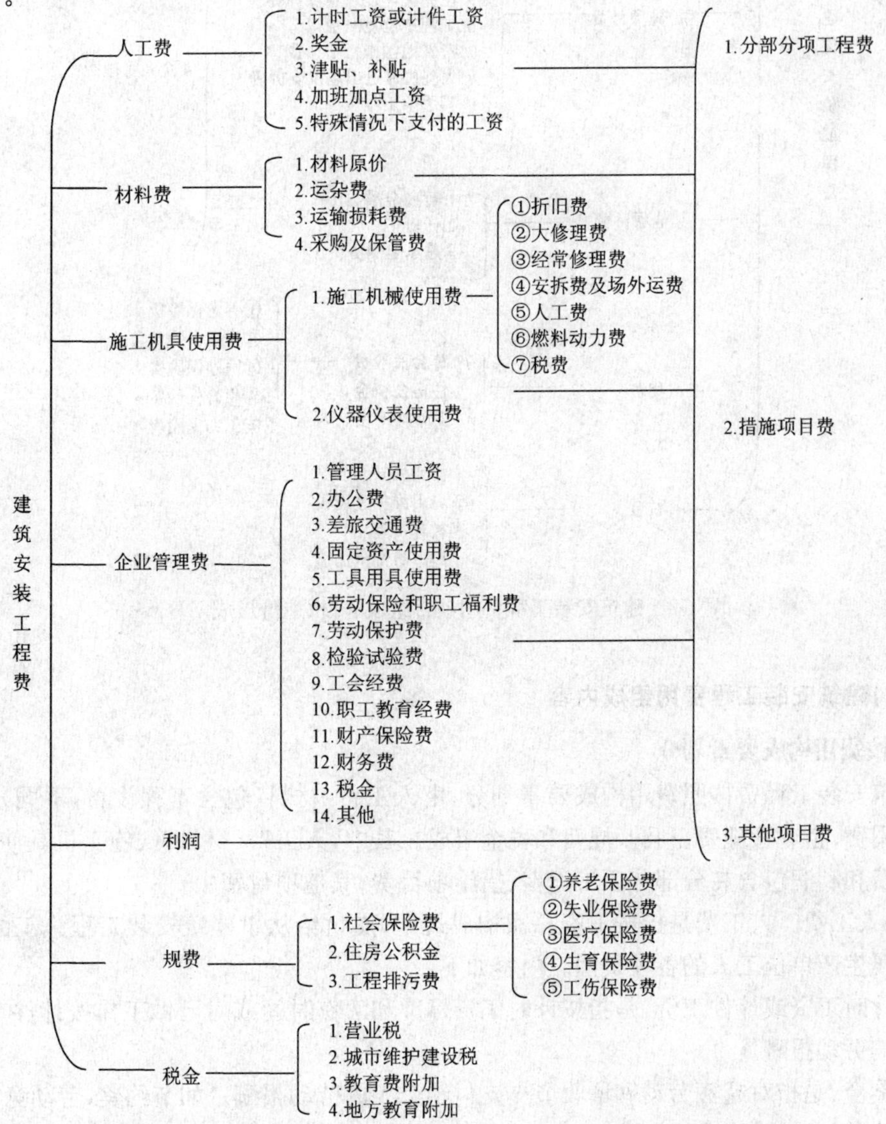

图1-2 建筑安装工程费用项目组成表(按费用构成要素划分)

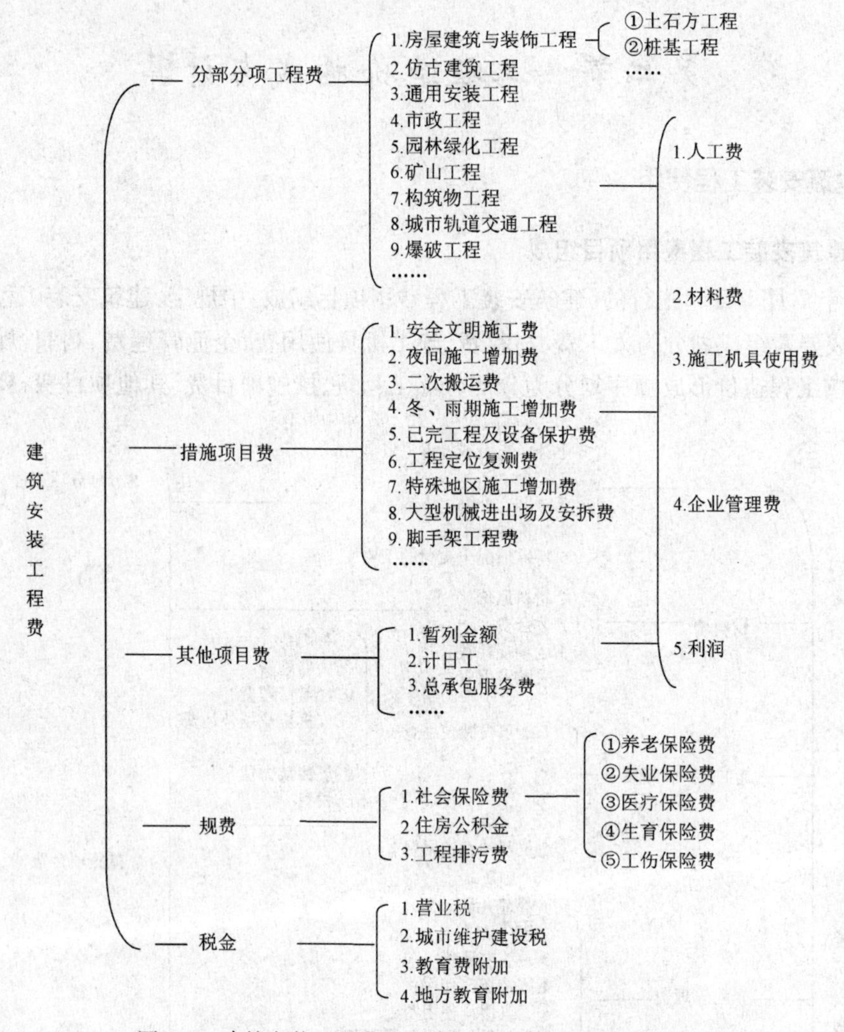

图 1-3　建筑安装工程费用项目组成表(按造价形成划分)

(二)建筑安装工程费用组成内容

1. 按费用构成要素划分

建筑安装工程费按照费用构成要素划分,由人工费、材料(包含工程设备,下同)费、施工机具使用费、企业管理费、利润、规费和税金组成。其中,人工费、材料费、施工机具使用费、企业管理费和利润包含在分部分项工程费、措施项目费、其他项目费中。

(1)人工费。人工费是指按工资总额构成规定,支付给从事建筑安装工程施工的生产工人和附属生产单位工人的各项费用。内容如下:

1)计时工资或计件工资,是指按计时工资标准和工作时间或对已做工作按计件单价支付给个人的劳动报酬。

2)奖金,是指对超额劳动和增收节支支付给个人的劳动报酬。如节约奖、劳动竞赛奖等。

3)津贴补贴,是指为了补偿职工特殊或额外的劳动消耗和因其他特殊原因支付给个人的津贴,以及为了保证职工工资水平不受物价影响支付给个人的物价补贴。如流动施工津贴、特殊地区施工津贴、高温(寒)作业临时津贴、高空津贴等。

4)加班加点工资,是指按规定支付的在法定节假日工作的加班工资和在法定日工作时间外延时工作的加点工资。

5)特殊情况下支付的工资,是指根据国家法律、法规和政策规定,因病、工伤、产假、计划生育假、婚丧假、事假、探亲假、定期休假、停工学习、执行国家或社会义务等原因按计时工资标准或计时工资标准的一定比例支付的工资。

(2)材料费。材料费是指施工过程中耗费的原材料、辅助材料、构配件、零件、半成品或成品、工程设备的费用。内容如下:

1)材料原价,是指材料、工程设备的出厂价格或商家供应价格。

2)运杂费,是指材料、工程设备自来源地运至工地仓库或指定堆放地点所发生的全部费用。

3)运输损耗费,是指材料在运输装卸过程中不可避免的损耗。

4)采购及保管费,是指组织采购、供应和保管材料、工程设备的过程中所需要的各项费用,包括采购费、仓储费、工地保管费、仓储损耗。其中工程设备是指构成或计划构成永久工程一部分的机电设备、金属结构设备、仪器装置及其他类似的设备和装置。

(3)施工机具使用费。施工机具使用费是指施工作业所发生的施工机械、仪器仪表使用费或其租赁费。

1)施工机械使用费,以施工机械台班耗用量乘以施工机械台班单价表示,施工机械台班单价应由下列七项费用组成:

①折旧费,指施工机械在规定的使用年限内,陆续收回其原值的费用。

②大修理费,指施工机械按规定的大修理间隔台班进行必要的大修理,以恢复其正常功能所需的费用。

③经常修理费,指施工机械除大修理以外的各级保养和临时故障排除所需的费用,包括为保障机械正常运转所需替换设备与随机配备工具附具的摊销和维护费用、机械运转中日常保养所需润滑与擦拭的材料费用及机械停滞期间的维护和保养费用等。

④安拆费及场外运费,安拆费指施工机械(大型机械除外)在现场进行安装与拆卸所需的人工、材料、机械和试运转费用以及机械辅助设施的折旧、搭设、拆除等费用;场外运费指施工机械整体或分体自停放地点运至施工现场或由一施工地点运至另一施工地点的运输、装卸、辅助材料及架线等费用。

⑤人工费,指机上司机(司炉)和其他操作人员的人工费。

⑥燃料动力费,指施工机械在运转作业中所消耗的各种燃料及水、电等。

⑦税费,指施工机械按照国家规定应缴纳的车船使用税、保险费及年检费等。

2)仪器仪表使用费,是指工程施工所需使用的仪器仪表的摊销及维修费用。

(4)企业管理费。企业管理费是指建筑安装企业组织施工生产和经营管理所需的费用。内容如下:

1)管理人员工资,是指按规定支付给管理人员的计时工资、奖金、津贴补贴、加班加点工资及特殊情况下支付的工资等。

2)办公费,是指企业管理办公用的文具、纸张、账表、印刷、邮电、书报、办公软件、现场监控、会议、水电、烧水和集体取暖降温(包括现场临时宿舍取暖降温)等费用。

3)差旅交通费,是指职工因公出差、调动工作的差旅费、住勤补助费,市内交通费和误餐补助费,职工探亲路费,劳动力招募费,职工退休、退职一次性路费,工伤人员就医路费,工地转移费以及管理部门使用的交通工具的油料、燃料等费用。

4)固定资产使用费,是指管理和试验部门及附属生产单位使用的属于固定资产的房屋、设备、仪器等的折旧、大修、维修或租赁费。

5)工具用具使用费,是指企业施工生产和管理使用的不属于固定资产的工具、器具、家具、交通工具和检验、试验、测绘、消防用具等的购置、维修和摊销费。

6)劳动保险和职工福利费,是指由企业支付的职工退职金、按规定支付给离休干部的经费,集体福利费、夏季防暑降温、冬季取暖补贴、上下班交通补贴等。

7)劳动保护费,是指企业按规定发放的劳动保护用品的支出。如工作服、手套、防暑降温饮料以及在有碍身体健康的环境中施工的保健费用等。

8)检验试验费,是指施工企业按照有关标准规定,对建筑以及材料、构件和建筑安装物进行一般鉴定、检查所发生的费用,包括自设试验室进行试验所耗用的材料等费用。不包括新结构、新材料的试验费,对构件做破坏性试验及其他特殊要求检验试验的费用和建设单位委托检测机构进行检测的费用,对此类检测发生的费用,由建设单位在工程建设其他费用中列支。但对施工企业提供的具有合格证明的材料进行检测不合格的,该检测费用由施工企业支付。

9)工会经费,是指企业按《工会法》规定的全部职工工资总额比例计提的工会经费。

10)职工教育经费,是指按职工工资总额的规定比例计提,企业为职工进行专业技术和职业技能培训,专业技术人员继续教育、职工职业技能鉴定、职业资格认定以及根据需要对职工进行各类文化教育所发生的费用。

11)财产保险费,是指施工管理用财产、车辆等的保险费用。

12)财务费,是指企业为施工生产筹集资金或提供预付款担保、履约担保、职工工资支付担保等所发生的各种费用。

13)税金,是指企业按规定缴纳的房产税、车船使用税、土地使用税、印花税等。

14)其他,包括技术转让费、技术开发费、投标费、业务招待费、绿化费、广告费、公证费、法律顾问费、审计费、咨询费、保险费等。

(5)利润。利润是指施工企业完成所承包工程获得的盈利。

(6)规费。规费是指按国家法律、法规规定,由省级政府和省级有关权力部门规定必须缴纳或计取的费用。内容如下:

1)社会保险费。

①养老保险费,是指企业按照规定标准为职工缴纳的基本养老保险费。

②失业保险费,是指企业按照规定标准为职工缴纳的失业保险费。

③医疗保险费,是指企业按照规定标准为职工缴纳的基本医疗保险费。

④生育保险费,是指企业按照规定标准为职工缴纳的生育保险费。

⑤工伤保险费,是指企业按照规定标准为职工缴纳的工伤保险费。

2)住房公积金,是指企业按规定标准为职工缴纳的住房公积金。

3)工程排污费,是指按规定缴纳的施工现场工程排污费。

其他应列而未列入的规费,按实际发生计取。

(7)税金。税金是指国家税法规定的应计入建筑安装工程造价内的营业税、城市维护建设税、教育费附加以及地方教育附加。

2. 按造价形成划分

建筑安装工程费按照工程造价形成,由分部分项工程费、措施项目费、其他项目费、规费、税金组成。分部分项工程费、措施项目费、其他项目费包含人工费、材料费、施工机具使用费、企业管理费和利润。

(1)分部分项工程费。分部分项工程费是指各专业工程的分部分项工程应予列支的各项费用。

1)专业工程,是指按现行国家计量规范划分的房屋建筑与装饰工程、仿古建筑工程、通用安装工程、市政工程、园林绿化工程、矿山工程、构筑物工程、城市轨道交通工程、爆破工程等各类工程。

2)分部分项工程,指按现行国家计量规范对各专业工程划分的项目。如:房屋建筑与装饰工程划分的土石方工程、地基处理与桩基工程、砌筑工程、钢筋及钢筋混凝土工程等。

各类专业工程的分部分项工程划分见现行国家或行业计量规范。

(2)措施项目费。措施项目费是指为完成建设工程施工,发生于该工程施工前和施工过程中的技术、生活、安全、环境保护等方面的费用。内容如下:

1)安全文明施工费。

①环境保护费,是指施工现场为达到环保部门要求所需要的各项费用。

②文明施工费,是指施工现场文明施工所需要的各项费用。

③安全施工费,是指施工现场安全施工所需要的各项费用。

④临时设施费,是指施工企业为进行建设工程施工所必须搭设的生活和生产用的临时建筑物、构筑物和其他临时设施费用。包括临时设施的搭设、维修、拆除、清理费或摊销费等。

2)夜间施工增加费,是指因夜间施工所发生的夜班补助费、夜间施工降效、夜间施工照明设备摊销及照明用电等费用。

3)二次搬运费,是指因施工场地条件限制而发生的材料、构配件、半成品等一次运输不能到达堆放地点,必须进行二次或多次搬运所发生的费用。

4)冬雨季施工增加费,是指在冬季或雨季施工需增加的临时设施、防滑、排除雨雪,人工及施工机械效率降低等费用。

5)已完工程及设备保护费,是指竣工验收前,对已完工程及设备采取的必要保护措施所发生的费用。

6)工程定位复测费,是指工程施工过程中进行全部施工测量放线和复测工作的费用。

7)特殊地区施工增加费,是指工程在沙漠或其边缘地区、高海拔、高寒、原始森林等特殊地区施工增加的费用。

8)大型机械设备进出场及安拆费,是指机械整体或分体自停放场地运至施工现场或由一个施工地点运至另一个施工地点,所发生的机械进出场运输及转移费用及机械在施工现场进行安装、拆卸所需的人工费、材料费、机械费、试运转费和安装所需的辅助设施的费用。

9)脚手架工程费,是指施工需要的各种脚手架搭、拆、运输费用以及脚手架购置费的摊销(或租赁)费用。

措施项目及其包含的内容详见各类专业工程的现行国家或行业计量规范。

(3)其他项目费。

1)暂列金额，是指建设单位在工程量清单中暂定并包括在工程合同价款中的一笔款项。用于施工合同签订时尚未确定或者不可预见的所需材料、工程设备、服务的采购，施工中可能发生的工程变更、合同约定调整因素出现时的工程价款调整以及发生的索赔、现场签证确认等的费用。

2)计日工，是指在施工过程中，施工企业完成建设单位提出的施工图纸以外的零星项目或工作所需的费用。

3)总承包服务费，是指总承包人为配合、协调建设单位进行的专业工程发包，对建设单位自行采购的材料、工程设备等进行保管以及施工现场管理、竣工资料汇总整理等服务所需的费用。

(4)规费。同前述“按费用构成要素划分”的相关内容。

(5)税金。同前述“按费用构成要素划分”的相关内容。

(三)建筑安装工程费用参考计算方法

1. 各费用构成要素参考计算方法

(1)人工费。

1)公式1：

$$\text{人工费}=\sum(\text{工日消耗量}\times\text{日工资单价}) \tag{1-1}$$

$$\text{日工资单价}=\frac{\text{生产工人平均月工资(计时、计件)}+\text{平均月(奖金}+\text{津贴补贴}+\text{特殊情况下支付的工资)}}{\text{年平均每月法定工作日}} \tag{1-2}$$

注：公式1主要适用于施工企业投标报价时自主确定人工费，也是工程造价管理机构编制计价定额确定定额人工单价或发布人工成本信息的参考依据。

2)公式2：

$$\text{人工费}=\sum(\text{工程工日消耗量}\times\text{日工资单价}) \tag{1-3}$$

日工资单价是指施工企业平均技术熟练程度的生产工人在每工作日(国家法定工作时间内)按规定从事施工作业应得的日工资总额。

工程造价管理机构确定日工资单价应通过市场调查、根据工程项目的技术要求，参考实物工程量人工单价综合分析确定，最低日工资单价不得低于工程所在地人力资源和社会保障部门所发布的最低工资标准的：普工1.3倍、一般技工2倍、高级技工3倍。

工程计价定额不可只列一个综合工日单价，应根据工程项目技术要求和工种差别适当划分多种日人工单价，确保各分部工程人工费的合理构成。

注：公式2适用于工程造价管理机构编制计价定额时确定定额人工费，是施工企业投标报价的参考依据。

(2)材料费。

1)材料费：

$$\text{材料费}=\sum(\text{材料消耗量}\times\text{材料单价}) \tag{1-4}$$

$$\text{材料单价}=\{(\text{材料原价}+\text{运杂费})\times[1+\text{运输损耗率}(\%)]\}\times[1+\text{采购保管费率}(\%)] \tag{1-5}$$

2)工程设备费：

$$\text{工程设备费}=\sum(\text{工程设备量}\times\text{工程设备单价}) \tag{1-6}$$

$$\text{工程设备单价}=(\text{设备原价}+\text{运杂费})\times[1+\text{采购保管费率}(\%)] \tag{1-7}$$

(3)施工机具使用费。

1)施工机械使用费：

$$施工机械使用费=\sum(施工机械台班消耗量\times机械台班单价) \tag{1-8}$$

$$机械台班单价=台班折旧费+台班大修费+台班经常修理费+台班安拆费及场外运费+台班人工费+台班燃料动力费+台班车船税费 \tag{1-9}$$

注：工程造价管理机构在确定计价定额中的施工机械使用费时，应根据《建筑施工机械台班费用计算规则》结合市场调查编制施工机械台班单价。施工企业可以参考工程造价管理机构发布的台班单价，自主确定施工机械使用费的报价，如租赁施工机械，公式为：施工机械使用费＝∑(施工机械台班消耗量×机械台班租赁单价)

2)仪器仪表使用费：

$$仪器仪表使用费=工程使用的仪器仪表摊销费+维修费 \tag{1-10}$$

(4)企业管理费费率。

1)以分部分项工程费为计算基础：

$$企业管理费费率(\%)=\frac{生产工人年平均管理费}{年有效施工天数\times人工单价}\times人工费占分部分项工程费比例(\%) \tag{1-11}$$

2)以人工费和机械费合计为计算基础：

$$企业管理费费率(\%)=\frac{生产工人年平均管理费}{年有效施工天数\times(人工单价+每一工日机械使用费)}\times100\% \tag{1-12}$$

3)以人工费为计算基础：

$$企业管理费费率(\%)=\frac{生产工人年平均管理费}{年有效施工天数\times人工单价}\times100\% \tag{1-13}$$

注：上述公式适用于施工企业投标报价时自主确定管理费，是工程造价管理机构编制计价定额确定企业管理费的参考依据。

工程造价管理机构在确定计价定额中企业管理费时，应以定额人工费或(定额人工费＋定额机械费)作为计算基数，其费率根据历年工程造价积累的资料，辅以调查数据确定，列入分部分项工程和措施项目中。

(5)利润。

1)施工企业根据企业自身需求并结合建筑市场实际自主确定，列入报价中。

2)工程造价管理机构在确定计价定额中利润时，应以定额人工费或(定额人工费＋定额机械费)作为计算基数，其费率根据历年工程造价积累的资料，并结合建筑市场实际确定，以单位(单项)工程测算，利润在税前建筑安装工程费的比重可按不低于5%且不高于7%的费率计算。利润应列入分部分项工程和措施项目中。

(6)规费。

1)社会保险费和住房公积金：

社会保险费和住房公积金应以定额人工费为计算基础，根据工程所在地省、自治区、直辖市或行业建设主管部门规定费率计算。

$$社会保险费和住房公积金=\sum(工程定额人工费\times社会保险费和住房公积金费率) \tag{1-14}$$

式中，社会保险费和住房公积金费率可以每万元发承包价的生产工人人工费和管理人员工资含量与工程所在地规定的缴纳标准综合分析取定。

2)工程排污费：

工程排污费等其他应列而未列入的规费应按工程所在地环境保护等部门规定的标准缴纳，按实计取列入。

(7)税金。

1)税金计算公式：

$$税金=税前造价\times综合税率(\%) \tag{1-15}$$

2)综合税率按下列规定确定：

①纳税地点在市区的企业：

$$综合税率(\%)=\frac{1}{1-3\%-3\%\times7\%-3\%\times3\%-3\%\times2\%}-1 \tag{1-16}$$

②纳税地点在县城、镇的企业：

$$综合税率(\%)=\frac{1}{1-3\%-3\%\times5\%-3\%\times3\%-3\%\times2\%}-1 \tag{1-17}$$

③纳税地点不在市区、县城、镇的企业：

$$综合税率(\%)=\frac{1}{1-3\%-3\%\times1\%-3\%\times3\%-3\%\times2\%}-1 \tag{1-18}$$

④实行营业税改增值税的，按纳税地点现行税率计算。

2. 建筑安装工程计价参考公式

(1)分部分项工程费。

$$分部分项工程费=\sum(分部分项工程量\times综合单价) \tag{1-19}$$

式中，综合单价包括人工费、材料费、施工机具使用费、企业管理费和利润以及一定范围的风险费用(下同)。

(2)措施项目费。

1)国家计量规范规定应予计量的措施项目，其计算公式如下：

$$措施项目费=\sum(措施项目工程量\times综合单价) \tag{1-20}$$

2)国家计量规范规定不宜计量的措施项目计算方法如下：

①安全文明施工费。

$$安全文明施工费=计算基数\times安全文明施工费费率(\%) \tag{1-21}$$

计算基数应为定额基价(定额分部分项工程费+定额中可以计量的措施项目费)、定额人工费或(定额人工费+定额机械费)，其费率由工程造价管理机构根据各专业工程的特点综合确定。

②夜间施工增加费。

$$夜间施工增加费=计算基数\times夜间施工增加费费率(\%) \tag{1-22}$$

③二次搬运费。

$$二次搬运费=计算基数\times二次搬运费费率(\%) \tag{1-23}$$

④冬雨季施工增加费。

$$冬雨季施工增加费=计算基数\times冬雨季施工增加费费率(\%) \tag{1-24}$$

⑤已完工程及设备保护费。

$$已完工程及设备保护费=计算基数\times已完工程及设备保护费费率(\%) \tag{1-25}$$

上述②～⑤项措施项目的计费基数应为定额人工费或(定额人工费+定额机械费)，其费率由工程造价管理机构根据各专业工程特点和调查资料综合分析后确定。

(3)其他项目费。

1)暂列金额由建设单位根据工程特点,按有关计价规定估算,施工过程中由建设单位掌握使用、扣除合同价款调整后如有余额,归建设单位。

2)计日工由建设单位和施工企业按施工过程中的签证计价。

3)总承包服务费由建设单位在招标控制价中根据总包服务范围和有关计价规定编制,施工企业投标时自主报价,施工过程中按签约合同价执行。

(4)规费和税金。建设单位和施工企业均应按照省、自治区、直辖市或行业建设主管部门发布标准计算规费和税金,不得作为竞争性费用。

二、设备及工、器具购置费

(一)设备购置费

设备购置费是指达到固定资产标准,为建设工程项目购置或自制的各种国产或进口设备及工、器具的费用。它由设备原价和设备运杂费构成。设备原价指国产设备或进口设备的原价;设备运杂费指除设备原价之外的关于设备采购、运输、途中包装及仓库保管等方面支出费用的总和。

设备购置费＝设备原价＋设备运杂费　　(1-26)

1. 国产设备原价

国产设备原价一般指的是设备制造厂的交货价或订货合同价。它一般根据生产厂或供应商的询价、报价、合同价确定,或采用一定的方法计算确定。国产设备原价分为国产标准设备原价和国产非标准设备原价。

(1)国产标准设备原价。国产标准设备是指按照主管部门颁布的标准图纸和技术要求,由我国设备生产厂批量生产的,符合国家质量检验标准的设备。国产标准设备原价一般指的是设备制造厂的交货价,即出厂价。国产标准设备原价有两种,即带有备件的出厂价和不带有备件的出厂价。在计算设备原价时,一般按带有备件的出厂价计算。

(2)国产非标准设备原价。国产非标准设备是指国家尚无定型标准,各设备生产厂不可能在工艺过程中采用批量生产,只能按一次订货,并根据具体的设计图纸制造的设备。非标准设备原价有多种不同的计算方法,如成本计算估价法、系列设备插入估价法、分部组合估价法、定额估价法等。但无论采用哪种方法都应该使非标准设备计价接近实际出厂价,并且计算方法要简便。按成本计算估价法,非标准设备的原价由以下几项组成:

1)材料费,其计算公式如下:

材料费＝材料净重×(1＋加工损耗系数)×每吨材料综合价　　(1-27)

2)加工费,包括生产工人工资和工资附加费、燃料动力费、设备折旧费、车间经费等。其计算公式如下:

加工费＝设备总重量(吨)×设备每吨加工费　　(1-28)

3)辅助材料费(简称辅材费),包括焊条、焊丝、氧气、氩气、氮气、油漆、电石等费用。其计算公式如下:

辅助材料费＝设备总重量×辅助材料费指标　　(1-29)

4)专用工具费,按1)～3)项之和乘以一定费率计算。

5)废品损失费,按1)～4)项之和乘以一定费率计算。

6)外购配套件费,按设备设计图纸所列的外购配套件的名称、型号、规格、数量、重量,根据相应的价格加运杂费计算。

7)包装费,按以上1)～6)项之和乘以一定费率计算。

8)利润,可按1)～5)项加第7)项之和乘以一定利润率计算。

9)税金,主要指增值税。其计算公式如下:

$$增值税=当期销项税额-进项税额 \tag{1-30}$$

其中,当期销项税额=销售额×适用增值税率,[销售额为1)～8)项之和]。

10)非标准设备设计费,按国家规定的设计费收费标准计算。

综上所述,单台非标准设备原价可用下面的公式表达:

$$单台非标准设备原价=\{[(材料费+加工费+辅助材料费)\times(1+专用工具费率)\times(1+废品损失费率)+外购配套件费]\times(1+包装费率)-外购配套件费\}\times(1+利润率)+销项税金+非标准设备设计费+外购配套件费 \tag{1-31}$$

2. 进口设备原价

进口设备的原价是指进口设备的抵岸价,即抵达买方边境港口或边境车站,且交完关税等税费后形成的价格。进口设备抵岸价的构成与进口设备的交货方式有关。

(1)进口设备的交货方式。进口设备的交货方式可分为内陆交货类、目的地交货类和装运港交货类。

1)内陆交货类即卖方在出口国内陆的某个地点交货。在交货地点,卖方及时提交合同规定的货物和有关凭证,并负担交货前的一切费用和风险;买方按时接受货物,交付货款,负担接货后的一切费用和风险,并自行办理出口手续和装运出口。货物的所有权也在交货后由卖方转移给买方。

2)目的地交货类即卖方在进口国的港口或内地交货,有目的港船上交货价、目的港船边交货价(FOB)和目的港码头交货价(关税已付)及完税后交货价(进口国的指定地点)等几种交货价。它们的特点是:买卖双方承担的责任、费用和风险是以目的地约定交货点为分界线,只有当卖方在交货点将货物置于买方控制下才算交货,才能向买方收取货款。这种交货类别对卖方来说承担的风险较大,在国际贸易中卖方一般不愿采用。

3)装运港交货类即卖方在出口国装运港交货,主要有装运港船上交货价(FOB),习惯称离岸价格,运费在内价(CIF)和运费、保险费在内价(CIF),习惯称到岸价格。装运港船上交货价(FOB)是我国进口设备采用最多的一种货价。

(2)进口设备原价的构成及计算。进口设备采用最多的是装运港船上交货价(FOB),其抵岸价的构成可概括为:

$$\begin{matrix}进口设\\备原价\end{matrix}=货价+\begin{matrix}国际\\运费\end{matrix}+\begin{matrix}运输\\保险费\end{matrix}+\begin{matrix}银行\\财务费\end{matrix}+\begin{matrix}外贸\\手续费\end{matrix}+关税+增值税+消费税+海关监管手续费+车辆购置附加费 \tag{1-32}$$

式中,货价一般指装运港船上交货价(FOB);国际运费指从装运港(站)到达我国抵达港(站)的费用;运输保险费指对外贸易货物运输保险是由保险人(保险公司)与被保险人(出口人或进口人)订立保险契约,在被保险人交付议定的保险费后,保险人根据保险契约的规定对货物在运输过程中发生的承保责任范围内的损失给予经济上的补偿;银行财务费一般是指中国银行手续费;外贸手续费指按对外经济贸易部规定的外贸手续费率计取的费用;关税指由海关对进出国境或关境的货物和物品征收的一种税;增值税是对从事进口贸易的单位和个人,在进口商品报关进口后征收的税种;消费税指对部分进口设备(如轿车、摩托车等)征收;海关监管手续费指海关对进口减税、免税、保税货物实施监督、管理、提供服务的手续费;车辆购置附加费指进口车辆需缴进口车辆购置附加费。

3. 设备运杂费

设备运杂费由运费和装卸费、包装费、供销部门手续费、采购与仓库保管费等组成,可按设备原价乘以设备运杂费率计算,其计算公式如下:

设备运杂费=设备原价×设备运杂费率　(1-33)

其中,设备运杂费率按各部门及省、市等的规定计取。

(1)运费和装卸费。国产标准设备由设备制造厂交货地点起至工地仓库(或施工组织设计指定的需要安装设备的堆放地点)止所发生的运费和装卸费。进口设备则由我国到岸港口或边境车站起至工地仓库(或施工组织设计指定的需要安装设备的堆放地点)止所发生的运费和装卸费。

(2)包装费。在设备出厂价格中没有包含的设备包装和包装材料器具费。在设备出厂价格或进口设备价格中如已包括了此项费用,则不应重复计算。

(3)供销部门的手续费。按有关部门规定的统一费率计算。

(4)建设单位(或工程承包公司)的采购与仓库保管费。是指采购、验收、保管和收发设备所发生的各种费用,包括设备采购、保管和管理人员工资、工资附加费、办公费、差旅交通费、设备供应部门办公和仓库所占固定资产使用费、工具用具使用费、劳动保护费、检验试验费等。这些费用可按主管部门规定的采购保管费费率计算。

(二)工、器具及生产家具购置费

工、器具及生产家具购置费是指新建或扩建项目初步设计规定的,保证初期正常生产必须购置的没有达到固定资产标准的设备、仪器、工卡模具、器具、生产家具和备品备件等的购置费用。一般以设备购置费为计算基数,按照部门或行业规定的工、器具及生产家具费率计算。其计算公式如下:

工、器具及生产家具购置费=设备购置费×定额费率　(1-34)

三、工程建设其他费用

工程建设其他费用是指从工程筹建到工程竣工验收交付使用止的整个建设期间,除建筑安装工程费用和设备、工、器具购置费以外的,为保证工程建设顺利完成和交付使用后能够正常发挥效用而发生的一些费用。

工程建设其他费用,按其内容大体可分为三类。第一类为土地使用费,由于工程项目固定在一定地点与地面相连接,必须占用一定量的土地,也就必然要发生为获得建设用地而支付的费用;第二类是与项目建设有关的费用;第三类是与未来企业生产和经营活动有关的费用。

(一)土地使用费

任何一个建设项目都固定在一定地点与地面相连接,必须占用一定量的土地,也就必然要发生为获得建设用地而支付的费用，这就是土地使用费。它是指通过划拨方式取得土地使用权而支付的土地征用及迁移补偿费，或者通过土地使用权出让方式取得土地使用权而支付的土地使用权出让金。

1. 土地征用及迁移补偿费

土地征用及迁移补偿费是指建设项目通过划拨方式取得无限期的土地使用权，依照《中华人民共和国土地管理法》等规定所支付的费用。其总和一般不得超过被征土地年产值的20倍，土地年产值则按该地被征用前三年的平均产量和国家规定的价格计算。其内容包括：土地补偿费、青苗补偿费和被征用土地上的房屋、水井、树木等附着物补偿费、安置补助费、缴纳的耕地占用税或城镇土地使用税、土地登记费及征地管理费等、征地动迁费、水利水电工程水库淹没处理补偿费等。

2. 取得国有土地使用费

取得国有土地使用费包括：土地使用权出让金、城市建设配套费、拆迁补偿与临时安置补助费等。

(1)土地使用权出让金是指建设工程通过土地使用权出让方式，取得有限期的土地使用权，依照《中华人民共和国城镇国有土地使用权出让和转让暂行条例》规定，支付的土地使用权出让金。

(2)城市建设配套费是指因进行城市公共设施的建设而分摊的费用。

(3)拆迁补偿与临时安置补助费，此项费用由两部分构成，即拆迁补偿费和临时安置补助费或搬迁补助费。拆迁补偿费是指拆迁人对被拆迁人，按照有关规定予以补偿所需的费用。拆迁补偿的形式可分为产权调换和货币补偿两种形式。

(二)与项目建设有关的费用

根据项目的不同，与项目建设有关的费用构成也不尽相同，一般包括以下各项。在进行工程估算及概算中可根据实际情况进行计算。

1. 建设单位管理费

建设单位管理费是指建设项目从立项、筹建、建设、联合试运转、竣工验收、交付使用及后评估等全过程管理所需的费用。按照单项工程费用之和(包括设备工、器具购置费和建筑安装工程费用)乘以建设单位管理费率(按照建设项目的不同性质、不同规模确定，有的建设项目按照建设工期和规定的金额计算建设单位管理费)计算。内容如下：

(1)建设单位开办费。是指新建项目为保证筹建和建设工作正常进行所需的办公设备、生活家具、用具、交通工具等购置费用。

(2)建设单位经费。包括工作人员的基本工资、工资性补贴、职工福利费、劳动保护费、劳动保险费、办公费、差旅交通费、工会经费、职工教育经费、固定资产使用费、工具用具使用费、技术图书资料费、生产人员招募费、工程招标费、合同契约公证费、工程质量监督检测费、工程咨询费、法律顾问费、审计费、业务招待费、排污费、竣工交付使用清理及竣工验收费、后评估等费用。不包括应计入设备、材料预算价格的建设单位采购及保管设备材料所需的费用。

2. 勘察设计费

勘察设计费是指为本建设项目提供项目建议书、可行性研究报告及设计文件等所需的费用，内容如下：

(1)编制项目建议书、可行性研究报告及投资估算、工程咨询、评价以及为编制上述文件所进行勘察、设计、研究试验等所需的费用。

(2)委托勘察、设计单位进行初步设计、施工图设计及概预算编制等所需的费用。

(3)在规定范围内由建设单位自行完成的勘察、设计工作所需的费用。

勘察设计费中,项目建议书、可行性研究报告按国家颁布的收费标准计算,设计费按国家颁布的工程设计收费标准计算;勘察费一般是民用建筑 6 层以下的按 3～5 元/m^2 计算,高层建筑按 8～10 元/m^2 计算,工业建筑按 10～12 元/m^2 计算。

3. 研究试验费

研究试验费是指为建设项目提供和验证设计参数、数据、资料等所进行的必要的试验费用以及设计规定在施工中必须进行试验、验证所需的费用。这项费用按照设计单位根据本工程项目的需要提出的研究试验内容和要求计算。内容包括:自行或委托其他部门研究试验所需人工费、材料费、试验设备及仪器使用费等。

4. 建设单位临时设施费

建设单位临时设施费是指建设期间建设单位所需临时设施的搭设、维修、摊销费用或租赁费用。其中,临时设施包括临时宿舍、文化福利及公用事业房屋与构筑物、仓库、办公室、加工厂以及规定范围内的道路、水、电、管线等临时设施和小型临时设施。

5. 工程监理费

工程监理费是指建设单位委托工程监理单位对工程实施监理工作所需的费用。

6. 工程保险费

工程保险费是指建设项目在建设期间根据需要实施工程保险所需的费用。根据不同的工程类别,分别以其建筑、安装工程费乘以建筑、安装工程保险费率计算(民用建筑占建筑工程费的 2‰～4‰;其他建筑占建筑工程费的 3‰～6‰;安装工程占建筑工程费的3‰～6‰)。内容包括:以各种建筑工程及其在施工过程中的物料、机器设备为保险标的的建筑工程一切险;以安装工程中的各种机器、机械设备为保险标的的安装工程一切险;机器损坏保险等。

7. 引进技术和进口设备其他费用

引进技术和进口设备其他费用,包括出国人员费用、国外工程技术人员来华费用、技术引进费、分期或延期付款利息、担保费以及进口设备检验鉴定费。

(1)出国人员费用是指为引进技术和进口设备派出人员在国外培训和进行设计联络,设备检验等的差旅费、制装费、生活费等。这项费用根据设计规定的出国培训和工作的人数、时间及派往国家,按财政部、外交部规定的临时出国人员费用开支标准及中国民用航空公司现行国际航线票价等进行计算,其中使用外汇部分应计算银行财务费用。

(2)国外工程技术人员来华费用指为安装进口设备,引进国外技术等聘用外国工程技术人员进行技术指导工作所发生的费用。这项费用按每人每月费用指标计算。

(3)技术引进费指为引进国外先进技术而支付的费用。包括专利费、专有技术费(技术保密费)、国外设计及技术资料费、计算机软件费等。这项费用根据合同或协议的价格计算。

(4)分期或延期付款利息指利用出口信贷引进技术或进口设备采取分期或延期付款的办法所支付的利息。

(5)担保费指国内金融机构为买方出具保函的担保费。这项费用按有关金融机构规定的担保费率计算(一般可按承保金额的5‰计算)。

(6)进口设备检验鉴定费指进口设备按规定付给商品检验部门的进口设备检验鉴定费。这项费用按进口设备货价的3‰～5‰计算。

8. 工程承包费

工程承包费是指具有总承包条件的工程公司,对工程建设项目从开始建设至竣工投产全过程的总承包所需的管理费用。该费用按国家主管部门或省、自治区、直辖市协调规定的工程总承包费取费标准计算。如无规定时,一般工业建设项目为投资估算的6%～8%,民用建筑(包括住宅建设)和市政项目为4%～6%。不实行工程承包的项目不计算本项费用。内容包括:组织勘察设计、设备材料采购、非标设备设计制造与销售、施工招标、发包、工程预决算、项目管理、施工质量监督、隐蔽工程检查、验收和试车直至竣工投产的各种管理费用。

(三)与未来企业生产经营有关的费用

1. 联合试运转费

联合试运转费是指新建企业或改建扩建企业在工程竣工验收前,按照设计的生产工艺流程和质量标准对整个企业进行联合试运转所发生的费用支出与联合试运转期间的收入部分的差额部分。联合试运转费用一般根据不同性质的项目按需进行试运转的工艺设备购置费的百分比计算。

2. 生产准备费

生产准备费是指新建企业或新增生产能力的企业,为保证竣工交付使用进行必要的生产准备所发生的费用。一般根据需要培训和提前进厂人员的人数及培训时间,按生产准备费指标进行估算。内容包括:生产人员培训费、生产单位提前进厂参加施工、设备安装、调试等以及熟悉工艺流程及设备性能等人员的工资、工资性补贴、职工福利费、差旅交通费、劳动保护费等。

应该指出,生产准备费在实际执行中是一笔在时间上、人数上、培训深度上很难划分的、活口很大的支出,尤其要严格掌握。

3. 办公和生活家具购置费

办公和生活家具购置费是指为保证新建、改建、扩建项目初期正常生产、使用和管理所必须购置的办公和生活家具、用具的费用。这项费用按照设计定员人数乘以综合指标计算,一般为600～800元/人。内容包括:办公室、会议室、资料档案室、阅览室、文娱室、食堂、浴室、理发室、单身宿舍和设计规定必须建设的托儿所、卫生所、招待所、中小学学校等家具用具购置费。

四、预备费和建设期贷款利息

(一)预备费

按我国现行规定,预备费包括基本预备费和涨价预备费。

1. 基本预备费

基本预备费是指在初步设计及概算内难以预料的工程费用。费用内容如下:

(1)在批准的初步设计范围内,技术设计、施工图设计及施工过程中所增加的工程费用;设计变更、局部地基处理等增加的费用。

(2)一般自然灾害造成的损失和预防自然灾害所采取的措施费用。实行工程保险的工程项目费用应适当降低。

(3)竣工验收时为鉴定工程质量对隐蔽工程进行必要的挖掘和修复费用。

基本预备费是按设备及工、器具购置费，建筑安装工程费用和工程建设其他费用三者之和为计取基础，乘以基本预备费率进行计算。

基本预备费=(设备及工、器具购置费+建筑安装工程费用+工程建设其他费用)×基本预备费率 (1-35)

基本预备费率的取值应执行国家及有关部门的规定。

2. 涨价预备费

涨价预备费是指建设项目在建设期间内由于价格等变化引起工程造价变化的预测预留费用。费用内容包括：人工、设备、材料、施工机械的价差费，建筑安装工程费及工程建设其他费用调整，利率、汇率调整等增加的费用。

涨价预备费的测算方法，一般根据国家规定的投资综合价格指数，按估算年份价格水平的投资额为基数，采用复利方法计算。其计算公式如下：

$$PF = \sum_{t=1}^{n} I_t[(1+f)^t - 1] \tag{1-36}$$

式中 PF——涨价预备费；

n——建设期年份数；

I_t——建设期中第 t 年的投资计划额，包括设备及工、器具购置费、建筑安装工程费、工程建设其他费用及基本预备费；

f——年均投资价格上涨率。

(二)建设期贷款利息

为了筹措建设项目资金所发生的各项费用，包括工程建设期间投资贷款利息、企业债券发行费、国外借款手续费和承诺费、汇兑净损失及调整外汇手续费、金融机构手续费以及为筹措建设资金发生的其他财务费用等，统称财务费。其中，最主要的是在工程项目建设期投资贷款而产生的利息。

建设期投资贷款利息是指建设项目使用银行或其他金融机构的贷款，在建设期应归还的借款的利息。建设项目筹建期间借款的利息，按规定可以计入购建资产的价值或开办费。贷款机构在贷出款项时，一般都是按复利考虑的。作为投资者来说，在项目建设期间，投资项目一般没有还本付息的资金来源，即使按要求还款，其资金也可能是通过再申请借款来支付。当项目建设期长于一年时，为简化计算，可假定借款发生当年均在年中支用，按半年计息，年初欠款按全年计息，这样，建设期投资贷款的利息可按下式计算：

$$q_j = \left(P_{j-1} + \frac{1}{2}A_j\right) \cdot i \tag{1-37}$$

式中 q_j——建设期第 j 年应计利息；

P_{j-1}——建设期第 $j-1$ 年末贷款累计金额与利息累计金额之和；

A_j——建设期第 j 年贷款金额；

i——年利率。

五、建筑安装工程计价程序

(1)建设单位工程招标控制价计价程序见表 1-1。

表 1-1　　　　　　　　　建设单位工程招标控制价计价程序

工程名称：　　　　　　　　　　　　　　　标段：

序号	内　容	计算方法	金　额(元)
1	分部分项工程费	按计价规定计算	
1.1			
1.2			
1.3			
1.4			
1.5			
2	措施项目费	按计价规定计算	
2.1	其中:安全文明施工费	按规定标准计算	
3	其他项目费		
3.1	其中:暂列金额	按计价规定估算	
3.2	其中:专业工程暂估价	按计价规定估算	
3.3	其中:计日工	按计价规定估算	
3.4	其中:总承包服务费	按计价规定估算	
4	规费	按规定标准计算	
5	税金(扣除不列入计税范围的工程设备金额)	(1+2+3+4)×规定税率	
招标控制价合计=1+2+3+4+5			

(2)施工企业工程投标报价计价程序见表1-2。

表1-2　施工企业工程投标报价计价程序

工程名称：　标段：

序号	内　容	计算方法	金　额(元)
1	分部分项工程费	自主报价	
1.1			
1.2			
1.3			
1.4			
1.5			
2	措施项目费	自主报价	
2.1	其中:安全文明施工费	按规定标准计算	
3	其他项目费		
3.1	其中:暂列金额	按招标文件提供金额计列	
3.2	其中:专业工程暂估价	按招标文件提供金额计列	
3.3	其中:计日工	自主报价	
3.4	其中:总承包服务费	自主报价	
4	规费	按规定标准计算	
5	税金(扣除不列入计税范围的工程设备金额)	(1+2+3+4)×规定税率	
投标报价合计=1+2+3+4+5			

(3)竣工结算计价程序见表 1-3。

表 1-3　　竣工结算计价程序

工程名称：　　　　标段：

序号	内　容	计算方法	金　额(元)
1	分部分项工程费	按合同约定计算	
1.1			
1.2			
1.3			
1.4			
1.5			
2	措施项目	按合同约定计算	
2.1	其中:安全文明施工费	按规定标准计算	
3	其他项目		
3.1	其中:专业工程结算价	按合同约定计算	
3.2	其中:计日工	按计日工签证计算	
3.3	其中:总承包服务费	按合同约定计算	
3.4	索赔与现场签证	按发承包双方确认数额计算	
4	规费	按规定标准计算	
5	税金(扣除不列入计税范围的工程设备金额)	(1+2+3+4)×规定税率	
竣工结算总价合计=1+2+3+4+5			

第三节　建筑面积计算

一、建筑面积计算的意义与作用

1. 建筑面积计算的意义

建筑面积是表示建筑物平面特征的几何参数，也称建筑展开面积，是指建筑物的水平平面面积之和，即外墙勒脚以上各层水平投影面积的总和。建筑面积包括：使用面积、辅助面积和结构面积。

(1)使用面积。使用面积是指建筑物各层平面布置中可直接对生产或生活使用的净面积总和。使用面积在民用建筑中，也称"居住面积"。例如：住宅建筑中的居室、客厅、书房、卫生间、厨房等。

(2)辅助面积。辅助面积是指建筑物各层平面布置中为辅助生产或生活所占净面积的总和。使用面积与辅助面积的总和称为"有效面积"。

(3)结构面积。结构面积是指建筑各层平面中的墙、柱等结构所占面积之和。

2. 建筑面积计算的作用

建筑面积是重要的技术经济指标，在全面控制建筑、装饰工程造价和建设过程中起着重要作用。

建筑面积在土建工程预算中的作用主要体现在以下几个方面：

(1)重要管理指标。建筑面积是建设投资、建设项目可行性研究、建设项目勘察设计、建设项目评估、建设项目招标投标、建筑工程施工和竣工验收、建设工程造价管理、建筑工程造价控制等一系列工作的重要计算指标。

(2)重要技术指标。建筑面积是计算建筑竣工面积、优良工程率、建筑装饰规模等重要的技术指标。

(3)重要经济指标。

$$\text{每平方米工程造价}=\frac{\text{工程造价}}{\text{建筑面积}}(\text{元}/m^2) \tag{1-38}$$

$$\text{每平方米人工消耗}=\frac{\text{单位工程用工量}}{\text{建筑面积}}(\text{工日}/m^2) \tag{1-39}$$

$$\text{每平方米材料消耗}=\frac{\text{单位工程某材料用量}}{\text{建筑面积}}(kg/m^2\text{、}m^3/m^2\text{ 等}) \tag{1-40}$$

$$\text{每平方米机械台班消耗}=\frac{\text{单位工程某机械台班用量}}{\text{建筑面积}}(\text{台班}/m^2\text{ 等}) \tag{1-41}$$

$$\text{每平方米工程量}=\frac{\text{单位工程某工程量}}{\text{建筑面积}}(m^2/m^2\text{、}m/m^2\text{ 等}) \tag{1-42}$$

(4)重要计算依据。建筑面积是计算有关工程量的重要依据。

二、《建筑工程建筑面积计算规范》简介

随着我国建筑市场的发展，建筑新结构、新材料、新技术、新的施工方法层出不穷，为解决建筑技术的发展产生的建筑面积计算问题，使建筑面积的计算更加科学合理，完善和统一建

筑面积的计算范围和计算方法成为必要，对建筑市场发挥更大的作用，并考虑到建筑面积作用的重要性和使用的广泛性，原建设部于 2005 年 4 月以国家标准的形式发布了《建筑工程建筑面积计算规范》(GB/T 50353—2005)。该规范包括了总则、术语、计算建筑面积的规定三个部分及规范条文说明。该规范的适用范围是新建、扩建、改建的工业与民用建筑工程的建筑面积计算，包括：工业厂房、仓库、公共建筑、农业生产使用的房屋、粮种仓库、地铁车站等建筑面积的计算。

《建筑工程建筑面积计算规范》(GB/T 50353—2005)在建筑工程造价管理方面起着非常重要的作用，是建筑房屋计算工程量的主要指标，是计算单位工程每平方米预算造价的主要依据，是统计部门汇总发布房屋建筑面积完成情况的基础。

由于建筑面积是计算各种技术指标的重要依据，这些指标又起着衡量和评价建设规模、投资效益、工程成本等方面重要尺度的作用。因此，原建设部颁发了《建筑工程建筑面积计算规范》(GB/T 50353—2005)，规定了建筑面积的计算方法。

《建筑工程建筑面积计算规范》主要规定了三个方面的内容：①计算全部建筑面积的范围和规定；②计算部分建筑面积的范围和规定；③不计算建筑面积的范围和规定。这些规定主要基于以下几个方面的考虑：

(1)尽可以准确地反映建筑物各组成部分的价值量。例如：有永久性顶盖，无围护结构的走廊，按其结构底板水平面积 1/2 计算建筑面积；有围护结构的走廊(增加了围护结构的工料消耗)则计算全部建筑面积。又如：多层建筑坡屋顶内和场馆看台下，当设计加以利用时，净高在超过 2.10m 的部位应计算建筑面积；净高在 1.20～2.10m 的部位应计算 1/2 面积；净高不足 1.20m 时不应计算面积。

(2)通过建筑面积计算的规定，简化了建筑面积过程。例如：附墙柱、垛等不应计算建筑面积。

三、建筑面积的计算方法

(一)计算建筑面积的范围和计算方法

1. 单层建筑物

(1)单层建筑物的建筑面积，应按其外墙勒脚以上结构外围水平面积计算，并应符合下列规定：

1)单层建筑物高度在 2.20m 及其以上者应计算全面积；高度不足 2.20m 者应计算 1/2 面积。

需要注意的是，单层建筑物的高度指室内地面标高至屋面面板板面结构标高之间的垂直距离，遇有此屋面板找坡的平屋顶单层建筑物，其高度指室内地面标高至屋面板最低处板面结构标高之间的垂直距离。

净高指楼面或地面至上部楼板底面或吊顶底面之间的垂直距离。

如图 1-4 所示，其建筑面积按建筑平面图外轮廓线尺寸进行计算，即：

$$S=L\times B(\mathrm{m}^2) \qquad (1\text{-}43)$$

式中　S——单层建筑物的建筑面积，m^2；

L——两端山墙勒脚以上外表面间水平长度,m;

B——两纵墙勒脚以上外表面间水平宽度,m。

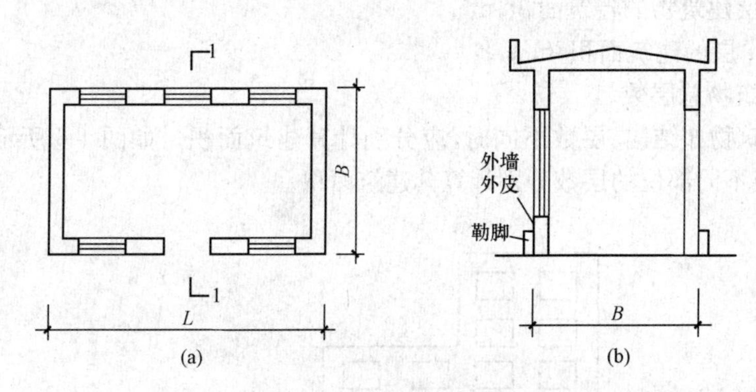

图 1-4　单层建筑物的建筑面积

(a)平面图;(b)1—1 剖面图

2)利用坡屋顶内空间时,净高超过 2.10m 的部位应计算全面积;净高在 1.20～2.10m 的部位应计算 1/2 面积;净高不足 1.20m 的部位不应计算面积。

(2)单层建筑物内设有局部楼层者,局部楼层及其以上楼层,有围护结构的应按其围护结构外围水平面积计算,无围护结构的应按其底板水平面积计算。层高在 2.20m 及其以上者应该计算全面积;层高不足 2.20m 者应计算 1/2 面积。

如图 1-5 所示,即应计算建筑物内 h_2 部分楼层的面积,其建筑面积可表示为:

$$S = L \times B + \sum_{i=2}^{n} l_i \times b_i \quad (\mathrm{m}^2) \tag{1-44}$$

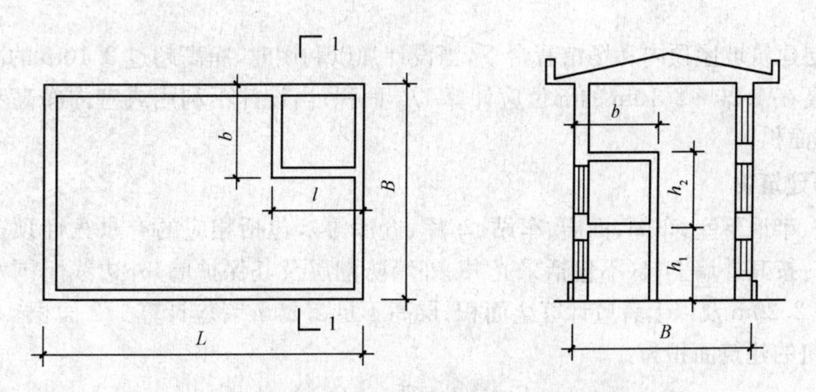

图 1-5　设有部分楼层的单层建筑物的面积

2. 多层建筑物

(1)多层建筑物首层应按其外墙勒脚以上结构外围水平面积计算;二层及以上楼层应按其外墙结构外围水平面积计算。层高在 2.20m 及以上者应计算全面积;层高不足 2.20m 者应计算 1/2 面积。若建筑物有 n 层,则其建筑面积可表示为:

$$S = S_1 + S_2 + \cdots + S_n = \sum_{i=1}^{n} S_i \quad (\mathrm{m}^2) \tag{1-45}$$

式中　S——多层建筑物的建筑面积，m^2；

S_i——第 i 层的建筑面积，m^2；

n——建筑物总层数。

(2)同一建筑物如结构、层数不同时，应分别计算建筑面积。如图 1-6 所示，建筑物应按不同结构类型或不同部位的层数分别计算其建筑面积。

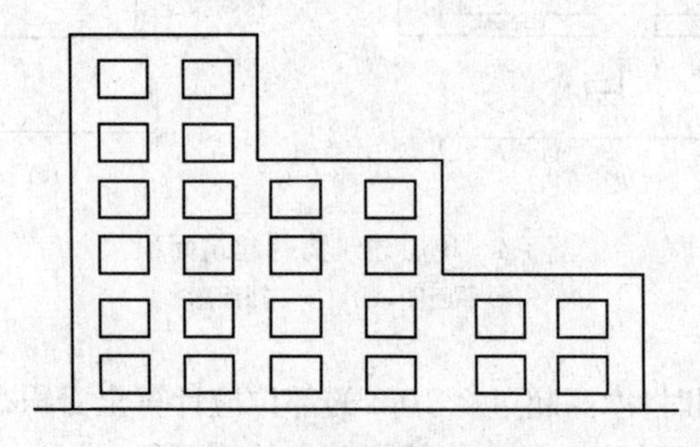

图 1-6　建筑物各部位层数不同

需要注意的是，多层建筑物的层高是指上、下两层楼面结构标高之间的垂直距离。建筑物最底层的层高，有基础底板的按基础底板上表面结构标高至上层楼面的结构标高之间的垂直距离；没有基础底板的按地面标高至上层楼面结构标高之间的垂直距离。最上一层的层高是其楼面结构标高至屋面板板面结构标高之间的垂直距离，遇有以屋面板找坡的屋面，层高指楼面结构标高至屋面板最低处板面结构标高之间的垂直距离。

(3)多层建筑坡屋顶内和场馆看台下，当设计加以利用时，净高超过 2.10m 的部位应计算全面积；净高在 1.20～2.10m 的部位应计算 1/2 面积；当设计不利用或室内净高不足 1.20m 时不应计算面积。

3. 地下建筑物

地下室、半地下室(车间、商店、车站、车库、仓库等)，包括相应的有永久性顶盖的出入口建筑面积，应按其外墙上口(不包括采光井、外墙防潮层及其保护墙)外边线所围水平面积计算。层高在 2.20m 及以上者应计算全面积；层高不足 2.20m 者应计算 1/2 面积。如图 1-7 所示，地下建筑的建筑面积为：

$$S = S_{\mathrm{de1}} + S_{\mathrm{de2}} \quad (\mathrm{m}^2) \tag{1-46}$$

其中，地下室部分

$$S_{\mathrm{de1}} = l_1 \times b_1 \quad (\mathrm{m}^2) \tag{1-47}$$

出入口部分

$$S_{\mathrm{de2}} = l_2 \times b_2 \quad (\mathrm{m}^2) \tag{1-48}$$

式中　l_1，b_1——地下室上口外围的水平长与宽度，m；

l_2，b_2——地下室出入口上口外围的水平长与宽度，m。

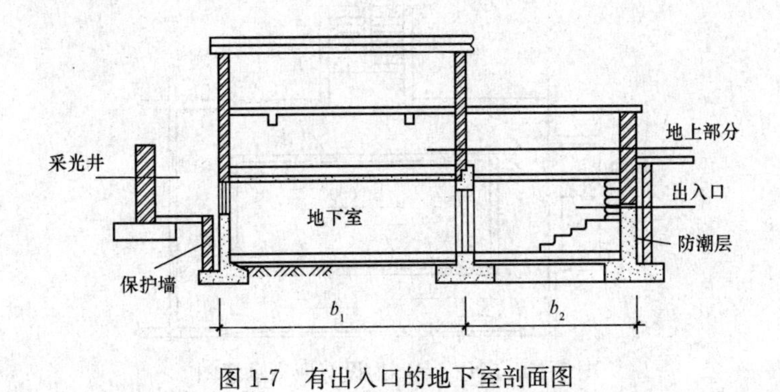

图 1-7　有出入口的地下室剖面图

4. 架空层

如图 1-8 所示，坡地建筑物吊脚架空层和深基础架空层，设计加以利用并有围护结构的，层高在 2.20m 及以上的部位应计算全面积；层高不足 2.20m 的部位应该计算 1/2 面积。设计加以利用的无围护结构的建筑物吊脚架空层，应按其利用部位水平面积的 1/2 计算；设计不利用的深基础架空层、坡地吊脚架空层，不应计算面积。

坡地吊脚架空层一般是指沿山坡、河坡采用打桩筑柱的方法来支撑建筑物底层板的一种结构，有时室内阶梯教室、文体场馆的看台等处也可形成类似吊脚的结构，如图 1-9 所示。

上述两种结构架空层的层高超过 2.20m 时，应按围护结构外围水平面积计算建筑面积。

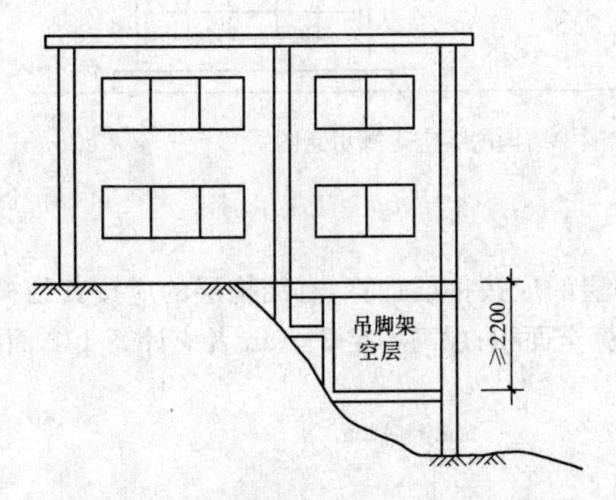

图 1-8　坡地建筑物吊脚架空层示意图

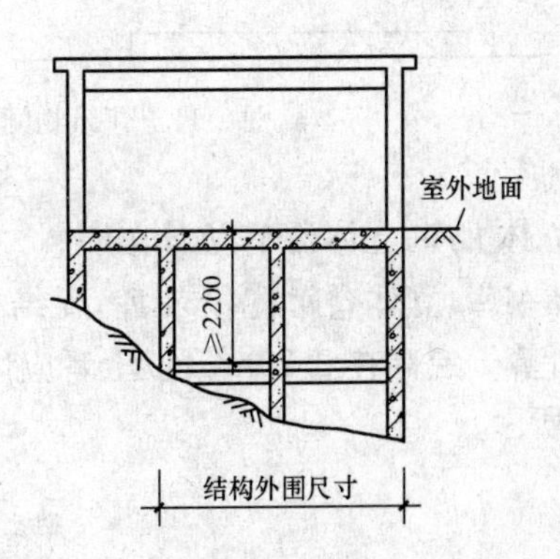

图 1-9　坡地吊脚架空层示意图

5. 建筑内大厅、回廊通道

建筑物的门厅、大厅按一层计算建筑面积。门厅、大厅内设有回廊时，应按其结构底板水平面积计算。层高在 2.20m 及以上者应计算全面积；层高不足 2.20m 者应计算 1/2 面积。

需要注意的是："门厅、大厅内设有回廊"是指，建筑物大厅、门厅的上部（一般该大厅、门厅占二层或二层以上建筑物层高）四周向大厅、门厅、中间挑出的走廊称为回廊，如图 1-10 所示。

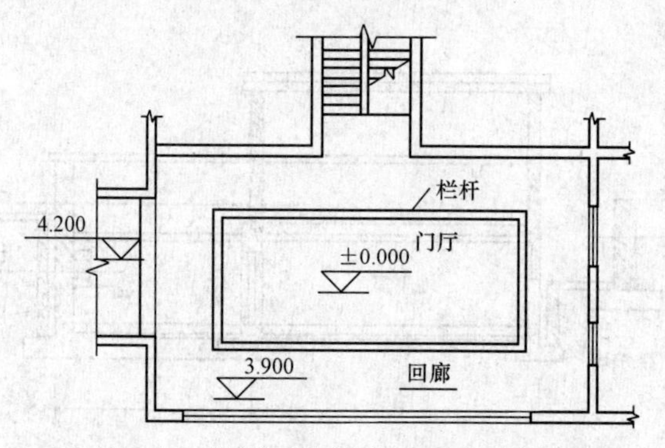

图 1-10　门厅、大厅内设有回廊示意图

6. 架空走廊

建筑物间有围护结构的架空走廊，应按其围护结构外围水平面积计算。层高在 2.20m 及以上者应计算全面积；层高不足 2.20m 者应计算 1/2 面积。有永久性顶盖无围护结构的应按其结构底板水平面积的 1/2 计算，如图 1-11 所示。

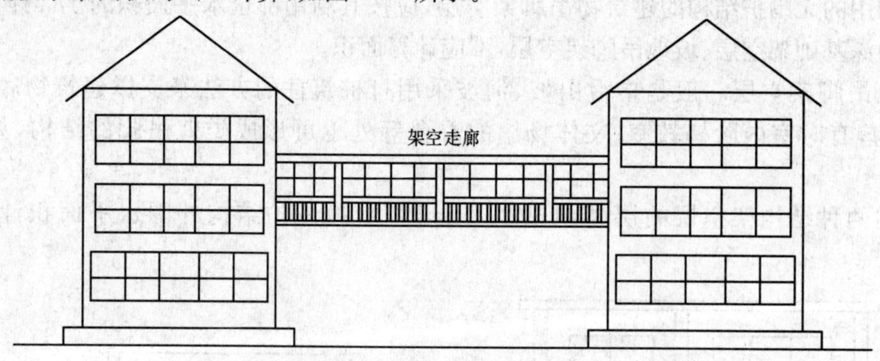

图 1-11　建筑物间有围护结构的架空走廊示意图

7. 立体书库、立体仓库、立体车库

立体书库、立体仓库、立体车库，无结构层的应按一层计算，有结构层的应按其结构层面积分别计算。层高在 2.20m 及以上者应计算全面积；层高不足 2.20m 者应计算 1/2 面积，如图 1-12 所示。

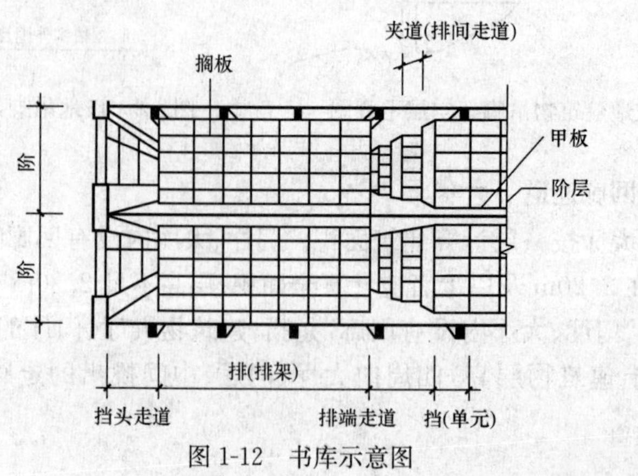

图 1-12　书库示意图

8. 舞台灯光控制室

有围护结构的舞台灯光控制室,应按其围护结构外围水平面积计算,如图 1-13 所示。层高在 2.20m 及以上者应计算全面积;层高不足 2.20m 者应计算 1/2 面积。

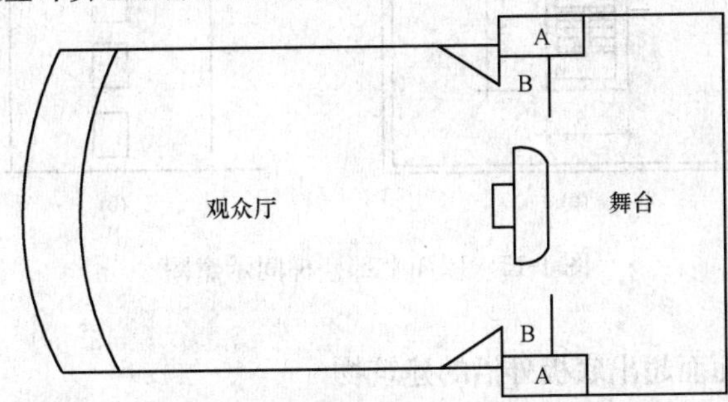

图 1-13 舞台灯光控制室示意图
A—内侧夹层;B—耳光室

9. 落地橱窗、门斗、挑廊、走廊、檐廊

建筑物外有围护结构的落地橱窗、门斗、挑廊、走廊、檐廊,应按其围护结构外围水平面积计算。层高在 2.20m 及以上者应计算全面积;层高不足 2.20m 者应计算 1/2 面积。有永久性顶盖无围护结构的应按其结构底板水平面积的 1/2 计算。

10. 场馆看台

有永久性顶盖无围护结构的场馆看台应按其顶盖水平投影面积的 1/2 计算,如图 1-14 所示。

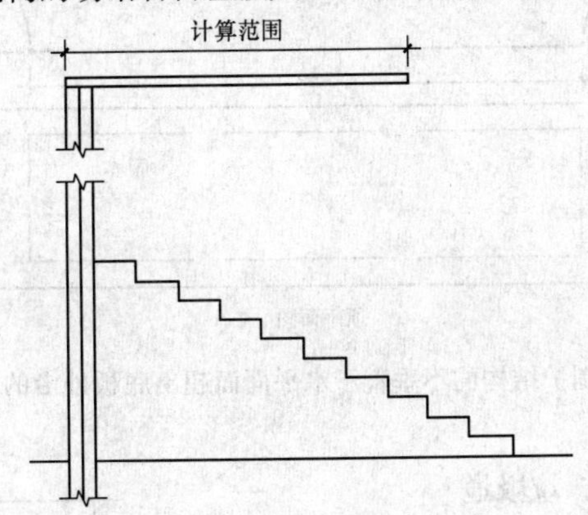

图 1-14 场馆看台剖面示意图

11. 建筑物顶部楼梯间、水箱间、电梯机房

建筑物顶部有围护结构的楼梯间、水箱间、电梯机房等,层高在 2.20m 及以上者应计算全面积;层高不足 2.20m 者应计算 1/2 面积。

如图 1-15 所示是屋面上的楼梯间,其建筑面积的计算公式如下:

$$S=a\times b \quad (m^2)$$

式中 S——屋面上部有围护结构的楼梯间、水箱间、电梯机层等的建筑面积,m^2;

a,b——分别为屋面上结构的外墙外围水平长和宽度,m。

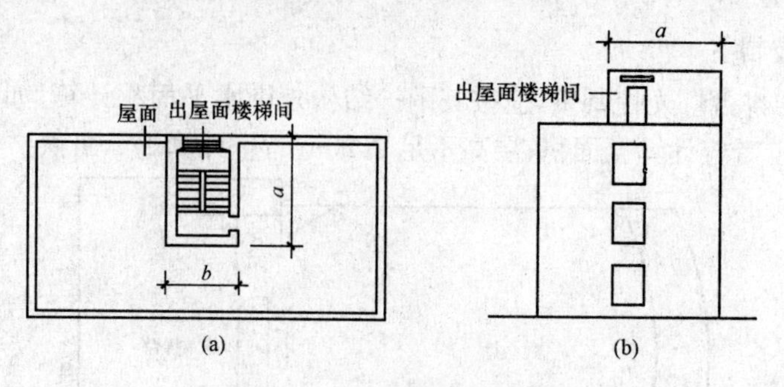

图 1-15　屋面上部楼梯间示意图

12. 不垂直于水平面而超出底板外沿的建筑物

设有围护结构的不垂直于水平面而超出底板外沿的建筑物，应按其底板面的外围水平面积计算。层高在 2.20m 及以上者应计算全面积；层高不足 2.20m 者应计算 1/2 面积，如图 1-16所示。

需要注意的是，设有围护结构的不垂直于水平面而超出底板外沿的建筑物是指向建筑物外倾斜的墙体，若遇有向建筑物内倾斜的墙体，应视为坡层顶，按坡屋顶有关条文计算面积。

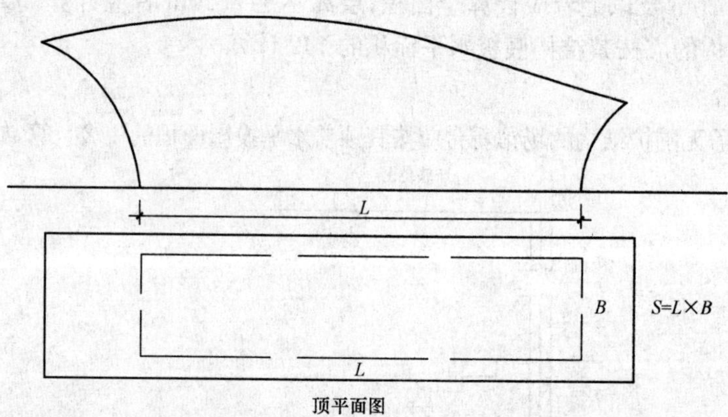

图 1-16　设有围护结构的不垂直于水平面而超出底板外沿的建筑物示意图

13. 室内楼梯间、电梯井、垃圾道

建筑物内的室内楼梯间、电梯井、观光电梯井、提物井、管道井、通风排气竖井、垃圾道、附墙烟囱应按建筑物的自然层计算，如图 1-17 和图 1-18所示。

需要注意的是，室内楼梯间的面积计算，应按楼梯依附的建筑物的自然层数计算，合并在建筑面积内。遇跃层建筑，其共用的室内楼梯应按自然层计算面积；上下两错层户室共用的室内楼梯，应选上一层的自然层计算面积。

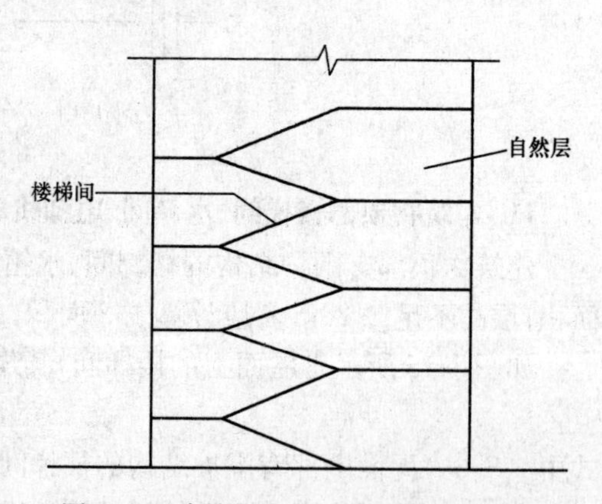

图 1-17　建筑物内的室内楼梯间示意图

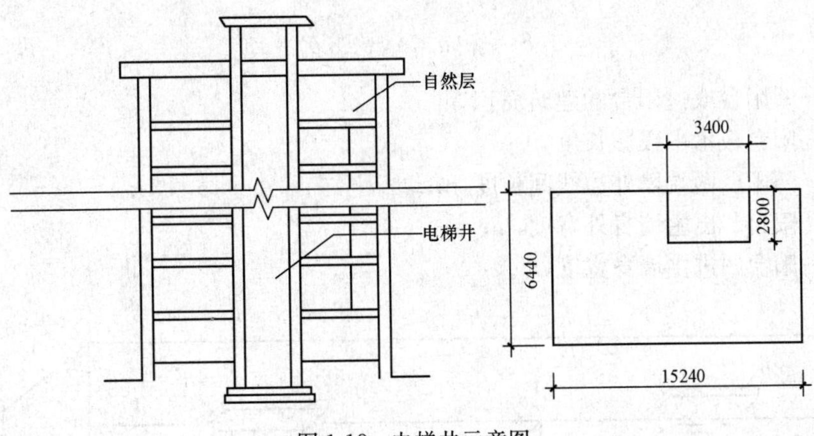

图 1-18　电梯井示意图

14. 雨篷

雨篷结构的外边线至外墙结构外边线的宽度超过 2.10m 者，应按雨篷结构板的水平投影面积的 1/2 计算。

注：有柱雨篷和无柱雨篷计算应一致。

15. 室外楼梯

有永久性顶盖的室外楼梯，应按建筑物自然层的水平投影面积的 1/2 计算。

注：若最上层室外楼梯无永久性顶盖，或雨篷不能完全遮盖室外楼梯，上层楼梯不计算面积，上层楼梯可视为下层楼梯的永久性顶盖，下层楼梯应计算面积。

室外楼梯一般分为二跑梯式，梯井宽一般都不超过 500mm，故按各层水平投影面积计算建筑面积，不扣减梯井面积。如图 1-19 所示中的室外楼梯建筑面积为：$S=4ab\times\frac{1}{2}$。

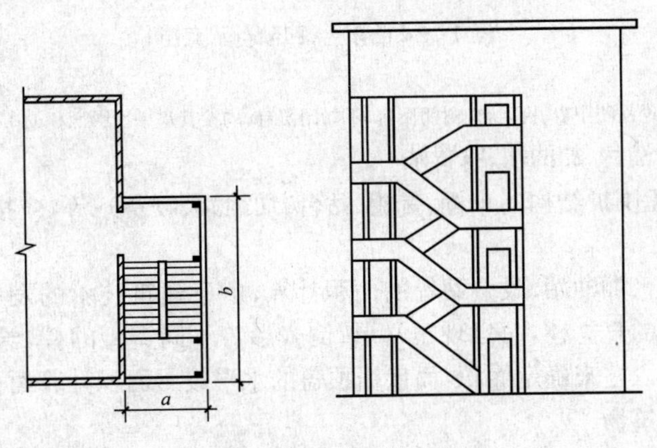

图 1-19　某室外楼梯示意图

16. 阳台

建筑物的阳台均应按其水平投影面积的 1/2 计算。如图 1-20 所示为凸阳台、凹阳台示意图，其建筑面积按水平投影面积的 1/2 计算。凹阳台有全凹式和半凸半凹式两种。计算时，凹进主墙身内的部分，按墙边线尺寸取定；凸出主墙身外的部分，按结构板水平投影尺寸取定。即：

$$S=\frac{1}{2}(a\times b_1+c\times b_2)$$

式中 S——凹阳台或挑阳台的建筑面积，m^2；

a——阳台板水平投影长度，m；

c——凹阳台两端墙外边线间长度，m；

b_1——阳台凸出主墙身外宽度，m；

b_2——阳台凹进主墙身宽度，m。

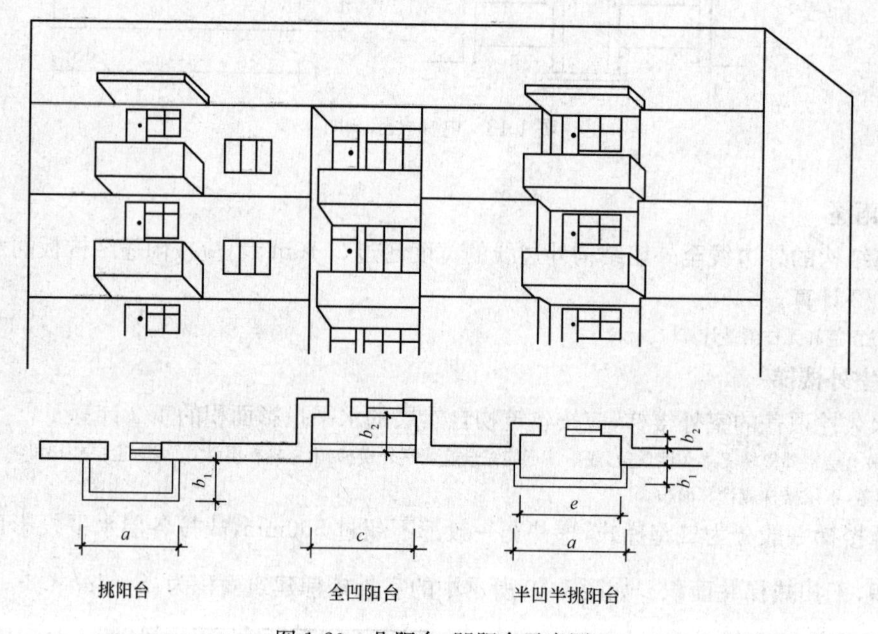

图 1-20 凸阳台、凹阳台示意图

注：建筑物的阳台，不论是凹阳台、挑阳台、封闭阳台、不封闭阳台，均按其水平投影面积的 1/2 计算。

17. 车棚、货棚、站台、加油站、收费站

有永久性顶盖无围护结构的车棚、货棚、站台、加油站、收费站等，应按其顶盖水平投影面积的 1/2 计算。

车棚、货棚、站台、加油站、收费站等的面积计算，由于建筑技术的发展，出现许多新型结构，如柱不再是单纯的直立柱，而出现正 V 形、倒 ∧ 形等不同类型的柱，给面积计算带来许多争议。为此，我们不以柱来确定面积，而依据顶盖的水平投影面积计算面积。

18. 高低联跨建筑物

高低联跨的建筑物(图 1-21)，应以高跨结构外边线为界，分别计算建筑面积；其高低跨内部连通时，其变形缝应计算在低跨面积内。

19. 以幕墙作为围护结构的建筑物

以幕墙作为围护结构的建筑物，应按幕墙外边线计算建筑面积。

20. 外墙外侧有保温隔热层的建筑物

建筑物外墙外侧有保温隔热层的，应按保温隔热层外边线计算建筑面积。

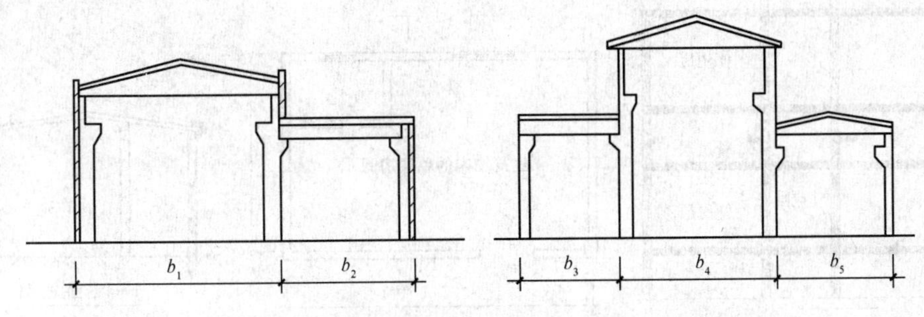

图 1-21　高低跨单层建筑物建筑面积计算示意图

21. 建筑物内的变形缝

建筑物内的变形缝，应按其自然层合并在建筑面积内计算。

注：本书中所指变形缝是与建筑物相连通的变形缝，即暴露在建筑物内，在建筑物内可以看得见的变形缝。

(二)不计算建筑面积的范围

1. 建筑物通道

建筑物通道(骑楼、过街楼的底层)，不应计算建筑面积。

(1)骑楼是指楼层部分跨在人行道上的临街楼房，如图 1-22 所示。

(2)过街楼是指有道路穿过建筑空间的楼房，如图 1-23 所示。

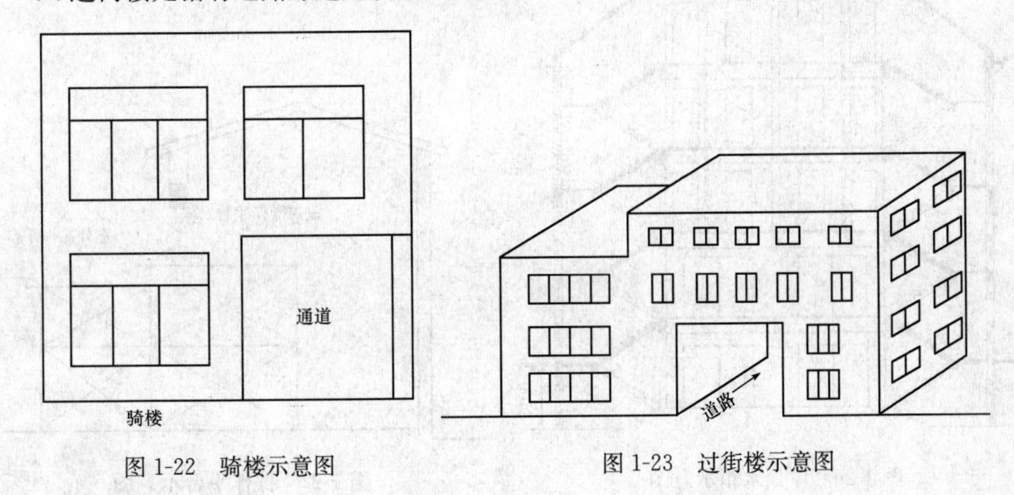

图 1-22　骑楼示意图　　图 1-23　过街楼示意图

2. 设备管道夹层

高层建筑的宾馆、写字楼等，通常在建筑物高度的中间部分设置管道及设备层，主要用于集中放置水、暖、电、通风管道及设备。这一设备管道层不应计算建筑面积，如图 1-24 所示。

3. 建筑物内单层房间、舞台及天桥等

建筑物内分隔的单层房间(图 1-25)，舞台及后台悬挂幕布、布景的天桥、挑台等不应计算建筑面积。

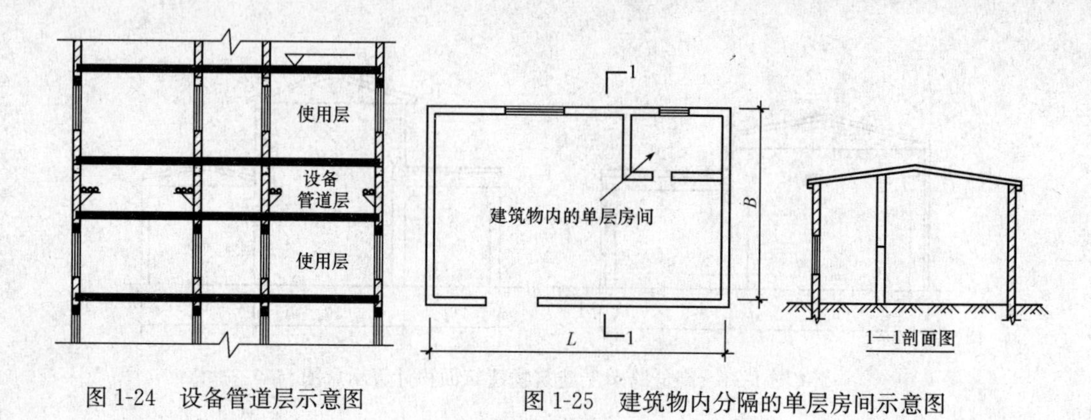

图 1-24　设备管道层示意图　　　　　　图 1-25　建筑物内分隔的单层房间示意图

4. 屋顶水箱、花架、晾棚、露台、露天游泳池等

屋顶水箱、花架、晾棚、露台、露天游泳池等不应计算建筑面积。屋顶水箱示意如图 1-26 所示。

5. 操作、上料平台等

建筑物内的操作平台、上料平台、安装箱和罐体的平台不应计算建筑面积。操作平台示意图如图 1-27 所示。

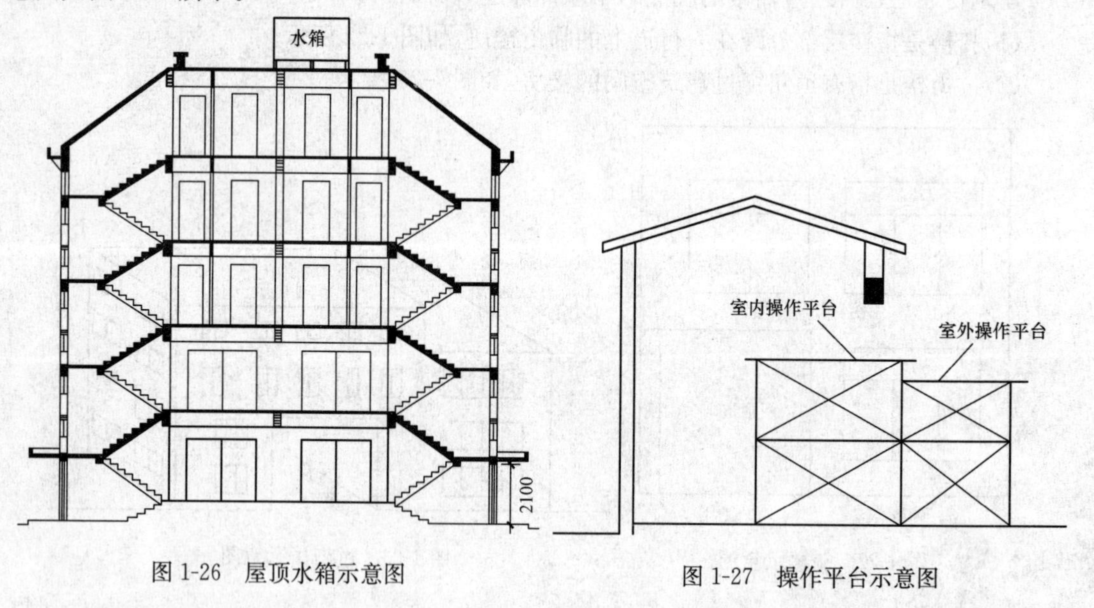

图 1-26　屋顶水箱示意图　　　　　　图 1-27　操作平台示意图

6. 勒脚、附墙柱、垛等

勒脚、附墙柱、垛、台阶、墙面抹灰、装饰面、镶贴块料面层、装饰性幕墙、空调室外机搁板(箱)、飘窗、构件、配件、宽度在 2.10m 以内的雨篷以及与建筑物内不相连通的装饰性阳台、挑廊等不应计算建筑面积，如图 1-28 所示。

7. 无顶盖架空走廊和检修梯等

无永久性顶盖的架空走廊、室外楼梯和用于检修、消防等的室外钢楼梯、爬梯等不应计算建筑面积。无永久性顶盖的架空走廊示意图如图 1-29 所示；室外检修钢爬梯示意图如图 1-30 所示。

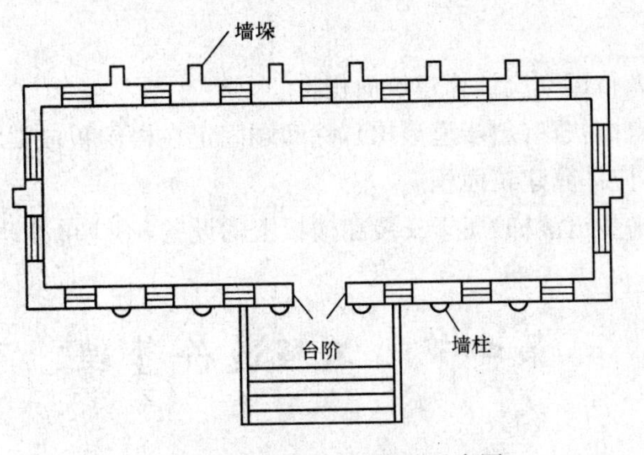

图 1-28　附墙柱、垛、台阶示意图

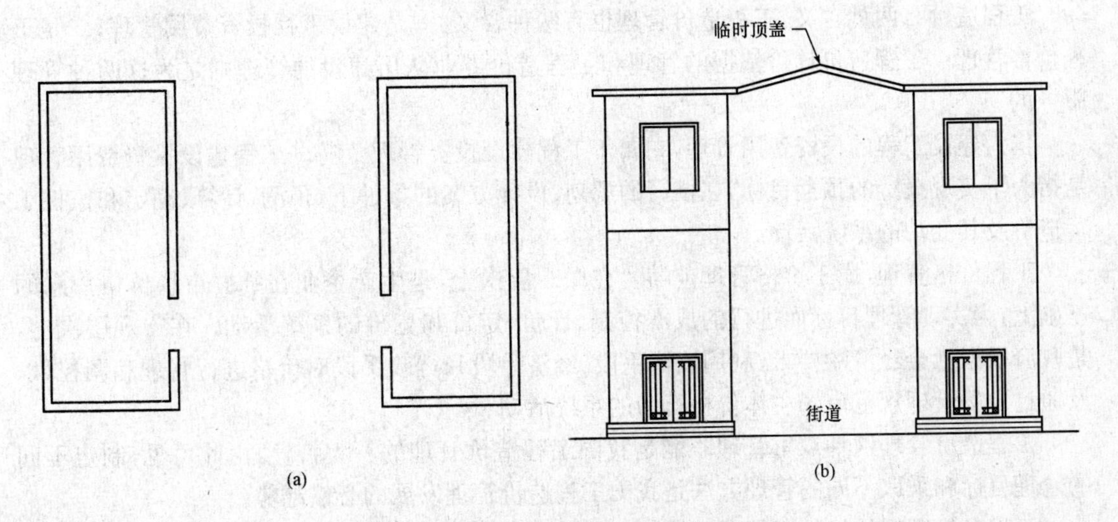

图 1-29　无永久性顶盖的架空走廊示意图

(a)平面图;(b)立面图

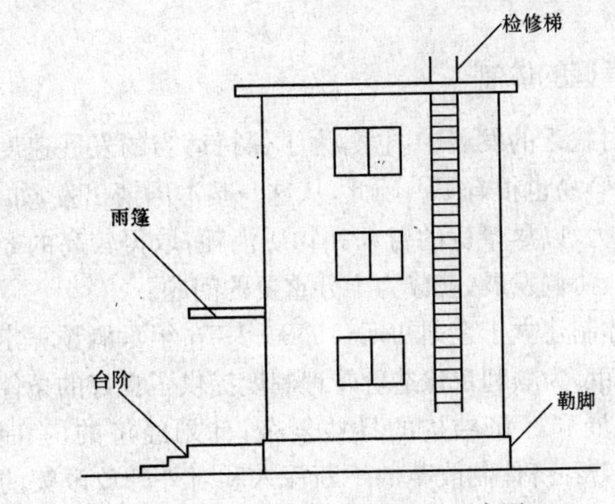

图 1-30　室外检修钢爬梯示意图

8. 自动扶梯

自动扶梯、自动人行道不应计算建筑面积。

需要注意的是，自由扶梯（斜步道滚梯），除两端固定在楼层板或梁上面之外，扶梯本身属于设备，因此，扶梯不应计算建筑面积。

自动人行道（水平步道滚梯）属于安装在楼板上的设备，不应单独计算建筑面积。

第四节 工程造价管理

一、工程造价管理的概念

工程造价有两种含义，工程造价管理也有两种含义：一是建设工程投资费用管理；二是工程价格管理。工程造价计价依据的管理和工程造价专业队伍建设的管理则是为这两种管理服务的。

作为建设工程的投资费用管理，它属于工程建设投资管理范畴。工程建设投资费用管理是指为了实现投资的预期目标，在撰写的规划、设计方案的条件下，预测、计算、确定和监控工程造价及其变动的系统活动。

工程价格管理，属于价格管理范畴。在微观层次上，是生产企业在掌握市场价格信息的基础上，为实现管理目标而进行的成本控制、计价、定价和竞价的系统活动。在宏观层次上，是政府根据社会经济的要求，利用法律手段、经济手段和行政手段对价格进行管理和调控，以及通过市场管理规范市场主体价格行为的系统活动。

工程造价管理这种双重管理职能是我国工程造价管理的一大特色，由此可见，制定不同的管理目标和采取不同的管理方法是我国工程造价管理发展的必然趋势。

工程造价管理的目的不仅在于控制项目投资不超过批准的造价限额，更在于坚持倡导艰苦奋斗、勤俭节约的方针，从国家的整体利益出发，合理使用人力、物力和财力，取得最大投资效益。

二、我国工程造价管理的体制

我国是一个资源相对缺乏的发展中国家，为了保持适当的发展速度，需要投入更多的建设资金，而筹措资金很不容易也很有限。因此，从这一基本国情出发，如何有效地利用投入建设工程的人力、物力和财力，以尽量少的劳动和物质消耗，取得较高的经济和社会效益，保持我国国民经济持续、稳定、协调发展，就成为十分重要的问题。

我国工程造价管理体制建立于建国初期（1958—1976 年），概预算定额管理被逐渐削弱，到 1976 年“十年动乱”结束，为顺利重建造价管理制度提供了良好的条件。

随着国民经济的发展和经济结构的日益复杂，计划经济的内在弊端逐步表现出来。十一届三中全会以来，随着经济体制改革的不断深入和对外开放政策的实施，我国基本建设概预算定额管理的模式已逐步转变为工程造价管理模式。

三、我国工程造价管理的基本内容

1. 全面造价管理

我国工程造价的全面管理可以从全寿命期造价管理、全过程造价管理、全要素造价管理和全方位造价管理进行管理，见表1-4。

表1-4　　　　我国工程造价的全面管理

全寿命期造价管理	建设工程全寿命期造价是指建设工程初始建造成本和建成后的日常使用成本之和，它包括建设前期、建设期、使用期及拆除期各个阶段的成本
全过程造价管理	建设工程全过程是指建设工程前期决策、设计、招投标、施工、竣工验收等各个阶段，工程造价管理覆盖建设工程前期决策及实施的各个阶段，包括：前期决策阶段的项目策划、投资估算、项目经济评价、项目融资方案分析；设计阶段的限额设计、方案比选、概预算编制；招投标阶段的标段划分、承发包模式及合同形式的选择、招标控制价编制；施工阶段的工程计量与结算、工程变更控制、索赔管理；竣工验收阶段的竣工结算与决算等
全要素造价管理	建设工程造价管理不能单就工程造价本身谈造价管理，因为除工程本身造价之外，工期、质量、安全及环境等因素均会对工程造价产生影响。为此，控制建设工程造价不仅仅是控制建设工程本身的成本，还应同时考虑工期成本、质量成本、安全与环境成本的控制，从而实现工程造价、工期、质量、安全、环境的集成管理
全方位造价管理	建设工程造价管理不仅仅是业主或承包单位的任务，还应该是政府建设行政主管部门、行业协会、业主方、设计方、承包方以及有关咨询机构的共同任务。尽管各方的地位、利益、角度等有所不同，但必须建立完善的协同工作机制，才能实现建设工程造价的有效控制

2. 工程造价的合理确定和有效控制

工程造价管理的任务是加强工程造价的全过程动态管理，强化工程造价的约束机制，维护有关各方的经济利益，规范价格行为，促进微观和宏观效益的统一，工程造价管理的基本内容就是合理确定和有效地控制工程造价。

(1)工程造价的合理确定。工程造价的合理确定就是在建设程序的各个阶段，合理地确定投资估算、概算造价、预算造价、承包合同价、结算价、竣工决算价。

1)在项目建议书阶段，按照有关规定编制的初步投资估算，经有关部门批准，做为拟建项目列入国家中长期计划和开展前期工作的控制造价。

2)在项目可行性研究阶段，按照有关规定编制的投资估算，经有关部门批准，做为该项目的控制造价。

3)在初步设计阶段，按照有关规定编制的初步设计总概算，经有关部门批准，即做为拟建项目工程造价的最高限额。

4)在施工图设计阶段，按规定编制施工图预算，用以核实施工图阶段预算造价是否超过批准的初步设计概算。

5)对以施工图预算为基础实施招标的工程，承包合同价也是以经济合同形式确定的建筑安装工程造价。

6)在工程实施阶段要按照承包方实际完成的工程量，以合同价为基础，同时考虑因物价变动所引起的造价变更，以及设计中难以预计的而在实施阶段实际发生的工程和费用，合理确定结算价。

7)在竣工验收阶段，全面汇集在工程建设过程中实际花费的全部费用，编制竣工决算，如实体现建设工程的实际造价。

(2)工程造价的有效控制。工程造价的有效控制就是在优化建设方案、设计方案的基础上，在建设程序的各个阶段，采用一定的方法和措施将工程造价的发生控制在合理的范围和核定的造价限额以内。有效地控制工程造价应体现以下三项原则：

1)以设计阶段为重点的建设全过程造价控制。工程造价控制贯穿于项目建设全过程的同时，应注重工程设计阶段的造价控制。工程造价控制的关键在于前期决策和设计阶段，而在项目投资决策完成后，控制工程造价的关键就在于设计。

2)实施主动控制，以取得令人满意的结果。造价工程师的基本任务是合理确定并采取有效措施控制建设工程造价。为此，应根据委托方的要求及工程建设的客观条件进行综合研究，实事求是地确定一套切合实际的衡量准则。只要造价控制的方案符合这套衡量准则，取得令人满意的结果，则应该说造价控制达到了预期的目标。

3)技术与经济相结合是控制工程造价最有效的手段。要有效地控制工程造价，应从组织、技术、经济等多方面采取措施。从组织上采取措施，包括：明确项目组织结构，明确造价控制者及其任务，明确管理职能分工；从技术上采取措施，包括重视设计多方案选择，严格审查监督初步设计、技术设计、施工图设计、施工组织设计，深入技术领域研究节约投资的可能性；从经济上采取措施，包括动态地比较造价的计划值和实际值，严格审核各项费用支出，采取对节约投资的有力奖励措施等。技术与经济相结合是控制工程造价最有效的手段。

第五节　造价员制度

一、造价员

造价员是指通过考试，取得《建设工程造价员资格证书》，从事工程造价业务的人员。以前叫预算员，现在统称为造价员，全国一般分土建专业，安装专业，全国有个别省份分别还有市政、机电等专业。造价员是指经过各省或者建筑企业统一考试取得资格证书的人员，由省组织的造价员证书只适应于本省，由国家大的建筑组织考试，由“中国建设工程造价管理协会”颁发的证书适应于全国。造价员负责工程预算的编制及对项目月目标成本的复核工作，并根据现场实际情况，对比实际成本与目标成本差异，做出分析，以及熟悉施工现场生产进度，每月编制本月施工生产统计报表，并根据下月生产进度计划编制下月施工预算。

造价员每三年参加继续教育的时间原则上不得少于 30h，各管理机构和各专业委员会可根据需要进行调整。各地区、行业继续教育的教材编写及培训组织工作由各管理机构、专业委员会分别负责。

造价员和预算员存在以下不同点：

(1)概念不同：预算和造价有着天壤的区别，预算只是造价范围内的一个小科目而已。

(2)工作范围不同：预算员强调的主要是预算，而非其他与工程造价相关的工作，而造价则比较广泛(可以从事招投标、审计等)。

(3)备案机制不同:预算员只要领了证、章就基本上不管怎么执业,而造价员则要登记注册,由当地造价管理部门进行管理和继续教育培训。

(4)使用地范围不同:一般来说预算员只能在本省执业,而造价员则是全国适用的。

二、造价员执业资格制度

1. 报考条件

凡遵守国家法律、法规,恪守职业道德,具备下列条件之一者,均可申请参加造价员资格考试。

(1)工程造价专业中专及以上学历。

(2)其他专业中专(包括高中)及以上学历,从事工程造价工作满一年。

2. 考试时间

(1)全国性行业造价员,根据中国建设工程造价管理协会定制(一般三个月一次)。

(2)地方性区域造价员,根据各省市自定(一般一年一次)。

需要注意的是,全国性行业造价员证书适应于全国,不受地方限制;地方性区域造价员适应于地方受区域限制。

3. 考试科目

《工程造价基础知识》和《工程计量与计价》两个科目,《工程计量与计价》分建筑工程、装饰装修工程、安装工程、市政工程等四个专业。报名时土建和安装不能兼报,市政和装饰不能兼报。

4. 考试管理

必须同时参加两个科目的考试,在一个考试年度内,两科成绩同时合格方能取得全国建设工程造价员资格证书。

5. 报名手续

(1)《中国建设工程造价员资格考试报名表》(报名表上必须有单位推荐盖章)两份。

(2)学历证书、技术职称证书、身份证原件及复印件。

(3)本人近期免冠1寸照片1张。

中级:本人从事工程造价工作年限和近两年两项业绩证明。

高级:符合下列条件之一:

1)总造价3000万元以上建设项目造价编审成果。

2)国家、省工程计价定额编制成果。

3)在省级以上刊物上发表的有关工程造价控制、确定、管理等方面的论文、专著或研究成果。

全国造价工程师执业资格考试由国家住建部与国家人力资源和社会保障部共同组织,考试每年举行一次,造价工程师执业资格考试实行全国统一大纲、统一命题、统一组织的办法。原则上每年举行一次,且只在省会城市设立考点。考试采用滚动管理,共设五个科目,单科滚动周期为两年。

三、造价员岗位职责

(1)能够熟悉掌握国家的法律法规及有关工程造价的管理规定，精通本专业理论知识，熟悉工程图纸，掌握工程预算定额及有关政策规定，为正确编制和审核预算奠定基础。

(2)负责审查施工图纸，参加图纸会审和技术交底，依据其记录进行预算调整。

(3)协助领导做好工程项目的立项申报，组织招投标，开工前的报批及竣工后的验收工作。

(4)工程竣工验收后，及时进行竣工工程的决算工作，并报处长签字认可。

(5)参与采购工程材料和设备，负责工程材料分析，复核材料价差，搜集和掌握技术变更、材料代换记录，并随时做好造价测算，为领导决策提供科学依据。

(6)全面掌握施工合同条款，深入现场了解施工情况，为决算复核工作打好基础。

(7)工程决算后，要将工程决算单送审计部门，以便进行审计。

(8)完成工程造价的经济分析，及时完成工程决算资料的归档。

(9)协助编制基本建设计划和调整计划，了解基建计划的执行情况。

第二章　建筑工程施工图识读

第一节　建筑识图基础

一、施工图形式

1. 图纸幅面

(1)为使图纸能够规范管理，所有设计图纸的幅面均应符合国家标准，《房屋建筑制图统一标准》(GB 50001－2010)中要求图纸幅面及图框尺寸应符合表 2-1 的规定及图 2-1～图 2-4 的格式。

(2)需要微缩复制的图纸，其一个边上应附有一段准确米制尺度，四个边上均附有对中标志，米制尺度的总长应为 100mm，分格应为 10mm。对中标志应画在图纸内框各边长的中点处，线宽 0.35mm，并应伸入内框边，在框外为 5mm。对中标志的线段，于 l_1 和 d_1 范围取中。

表 2-1　　幅面及图框尺寸　　mm

尺寸代号 \ 幅面代号	A0	A1	A2	A3	A4
$b \times l$	841×1189	594×841	420×594	297×420	210×297
c	10			5	
a	25				

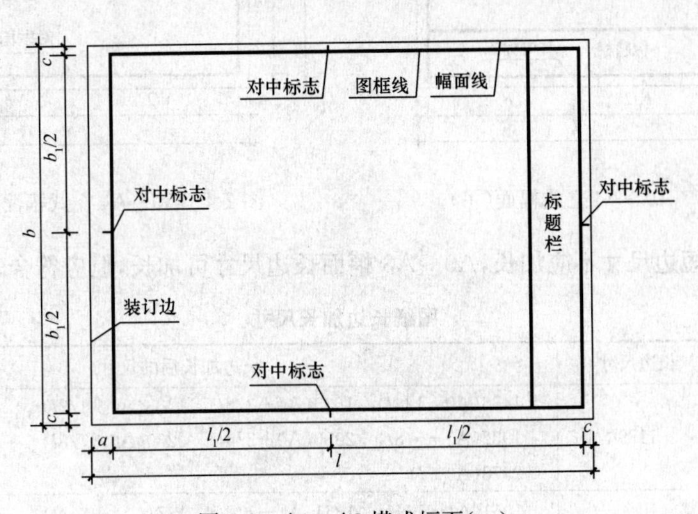

图 2-1　A0～A3 横式幅面(一)

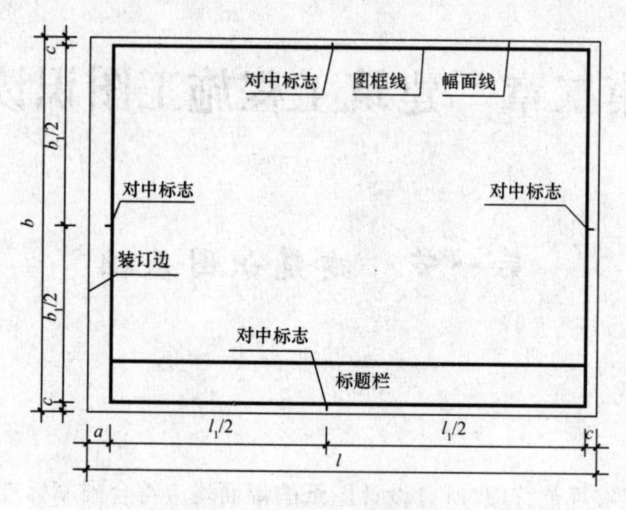

图 2-2　A0～A3 横式幅面(二)

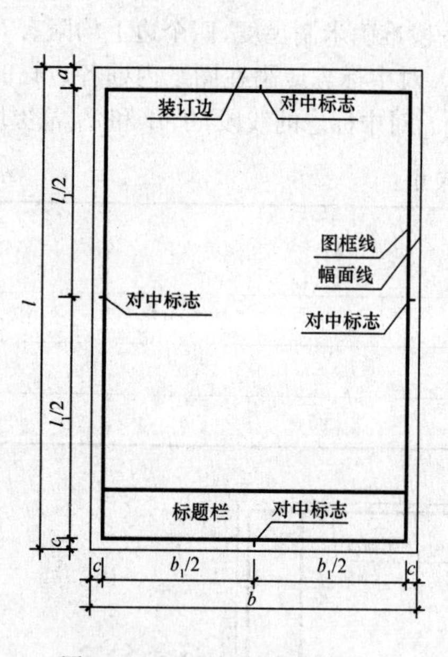

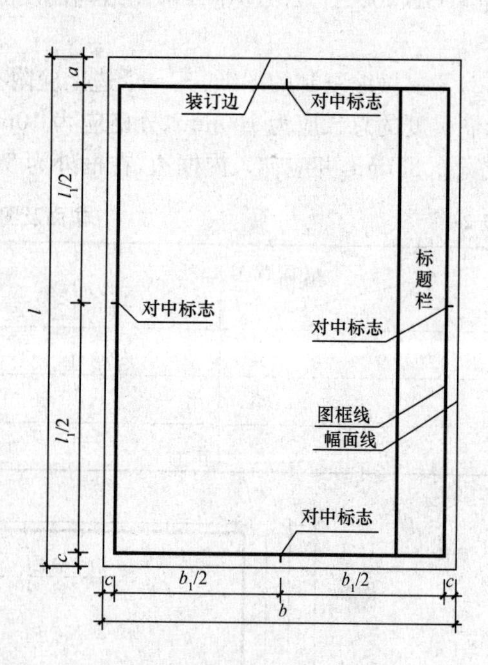

图 2-3　A0～A4 立式幅面(一)　　　　图 2-4　A0～A4 立式幅面(二)

(3)图纸的短边尺寸不应加长,A0～A3 幅面长边尺寸可加长,但应符合表 2-2 的规定。

表 2-2　　**图纸长边加长尺寸**　　mm

幅面代号	长边尺寸	长边加长后的尺寸
A0	1189	1486(A0+1/4*l*)　1635(A0+3/8*l*)　1783(A0+1/2*l*) 1932(A0+5/8*l*)　2080(A0+3/4*l*)　2230(A0+7/8*l*) 2378(A0+*l*)
A1	841	1051(A1+1/4*l*)　1261(A1+1/2*l*)　1471(A1+3/4*l*) 1682(A1+*l*)　1892(A1+5/4*l*)　2102(A1+3/2*l*)

续表

幅面代号	长边尺寸	长边加长后的尺寸
A2	594	743(A2+1/4l)　891(A2+1/2l)　1041(A2+3/4l) 1189(A2+l)　1338(A2+5/4l)　1486(A2+3/2l) 1635(A2+7/4l)　1783(A2+2l)　1932(A2+9/4l) 2080(A2+5/2l)
A3	420	630(A3+1/2l)　841(A3+l)　1051(A3+3/2l) 1261(A3+2l)　1471(A3+5/2l)　1682(A3+3l) 1892(A3+7/2l)

注:有特殊需要的图纸,可采用 $b \times l$ 为 841mm×891mm 与 1189mm×1261mm 的幅面。

2. 标题栏

标题栏应符合图 2-5、图 2-6 的规定,根据工程的需要选择确定其尺寸、格式及分区。签字栏应包括实名列和签名列,其中涉外工程的标题栏内,各项主要内容的中文下方应附有译文,设计单位的上方或左方,应加“中华人民共和国”字样。在计算机制图文件中,当使用电子签名与认证时,应符合国家有关电子签名法的规定。

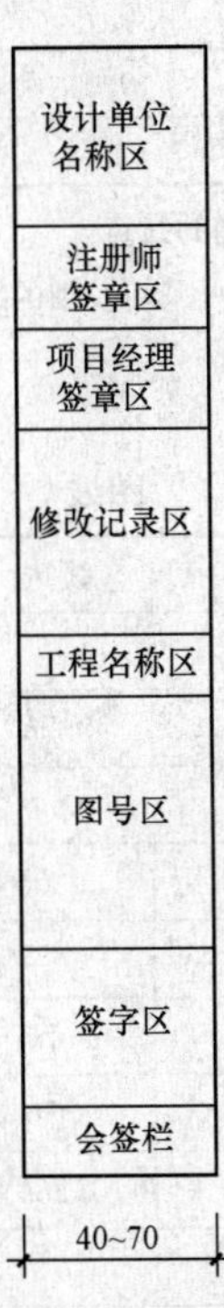

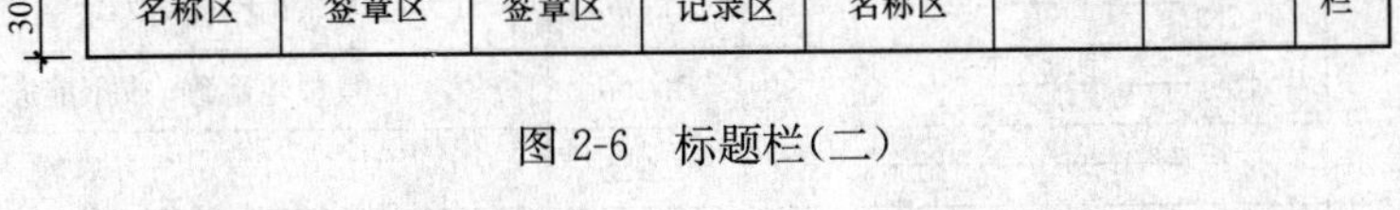

设计单位
名称区
注册师
签章区
项目经理
签章区
修改记录区
工程名称区
图号区
签字区
会签栏
40~70

图 2-5　标题栏(一)

30~50
设计单位
名称区
注册师
签章区
项目经理
签章区
修改
记录区
工程
名称区
图号区
签字区
会签
栏

图 2-6　标题栏(二)

图纸的图框和标题栏线可采用表 2-3 的线宽。

表 2-3 图框和标题栏线的宽度 mm

幅面代号	图框线	标题栏外框线	标题栏分格线
A0、A1	b	0.5b	0.25b
A2、A3、A4	b	0.7b	0.35b

3. 图线

在建筑工程图中，为了分清主次，绘图时必须采用不同线型和不同线宽的图线，图线的宽度 b，应从 1.4、1.0、0.7、0.5、0.35、0.25、0.18、0.13(mm)线宽系列中选取。图线宽度不应小于 0.1mm。每个图样，应根据复杂程度与比例大小，先选定基本线宽组，再选用表 2-4 中相应的线宽组。

表 2-4 线宽组 mm

线宽比	线宽组			
b	1.4	1.0	0.7	0.5
0.7b	1.0	0.7	0.5	0.35
0.5b	0.7	0.5	0.35	0.25
0.25b	0.35	0.25	0.18	0.13

注：1. 需要缩微的图纸，不应采用 0.18mm 及更细的线宽。

2. 同一张图纸内，各不同线宽中的细线，可统一采用较细的线宽组的细线。

工程建设制图图线应按表 2-5 选用。

表 2-5 图线

名称		线型	线宽	用途
实线	粗		b	主要可见轮廓线
	中粗		0.7b	可见轮廓线
	中		0.5b	可见轮廓线、尺寸线、变更云线
	细		0.25b	图例填充线、家具线
虚线	粗		b	见各有关专业制图标准
	中粗		0.7b	不可见轮廓线
	中		0.5b	不可见轮廓线、图例线
	细		0.25b	图例填充线、家具线
单点长画线	粗		b	见各有关专业制图标准
	中		0.5b	见各有关专业制图标准
	细		0.25b	中心线、对称线、轴线等
双点长画线	粗		b	见各有关专业制图标准
	中		0.5b	见各有关专业制图标准
	细		0.25b	假想轮廓线、成型前原始轮廓线
折断线	细		0.25b	断开界线
波浪线	细		0.25b	断开界线

二、常用建筑材料图例

常用建筑材料应按表 2-6 所示图例画法绘制。当选用表 2-6 中未包括的建筑材料时，可自编图例。

表 2-6　　常用建筑材料图例

序号	名称	图　例	备　注
1	自然土壤		包括：各种自然土壤
2	夯实土壤		—
3	砂、灰土	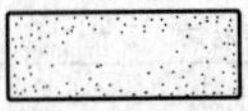	—
4	砂砾石、碎砖三合土	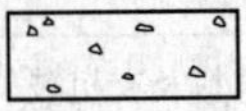	—
5	石材		—
6	毛石		—
7	普通砖		包括：实心砖、多孔砖、砌块等砌体。断面较窄不易绘出图例线时，可涂红，并在图纸备注中加注说明，画出该材料图例
8	耐火砖	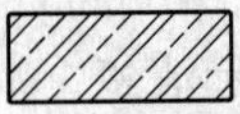	包括：耐酸砖等砌体
9	空心砖	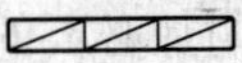	指非承重砖砌体
10	饰面砖		包括：铺地砖、马赛克、陶瓷锦砖、人造大理石等
11	焦渣、矿渣	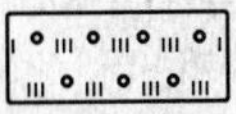	包括：与水泥、石灰等混合而成的材料
12	混凝土	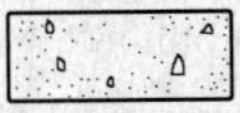	1. 本图例指能承重的混凝土及钢筋混凝土 2. 包括各种强度等级、骨料、添加剂的混凝土 3. 在剖面图上画出钢筋时，不画图例线 4. 断面图形小，不易画出图例线时，可涂黑
13	钢筋混凝土		
14	多孔材料	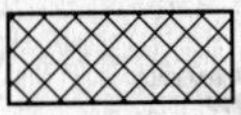	包括：水泥珍珠岩、沥青珍珠岩、泡沫混凝土、非承重加气混凝土、软木、蛭石制品等
15	纤维材料	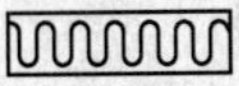	包括：矿棉、岩棉、玻璃棉、麻丝、木丝板、纤维板等
16	泡沫塑料材料	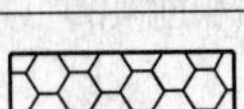	包括：聚苯乙烯、聚乙烯、聚氨酯等多孔聚合物类材料
17	木材	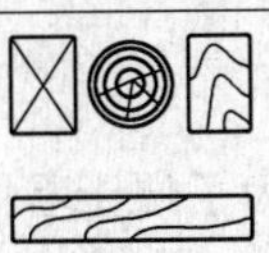	1. 上图为横断面，左上图为垫木、木砖或木龙骨 2. 下图为纵断面
18	胶合板	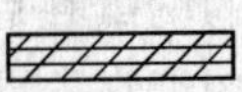	应注明为×层胶合板

续表

序号	名称	图例	备注
19	石膏板		包括：圆孔、方孔石膏板、防水石膏板、硅钙板、防火板等
20	金属		1. 包括各种金属 2. 图形小时，可涂黑
21	网状材料		1. 包括金属、塑料网状材料 2. 应注明具体材料名称
22	液体		应注明具体液体名称
23	玻璃		包括：平板玻璃、磨砂玻璃、夹丝玻璃、钢化玻璃、中空玻璃、夹层玻璃、镀膜玻璃等
24	橡胶		—
25	塑料		包括：软、硬塑料及有机玻璃等
26	防水材料		构造层次多或比例大时，采用上图例
27	粉刷		本图例采用较稀的点

注：序号 1、2、5、7、8、13、14、16、17、18 图例中的斜线、短斜线、交叉斜线等均为 45°。

(1)常用建筑材料的图例画法尺度比例不作具体规定。使用时，应根据图样大小而定，并应符合下列规定：

1)图例线应间隔均匀、疏密适度，做到图例正确、表示清楚。

2)不同品种的同类材料使用同一图例时，应在图上附加必要的说明。

3)两个相同的图例相接时，图例线宜错开或使倾斜方向相反(图 2-7)。

4)两个相邻的涂黑图例间应留有空隙，其净宽度不得小于 0.5mm(图 2-8)。

(2)下列情况可不加图例，但应加文字说明：

1)一张图纸内的图样只用一种图例时。

2)图形较小无法画出建筑材料图例时。

(3)需画出的建筑材料图例面积过大时，可在断面轮廓线内，沿轮廓线作局部表示(图 2-9)。

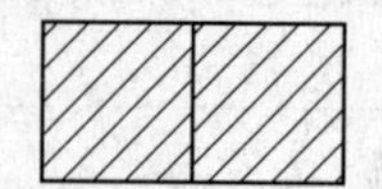
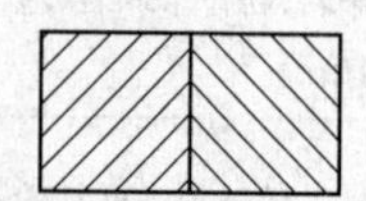

图 2-7 相同图例相接时的画法

图 2-8 相邻涂黑图例的画法

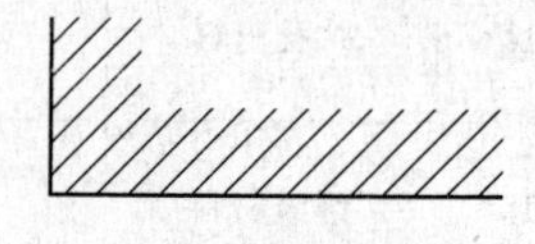

图 2-9 局部表示图例

三、图纸编排顺序

一套建筑工程施工图往往有几十张，甚至几百张，为了便于看图与查找，往往需要把图纸按顺序编排。一般是代表全局性的图纸在前，表示局部的图纸在后；先施工的图纸在前，后施工的图纸在后；主要的图纸在前，次要的图纸在后；基本图纸在前，详图在后。

第二节　建筑工程视图识读

由于组合体组合方式较为复杂，在实际读图时，很难确定某一组合体所属的类型，当然，也就无法确定它的读图方法。因此，读图方法的选择也就成为读图时的重点问题。

阅读视图的方法有很多，常用的识读方法是线面分析法和形体分析法。其中，形体分析法是读图方法中最基本、最常用的方法。

一、建筑视图识读要求

1. 重点查看特征视图

重点查看特征视图，是指在结合各视图进行识读的基础上，对那些能反映物体形状特征或位置特征的视图，要给予更多的关注。

如图 2-10(a)所示，左视图清晰地反映了物体的位置特征(前半部为半个凹圆槽，后半部为半个凸圆柱)；而图 2-10(b)表达的是一块带有圆角的底板，在它的三个视图中，俯视图反映了板的圆角和圆孔形状。因此，读图时这两个视图应作为重点。

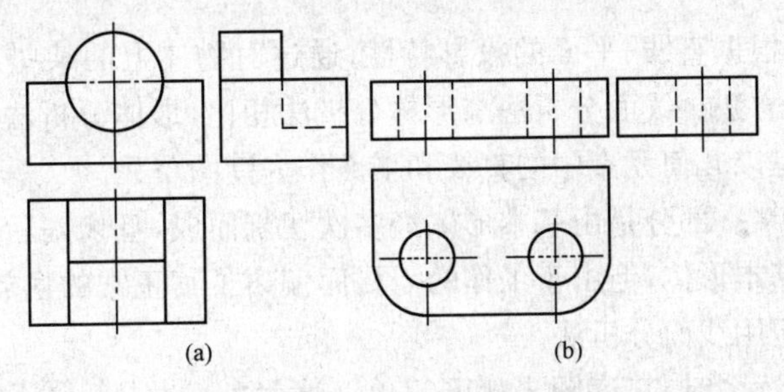

图 2-10　重点查看特征视图示例

2. 同一组视图结合识读

在读图时，应充分利用所给视图组合中的各视图来识读，不能只盯着一个视图看。如图 2-11 所示为五个基本形体，每个物体均给出两个视图，其中前三个物体的正视图均为梯形，但不能因此而得出结论说它们所表达的是同一个物体。结合它们的俯视图，我们可以得知：它们分别表示的是四棱台、截角三棱柱(又称四坡屋面)和圆台。同理，虽然后面三个物体的俯视图均相同，但结合它们的正视图我们可以得知：第四个物体表达的是被截圆球，而最后一个则是空心圆柱。

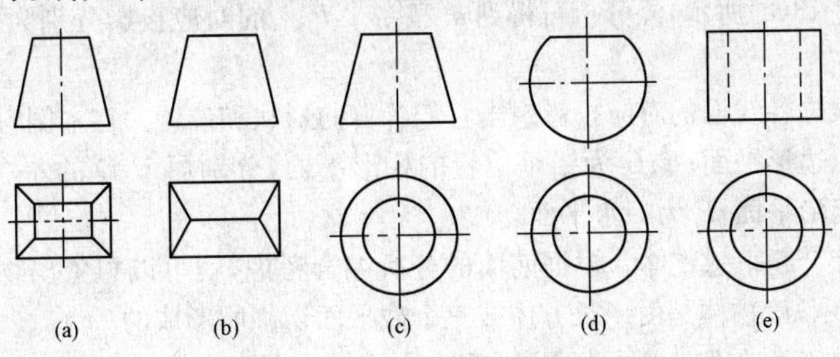

图 2-11　同一组视图结合识读示例

3. 虚线和实线的对比与分析

在物体的视图中，虚线和实线所表示的含义完全不同，虚线表示的是物体上的不可见部分，如孔、洞、槽等。如图 2-12 所示的两个物体，它们的三视图很相似，唯一的区别就是正视图中的虚线和实线。所以，在读图过程中，要特别注重对实线和虚线的对比与分析。

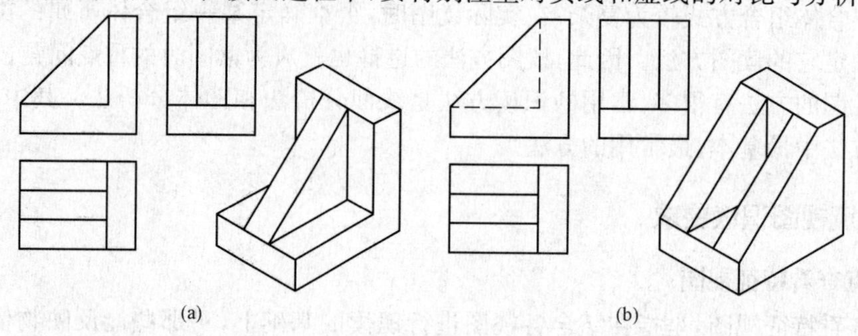

图 2-12　虚线与实线的对比与分析示例

二、建筑视图识读方法

1. 线面分析法

线面分析法是指根据直线、平面的投影特性，通过对物体上的某些边线或表面的投影进行分析而读图的一种方法。线面分析法与形体分析法相比，形体分析法是以基本形体为读图单元，而线面分析法是以几何元素中的直线和平面作为读图单元。

当物体或物体的某一部分是由基本形体经多次切割而成，且切割后其形状与基本形体差异较大时，或虽然是基本形体，但由于工作的需要而偏离了其正常的摆放位置，用形体分析法读图非常困难时，可运用线面分析法。

应用线面分析法读图时，其读图步骤可简单概述为“分、找、想、合”四个字。现以图 2-13 所示三视图的识读为例加以说明。

(1)分，即分析线框。在物体视图中，每个线框都代表了物体上的一个表面。读图时，应对视图上所有的线框进行分析。为了避免出现漏读某些线框的情况，读图时，应从线框最多的视图入手，进行线框的划分。如图 2-13(a)所示的物体，先将它的左视图分别划分为 a''、b''、c''、d''四个线框，而线框 e''可由后面的步骤分析得到。

(2)找，即找出相对应的投影。由平面投影的投影特性可知，除非积聚，否则平面各投影均为“类似形”；反之，无类似形则必定积聚。由此可以很方便地找到各线框所对应的另外两面投影。如图 2-13(a)所示，经分析可得到 a''、b''、c''、d''、e''的对应投影分别为 a'、a，b'、b，c'、c，d'、d 和 e'、e。

(3)想，即根据各线框的对应投影想出它们各自的形状和位置。在本例中，可以想象出：A 为正垂位置的六边形平面；B、C 为铅垂位置的梯形平面，分别居于 D 的左右两旁且对称；D 为侧平位置的矩形平面；E 为一水平面。

(4)合，即综合起来想整体。根据前面的分析综合考虑，就可以想象出物体的真实形状。如图 2-13(b)所示，该物体是由一长方体被三个截平面切割所形成的。

阅读视图时正确地理解视图中图线和线框的含义，对顺利读图有很大帮助。

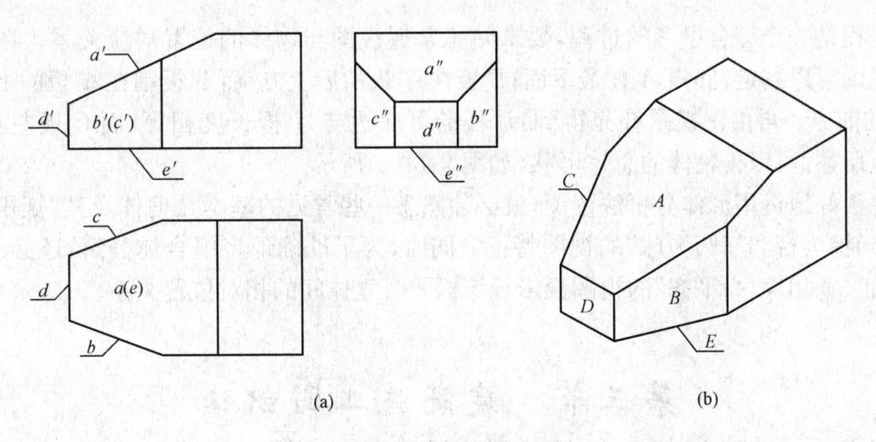

图 2-13　线面分析法读图

2. 形体分析法

形体分析法就是先将物体分解成几个简单的基本几何体的组合，然后逐个想象出各基本几何体的形状，再根据它们的相对位置和组合方式综合得出物体的总体形状及其结构。

应用形体分析法读图时，其步骤也可简单概括为“分、找、想、合”四个字。现以图 2-14 所示三视图的识读为例加以说明。

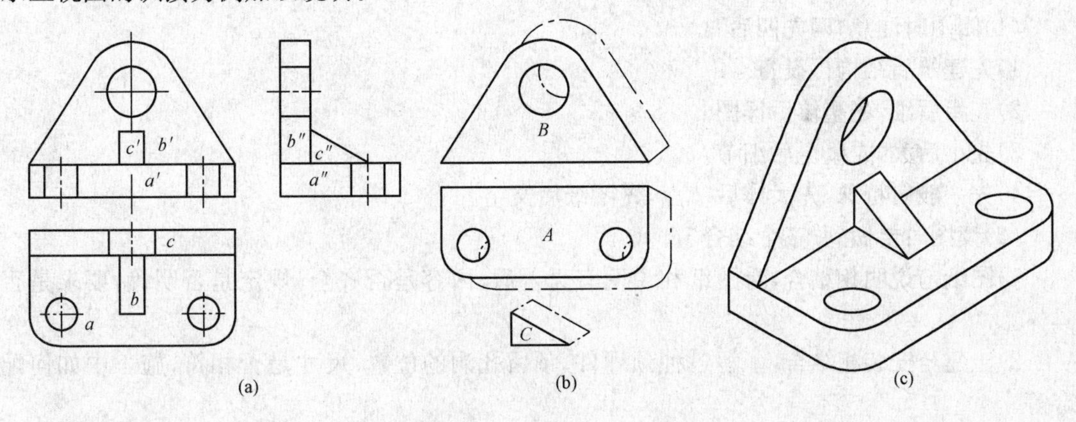

图 2-14　形体分析法读图

(1)分，即分解视图，其分解对象应为物体三视图中的某一个。一般应从投影重叠较少的视图，即结构特征较明显的视图入手，如本例中的左视图，即如图 2-14(a)所示，将物体的左视图按线框分解为 a''、b''和 c''。

(2)找，即找出对应的投影。找对应投影的依据是“长对正、宽相等、高平齐”的投影规律。如图 2-14(a)所示，a''、b''、c''的对应投影分别为正视图中的 a'、b'、c'和俯视图中的 a、b、c。

(3)想，即想象各个部分的形状。其“想”的基础是对基本立体投影的熟悉程度。如图 2-14(b)所示，根据已有的 a、a'、a''和 b、b'、b''以及 c、c'、c''，对照基本立体投影特征中“矩矩为柱”，可以看出：A 为一水平放置的带有两个圆角的底板；B 为一竖直放置的带有一个圆角的三角形板；C 为一三角形支撑板。

(4)合，即根据各部分的相对位置及组合方式综合起来想象物体的总体形状和结构。

“合”的过程是一个综合思考的过程，要求熟练掌握视图与物体的位置对应关系。在本例中，根据左视图可以判定：底板 A 在最下面；B 板在 A 板的后上方；而 C 板则在 A 板的上方，同时在 B 板的前方。再由正视图补充得到：B 板的下底边与 A 板长度相等，而 C 板左右居中放置。综上所述，可以得物体的总体形状，如图 2-14(c)所示。

要想很好地运用形体分析法读图，就必须熟悉一些常见的基本几何体及其“矩矩为柱，三三为锥，梯梯为台和三圆为球”的视图特征。同时，为了准确地将组合体分解，还必须牢固掌握“长对正、宽相等、高平齐”的视图投影规律以及各立体间的相对位置关系。

第三节　建筑施工图识读

一、建筑施工图识读原则

将一幢拟建房屋的内外形状和大小，以及各部分的结构、构造、装修、设备等内容，按照“制图标准”的规定，用正投影方法详细、准确地画出的图样，称为“房屋建筑图”。它是用以指导施工的一套图纸，所以又称为“施工图”。要尽快地熟悉图纸，必须掌握关键知识，抓住要领，具体做法如下：

(1)阅图时注意“四先四后”：

1)先建筑后结构再设备。

2)先粗后细，先整体后详图。

3)先小后大，先概况后细节。

4)先一般后特殊，先大体后节点，先图纸后文字。

(2)读图时要做到“三个结合”：

1)图纸与说明相结合，看图纸和说明有无矛盾，内容是否齐全，规定是否明确，要求是否具体。

2)土建与安装相结合，了解各种预埋件、预留孔洞的位置、尺寸是否相符，施工中如何配合等。

3)图纸要求与实际情况相结合。

二、建筑总平面图识读

总平面图是一个建设项目的总体布局，表示新建房屋所在基地范围内的平面布置、具体位置以及周围情况（包括标高、长、宽、尺寸、层数）等，识读前应先熟悉总平面图的常用图例，识读时还应注意以下几点：

(1)熟悉总平面图的图例，查阅图标及文字说明，了解工程性质、位置、规模及图纸比例。

(2)查看建设基地的地形、地貌、用地范围及周围环境等，了解新建房屋和道路、绿化布置情况。

(3)看新建房屋的定位尺寸。新建房屋的定位方式基本上有两种：一种是以周围其他建筑物或构筑物为参照物，实际绘图时，标明新建房屋与其相邻的原有建筑物或道路中心线的相对位置尺寸；另一种是以坐标表示新建筑物或构筑物的位置。

(4)当地形复杂时，要了解地形概貌，观察图形等高线。

(5)了解新建房屋的室内、外高差，道路标高，坡度以及地表水排流情况。

(6)查看房屋与管线走向的关系以及管线引入建筑物的具体位置。

三、建筑平面图识读

建筑平面图实际上是一幢房屋的水平剖面图。它是假想用一水平剖面将房屋沿门窗洞口剖开，移去上部分，剖面以下部分的水平投影图就是平面图。对于楼层房屋，一般应每一层都画一个平面图，当有几层平面布置完全相同时，可只画一个平面图作为代表，称标准平面图，但底层和顶层要分别画出。识读时应先熟悉建筑构造及配件图例、图名、图号、比例及文字说明，并且还应注意以下几点：

(1)定位轴线，凡是承重墙、柱、梁、屋架等主要承重构件都应画上轴线，并编上轴线号，以确定其位置；对于次要的墙、柱等承重构件，则编附加轴线号确定其位置。

(2)房屋平面布置，包括平面形状、朝向、出入口、房间、走廊、门厅、楼梯间等的布置组合情况。从平面图的形状与总长、总宽尺寸，可计算出房屋的用地面积；从图中墙的分隔情况和房间的名称，可了解到房屋内部各房间的分布、用途、数量及其相互间的联系情况。

(3)阅读各类尺寸。图中标注房屋总长及总宽尺寸，各房间开间、进深、细部尺寸和室内外地面标高。

1)外部尺寸。外部尺寸一般标注三道尺寸，最外一道尺寸为总尺寸，表示建筑物的总长、总宽，即从一端外墙皮到另一端外墙皮的尺寸；中间一道尺寸为定位尺寸，表示轴线尺寸，即房间的开间与进深尺寸；最里一道为细部尺寸，表示各细部的位置及大小，如外墙门窗的大小以及与轴线的平面关系。

2)内部尺寸。用来标注内部门窗洞口的宽度及位置、墙身厚度以及固定设备大小和位置等，一般用一道尺寸线表示。

(4)门窗的类型、数量、位置及开启方向。为了便于施工，一般情况下，在首页图上或在本平面图内，附有门窗表，列出门窗的编号、名称、尺寸、数量及其所选标准图集的编号等内容。

(5)墙体、(构造)柱的材料、尺寸。涂黑的小方块表示构造柱的位置。

(6)阅读剖切符号和索引符号的位置和数量。

四、建筑立面图识读

建筑立面图就是对房屋的前后左右各个方向所作的正投影图，如图 2-15 所示，其可以按房屋朝向、轴线的编号和房屋外貌特征进行命名，识读时应注意以下几点：

(1)了解立面图的朝向及外貌特征。如：房屋层数，阳台、门窗的位置和形式，雨水管、水箱的位置以及屋顶隔热层的形式等。

(2)看立面图中的标高尺寸。立面图中应标注必要的尺寸和标高。(注写的标高尺寸部位有室内外地坪、檐口、屋脊、女儿墙、雨篷、门窗、台阶等处的标高。)

(3)看房屋外墙表面装修的做法和分格线等。在立面图上，外墙表面分格线应表示清楚，应用文字说明各部位所用面材和颜色。

(4)各部位标高尺寸。找出图中标示室外地坪、勒脚、窗台、门窗顶及檐口等处的标高。

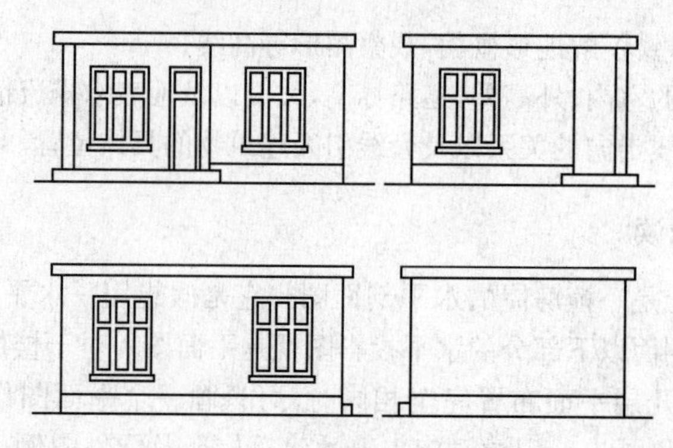

图 2-15　建筑立面图的形式

五、建筑剖面图识读

建筑剖面图一般是指建筑物的垂直剖面图，且多为横向剖切形式，其剖面位置内部包括：墙、柱轴线主要结构和建筑构造部件、内外部尺寸、标高等。识读时应注意以下几点：

(1)了解剖切位置、投影方向和比例。注意图名及轴线编号应与底层平面图相对应。

(2)分层、楼梯分段与分级情况。

(3)标高及竖向尺寸。图中的主要标高有室内外地坪、入口处、各楼层、楼梯休息平台、窗台、檐口、雨篷底等；主要尺寸有房屋进深、窗高度、上下窗间墙高度、阳台高度等。

(4)主要构件间的关系，图中各楼板、屋面板及平台板是否搁置在砖墙上，是否设有圈梁和过梁。

(5)屋顶、楼面、地面的构造层次和做法。

(6)剖面图应画出剖切后留下部分的投影图，识读时还应注意以下几点：

1)图线。被剖切的轮廓线用粗实线，未剖切的可见轮廓线为中实线。

2)不可见线。在剖面图中，看不见的轮廓线一般不画，特殊情况可用虚线表示。

3)被剖切面的符号表示。剖面图中的切口部分(剖切面上)，一般画上表示材料种类的图例符号；当不需表示出材料种类时，用45°平行斜细线表示；当切口截面比较狭小时，可涂黑表示。

六、建筑详图识读

一个建筑物仅有建筑平、立、剖面图还不能满足施工要求，这是因为建筑物的平、立、剖面图样比例较小，建筑物的某些细部及构配件的详细构造和尺寸无法表示清楚。所以，在一套施工图中，除了有全局性的基本图样外，还必须有许多比例较大的图样，对建筑物细部的形状、大小、材料和做法加以补充说明，这种图样称为建筑详图。建筑详图是建筑细部施工图，是建筑平、立、剖面图的补充，是建筑施工的重要依据之一。建筑详图识读要点如下：

(1)明确详图与被索引图样的对应关系。

(2)查看详图所表达的细部或构配件的名称及其图样组成。

第三章　建筑工程定额简介

第一节　建筑工程定额概述

一、建筑工程定额的概念及作用

从字面意思可以看出，定，就是规定；额，就是额度或限度。从广义上讲，定额是在正常的施工生产条件下，完成单位合格产品所必需的人工、材料、施工机械设备及其资金消耗的数量标准。不同的产品有不同的质量要求，因此，不能把定额看成是单纯的数量关系，而应看成是质和量的统一体。

在建筑生产中，为了完成建筑产品，必须消耗一定数量的人工、材料和机械台班以及相应的资金，在一定的生产条件下，用科学方法制定出的生产质量合格的单位建筑产品所需要的人工、材料和机械台班等的数量标准，就称为建筑工程定额。

在工程建设和企业管理中，确定和执行先进合理的定额是技术和经济管理工作中的重要一环。在工程项目的计划、设计和施工中，定额具有以下几个方面的作用：

(1)定额是编制计划的重要基础。

(2)定额是确定工程造价的依据和评价设计方案经济合理性的尺度。

(3)定额是组织和管理施工的工具。

(4)定额是总结先进生产方法的手段。

二、建筑工程定额的特点

1. 科学性

工程建设定额的科学性首先表现在定额是在认真研究客观规律的基础上，自觉地遵守客观规律的要求，实事求是地制定的。定额的科学性还表现在制定定额所采用的方法上，通过不断吸收现代科学技术的新成就，不断完善，形成一套严密的确定定额水平的科学方法。

2. 系统性

工程建设定额是相对独立的系统，它是由多种定额结合而成的有机整体。工程建设定额的系统性是由工程建设的特点决定的。按照系统论的观点，工程建设就是庞大的实体系统。工程建设定额是为这个实体系统服务的。因而，工程建设本身的多种类、多层次就决定了以它为服务对象的工程建设定额的多种类、多层次。

3. 权威性

工程建设定额具有很大权威，这种权威在一些情况下具有经济法规性质。权威性反映统一的意志和统一的要求，也反映信誉和信赖程度以及反映定额的严谨性。应该指出的是，在社会主义市场经济条件下，对定额的权威性不应该绝对化。定额毕竟是主观对客观的反映，定额的权威性会受到人们认识的局限。

4. 统一性

工程建设定额的统一性，主要是由国家对经济发展的有计划的宏观调控职能决定的。工程建设定额的统一性按照其影响力和执行范围来看，有全国统一定额、地区统一定额和行业统一定额等；按照定额的制定、颁布和贯彻使用来看，有统一的程序、统一的原则、统一的要求和统一的用途。为了使国民经济按照既定的目标发展，就需要借助于某些标准、定额、参数等，对工程建设进行规划、组织、调节和控制。

5. 稳定性与时效性

建筑工程定额中的任何一种都是一定时期技术发展和管理水平的反映，因而在一段时间内都表现出稳定的状态。保持定额的稳定性是维护定额的权威性所必需的，更是有效地贯彻定额所必要的。如果某种定额处于经常修改变动之中，那么必然造成执行中的困难和混乱，使人们感到没有必要去认真对待它，很容易导致定额权威性的丧失。工程建设定额的不稳定也会给定额的编制工作带来极大的困难。但是工程建设定额的稳定性是相对的。当生产力向前发展了，定额就会与已经发展了的生产力不相适应。这样，它原有的作用就会逐步减弱以至消失，需要重新编制或修订。

三、建筑工程定额的分类

工程建设定额是工程建设中各类定额的总称。它包括许多种类的定额，为了对工程建设定额能有一个全面的了解，可以按照不同的原则和方法对它进行科学的分类。

1. 按反映的生产要素消耗内容分

按反映的生产要素消耗内容分，可以把工程建设定额分为劳动消耗定额、机械消耗定额和材料消耗定额三种。

2. 按编制程序和用途分

按编制程序和用途分，可以把工程建设定额分为施工定额、预算定额、概算定额、概算指标、投资估算指标五种。

3. 按投资的费用性质分

按投资的费用性质分，可以把工程建设定额分为建筑工程定额、设备安装工程定额、建筑安装工程费用定额、工器具定额以及工程建设其他费用定额等。

4. 按专业性质分

按专业性质分，可以把工程建设定额分为全国通用定额、行业通用定额和专业专用定额三种。全国通用定额是指在部门间和地区间都可以使用的定额；行业通用定额是指具有专业特点在行业部门内可以通用的定额；专业专用定额是特殊专业的定额，只能在制定的范围内使用。

5. 按主编单位和管理权限分

按主编单位和管理权限分，可以把工程建设定额分为全国统一定额、行业统一定额、地区统一定额、企业定额、补充定额五种。

第二节　人工、材料、机械台班消耗定额

人工、材料、机械台班消耗量是以劳动定额、材料消耗定额、机械台班使用定额的形式来表现的。

一、劳动定额

劳动定额又称人工定额，是建筑安装工程统一劳动定额的简称，是建筑安装工人在正常的施工(生产)条件下、在一定的生产技术和生产组织条件下、在平均先进水平的基础上制定的。它表明每个建筑安装工人生产单位合格产品所必须消耗的劳动时间，或在单位时间所生产的合格产品的数量。

劳动定额这个标准是国家和企业对工人在单位时间内的劳动数量、质量的综合要求，也是建筑施工企业内部组织生产、编制施工作业计划、签发施工任务单、考核工效和进行经济核算等的依据。按其表现形式的不同，可分为时间定额和产量定额两种。

时间定额是工人在合理的施工条件下，完成单位合格产品所必须消耗的工作时间；产量定额是在合理的施工条件下，单位时间内完成合格产品的数量。两者一般采用复式形式表示，其分子为时间定额，分母为产量定额，时间定额和产量定额互为倒数。

劳动定额又有综合定额和单项定额之分。综合定额是指完成同一产品中的各单项(工序)定额的综合。综合定额的时间定额由各单项时间定额相加而成。综合定额的产量定额为综合定额的时间定额的倒数。

完成任何施工过程，都必须消耗一定的工作时间。要研究施工过程中的工时消耗量，就必须对工作时间进行分析，具体可以从以下五个方面进行：

1. 拟定基本工作时间

基本工作时间在必需消耗的工作时间中占的比重最大。在确定基本工作时间时，必须细致、精确。基本工作时间消耗一般应根据计时观察资料来确定。其做法是：首先确定工作过程每一组成部分的工时消耗，然后再综合出工作过程的工时消耗。如果组成部分的产品计量单位和工作过程的产品计量单位不符，就需先求出不同计量单位的换算系数，进行产品计量单位的换算，然后再相加，求得工作过程的工时消耗。

2. 拟定辅助工作时间和准备与结束工作时间

辅助工作和准备与结束工作时间的确定方法与基本工作时间相同。但是，如果这两项工作时间在整个工作班工作时间消耗中所占比重不超过5%～6%，则可归纳为一项，以工作过程的计量单位表示，确定出工作过程的工时消耗。

如果在计时观察时不能取得足够的资料，也可采用工时规范或经验数据来确定。如具有现行的工时规范，可以直接利用工时规范中规定的辅助和准备与结束工作时间的百分比来计算。

3. 拟定不可避免的中断时间

在确定不可避免中断时间的定额时，必须注意由工艺特点所引起的不可避免中断时间才

可列入工作过程的时间定额。

不可避免中断时间也需要根据测时资料通过整理分析获得，也可以根据经验数据或工时规范，以占工作日的百分比表示此项工时消耗的时间定额。

4. 拟定休息时间

休息时间应根据工作班作息制度、经验资料、计时观察资料，以及对工作的疲劳程度作全面分析来确定。同时，应考虑尽可能利用不可避免中断时间作为休息时间。

从事不同工种、不同工作的工人，疲劳程度有很大差别。为了合理确定休息时间，往往要对从事各种工作的工人进行观察、测定，以及进行生理和心理方面的测试，以便确定其疲劳程度。国内外往往按工作轻重和工作条件好坏，将各种工作划分为不同的级别。如我国某地区工时规范将体力劳动分为六类：最沉重、沉重、较重、中等、较轻、轻便。

5. 拟定定额时间

确定的基本工作时间、辅助工作时间、准备与结束工作时间、不可避免中断时间和休息时间之和，就是劳动定额的时间定额。根据时间定额可计算出产量定额，时间定额和产量定额互成倒数。

利用工时规范，可以计算劳动定额的时间定额。其计算公式如下：

$$\text{作业时间}=\text{基本工作时间}+\text{辅助工作时间} \tag{3-1}$$

$$\text{规范时间}=\text{准备与结束工作时间}+\text{不可避免的中断时间}+\text{休息时间} \tag{3-2}$$

$$\begin{aligned}\text{工序作业时间}&=\text{基本工作时间}+\text{辅助工作时间}\\&=\text{基本工作时间}/[1-\text{辅助时间}(\%)]\end{aligned} \tag{3-3}$$

$$\text{定额时间}=\frac{\text{作业时间}}{1-\text{规范时间}(\%)} \tag{3-4}$$

二、材料消耗定额

材料消耗定额是指在正常的施工(生产)条件下，在节约和合理使用材料的情况下，生产单位合格产品所必须消耗的一定品种、规格的原材料、半成品、配件等的数量标准。

材料消耗定额由两个部分组成：一部分是直接构成建筑工程或构配件实体的材料耗用量，称为材料净用量；另一部分是生产操作过程中损耗的材料耗用量，称为材料损耗量。材料净用量与材料损耗量之和称为材料总消耗量，损耗量与总消耗量之比称为材料损耗率，它们的关系用公式表示如下：

$$\text{损耗率}=\frac{\text{损耗量}}{\text{总消耗量}}\times 100\% \tag{3-5}$$

$$\text{损耗量}=\text{总消耗量}-\text{净用量} \tag{3-6}$$

$$\text{净用量}=\text{总消耗量}-\text{损耗量} \tag{3-7}$$

$$\text{总消耗量}=\frac{\text{净用量}}{1-\text{损耗率}} \tag{3-8}$$

或

$$\text{总消耗量}=\text{净用量}+\text{损耗量} \tag{3-9}$$

为了简便，通常将损耗量与净用量之比，作为损耗率。即：

$$\text{损耗率}=\frac{\text{损耗量}}{\text{净用量}}\times 100\% \tag{3-10}$$

$$\text{总消耗量}=\text{净用量}\times(1+\text{损耗率}) \tag{3-11}$$

1. 材料消耗定额的编制方法

材料消耗定额必须在充分研究材料消耗规律的基础上制定。科学的材料消耗定额应当是材料消耗规律的正确反映。材料消耗定额是通过施工生产过程中对材料消耗进行观测、试验以及根据技术资料的统计与计算等方法制定的,其编制方法见表 3-1。

表 3-1 材料消耗定额的编制方法

项目	具体内容	优缺点
观测法	观测法也称现场测绘法,是在合理与节约使用材料的条件下,对施工过程中实际完成产品的数量与所消耗的各种材料数量进行现场观察、测定,通过分析整理和计算确定建筑材料消耗定额的方法	能通过现场观察、测定,取得产品产量和材料消耗的情况,为编制材料定额提供技术根据
试验法	试验法是通过专门的试验仪器和设备,在试验室内进行观察和测定,再通过整理计算出材料消耗定额的一种方法	能够更深入、详细地研究各种因素对材料消耗的影响,保证原始材料的准确性。试验法不能取得在施工现场实际条件下,各种客观因素对材料耗用量影响的实际数据,这是该法的不足之处
统计法	统计法是指在施工过程中,对分部分项工程所拨发材料的数量、竣工后的材料剩余量和完成产品的数量,进行统计、整理、分析研究及计算,以确定材料消耗定额的方法	简便易行,但应注意统计资料的真实性和系统性,还应注意和其他方法结合使用,以提高所制定定额的精确程度
理论计算法	理论计算法是根据施工图,运用一定的数学公式,直接计算材料耗用量	只能计算出单位产品的材料净用量,材料的损耗量仍要在现场通过实测取得

2. 周转性材料消耗量的计算

周转性材料在施工过程中不属于通常的一次性消耗材料,而是可多次周转使用,经过修理、补充才逐渐消耗尽的材料。如:模板、钢板桩、脚手架等,实际上它也是作为一种施工工具和措施。

周转性材料消耗的定额量是指每使用一次摊销的数量,其计算必须考虑一次使用量、周转使用量、回收价值和摊销量之间的关系。

周转使用量是指周转性材料在周转使用和补损的条件下,每周转一次的平均需用量,根据一定的周转次数和每次周转使用的损耗量等因素来确定。

损耗量是周转性材料使用一次后由于损坏而需补损的数量,故在周转性材料中又称“补损量”,按一次使用量的百分数计算。该百分数即为损耗率。

周转性材料在其由周转次数决定的全部周转过程中,投入使用总量的计算公式如下:

$$投入使用总量=一次使用量+一次使用量\times(周转次数-1)\times损耗率 \tag{3-12}$$

因此,周转使用量根据下列公式计算:

$$周转使用量=\frac{投入使用总量}{周转次数}$$

$$=\frac{一次使用量+一次使用量\times(周转次数-1)\times损耗率}{周转次数}$$

$$=一次使用量\times\left[\frac{1+(周转次数-1)\times 损耗率}{周转次数}\right] \quad (3\text{-}13)$$

设

$$周转使用系数\ k_1=\frac{1+(周转次数-1)\times 损耗率}{周转次数} \quad (3\text{-}14)$$

则

$$周转使用量=一次使用量\times k_1 \quad (3\text{-}15)$$

三、机械台班使用定额

机械台班使用定额，也称机械台班消耗定额，是指在正常施工条件下，合理的劳动组合和使用机械，为生产单位合格工程施工产品所必需消耗的机械工作时间标准，或者在单位时间内应用施工机械所应完成的合格工程施工产品。机械台班使用定额以台班为单位，每一台班按 8h 计算。其表达形式有机械时间定额和机械产量定额两种。

编制施工机械台班定额，主要包括以下内容：

1. 确定机械纯工作 1h 正常生产率

确定机械正常生产率时，必须首先确定出机械纯工作 1h 的正常生产率。只有先取得机械纯工作 1h 正常生产率，才能根据机械利用系数计算出施工机械台班使用定额。

机械纯工作时间，就是指机械的必需消耗时间。机械纯工作 1h 正常生产率，就是在正常施工组织条件下，具有必需的知识和技能的技术工人操纵机械 1h 的生产率。

根据机械工作特点的不同，机械纯工作 1h 正常生产率的确定方法也有所不同。

(1)循环动作机械纯工作 1h 正常生产率。循环动作机械如单斗挖土机、起重机等，每一次循环动作的正常延续时间包括不可避免的空转和中断时间，但在同一时间区段中不能重叠计时。

对于按照同样次序、定期重复固定的工作与非工作组成部分的循环动作机械，机械纯工作 1h 正常生产率的计算公式如下：

$$\begin{matrix}机械一次循环的\\正常延续时间(s)\end{matrix}=\sum\left(\begin{matrix}循环各组成部分\\正常延续时间\end{matrix}\right)-重叠时间 \quad (3\text{-}16)$$

$$机械纯工作\ 1h\ 正常循环次数=\frac{3600(s)}{一次循环的正常延续时间} \quad (3\text{-}17)$$

$$\begin{matrix}机械纯工作\ 1h\\正常生产率\end{matrix}=\begin{matrix}机械纯工作\ 1h\\正常循环数次数\end{matrix}\times 一次循环生产的产品数量 \quad (3\text{-}18)$$

从公式中可以看到，计算循环机械纯工作 1h 正常生产率的步骤是：根据现场观察资料和机械说明书确定各循环组成部分的延续时间；将各循环组成部分的延续时间相加，减去各组成部分之间的重叠时间，求出循环过程的正常延续时间；计算机械纯工作 1h 的正常循环次数；计算循环机械纯工作 1h 的正常生产率。

(2)连续动作机械纯工作 1h 正常生产率。对于施工作业中只做某一动作的连续动作机械，确定机械纯工作 1h 正常生产率时，要考虑机械的类型和结构特征，以及工作过程的特点。其计算公式如下：

$$连续动作机械纯工作\ 1h\ 正常生产率=\frac{工作时间内完成的产品数量}{工作时间(h)} \quad (3\text{-}19)$$

2. 确定施工机械的正常利用系数

施工机械的正常利用系数是指机械在工作班内对工作时间的利用率。机械的利用系数和机械在工作班内的工作状况有着密切的关系。

确定机械的正常利用系数，首先要拟定机械工作班的正常工作状况，保证合理利用工时，然后计算机械工作班的纯工作时间，最后确定机械正常利用系数。

(1)拟定机械工作班正常状况，保证合理利用工时，其原则如下：

1)注意尽量利用不可避免的中断时间以及工作开始前与结束后的时间进行机械的维护和保养。

2)尽量利用不可避免的中断时间作为工人休息时间。

3)根据机械工作的特点，对担负不同工作的工人规定不同的工作开始与结束时间。

4)合理组织施工现场，排除由于施工管理不善造成机械停歇。

(2)确定机械正常利用系数。计算工作班正常状况下，准备与结束工作，机械启动、机械维护等工作所必需消耗的时间，以及机械有效工作的开始与结束时间，从而计算出机械在工作班内的纯工作时间。

机械正常利用系数的计算公式如下：

$$\text{机械正常利用系数}=\frac{\text{机械在一个工作班内纯工作时间}}{\text{一个工作班延续时间(8h)}} \tag{3-20}$$

3. 计算施工机械台班定额

计算施工机械台班定额是编制机械定额的最后一步，在确定了机械工作正常条件，机械纯工作 1h 正常生产率和机械正常利用系数之后，采用下列公式计算施工机械的产量定额。

$$\begin{matrix}\text{施工机械台班}\\\text{产量定额}\end{matrix}=\begin{matrix}\text{机械纯工作 1h}\\\text{正常生产率}\end{matrix}\times\begin{matrix}\text{工作班纯}\\\text{工作时间}\end{matrix} \tag{3-21}$$

$$\begin{matrix}\text{施工机械台班}\\\text{产量定额}\end{matrix}=\begin{matrix}\text{机械纯工作 1h}\\\text{正常生产率}\end{matrix}\times\begin{matrix}\text{工作班}\\\text{延续时间}\end{matrix}\times\begin{matrix}\text{机械正常}\\\text{利用系数}\end{matrix} \tag{3-22}$$

$$\text{施工机械时间定额}=\frac{1}{\text{施工机械台班产量定额}} \tag{3-23}$$

第三节　预算定额各消耗量指标确定

预算定额，是规定消耗在合格质量的单位工程基本构造要素上的人工、材料和机械台班的数量标准。所谓工程基本构造要素，即通常所说的分项工程和结构构件。

一、预算定额计量单位的确定

预算定额计量单位的选择，与预算定额的准确性、简明适用性及预算工作的繁简有着密切的关系。因此，在计算预算定额各消耗量之前，应首先确定其计量单位。

基础定额中大多数用扩大定额(按计量单位的倍数)的方法来计量，如“10m”、“100m^2”、“10m^3”等。因此，在计算时应注意分清，务必使工程子项目的计量单位与定额一致，不能随意决定工程量的单位，以免由于计量单位搞错而影响工程量的正确性。比如，脚手架工程的计量单位就有扩大平方米(100m^2)、延长米(100m)和座等。

还要注意某些定额单位的计量，例如，踢脚线是以“延长米”计算而不是以“m^2”计算的。

预算定额单位确定以后，在预算定额项目表中，常采用所取单位的10倍、100倍等倍数的计量单位来制定预算定额。

二、预算定额消耗指标的确定

(一)人工消耗量指标的确定

预算定额的人工消耗量指标，是指完成一定计量单位的分项工程或结构构件所必需的各种用工数量。人工工日数的确定有两种基本方法：一种是以施工的劳动定额为基础来确定；另一种是采用现场实测数据为依据来确定。

1. 人工消耗量指标的内容

以劳动定额为基础的人工工日消耗量的确定包括基本用工和其他用工。

(1)基本用工。基本用工是指完成某工程子项目的主要用工数量。如墙体砌筑工程中，包括调运铺砂浆、运转、砌砖的用工，基本用工量应按综合取定的工程量乘劳动定额中的时间定额进行计算。

(2)其他用工。其他用工是指劳动定额中没有包括而在预算定额内又必须考虑的工时消耗。其内容包括材料及半成品运距用工、辅助用工和人工幅度差。

1)材料及半成品运距用工。材料及半成品运距用工是指预算定额中材料及半成品的运输距离超过了劳动定额基本用工中规定的距离所需增加的用工量。

2)辅助用工。辅助用工是指劳动定额中基本用工以外的材料加工等所用的用工。例如：机械土方工程配合用工、材料加工中过筛砂、冲洗石子、化淋灰膏等。

3)人工幅度差。人工幅度差是指施工定额中劳动定额未包括的、而在一般正常施工情况下又不可避免的零星用工，其内容如下：各工种间的工序搭接及交叉作业互相配合所发生的停歇用工；质量检查和隐蔽工程验收工作的影响；班组操作地点转移用工；工序交接时对前一工序不可避免的修整用工；施工中不可避免的其他零星用工等。

2. 人工消耗量指标的计算方法

人工消耗量指标的计算方法：预算定额各种用工量，根据测算后综合取定的工程数量和劳动定额计算。预算定额是一项综合定额，是按组成分项工程内容的各个工序综合而成。编制分项定额时，要按工序划分的要求测算、综合取定工程量。综合取定工程量是指按照一个地区历年实际设计房屋的情况，选用多份设计图纸，进行测定，取定数量。

(1)基本用工。

$$\text{基本用工工日数量}=\sum(\text{工序工程量}\times\text{时间定额}) \tag{3-24}$$

(2)运距用工。

$$\text{超运距}=\text{预算定额确定的运距}-\text{劳动定额规定的运距} \tag{3-25}$$

$$\text{材料超运距用工工日数量}=\sum(\text{超运距材料数量}\times\text{相应的时间}) \tag{3-26}$$

(3)辅助用工。

$$\text{辅助用工数量}=\sum(\text{加工材料数量}\times\text{时间定额}) \tag{3-27}$$

(4)人工幅度差。

$$\text{人工幅度差用工数量}=(\text{基本用工}+\text{超运距用工}+\text{辅助用工})\times\text{人工幅度差系数} \tag{3-28}$$

(二)材料消耗量指标的确定

预算定额的材料消耗量指标由材料的净用量和损耗量组成。其中损耗量由施工操作损耗、场内运输(从现场内材料堆放点或加工点到施工操作地点)损耗、加工制作损耗和场内管理损耗(操作地点的堆放及材料堆放地点的管理)组成。

1. 材料的分类

(1)主要材料。主要材料是指直接构成工程实体的材料,其中也包括半成品、成品等。

主材净用量的确定,应结合分项工程的构造做法,综合取定的工程量及有关资料进行计算。

主材损耗量,在已知净用量和损耗率的条件下,就可求出损耗量。

(2)辅助材料。辅助材料是指构成工程实体中除主要材料外的其他材料,如钢钉、钢丝等。

(3)周转材料。周转材料是指多次使用但不构成工程实体的摊销材料,如脚手架、模板等。周转材料是按多次使用、分次摊销的方式计入预算定额的。

(4)其他材料。其他材料是指用量很少、难以计量的零星材料。

2. 材料消耗量计算

凡有标准规格的材料,按规范要求计算定额计量单位耗用量;有图纸标注尺寸及下料要求的,按设计图纸尺寸计算材料净用量,可采用换算法或测定法。

材料损耗量,是指在正常条件下不可避免的材料损耗,如现场内材料运输及施工操作过程的损耗等。其关系式如下:

$$\text{材料损耗率}=\frac{\text{材料损耗量}}{\text{材料净用量}}\times 100\% \tag{3-29}$$

$$\text{材料消耗量}=\text{材料净用量}+\text{材料损耗量} \tag{3-30}$$

$$\text{材料消耗量}=\text{材料净用量}\times(1+\text{损耗率}) \tag{3-31}$$

部分原材料、半成品、成品损耗率,见表 3-2。

表 3-2　　部分原材料、半成品、成品损耗率

材料名称	工程项目	损耗率(%)	材料名称	工程项目	损耗率(%)
普通黏土砖	地面、屋面、空花(斗)墙	1.5	水泥砂浆	抹灰及墙裙	2
普通黏土砖	基础	0.5	水泥砂浆	地面、屋面、构筑物	1
普通黏土砖	实砌砖墙	1	混凝土(现浇)	二次灌浆	3
白瓷砖		3.5	混凝土(现浇)	地面	1
陶瓷锦砖(马赛克)		1.5	混凝土(现浇)	其余部分	1.5
面砖、缸砖		2.5	细石混凝土		1
水磨石板		1.5	钢筋(预应力)	后张吊车梁	13
大理石板		1.5	钢筋(预应力)	先张高强钢丝	9
水泥瓦、黏土瓦	包括脊瓦	3.5	钢材	其他部分	6

续表

材料名称	工程项目	损耗率(%)	材料名称	工程项目	损耗率(%)
石棉波形瓦(板瓦)		4	铁件	成品	1
砂	混凝土、砂浆	3	小五金	成品	1
白石子		4	木材	窗扇、框(包括配料)	6
砾(碎)石		3	木材	屋面板平口制作	4.4
乱毛石	砌墙	2	木材	屋面板平口安装	3.3
方整石	砌体	3.5	木材	木栏杆及扶手	4.7
碎砖、炉(矿)渣		1.5	木材	封檐板	2.5
珍珠岩粉		4	模板制作	各种混凝土	5
生石膏		2	模板安装	工具式钢模板	1
水泥		2	模板安装	支撑系统	1
砌筑砂浆	砖、毛方石砌体	1	胶合板、纤维板、吸声板	顶棚、间壁	5
砌筑砂浆	空斗墙	5	石油沥青		1
砌筑砂浆	多孔砖墙	10	玻璃	配制	15
砌筑砂浆	加气混凝土块	2	石灰砂浆	抹顶棚	1.5
混合砂浆	抹顶棚	3	石灰砂浆	抹墙及墙裙	1
混合砂浆	抹灰及墙裙	2	水泥砂浆	抹顶棚、梁、柱腰线、挑檐	2.5

其他材料的确定，一般按工艺测算并在定额项目材料计算表内列出名称、数量，并按编制其价格与其他材料占主要材料的比率计算，列在定额材料栏下。定额内不可不列材料名称及消耗量。

(三)机械台班消耗量指标的确定

预算定额中的施工机械消耗指标，是指在正常施工条件下，生产单位合格产品必须消耗的某种型号施工机械的台班数量，是以台班为单位进行计算的。按现行规定，每个工作台班按机械工作 8h 计算。

预算定额中的机械台班消耗指标应按全国统一劳动定额中各种机械施工项目所规定的台班产量进行计算。通常以施工定额中的机械台班消耗用量加机械幅度差来计算预算定额的机械台班消耗量。计算式：

预算定额机械台班消耗量＝施工定额中机械台班用量＋机械幅度差

＝施工定额中机械台班用量×(1＋机械幅度差系数) (3-32)

机械幅度差系数一般根据测定和统计资料取定。大型机械幅度差系数为：土方机械 1.25，打桩机械 1.33，吊装机械 1.3，其他均按统一规定的系数计算。由于垂直运输用的塔式起重机、卷扬机及砂浆、混凝土搅拌机是按小组配合，应以小组产量计算机械台班产量，不另增加机械幅度差。

第四节　人工、材料、机械台班单价及定额基价

一、人工单价的组成和确定

人工单价是指一个建筑工人一个工作日在预算中应计入的全部人工费用。人工单价基本上反映了建筑安装生产工人的工资水平和一个工人在一个工作日中可以得到的报酬。

(一)人工单价的组成

人工单价一般包括生产工人基本工资、生产工人工资补贴、生产工人辅助工资、职工福利费、生产工人劳动保护费。

(1)生产工人基本工资。根据有关规定,生产工人基本工资应执行岗位工资和技能工资制度。生产工人的基本工资按照岗位工资、技能工资和年功工资(按职工工作年限确定的工资)计算。其计算公式如下:

$$基本工资=\frac{生产工人平均月工资}{年平均每月法定工作日} \tag{3-33}$$

$$年平均每月法定工作日=(全年日历日-法定假日)\div 12 \tag{3-34}$$

(2)生产工人工资性补贴。是指为了补偿工人额外或特殊的劳动消耗及为了保证工人的工资水平不受特殊条件影响,而以补贴形式支付给工人的劳动报酬,它包括按规定标准发放的物价补贴,煤、燃气补贴,交通费补贴,住房补贴,流动施工津贴及地区津贴等。其计算公式如下:

$$工资性补贴=\frac{\sum 月发放标准}{年平均每月法定工作日}+\frac{\sum 年发放标准}{全年日历日-法定假日}+每工作日发放标准 \tag{3-35}$$

式中,法定假日指双休日和法定节日。

(3)生产工人辅助工资。是指生产工人年有效施工天数以外非作业天数的工资,包括职工学习、培训期间的工资,调动工作、探亲、休假期间的工资,因气候影响的停工工资,女工哺乳时间的工资,病假在六个月以内的工资及产、婚、丧假期的工资。其计算公式如下:

$$生产工人辅助工资=\frac{全年无效工作日\times(基本工资+工资性补贴)}{全年日历日-法定假日} \tag{3-36}$$

(4)职工福利费。是指按规定标准计提的职工福利费。其计算公式如下:

$$职工福利费=(基本工资+工资性补贴+生产工人辅助工资)\times 福利费计提比例(\%) \tag{3-37}$$

(5)生产工人劳动保护费。是指按规定标准发放的劳动保护用品的购置费及修理费、徒工服装补贴、防暑降温费,以及在有碍身体健康环境中施工的保健费用等。其计算公式如下:

$$生产工人劳动保护费=\frac{生产工人年平均支出劳动保护费}{全年日历日-法定假日} \tag{3-38}$$

人工工日单价组成内容,在各部门、各地区并不完全相同,但其中每一项内容都是根据有关法规、政策文件的精神,结合本部门、本地区的特点,通过反复测算最终确定的。

(二)影响人工单价确定的因素

影响建筑安装工人人工单价确定的因素很多,归纳起来有以下几个方面:

(1)社会平均工资水平。建筑安装工人人工单价必然和社会平均工资水平趋同。社会平均工资水平取决于经济发展水平。由于我国改革开放以来经济迅速增长,社会平均工资也有大幅增长,从而造成了人工单价的大幅提高。

(2)生活消费指数。生活消费指数的提高会影响人工单价的提高,以减少生活水平的下降,或维持原来的生活水平。生活消费指数的变动决定于物价的变动,尤其决定于生活消费品物价的变动。

(3)人工单价的组成内容。如:住房消费、养老保险、医疗保险、失业保险等列入人工单价,会使人工单价提高。

(4)劳动力市场供需变化。在劳动力市场如果需求大于供给,人工单价就会提高;供给大于需求,市场竞争激烈,人工单价就会下降。

(5)政府推行的社会保障和福利政策也会影响人工单价的变动。

二、材料价格的组成和确定

材料价格是指材料(包括构件、成品或半成品)从其来源地(或交货地点)到达施工现场工地仓库后出库的综合平均价格。

合理确定材料价格构成,正确计算材料价格,有利于合理确定和有效控制工程造价。

(一)材料价格的组成

材料价格一般由材料原价、材料运杂费、运输损耗费、采购及保管费组成。

(1)材料原价。材料原价也称材料供应价,一般包括货价和供销部门手续费两部分,它是材料价格组成部分中最重要的部分。

(2)材料运杂费。材料运杂费是指材料由来源地(或交货地点)至施工仓库地点运输过程中发生的全部费用。它包括车船运输费、调车和驳船费、装卸费、过境过桥费和附加工作费等。

(3)运输损耗费。运输损耗费是指材料在装卸和运输过程中所发生的合理损耗的费用。

(4)采购及保管费。采购及保管费是指为组织材料采购、供应和保管过程中需要支付的各项费用。它包括采购及保管部门人员工资和管理费、工地材料仓库的保管费、货物过秤费及材料在运输和储存中的损耗费用等。

材料价格的四项费用之和即为材料预算价格。其计算公式如下:

$$\text{材料价格}=(\text{供应价格}+\text{运杂费})\times(1+\text{运输损耗率})\times(1+\text{采购及保管费率})-\text{包装品回收价值} \tag{3-39}$$

(二)材料价格的分类

材料价格按适用范围划分,有地区材料价格和某项工程使用的材料价格。地区材料价格是按地区(城市或建设区域)编制,供该地区所有工程使用;某项工程(一般指大中型重点工程)使用的材料价格,是以一个工程为编制对象,专供该工程项目使用。

地区材料价格与某项工程使用的材料价格的编制原理和方法是一致的,只是在材料来源地、运输数量、权数等具体数据上有所不同。

(三)材料价格的确定方法

1. 材料原价的确定

材料原价在确定时,凡同一种材料因来源地、交货地、供货单位、生产厂家不同,而有几种价格(原价)时,根据不同来源地供货数量比例,采取加权平均的方法确定其综合原价。材料原价的计算公式如下：

$$G=\sum_{i=1}^{n}G_i f_i \tag{3-40}$$

$$f_i=\frac{W_i}{W_{总}}\times 100\% \tag{3-41}$$

式中　G——加权平均原价；

G_i——某 i 来源地(或交货地)原价；

f_i——某 i 来源地(或交货地)数量占总材料数量的百分比；

W_i——某 i 来源地(或交货地)材料的数量；

$W_{总}$——材料总数量。

2. 材料运杂费的确定

材料运杂费用应按国家有关部门和地方政府交通运输部门的规定计算。材料运杂费的多少与运输工具、运输距离、材料装载率等因素都有直接关系,材料运杂费一般按外埠运杂费和市内运杂费两种计算。

(1)外埠运杂费计算。外埠运杂费是指材料从来源地(或交货地)至本市中心仓库或货站的全部费用。包括调车(驳船)费、运输费、装卸费、过桥过境费、入库费以及附加工作费。

(2)市内运杂费计算。市内运杂费是指材料从本市中心仓库或货站运至施工工地仓库的全部费用,包括出库费、装卸费和运输费等。

同一品种的材料如有若干个来源地,其运杂费根据每个来源地的运输里程、运输方法和运输标准,用加权平均的方法计算运杂费。即:

$$加权平均运杂费=\frac{W_1T_1+W_2T_2+\cdots+W_nT_n}{W_1+W_2+\cdots+W_n} \tag{3-42}$$

式中　$W_1,W_2,\cdots,W_n$——各不同供应点的供应量或各不同使用地点的需要量；

$T_1,T_2,\cdots,T_n$——各不同运距的运杂费。

3. 材料运输损耗费的确定

在材料的运输中应考虑一定的场外运输损耗费用。即指材料在运输装卸过程中不可避免的损耗的费用。运输损耗费的计算公式如下:

运输损耗费=(材料原价+运杂费)×相应材料损耗率　(3-43)

4. 采购及保管费

采购及保管费一般按照材料到库价格以费率取定。材料采购及保管费计算公式如下:

材料采购及保管费=(材料供应价+运杂费+运输损耗费)×采购及保管费率　(3-44)

式中采购及保管费率一般在2.5%左右,各地区可根据实际情况来确定。

(四)影响材料价格的因素

(1)国际市场行情会对进口材料价格产生影响。

(2)市场供需变化。材料原价是材料价格中最基本的组成。市场供大于求,价格就会下降;反之,价格就会上升。这些因素都会影响材料价格的涨落。

(3)流通环节的多少和材料供应体制也会影响材料价格。

(4)材料生产成本的变动直接涉及材料价格的波动。

(5)运输距离和运输方法的改变会影响材料运输费用的增减,也会影响材料价格。

三、施工机械台班单价

施工机械使用费是根据施工中耗用的机械台班数量和机械台班单价确定的。施工机械台班耗用量按预算定额规定计算,施工机械台班单价是指一台施工机械在正常运转条件下一个工作班中所发生的全部费用,每台班按 8h 工作制计算。正确制定施工机械台班单价是合理控制工程造价的重要方面。

(一)施工机械台班单价的组成

机械台班单价由两类费用组成,即第一类费用和第二类费用。

1. 第一类费用(亦称不变费用)

这一类费用不因施工地点和条件不同而发生变化,它的大小与机械工作年限直接相关,其内容包括:机械折旧费、机械大修理费、机械经常修理费、机械安拆费及场外运输费。

(1)机械折旧费。机械折旧费是指机械在规定的寿命期(使用年限或耐用总台班)内,陆续收回其原值的费用及支付贷款利息的费用。其计算公式如下:

$$\text{台班折旧费}=\frac{\text{机械预算价格}\times(1-\text{残值率})\times\text{贷款利息系数}}{\text{耐用总台班}} \tag{3-45}$$

1)机械预算价格。

①国产机械预算价格。是指机械出厂价格加上从生产厂家(或销售单位)交货地点运至使用单位机械管理部门验收入库的全部费用。国产机械出厂价格(或销售价格)的收集途径如下:

a. 全国施工机械展销会上各厂家的订货合同价。

b. 全国有关机械生产厂家函询或面询的价格。

c. 组织有关大中型施工企业提供当前购入机械的账面实际价格。

d. 住房和城乡建设部价格信息网络中的本期价格。

根据上述资料列表对比分析,合理取定。对于少量无法取到实际价格的机械,可用同类机械或相近机械的价格采用内插法和比例法取定。

②进口机械预算价格。是由进口机械到岸完税价格(即包括机械出厂价格和到达我国口岸之前的运费、保险费等一切费用)加上关税、外贸部门手续费、银行财务费以及由口岸运至使用单位机械管理部门验收入库的全部费用。其计算公式如下:

$$\begin{aligned}\text{进口机械预算价格}=&[\text{到岸价格}\times(1+\text{关税税率}+\text{增值税税率})]\times\\&(1+\text{购置附加费率}+\text{外贸部门手续费率}+\text{银行财务费率}+\text{国内一次运杂费费率})\end{aligned} \tag{3-46}$$

2)残值率。残值率是指施工机械报废时其回收的残余价值占机械原值(即机械预算价格)的比率。根据有关规定,结合施工机械残值回收实际情况,将各类施工机械的残值率确定如下:

运输机械	2%
特大型机械	3%
中、小型机械	4%
掘进机械	5%

3)贷款利息系数。为补偿企业贷款购置机械设备所支付的利息,从而合理反映资金的时间价值,以大于1的贷款利息系数,将贷款利息(单利)分摊在台班折旧费中。其计算公式如下:

$$贷款利息系数=1+\frac{(n+1)}{2}i \tag{3-47}$$

式中　n——机械的折旧年限;

i——设备更新贷款年利率。

折旧年限是指国家规定的各类固定资产计提折旧的年限。

设备更新贷款年利率以定额编制当年的银行贷款年利率为准。

4)耐用总台班。机械在正常施工作业条件下,从投入使用起到报废止,按规定应达到的使用总台班数为耐用总台班。机械耐用总台班即机械使用寿命,一般可分为机械技术使用寿命、经济使用寿命和合理使用寿命。耐用总台班是以经济使用寿命为基础,并依据国家有关固定折旧年限规定,结合施工机械工作对象和环境以及每年能达到的工作台班确定的。其计算公式如下:

$$耐用总台班=折旧年限\times年工作台班=大修间隔台班\times大修周期 \tag{3-48}$$

年工作台班是根据有关部门对各类主要机械最近三年的统计资料分析确定的。

大修间隔台班是指机械自投入使用起至第一次大修止或自上一次大修后投入使用起至下一次大修止,应达到的使用台班数。大修周期是指机械在正常的施工作业条件下,将其寿命期(即耐用总台班)按规定的大修理次数划分为若干个周期。其计算公式如下:

$$大修周期=寿命期大修理次数+1 \tag{3-49}$$

(2)机械大修理费。机械大修理费是指机械设备按规定的大修间隔台班进行必要的大修理,以恢复机械正常功能所需的全部费用。台班大修理费则是机械寿命期内全部大修理费之和在台班费用中的分摊额。其计算公式如下:

$$台班大修理费=\frac{一次大修理费\times寿命期内大修理次数}{耐用总台班} \tag{3-50}$$

1)一次大修理费。指机械设备按规定的大修理范围和修理工作内容,进行一次全面修理所需消耗的工时、配件、辅助材料、油燃料以及送修运输等全部费用。

2)寿命期大修理次数。指机械设备为恢复原机功能按规定在使用期限内需要进行的大修理次数。

(3)机械经常修理费。机械经常修理费指机械设备除大修理以外必须进行的各级保养(包括一、二、三级保养)以及临时故障排除和机械停置期间的维护保养等所需各项费用;为保障机械正常运转所需替换设备、随机工具附具的摊销及维护费用;机械运转及日常保养所需润滑、擦拭材料的费用。机械寿命期内上述各项费用之和分摊到台班费中即为台班经常修理费。其计算公式如下:

$$\begin{aligned}台班经常修理费=&[\sum(各级保养一次费用\times寿命期各级保养总次数)+临时故障排除费用]\div\\&耐用总台班+替换设备台班摊销费+工具附具台班摊销费+例保辅料费\end{aligned} \tag{3-51}$$

为简化计算,也可采用下列公式:

$$台班经常修理费=台班大修费\times K \tag{3-52}$$

$$K=\frac{机械台班经常修理费}{机械台班大修理费} \tag{3-53}$$

1)各级保养一次费用。指机械在各个使用周期内为保证机械处于完好状况,必须按规定的各级保养间隔周期、保养范围和内容进行的一、二、三级保养或定期保养所消耗的工时、配件、辅料、油燃料等费用。

2)寿命期各级保养总次数。指一、二、三级保养或定期保养在寿命期内各个使用周期中保养次数之和。

3)机械临时故障排除费用、机械停置期间维护保养费。指机械除规定的大修理及各级保养以外,排除临时故障所需费用以及机械在工作日以外的保养维护所需润滑擦拭材料费,可按各级保养(不包括例保辅料费)费用之和的±3%计算。即:

$$\text{机械临时故障排除费及机械停置期间维护保养费}=\sum(\text{各级保养一次费用}\times\text{寿命期各级保养总次数})\times 3\% \tag{3-54}$$

4)替换设备及工具附具台班摊销费。指轮胎、电缆、蓄电池、运输皮带、钢丝绳、胶皮管、履带板等消耗性设备和按规定随机配备的全套工具附具的台班摊销费用。其计算公式如下:

$$\begin{matrix}\text{替换设备及工具附具}\\\text{台班摊销费}\end{matrix}=\sum[(\text{各类替换设备数量}\times\text{单价}\div\text{耐用台班})+(\text{各类随机工具附具数量}\times\text{单价}\div\text{耐用台班})] \tag{3-55}$$

5)例保辅料费。即机械日常保养所需润滑擦拭材料的费用。

(4)机械安拆费及场外运输费。安拆费是指机械在施工现场进行安装、拆卸所需的人工、材料、机械费及试运转费,以及安装所需要的辅助设施的费用;场外运费是指机械整体或分件自停放场地运至施工现场所发生的费用,包括机械的装卸、运输、辅助材料费和机械在现场使用期需回基地大修理的运费。

定额安拆费及场外运输费,均分别按不同机械、型号、质量、外形体积,不同的安拆和运输方法测算其工、料、机械的耗用量综合计算取定,除地下工程机械外,均按年平均 4 次运输,运距平均 25km 以内考虑。但金属切削加工机械,由于该类机械安装在固定的车间内,无须经常安拆运输,所以不能计算安拆费及场外运输费。特大型机械的安拆费及场外运输费,由于其费用较大,应单独编制每安拆一次或运输一次的费用定额。

2. 第二类费用(亦称可变费用)

这类费用是机械在施工运转时发生的费用,它常因施工地点和施工条件的变化而变化,它的大小与机械工作台班数直接相关,其内容包括:燃料动力费、机上人工费、车船使用税。

(1)燃料动力费。机械燃料动力费指机械设备在运转施工作业中所耗用的固体燃料(煤炭、木材)、液体燃料(汽油、柴油)、电力、水和风力等费用。

燃料动力消耗量的确定可采取以下几种方法:

1)实测方法。即通过对常用机械,在正常的工作条件下,8h 工作时间内,经仪表计量所测得的燃料动力消耗量,加上必要的损耗后的数量。以耗油量为例,一般包括如下内容:

①正常施工作业时间的耗油量。

②准备与结束时间的耗油量,包括加水、加油、发动、升温、就位及作业结束离开现场等。

③附加休息时间的耗油量,包括中途加油、施工交底、中间检验、交接班等。

④不可避免的空转时间的耗油量。

⑤工作前准备和结束后清理保养的时间即无油耗时间。

以上各项油耗(V)之和与时间(t)之和的比值即为台时耗油量。即:

$$台时耗油量=\frac{V_1+V_2+V_3\cdots+V_n}{t_1+t_2+t_3\cdots+t_n} \tag{3-56}$$

2)现行定额燃料动力消耗量平均法。根据全国统一安装工程机械台班费用定额及各省、市、自治区、国务院有关部门预算定额相同机械的消耗量取其平均值。

3)调查数据平均法。根据历年统计资料的相同机械燃料动力消耗量取其平均值。

为了准确地确定施工机械台班燃料动力的消耗量,在实际工作中,往往将这三种办法结合起来使用,以取得各种数据,然后取其平均值。其计算公式如下:

$$台班燃料动力消耗量=\frac{实测数\times 4+定额平均值+调查平均值}{6} \tag{3-57}$$

《全国统一施工机械台班费用定额》的燃料动力消耗量就是采取这种方法确定的。

$$台班燃料动力费=台班燃料动力消耗量\times 各省、市、自治区规定的相应单价 \tag{3-58}$$

(2)机上人工费。施工机械台班费中的人工费指机上司机、司炉和其他操作人员的工作日工资以及上述人员在机械规定的年工作台班以外的基本工资和工资性质的津贴(年工作台班以外机上人员工资指机械保管所支出的工资,以“增加工日系数”表示)。

工作台班以外机上人员人工费用,以增加机上人员的工日数形式列入定额,按下列公式计算:

$$台班人工费=定额机上人工工日\times 日工资单价 \tag{3-59}$$

$$定额机上人工工日=机上定员工日\times(1+增加工日系数) \tag{3-60}$$

$$增加工日系数=(年日历天数-规定节假公休日-辅助工资中年非工作日-机械年工作台班)\div 机械年工作台班 \tag{3-61}$$

其中,增加工日系数取定0.25。

(3)机械车船使用税。车船使用税指按照国家有关规定应交纳的运输机械车船使用税,按各省、自治区、直辖市规定标准计算后列入定额。其计算公式如下:

$$台班车船使用税=\frac{载重量(或核定吨位)\times 车船使用税(元/吨\cdot年)}{年工作台班} \tag{3-62}$$

其中,载重量(核定吨位):运输车辆按载重量计算;汽车式起重机、轮胎式起重机、装载机按自重计算。

(二)影响机械台班单价确定的因素

(1)国家及地方征收税费(包括燃料税、车船使用税等)政策和有关规定。国家地方有关施工机械征收税费的政策和规定,将对施工机械台班单价产生较大影响,并会引起相应的波动。

(2)施工机械使用寿命。施工机械使用寿命通常指施工机械更新的时间,它是由机械自然因素、经济因素和技术因素所决定的。施工机械使用寿命不仅直接影响施工机械台班折旧费,而且也影响施工机械的大修理费和经常修理费,因此,它对施工机械台班单价大小的影响较大。

(3)施工机械本身的价格。从机械台班折旧费计算公式可以看出,施工机械本身价格的高低直接影响到折旧费用,它们之间成正比关系,进而直接影响施工机械台班单价。

(4)施工机械的使用效率、管理水平和市场供需变化。施工企业的管理水平高低,将直接体现在施工机械的使用效率、机械完好率和日常维护水平上，它将对施工机械台班单价产生直接影响，而机械市场供需变化也会造成机械台班单价的提高或降低。

四、定额基价

定额基价也称分项工程单价，一般是指在一定使用期范围内建筑安装单位产品的不完全价格。定额基价是用货币形式表示的预算定额中每一分项工程或结构构件的定额单价。

1. 定额基价的确定方法

定额基价是由若干个计算出的项目的单价构成。其计算公式如下：

人工费＝定额项目工日数×综合平均日工资标准 (3-63)

材料费＝∑(定额项目材料用量×材料预算价格) (3-64)

机械费＝∑(定额项目台班量×台班单价) (3-65)

定额项目基价＝人工费＋材料费＋机械费 (3-66)

2. 定额基价的换算

定额基价换算适用于砂浆强度等级、混凝土强度等级、抹灰砂浆及其他配合比材料与定额不同的换算。预算定额的换算类型：①配合比材料不同时换算；②乘系数的换算；③其他换算。

预算定额换算是根据某一相关定额，按定额规定换入增加的费用，减少扣除的费用。这一思路可用下式来表达：

换算后的定额基价＝原定额基价＋换入的费用－换出的费用 (3-67)

第四章　土石方工程量计算

土石方工程量包括平整场地、挖掘沟槽、基坑、挖土、回填土、运土、井点降水等内容。

第一节　土石方工程量计算应确定的基本资料

在计算工程量前，应根据建筑施工图、建筑场地和地基的地质勘察、工程测量资料以及施工组织设计文件等，确定下列各项资料。

一、土壤、岩石的分类

各地区的土壤情况千差万别，甚至在同一地区的不同地点，或在同一地点的不同深度，土质情况也常有变化。这就涉及对土质类别和性能的区分，其中包括土壤及岩石的坚硬度、密实度和含水率等。因为土质的不同，会影响到土方的开挖方法、使用工具，从而影响工程费用。

按照国家标准《岩土工程勘察规范》[GB 50021－2001(2009 年版)]和《工程岩体分级标准》(GB 50218－1994)，土壤和岩石的分类标准见表 4-1 和表 4-2。

表 4-1　　　　土壤分类表

土壤分类	土壤名称	开挖方法
一、二类土	粉土、砂土(粉砂、细砂、中砂、粗砂、砾砂)、粉质黏土、弱中盐渍土、软土(淤泥质土、泥炭、泥炭质土)、软塑红黏土、冲填土	用锹、少许用镐、条锄开挖。机械能全部直接铲挖满载者
三类土	黏土、碎石土(圆砾、角砾)混合土、可塑红黏土、硬塑红黏土、强盐渍土、素填土、压实填土	主要用镐、条锄、少许用锹开挖。机械需部分刨松方能铲挖满载者或可直接铲挖但不能满载者
四类土	碎石土(卵石、碎石、漂石、块石)、坚硬红黏土、超盐渍土、杂填土	全部用镐、条锄挖掘、少许用撬棍挖掘。机械须普遍刨松方能铲挖满载者

表 4-2　　　　岩石分类表

岩石分类		代表性岩石	开挖方法
极软岩		1. 全风化的各种岩石 2. 各种半成岩	部分用手凿工具、部分用爆破法开挖
软质岩	软岩	1. 强风化的坚硬岩或较硬岩 2. 中等风化－强风化的较软岩 3. 未风化－微风化的页岩、泥岩、泥质砂岩等	用风镐和爆破法开挖
	较软岩	1. 中等风化－强风化的坚硬岩或较硬岩 2. 未风化－微风化的凝灰岩、千枚岩、泥灰岩、砂质泥岩等	用爆破法开挖

续表

岩石分类		代表性岩石	开挖方法
硬质岩	较硬岩	1. 微风化的坚硬岩 2. 未风化－微风化的大理岩、板岩、石灰岩、白云岩、钙质砂岩等	用爆破法开挖
	坚硬岩	未风化－微风化的花岗岩、闪长岩、辉绿岩、玄武岩、安山岩、片麻岩、石英岩、石英砂岩、硅质砾岩、硅质石灰岩等	用爆破法开挖

二、土石方开挖时收集的资料

(1)地下水位标高及排(降)水方法。施工所挖土方是干土还是湿土，二者所用定额标准不同。干土、湿土的划分，应根据地质勘测资料，以地下常水位为准，地下常水位以上为干土，以下为湿土。

(2)土方、沟槽、基坑挖(填)土起止标高、施工方法及运距。在挖土、填土及平整前的场地上施工时，其起点标高按自然标高计算；在挖、填土及平整之后的场地上施工时，其起点标高按设计标高计算；回填土深度按设计标高计算。

(3)岩石开凿、爆破方法、石碴清运方法及运距。

(4)其他资料：包括施工组织设计、施工技术措施。

余土或取土的运距，即多余土方外运距离和回填时所需取土的运土距离等，均需根据这些资料来确定。

第二节　土石方工程分项工程划分

一、分项工程划分要求与原则

工程量计算过程中，首先应正确列出分项工程项目，做到不重复列项也不漏项，从而保证工程量计算的正确性。

土石方工程定额项目划分主要应考虑岩土成分、施工方法、工程内容及工程施工部位等因素。

分项工程列项的原则：首先，明确设计图纸要求在某一分部工程所要完成的工程内容；其次，掌握定额项目的划分步距和工程内容；最后，将设计要求完成的工程内容按照相应定额项目的要求进行分解，确定出独立存在的分项工程项目。

二、土石方工程分项工程划分

1. “13 工程计量规范”* 中土石方工程划分

土石方工程共分 3 节 13 个项目，包括：土方工程、石方工程、回填。

---

* 本书后叙章节中所指“13 工程计量规范”，如无特殊说明，均指《房屋建筑与装饰工程工程量计算规范》(GB 50854—2013)。

(1)土方工程。

1)平整场地工作内容包括:①土方挖填;②场地找平;③运输。

2)挖一般土方、挖沟槽土方、挖基础土方工作内容包括:①排地表水;②土方开挖;③围护(挡土板)及拆除;④基底钎探;⑤运输。

3)冻土开挖工作内容包括:①爆破;②开挖;③清理;④运输。

4)挖淤泥、流砂工作内容包括:①开挖;②运输。

5)管沟土方工作内容包括:①排地表水;②土方开挖;③围护(挡土板)支撑;④运输;⑤回填。

(2)石方工程。

1)挖一般石方、挖沟槽石方、挖基坑石方工作内容包括:①排地表水;②凿石;③运输。

2)挖管沟石方工作内容包括:①排地表水;②凿石;③回填;④运输。

(3)回填。

1)回填方工作内容包括:①运输;②回填;③压实。

2)余方弃置工作内容为:余方点装料运输至弃置点。

2. 基础定额中土石方工程划分

《全国统一建筑工程基础定额》(土建工程)(GJD—101—1995)规定土石方工程可划分为人工土石方和机械土石方两部分。

(1)人工土石方定额工作内容如下:

1)人工挖土方淤泥流砂工作内容包括:①挖土、装土、修理边底;②挖淤泥、流砂,装淤泥、流砂,修理边底。

2)人工挖沟槽基坑工作内容包括:人工挖沟槽、基坑土方,将土置于槽、坑边1m以外自然堆放,沟槽、基坑底夯实。

3)人工挖孔桩工作内容包括:挖土方、凿枕石、积岩地基处理,修整边、底、壁,运土、石100m以内以及孔内照明、安全架子搭拆等。

4)人工挖冻土工作内容包括:挖、抛冻土、修整底边、弃土于槽、坑两侧1m以外。

5)人工爆破挖冻土工作内容包括:打眼、装药、填充填塞物、爆破、清理、弃土于槽、坑边1m以外。

6)回填土、打夯、平整场地工作内容包括:①回填土5m以内取土;②原土打夯包括碎土,平土、找平、洒水;③平整场地,标高在±30cm以内的挖土找平。

7)土方运输工作内容包括:人工运土方、淤泥,包括装、运、卸土、淤泥及平整。

8)支挡土板工作内容包括:制作、运输、安装及拆除。

9)人工凿石工作内容包括:①平基:开凿石方、打碎、修边检底;②沟槽凿石:包括打单面槽子、碎石槽壁打直、底检平、石方运出槽边1m以外;③基坑凿石:包括打两面槽子、碎石、坑壁打直、底检平、将石方运出坑边1m以外;④摊座:在石方爆破的基底上进行摊座、清除石渣。

10)人工打眼爆破石方工作内容包括:布孔、打眼、准备炸药及装药、准备及添充填塞物、安爆破线、封锁爆破区、爆破前后的检查、爆破、清理岩石、撬开及破碎不规则的大石块、修理工具。

11)机械打眼爆破石方工作内容包括:布孔、打眼、准备炸药及装药、准备及添充填塞物、安爆破线、封锁爆破区、爆破前后的检查、爆破、清理岩石、撬开及破碎不规则的大石块、修理工具。

12)石方运输工作内容包括：装、运、卸石方。

(2)机械土石方定额工作内容如下：

1)推土机推土方工作内容包括：①推土机推土、弃土、平整；②修理边坡；③工作面内排水。

2)铲运机铲运土方工作内容包括：①铲土、运土、卸土及平整；②修理边坡；③工作面内排水。

3)挖掘机挖土方工作内容包括：①挖土、将土堆放到一边；②清理机下余土；③工作面内的排水；④修理边坡。

4)挖掘机挖土自卸汽车运土方工作内容包括：①挖土、装车、运土、卸土、平整；②修理边坡、清理机下余土；③工作面内的排水及场内汽车行驶道路的养护。

5)装载机装运土方工作内容包括：①装土、运土、卸土；②修整边坡；③清理机下余土。

6)自卸汽车运土方工作内容包括：①运土、卸土、平整；②场内汽车行驶道路的养护。

7)地基强夯工作内容包括：①机具准备；②按设计要求布置锤位线；③夯击；④夯锤位移；⑤施工道路平整；⑥资料记载。

8)场地平整、碾压工作内容包括：①推平、碾压；②工作面内排水。

9)推土机推碴工作内容包括：①推碴、弃碴、平整；②集碴、平碴；③工作面内的道路养护及排水。

10)挖掘机挖碴自卸汽车运碴工作内容包括：①挖碴、集碴；②挖碴、集碴、卸碴；③工作面内的排水及场内汽车行驶道路的养护。

11)井点排水工作内容包括：①打拔井点管；②设备安装拆除；③场内搬运；④临时堆放；⑤降水；⑥填井点坑等。

12)抽水机降水工作内容包括：①设备安装拆除；②场内搬运；③降排水；④排水井点维护等。

13)井点降水：

①轻型井点、喷射井点和大口径 ϕ600 井点(15m 涤)降水工作内容如下：

a. 安装：包括井点装配成型、地面试管铺总管、装水泵、水箱、冲水沉管、灌砂、孔口封土、连接试抽。

b. 拆除：包括拆管、清洗、整理、堆放。

c. 使用：包括抽水、值班、井管堵漏。

②电渗井点阳极工作内容如下：

a. 制作：包括圆钢画线、切断、车制、堆放。

b. 安装：包括阳极圆钢埋高，弧焊、整流器就位安装，阴阳极电路连接。

c. 拆除：包括拆除井点、整理、堆放。

d. 使用：包括值班及检查用电安全。

③水平井点工作内容如下：

a. 安装：包括托架、顶进设备、井管等就位、井点顶进、排管连接。

b. 拆除：包括托架、顶进设备及总管等拆除、井点拔除、清理、堆放。

c. 使用：包括抽水值班、井管堵漏。

第三节　土方工程工程量计算

一、平整场地工程量计算

平整场地是指工程破土开工前，对建筑物或构筑物场地厚度在±300mm以内的就地挖填土及找平工作。

1. 计算规则与注意事项

平整场地工程量计算规定应符合表4-3的要求。

表4-3　　平整场地

项目编码	项目名称	项目特征	计量单位	工程量计算规则	工作内容
010101001	平整场地	1. 土壤类别 2. 弃土运距 3. 取土运距	m^2	按设计图示尺寸以建筑物首层建筑面积计算	1. 土方挖填 2. 场地找平 3. 运输

注：建筑物场地厚度≤±300mm的挖、填、运、找平，应按本表中平整场地项目编码列项。厚度＞±300mm的竖向布置挖土或山坡切土应按下述挖一般土方项目编码列项。

2. 工程量计算实例

【例4-1】 某教学楼首层平面图如图4-1所示，三类土，弃土运距150m，计算平整场地工程量。

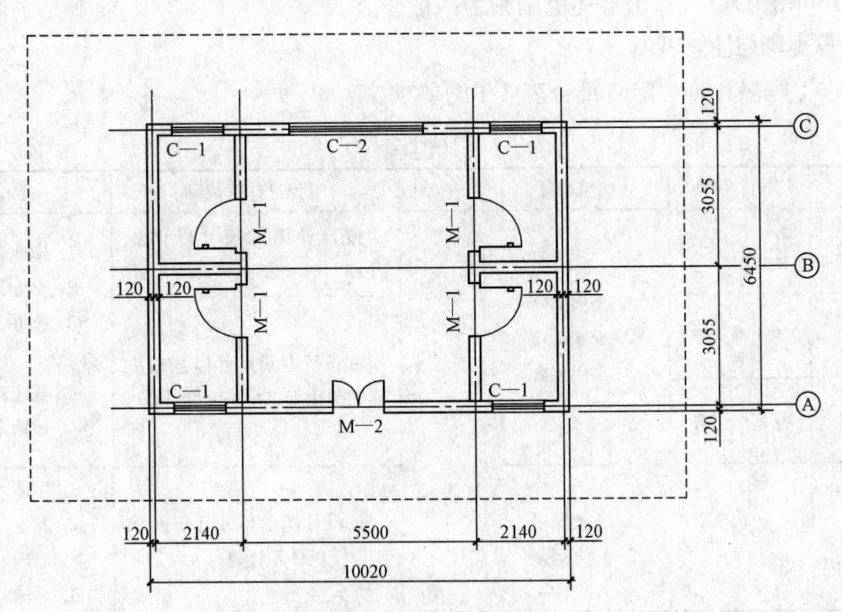

图4-1　某建筑物首层平面图

【解】 平整场地工程量 $S_{平整场地}=S_{首}$，即：

$$S_{平整场地}=10.02\times6.45$$
$$=64.63m^2$$

【例 4-2】 如图 4-2 所示场地平面为矩形，试计算人工平整场地工程量。

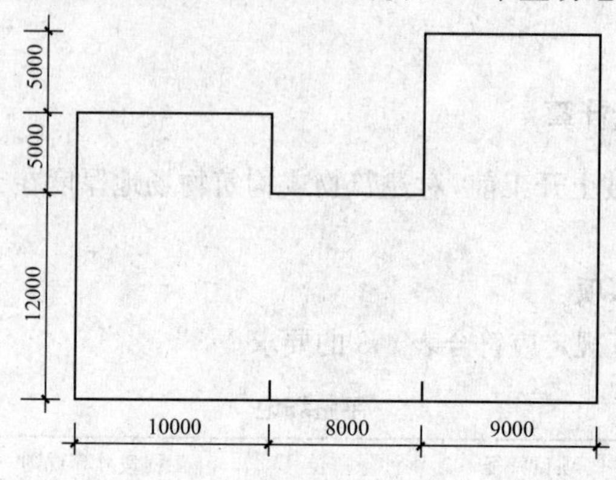

图 4-2　人工平整场地实例图示

【解】 平整场地工程量 $S_{平整场地}=S_{首}$，即：

$$S_{平整场地}=(12.0+5.0)\times10+12.0\times8.0+(12.0+5.0+5.0)\times9.0$$
$$=464m^2$$

二、挖土方工程量计算

沟槽、基坑、一般土方的划分为：底宽≤7m 且底长>3 倍底宽为沟槽；底长≤3 倍底宽且底面积≤150m² 为基坑；超出上述范围则为一般土方。

1. 计算规则与注意事项

挖土方工程量计算规定应符合表 4-4 的要求。

表 4-4　挖土方

项目编码	项目名称	项目特征	计量单位	工程量计算规则	工作内容
010101002	挖一般土方	1. 土壤类别 2. 挖土深度 3. 弃土运距	m^3	按设计图示尺寸以体积计算	1. 排地表水 2. 土方开挖 3. 围护(挡土板)及拆除 4. 基底钎探 5. 运输
010101003	挖沟槽土方			按设计图示尺寸以基础垫层底面积乘以挖土深度计算	
010101004	挖基坑土方				
010101005	冻土开挖	1. 冻土厚度 2. 弃土运距		按设计图示尺寸开挖面积乘厚度以体积计算	1. 爆破 2. 开挖 3. 清理 4. 运输

工程量计算时应注意以下几点：

(1)挖土方平均厚度应按自然地面测量标高至设计地坪标高间的平均厚度确定。基础土方开挖深度应按基础垫层底表面标高至交付施工场地标高确定。无交付施工场地标高时，应按自然地面标高确定。

(2)挖土方如需截桩头时，应按桩基工程相关项目列项。

(3)桩间挖土不扣除桩的体积，并在项目特征中加以描述。

(4)弃、取土运距可以不描述，但应注明由投标人根据施工现场实际情况自行考虑，决定报价。

(5)土壤的分类应按表 4-1 确定，如土壤类别不能准确划分时，招标人可注明为综合，由投标人根据地勘报告决定报价。

(6)土方体积应按挖掘前的天然密实体积计算。非天然密实土方应按表 4-5 折算。

(7)挖沟槽、基坑、一般土方因工作面和放坡增加的工程量(管沟工作面增加的工程量)是否并入各土方工程量中，应按各省、自治区、直辖市或行业建设主管部门的规定实施，如并入各土方工程量中，办理工程结算时，按经发包人认可的施工组织设计规定计算，编制工程量清单时，可按表 4-6～表 4-8 中的规定计算。

表 4-5　　土方体积折算系数表

天然密实度体积	虚方体积	夯实后体积	松填体积
0.77	1.00	0.67	0.83
1.00	1.30	0.87	1.08
1.15	1.50	1.00	1.25
0.92	1.20	0.80	1.00

注：1. 虚方指未经碾压、堆积时间≤1 年的土壤。

2. 设计密实度超过规定的，填方体积按工程设计要求执行；无设计要求按各省、自治区、直辖市或行业建设行政主管部门规定的系数执行。

表 4-6　　放坡系数表

土类别	放坡起点(m)	人工挖土	机械挖土		
			在坑内作业	在坑上作业	顺沟槽在坑上作业
一、二类土	1.20	1∶0.5	1∶0.33	1∶0.75	1∶0.5
三类土	1.50	1∶0.33	1∶0.25	1∶0.67	1∶0.33
四类土	2.00	1∶0.25	1∶0.10	1∶0.33	1∶0.25

注：1. 沟槽、基坑中土类别不同时，分别按其放坡起点、放坡系数，依不同土类别厚度加权平均计算。

2. 计算放坡时，在交接处的重复工程量不予扣除，原槽、坑作基础垫层时，放坡自垫层上表面开始计算。

表 4-7　　基础施工所需工作面宽度计算表

基础材料	每边各增加工作面宽度(mm)
砖基础	200
浆砌毛石、条石基础	150
混凝土基础垫层支模板	300
混凝土基础支模板	300
基础垂直面做防水层	1000(防水层面)

表 4-8 管沟施工每侧所需工作面宽度计算表

管沟材料 \ 管道结构宽(mm)	≤500	≤1000	≤2500	>2500
混凝土及钢筋混凝土管道(mm)	400	500	600	700
其他材质管道(mm)	300	400	500	600

注:1. 本表按《全国统一建筑工程预算工程量计算规则》(GJD_{GZ}—101—1995)整理

2. 管道结构宽:有管座的按基础外缘,无管座的按管道外径。

2. 不同情况下工程量计算公式

(1)挖沟槽工程量应根据是否增加工作面,支挡土板,放坡和不放坡等具体情况分别计算。

1)无工作面不放坡沟槽,如图 4-3 所示。其计算公式为:

$$V=aHL$$

式中 a——基础垫层宽度;

H——地槽深度;

L——地槽长度。

2)有工作面不放坡沟槽,如图 4-4 所示。其计算公式为:

$$V=(a+2c)HL$$

式中 c——工作面宽度;

其他符号意义同前。

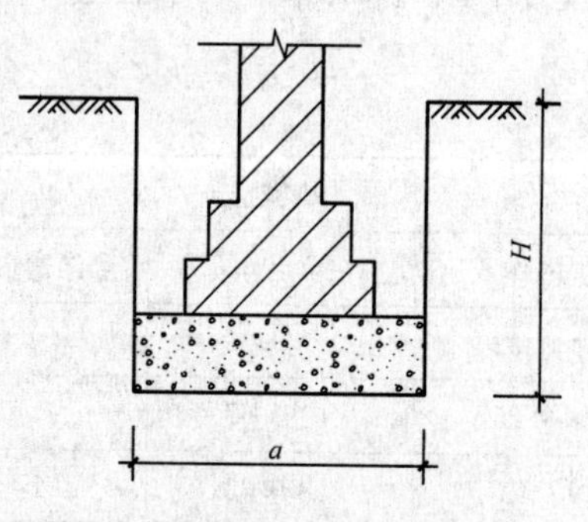

图 4-3 无工作面不放坡沟槽示意图

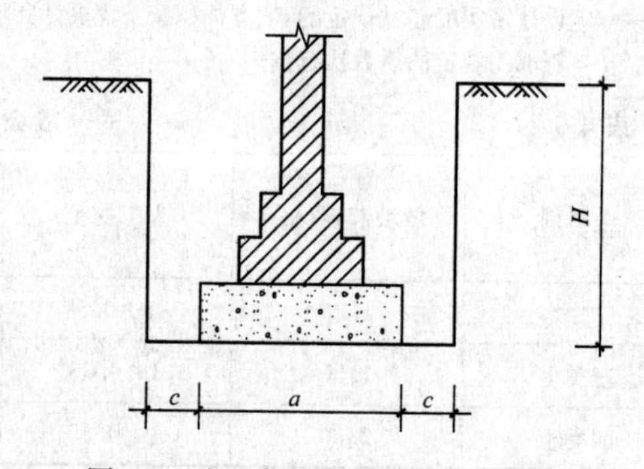

图 4-4 有工作面不放坡沟槽示意图

3)有放坡沟槽,如图 4-5 所示。其计算公式为:

$$V=(a+2c+KH)HL$$

式中 K——放坡系数。

其他符号意义同前。

4)支撑挡土板沟槽。其计算公式为:

$$V=(a+2c+2\times 0.10)HL$$

式中符号意义同前。

5)自垫层上表面放坡沟槽,如图 4-6 所示。其计算公式为:

$$V=[a_1H_2+(a_2+2c+KH_1)H_1]L$$

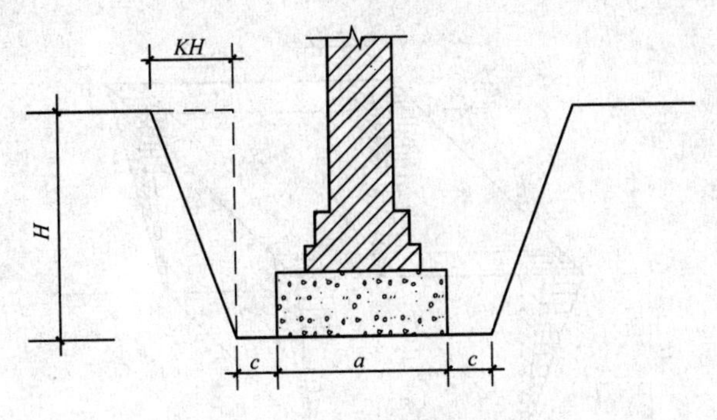

图 4-5　有放坡沟槽示意图

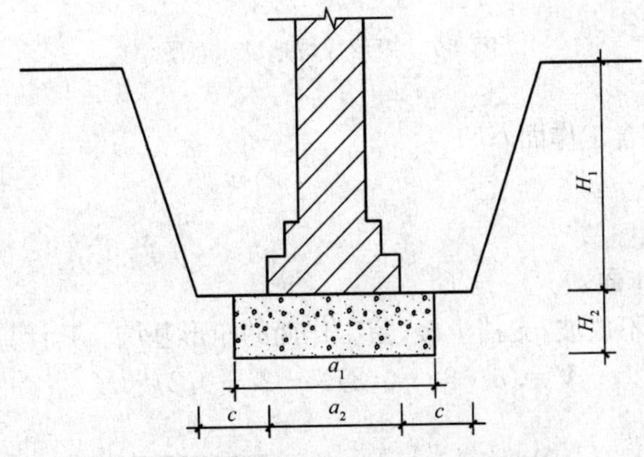

图 4-6　自垫层上表面放坡沟槽示意图

(2)挖基坑工程量应根据不同形式(矩形、圆形)、是否增加工作面或支挡土板、放坡和不放坡等具体情况分别计算。

1)矩形不放坡基坑。其计算公式为:

$$V=abH$$

2)矩形放坡,留工作面,如图 4-7 所示。其计算公式为:

$$V=(a+2c+KH)(b+2c+KH)H+\frac{1}{3}K^2H^3$$

式中　a——基础垫层宽度;

b——基础垫层长度;

c——工作面宽度;

H——地坑深度;

K——放坡系数;

$\frac{1}{3}K^2h^3$——基坑四角的一个锐角锥体的体积。

3)圆形不放坡基坑。其计算公式为:

$$V=\pi r^2\times H$$

4)圆形放坡基坑。其计算公式为:

$$V=\frac{1}{3}\pi H[r^2+(r+KH)^2+r(r+KH)]$$

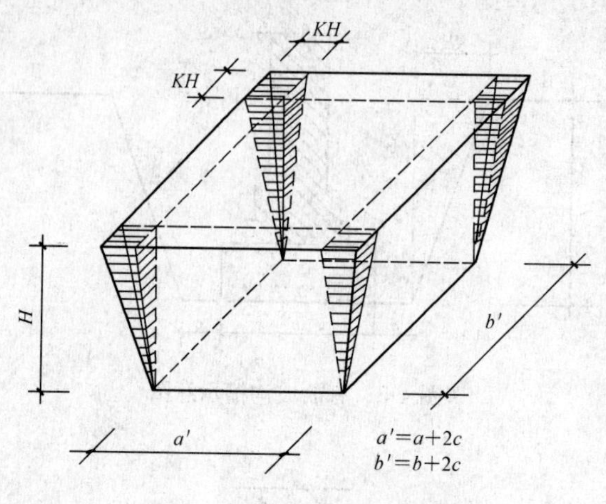

图 4-7　矩形放坡地坑示意图

式中　r——坑底半径(含工作面);

H——基坑深度;

K——放坡系数。

5)支挡土板,留工作面。

①如图 4-8 所示为不放坡,支挡土板,留工作面的矩形基坑。其计算公式为:

$$V=(a+2c+0.2)(b+2c+0.2)\times H$$

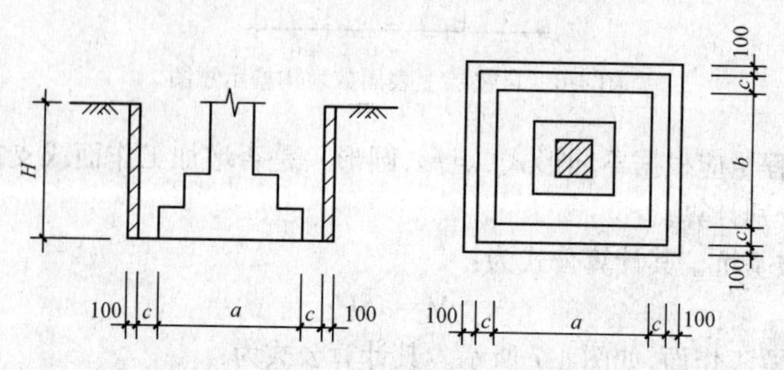

图 4-8　正方形或长方形支挡土板的基坑示意图

②圆形基坑,如图 4-9 所示。其计算公式为:

$$V=\pi(R_1+0.1)^2 H$$

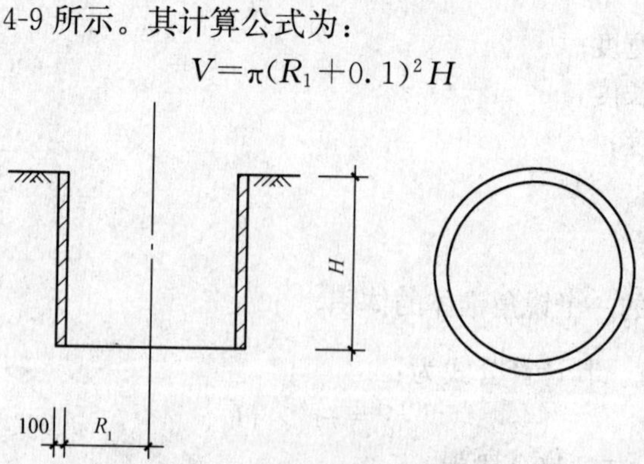

图 4-9　支挡土板的圆形基坑

(3)挖孔桩的底部一般是球缺(图 4-10)。球缺的体积计算公式为：

$$V=\pi H^2\left(R-\frac{H}{3}\right)$$

H
r
R

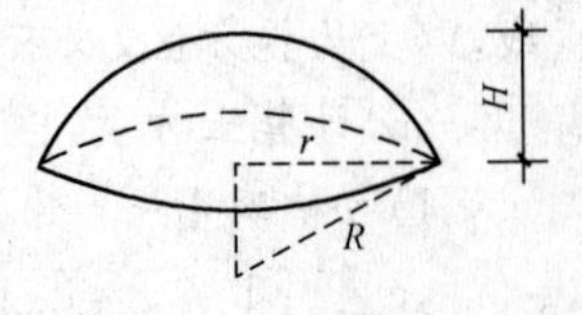

图 4-10　球缺示意图

由于施工图中一般只标注 r 的尺寸，无 R 尺寸，所以需变换一下计算 R 的公式：

已知：$r^2=R^2-(R-H)^2$

故：$r^2=2Rh-H^2$

$$R=\frac{r^2+H^2}{2H}$$

上述公式　$V=\pi H^2(R-\frac{H}{3})=\pi H^2\left(\frac{r^2+H^2}{2H}-\frac{H}{3}\right)=\frac{\pi}{6}H(3r^2+H^2)$

3. 工程量计算实例

【例 4-3】 拟建某教学楼场地的大型土方方格网图如图 4-11 所示，图中方格边长为 30m，括号内为设计标高，无括号为地面实测标高，单位为 m。试计算施工标高、零线和土方工程量。

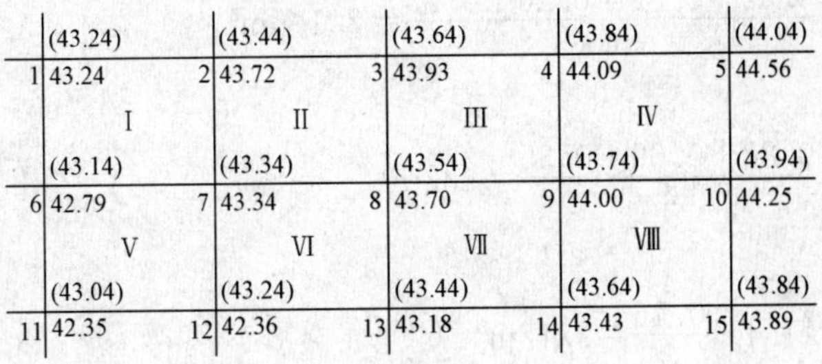

(43.24) (43.44) (43.64) (43.84) (44.04)
1 43.24　2 43.72　3 43.93　4 44.09　5 44.56
I　II　III　IV
(43.14) (43.34) (43.54) (43.74) (43.94)
6 42.79　7 43.34　8 43.70　9 44.00　10 44.25
V　VI　VII　VIII
(43.04) (43.24) (43.44) (43.64) (43.84)
11 42.35　12 42.36　13 43.18　14 43.43　15 43.89

图 4-11　某场地的土方方格网图

【解】 (1)计算施工标高。施工标高＝地面实测标高－设计标高(图 4-12)。

0　+0.28　+0.29　+0.25　+0.52
1　2　3　4　5
I　II　III　IV
−0.35　0　+0.16　+0.26　+0.31
6　7　8　9　10
V　VI　VII　VIII
11.4　18.6　16.6　13.4
−0.69　−0.88　−0.26　−0.21　5.8　+0.05
11　12　13　14　24.2　15

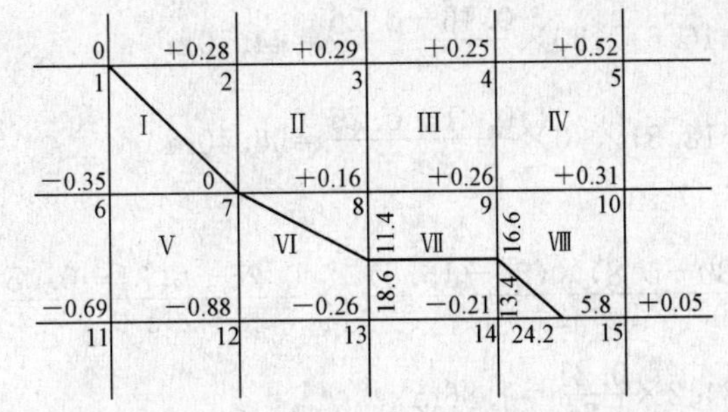

图 4-12　某场地施工标高示意图

(2)计算零线。先求零点，从图 4-12 中可知 1 和 7 为零点，尚需求 8～13，9～14，14～15 线上的零点，如 8～13 线上的零点为：

$$x=\frac{ah_1}{h_1+h_2}=\frac{30\times0.16}{0.26+0.16}=11.4\text{m}$$

另一段为 $a-x=30-11.4=18.6\text{m}$

其他线上的零点用同样的方法求得，求出零点后，连接各零点即为零线，图上折线为零线，以上为挖方区，以下为填方区。

(3)计算土方量：

1)方格网Ⅰ

$$挖方=\frac{1}{2}\times 30\times 30\times \frac{0.28}{3}=42\text{m}^3$$

$$填方=\frac{1}{2}\times 30\times 30\times \frac{0.35}{3}=52.5\text{m}^3$$

2)方格网Ⅱ

$$挖方=30\times 30\times \frac{0.29+0.16+0.28}{4}=164.25\text{m}^3$$

3)方格网Ⅲ

$$挖方=30\times 30\times \frac{0.25+0.26+0.16+0.29}{4}=216\text{m}^3$$

4)方格网Ⅳ

$$挖方=30\times 30\times \frac{0.52+0.31+0.26+0.25}{4}=301.5\text{m}^3$$

5)方格网Ⅴ

$$填方=30\times 30\times \frac{0.88+0.69+0.35}{4}=432\text{m}^3$$

6)方格Ⅵ

$$挖方=\frac{1}{2}\times 30\times 11.4\times \frac{0.16}{3}=9.12\text{m}^3$$

$$填方=\frac{1}{2}\times (30+18.6)\times 30\times \frac{0.88+0.26}{4}=207.77\text{m}^3$$

7)方格网Ⅶ

$$挖方=\frac{1}{2}\times (11.4+16.6)\times 30\times \frac{0.16+0.26}{4}=44.10\text{m}^3$$

$$填方=\frac{1}{2}\times (13.4+18.6)\times 30\times \frac{0.21+0.26}{4}=56.40\text{m}^3$$

8)方格网Ⅷ

$$挖方=\left[30\times 30-\frac{(30-5.8)\times (30-16.5)}{2}\right]\times \frac{0.26+0.31+0.05}{5}=91.34\text{m}^3$$

$$填方=\frac{1}{2}\times 13.4\times 24.2\times \frac{0.21}{7}=4.86\text{m}^3$$

挖方总量$=868.31\text{m}^3$

填方总量$=753.53\text{m}^3$

【例 4-4】 如图 4-13 所示，某现浇柱基础底面积$(3.6\times 5)\text{m}^2$，共有 24 根柱子，柱基础埋深为 2.5m(包括混凝土垫层)，土质为普通土，采用人工放坡开挖三边，另一边支挡土板(开挖)(坑底长边)，试计算人工挖地坑工程量。

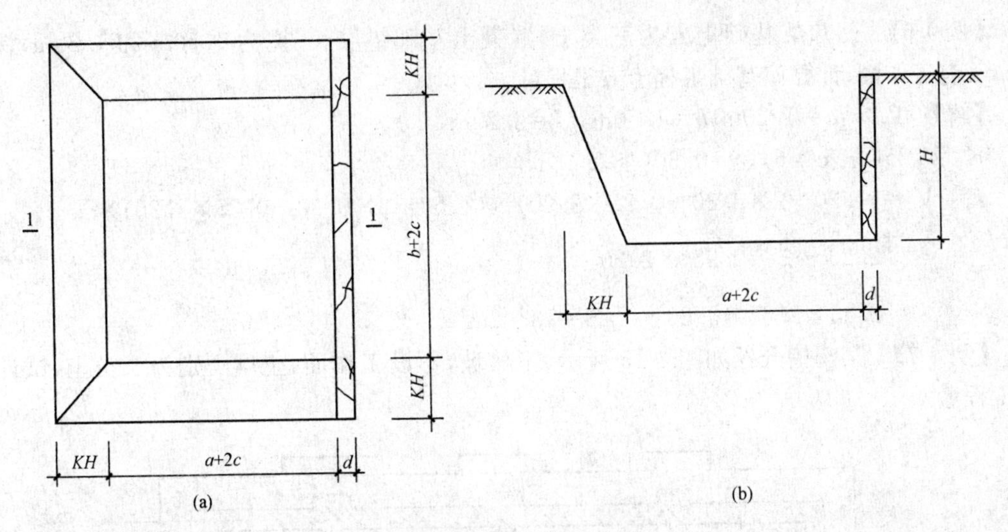

图 4-13　土方计算示意图

(a)平面图;(b)1－1 剖面图

【解】 该挖土体积可分三部分:长方体、三棱柱和四棱锥。

按给定条件知:$a=3.6\text{m}$,$b=5\text{m}$,$H=2.5\text{m}$。

由于 $H>1.2\text{m}$,土质为普通土,故 $K=0.50$。

根据规定现浇混凝土垫层,应增加工作面 30cm,即 $c=0.3\text{m}$,挡土板厚度 $d=0.1\text{m}$。

长方体体积$=(3.6+2\times0.3+0.1)\times(5+2\times0.3)\times2.5=60.20\text{m}^3$

三棱柱体积$=\dfrac{1}{2}\times0.5\times2.5^2\times[(3.6+2\times0.3+0.1)\times2+(5+2\times0.3)]=22.19\text{m}^3$

四棱锥体积$=\dfrac{1}{3}\times0.5^2\times2.5^3\times2=2.6\text{m}^3$

单根柱基础挖地坑体积$=60.20+22.19+2.6=84.99\text{m}^3$

柱基坑总挖土体积$=84.99\times24=2039.76\text{m}^3$

【例 4-5】 如图 4-14 所示,设有一基础地槽,已知基础宽度为 1.2m,槽深为 3m,土壤类别为三类土,施工组织设计规定该地槽施工面为 30cm,地槽长度为 30m,试计算该地槽挖土方工程量。

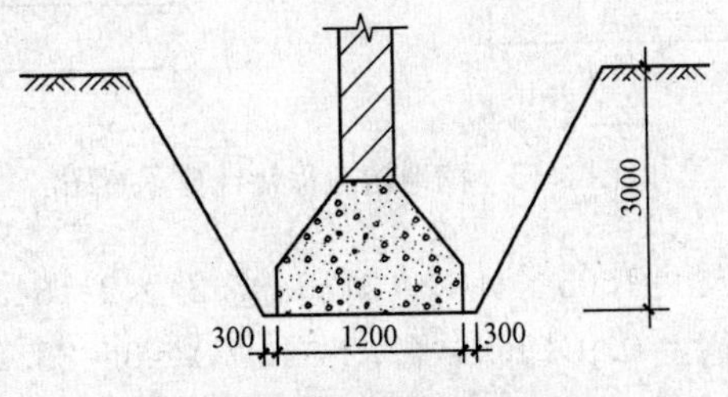

图 4-14　基础地槽示意图

【解】 根据挖基础土方工程量计算规则,得:

工程量$=3\times1.2\times30=108\text{m}^3$

注:本例中未考虑因工作面和放液增加的工作量。

【例 4-6】 已知某基础土方为三类土，混凝土基础垫层长、宽为 1.50m 和 1.20m，深度 2.5m，有工作面，计算该基础工程土方工程量。

【解】 已知：$a=1.20\text{m}, b=1.50\text{m}, H=2.20\text{m}$,

$K=0.25$(查表 4-6)，$c=0.30$(查表 4-7)

故 $$V=(1.20+2\times0.30+0.25\times2.20)\times(1.50+2\times0.30+0.25\times2.20)\times2.20+\frac{1}{3}\times0.25^2\times2.20^3$$

$$=2.35\times2.65\times2.20+0.22=13.92\text{m}^3$$

【例 4-7】 某沟槽开挖如图 4-15 所示，不放坡，不设工作面，土壤类别为二类土，试计算其工程量。

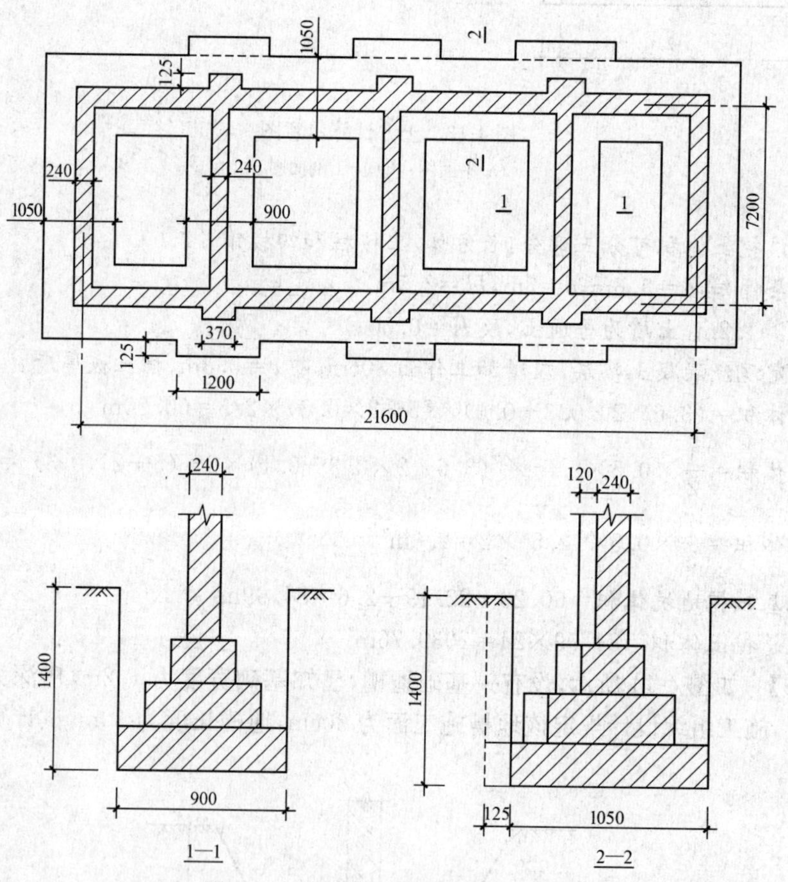

图 4-15　挖地槽工程量计算示意图

【解】 外墙地槽工程量 $=1.05\times1.4\times(21.6+7.2)\times2=84.67\text{m}^3$

内墙地槽工程量 $=0.9\times1.4\times(7.2-1.05)\times3=23.25\text{m}^3$

附垛地槽工程量 $=0.125\times1.4\times1.2\times6=1.26\text{m}^3$

合计 $=84.67+23.25+1.26=109.18\text{m}^3$

三、挖淤泥、流砂工程量计算

淤泥是一种稀软状，不易成形的灰黑色、有臭味、含有半腐朽的植物（占 60%以上）、置于水中有动植物残体浮于水面，并常有气泡由水中冒出的泥土。

流砂是指在坑内抽水时，坑底的土有时会形成流动状态，随地下水一起流动涌进坑内，边挖边冒，无法挖深。发生流砂时，根据实际情况由发包人和承包人双方认证，需要采取一定处理方法，比如采用井点降水，沿基坑处四周打板桩等。

挖淤泥、流砂工程量计算规定应符合表4-9的要求。

表4-9 挖淤泥、流砂

项目编码	项目名称	项目特征	计量单位	工程量计算规则	工作内容
010101006	挖淤泥、流砂	1. 挖掘深度 2. 弃淤泥、流砂距离	m^3	按设计图示位置、界限以体积计算	1. 开挖 2. 运输

工程量计算时应注意：挖方出现流砂、淤泥时，如设计未明确，在编制工程量清单时，其工程数量可为暂估量，结算时应根据实际情况由发包人与承包人双方现场签证确认工程量。

四、管沟土方工程量计算

在管沟工程开挖施工中，现场不宜进行放坡开挖。当可能对邻近建(构)筑物、地下管线、永久性道路产生危害时，应对管沟进行支护后再开挖。

管沟的挖土应分层进行。在施工过程中管沟边堆置土方不应超过设计荷载，挖方时不应碰撞或损伤支护结构、降水设施。

管沟土方施工中应对支护结构、周围环境进行观察和监测，如出现异常情况应及时处理，待恢复正常后方可继续施工。

管沟开挖至设计标高后，应对坑底进行保护，经验槽合格后，方可进行垫层施工。

管沟土方工程验收必须确保支护结构安全和周围环境安全为前提。

管沟土方开挖工程量计算规定应符合表4-10的要求。

表4-10 管沟土方

项目编码	项目名称	项目特征	计量单位	工程量计算规则	工作内容
010101007	管沟土方	1. 土壤类别 2. 管外径 3. 挖沟深度 4. 回填要求	1. m 2. m^3	1. 以米计量，按设计图示以管道中心线长度计算 2. 以立方米计量，按设计图示管底垫层面积乘以挖土深度计算；无管底垫层按管外径的水平投影面积乘以挖土深度计算。不扣除各类井的长度，井的土方并入	1. 排地表水 2. 土方开挖 3. 围护(挡土板)、支撑 4. 运输 5. 回填

注：管沟土方项目适用于管道(给排水、工业、电力、通信)、光(电)缆沟[包括：人(手)孔、接口坑]及连接井(检查井)等。

第四节 石方工程工程量计算

一、石方开挖工程量计算

石方开挖是指人工凿石、人工打眼爆破、机械打眼爆破等，以及在招标人指定运距范围内的石方清除运输。

沟槽、基坑、一般石方的划分为：底宽≤7m 且底长＞3 倍底宽为沟槽；底长≤3 倍底宽且底面积≤150m^2 为基坑；超出上述范围则为一般石方。

1. 计算规则与注意事项

石方开挖工程量计算规定应符合表 4-11 的要求。

表 4-11　　石方开挖

项目编码	项目名称	项目特征	计量单位	工程量计算规则	工作内容
010102001	挖一般石方	1. 岩石类别 2. 开凿深度 3. 弃碴运距	m^3	按设计图示尺寸以体积计算	1. 排地表水 2. 凿石 3. 运输
010102002	挖沟槽石方			按设计图示尺寸沟槽底面积乘以挖石深度以体积计算	
010102003	挖基坑石方			按设计图示尺寸基坑底面积乘以挖石深度以体积计算	

工程量计算时应注意以下几点：

(1)挖石应按自然地面测量标高至设计地坪标高的平均厚度确定。基础石方开挖深度应按基础垫层底表面标高至交付施工现场地标高确定，无交付施工场地标高时，应按自然地面标高确定。

(2)厚度＞±300mm 的竖向布置挖石或山坡凿石应按表 4-11 中挖一般石方项目编码列项。

(3)弃碴运距可以不描述，但应注明由投标人根据施工现场实际情况自行考虑，决定报价。

(4)岩石的分类应按表 4-2 确定。

(5)石方体积应按挖掘前的天然密实体积计算。非天然密实石方应按表 4-12 折算。

表 4-12　　石方体积折算系数表

石方类别	天然密实度体积	虚方体积	松填体积	码方
石方	1.0	1.54	1.31	—
块石	1.0	1.75	1.43	1.67
砂夹石	1.0	1.07	0.94	—

2. 工程量计算实例

【例 4-8】 如图 4-16 所示为石方开挖示意图，已知开挖深度为 1.5m，基槽两端的断面面积为 4.25m^2，1/2 基槽处的断面面积为 4.1m^2，试计算石方开挖工程量。

【解】 石方开挖工程量$=\frac{L}{6}\times(4.25\times2+4\times4.1)=19.09m^3$

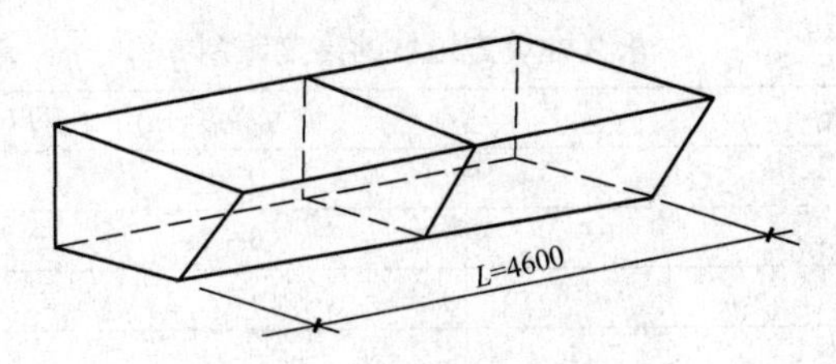

图 4-16　石方开挖示意图

【例 4-9】 如图 4-17 所示为某基槽示意图，为普通岩石，已知沟槽长度为 55m，宽度为 1.8m，开凿深度为 1.3m，计算石方开挖工程量。

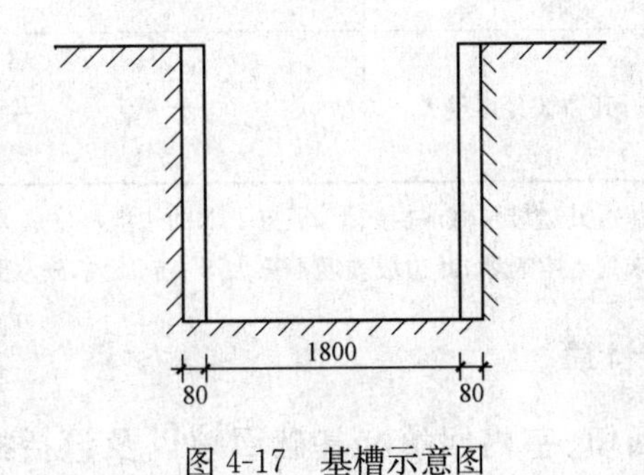

图 4-17　基槽示意图

【解】 石方开挖工程量＝55×(1.8＋0.08＋0.08)×1.3＝140.14m^3

二、管沟石方工程量计算

管沟石方工程量计算规定应符合表 4-13 的要求。

表 4-13　　挖管沟石方

项目编码	项目名称	项目特征	计量单位	工程量计算规则	工作内容
010102004	挖管沟石方	1. 岩石类别 2. 管外径 3. 挖沟深度	1. m 2. m^3	1. 以米计量，按设计图示以管道中心线长度计算 2. 以立方米计量，按设计图示截面积乘以长度计算	1. 排地表水 2. 凿石 3. 回填 4. 运输

注：管沟石方项目适用于管道（给排水、工业、电力、通信）、光（电）缆沟［包括：人（手）孔、接口坑］及连接井（检查井）等。

第五节　土石方回填工程量计算

一、填方边坡高度限制

永久性填方边坡高度限制，见表 4-14。

表 4-14 永久性填方边坡的高度限制

土的种类	填方高度(m)	边坡坡度
黏土类土、黄土、类黄土	5	1∶1.50
粉质黏土、泥灰岩土	6～7	1∶1.50
中砂或粗砂	10	1∶1.50
砾石或碎石土	10～12	1∶1.50
易风化岩土	12	1∶1.50
轻微风化、尺寸 25cm 内的石料	6 以内 6～12	1∶1.33 1∶1.50
轻微风化、尺寸大于 25cm 的石料，边坡用最大石块、分排整齐铺砌	12 以内	1∶1.50～1∶0.75
轻微风化，尺寸大于 40cm 的石料，其边坡分排整齐	5 以内 5～10 >10	1∶0.50 1∶0.65 1∶1.00

注:1. 当填方高度超过本表限值时，其边坡可做成折线形，填方下部的边坡坡度应为 1∶1.75～1∶2.00。

2. 凡永久性填方，土的种类未列入本表者，其边坡坡度不得大于 $\varphi+45\%$，φ 为土的自然倾斜角。

二、土石方回填工程量计算

土石方回填是指场地回填、室内回填和基础回填以及包括招标人指定运距内的取土运输。

土方回填前应清除基底的垃圾、树根等杂物，抽除坑穴积水和淤泥，验收基底标高。如在耕植土或松土上填方，应在基底压实后再进行。分段填筑时，每层接缝处应做成斜坡形，辗迹重叠为 0.5～1m。上、下层接缝应错开不小于 1m。

填方中采用两种透水性不同填料分层填筑时，上层宜填筑透水性小的填料，下层宜填筑透水性较大的填料，填方基土表面应做成适当的排水坡度。

填方施工过程中应检查排水措施、每层填筑厚度、含水量控制、压实程度等。

1. 计算规则与注意事项

土石方回填工程量计算规定应符合表 4-15 的要求。

表 4-15 回填

项目编码	项目名称	项目特征	计量单位	工程量计算规则	工作内容
010103001	回填方	1. 密实度要求 2. 填方材料品种 3. 填方粒径要求 4. 填方来源、运距	m^3	按设计图示尺寸以体积计算 1. 场地回填：回填面积乘平均回填厚度 2. 室内回填：主墙间面积乘回填厚度，不扣除间隔墙 3. 基础回填：按挖方清单项目工程量减去自然地坪以下埋设的基础体积（包括基础垫层及其他构筑物）(图 4-18)	1. 运输 2. 回填 3. 压实
010103002	余方弃置	1. 废弃料品种 2. 运距		按挖方清单项目工程量减利用回填方体积（正数）计算	余方点装料运输至弃置点

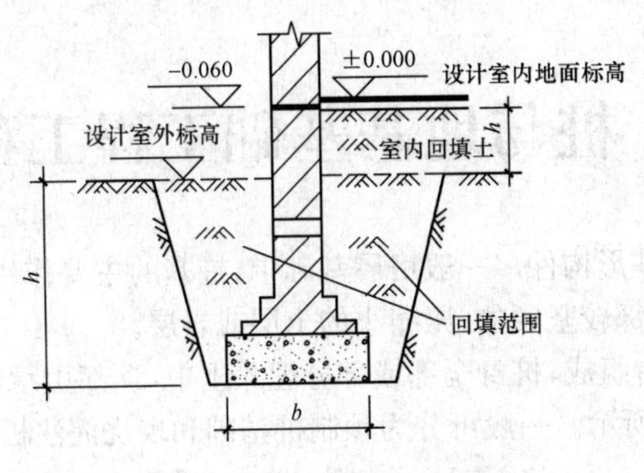

图 4-18　基础回填土示意图

2. 工程量计算实例

【例 4-10】　某建筑物基础的平面图、剖面图如图 4-19 所示。图中尺寸均以 mm 计，放坡系数 K＝0.33，工作面宽度 c＝300mm，二类土。已知室外设计地坪以下各种工程量为：垫层体积 2.4m³，砖基础体积 16.24m³。试计算该建筑物挖土方、回填土、房心回填土、余（亏）土运输工程量（不考虑挖填土方的运输）。

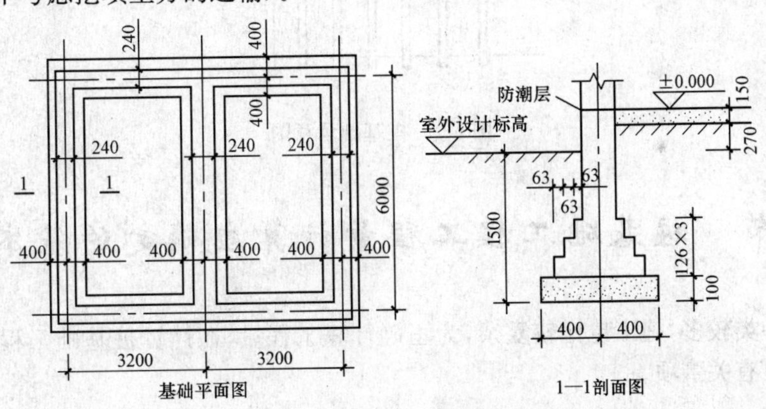

图 4-19　基础平面图、剖面图

【解】　平整场地工程量＝(3.2×2＋0.24)×(6＋0.24)＝41.43m²

挖地槽土方工程量＝V_1＝1.5×0.8×[(6.4＋6)×2＋(6－0.4×2)]＝36m³

基础回填工程量＝V_2＝36－2.4－16.24＝17.36m³

房心回填土工程量＝V_3＝(3.2－0.24)×(6－0.24)×2×0.27＝9.2m³

余(方)土弃置工程量＝V_4＝36－17.36－9.2＝9.44m³

第五章 桩与地基基础工程工程量计算

桩是置于岩土中的柱形构件。一般房屋基础中，桩基的主要作用是将承受的上部竖向荷载，通过较弱地层传至深部较坚硬的、压缩小的土层或岩层。

桩基础由桩身及承台组成，桩身全部或部分埋入土中，顶部由承台联成一体，在承台上修建上部建筑物，如图 5-1 所示。一般可分为预制桩基础和现浇灌注桩基础两类。

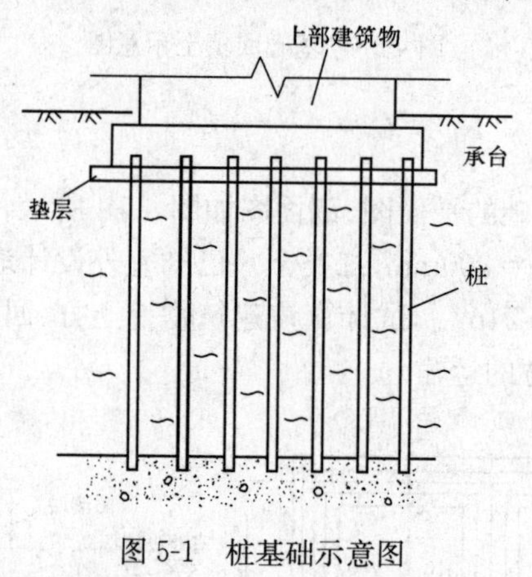

图 5-1 桩基础示意图

第一节 桩基础工程工程量计算应确定的基本资料

桩基础种类较多，施工也比较复杂，为正确计算工程量，在计算桩基础工程量前，必须了解和确定以下有关事项。

一、确定土质级别

根据工程地质资料中的土层结构确定土质级别。

土质级别的划分应根据工程地质资料中的土层构造和土质物理、力学性能的有关指标，参考纯沉桩时间确定。凡遇有砂夹层者，应首先按砂层情况确定土级。无砂层者，按土质物理力学性能指标并参考每米平均纯沉桩时间确定。用土质力学性能指标鉴别土质级别时，桩长在 12m 以内，相当于桩长的 1/3 的土层厚度应达到所规定的指标；12m 以外按 5m 厚度确定，土质级别可按表 5-1 执行。

表 5-1 土质级别表

内容		土壤级别	
		一级土	二级土
砂夹层	砂层连续厚度	$<1m$	$>1m$
	砂层中卵石含量	—	$<15\%$

续表

内　容		土壤级别	
		一级土	二级土
物理性能	压缩系数	>0.02	<0.02
	孔隙比	>0.7	<0.7
力学性能	静力触探值	<50	>50
	动力触探系数	<12	>12
每米纯沉桩时间平均值		<2min	>2min
说　明		桩经外力作用较易沉入的土，土壤中夹有较薄的砂层	桩经外力作用较难沉入的土，土壤中夹有不超过3m的连续厚度砂层

二、确定工程量计算的其他资料

(1)确定桩基础的施工方法和工艺流程。

(2)确定施工采用机型、桩、土壤泥浆的运距。

第二节　桩与地基基础工程分项工程划分

一、"13工程计量规范"中桩与地基基础工程划分

"13工程计量规划"中分为地基处理与边坡支护工程、桩基工程两个分项工程，地基处理与边坡支护工程共2节28个项目，桩基工程共2节11个项目。

(一)地基处理与边坡支护工程

1. 地基处理

(1)换填垫层工作内容包括：①分层铺填；②碾压、振密或夯实；③材料运输。

(2)铺设土工合成材料工作内容包括：①挖填锚固沟；②铺设；③固定；④运输。

(3)预压地基工作内容包括：①设置排水竖井、盲沟、滤水管；②铺设砂垫层、密封膜；③堆载、卸载或抽气设备安拆、抽真空；④材料运输。

(4)强夯地基工作内容包括：①铺设夯填材料；②强夯；③夯填材料运输。

(5)振冲密实(不填料)工作内容包括：①振冲加密；②泥浆运输。

(6)振冲桩(填料)工作内容包括：①振冲成孔、填料、振实；②材料运输；③泥浆运输。

(7)砂石桩工作内容包括：①成孔；②填充、振实；③材料运输。

(8)水泥粉煤灰碎石桩工作内容包括：①成孔；②混合料制作、灌注、养护；③材料运输。

(9)深层搅拌桩工作内容包括：①预搅下钻、水泥浆制作、喷浆搅拌提升成桩；②材料运输。

(10)粉喷桩工作内容包括:①预搅下钻、喷粉搅拌提升成桩;②材料运输。

(11)夯实水泥土桩工作内容包括:①成孔、夯底;②水泥土拌和、填料、夯实;③材料运输。

(12)高压喷射注浆桩工作内容包括:①成孔;②水泥浆制作、高压喷射注浆;③材料运输。

(13)石灰桩工作内容包括:①成孔;②混合料制作、运输、夯填。

(14)灰土(土)挤密桩工作内容包括:①成孔;②灰土拌和、运输、填充、夯实。

(15)柱锤冲扩桩工作内容包括:①安、拔套管;②冲孔、填料、夯实;③桩体材料制作、运输。

(16)注浆地基工作内容包括:①成孔;②注浆导管制作、安装;③浆液制作、压浆;④材料运输。

(17)褥垫层工作内容包括:材料拌和、运输、铺设、压实。

2. 基坑与边坡支护

(1)地下连续墙工作内容包括:①导墙挖填、制作、安装、拆除;②挖土成槽、固壁、清底置换;③混凝土制作、运输、灌注、养护;④接头处理;⑤土方、废泥浆外运;⑥打桩场地硬化及泥浆池、泥浆沟。

(2)咬合灌注桩工作内容包括:①成孔、固壁;②混凝土制作、运输、灌注、养护;③套管压拔;④土方、废泥浆外运;⑤打桩场地硬化及泥浆池、泥浆沟。

(3)圆木桩工作内容包括:①工作平台搭拆;②桩机移位;③桩靴安装;④沉桩。

(4)预制钢筋混凝土板桩工作内容包括:①工作平台搭拆;②桩机移位;③沉桩;④板桩连接。

(5)型钢桩工作内容包括:①工作平台搭拆;②桩机移位;③打(拔)桩;④接桩;⑤刷防护材料。

(6)钢板桩工作内容包括:①工作平台搭拆;②桩机移位;③打拔钢板桩。

(7)锚杆(锚索)工作内容包括:①钻孔、浆液制作、运输、压浆;②锚杆(锚索)制作、安装;③张拉锚固;④锚杆(锚索)施工平台搭设、拆除。

(8)土钉工作内容包括:①钻孔、浆液制作、运输、压浆;②土钉制作、安装;③土钉施工平台搭设、拆除。

(9)喷射混凝土、水泥砂浆工作内容包括:①修整边坡;②混凝土(砂浆)制作、运输、喷射、养护;③钻排水孔、安装排水管;④喷射施工平台搭设、拆除。

(10)钢筋混凝土支撑工作内容包括:①模板(支架或支撑)制作、安装、拆除、堆放、运输及清理模内杂物、刷隔离剂等;②混凝土制作、运输、浇筑、振捣、养护。

(11)钢支撑工作内容包括:①支撑、铁件制作(摊销、租赁);②支撑、铁件安装;③探伤;④刷漆;⑤拆除;⑥运输。

(二)桩基工程

1. 打桩

(1)预制钢筋混凝土方桩工作内容包括:①工作平台搭拆;②桩机竖拆、移位;③沉桩;④接桩;⑤送桩。

(2)预制钢筋混凝土管桩工作内容包括:①工作平台搭拆;②桩机竖拆、移位;③沉桩;④接桩;⑤送桩;⑥桩尖制作安装;⑦填充材料、刷防护材料。

(3)钢管桩工作内容包括:①工作平台搭拆;②桩机竖拆、移位;③沉桩;④接桩;⑤送桩;⑥切割钢管、精割盖帽;⑦管内取土;⑧填充材料、刷防护材料。

(4)截(凿)桩头工作内容包括:①截(切割)桩头;②凿平;③废料外运。

2. 灌注桩

(1)泥浆护壁成孔灌注桩工作内容包括:①护筒埋设;②成孔、固壁;③混凝土制作、运输、灌注、养护;④土方、废泥浆外运;⑤打桩场地硬化及泥浆池、泥浆沟。

(2)沉管灌注桩工作内容包括:①打(沉)拔钢管;②桩尖制作、安装;③混凝土制作、运输、灌注、养护。

(3)干作业成孔灌注桩工作内容包括:①成孔、扩孔;②混凝土制作、运输、灌注、振捣、养护。

(4)挖孔桩土(石)方工作内容包括:①排地表水;②挖土、凿石;③基底钎探;④运输。

(5)人工挖孔灌注桩工作内容包括:①护壁制作;②混凝土制作、运输、灌注、振捣、养护。

(6)钻孔压浆桩工作内容包括:钻孔、下注浆管、投放骨料、浆液制作、运输、压浆。

(7)灌注桩后压浆工作内容包括:①注浆导管制作、安装;②浆液制作、运输、压浆。

二、基础定额中桩基础工程的划分

《全国统一建筑工程基础定额》(土建工程)(GJD—101—1995)规定桩基础可划分为柴油打桩机打预制钢筋混凝土桩、预制钢筋混凝土桩接桩、液压静力压桩机压预制钢筋混凝土方桩、打拔钢板桩、打孔灌注混凝土桩、长螺旋钻孔灌注混凝土桩、潜水钻机钻孔灌注混凝土桩、泥浆运输、打孔灌注砂(碎石或砂石)桩、灰土挤密桩和桩架90°调面、超运距移动等十一部分。

(1)柴油打桩机打预制钢筋混凝土桩工作内容包括:准备打桩机具、移动打桩机及其轨道、吊装定位、安卸桩帽、校正、打桩。

(2)预制钢筋混凝土桩接桩工作内容包括:准备接桩工具,对接上、下节桩,桩顶垫平、放置接桩、筒铁、钢板、焊接、焊制、安放、拆卸夹箍等。

(3)液压静力压桩机压预制钢筋混凝土方桩工作内容包括:移动压桩机就位、捆桩身,吊桩找位,安卸桩帽,校正,压桩。

(4)打拔钢板桩工作包括:准备打桩机具、移动打桩机及其轨道、吊桩定位、安卸桩帽、校正、打桩、系桩、拔桩、15m以内临时堆放安装及拆除导向夹具。

注:1. 钢板桩若打入有侵蚀性地下水的土质超过一年或基底为基岩者,拔桩定额另行处理。

2. 打槽钢或钢轨,其机械使用量乘以系数0.77。

3. 定额内未包括钢板桩的制作、矫正、除锈、刷油漆。

(5)打孔灌注混凝土桩工作内容包括:准备打桩机具,移动打桩机及其轨道,用钢管打桩孔安放钢筋笼,运砂石料,过磅、搅拌、运输灌注混凝土、拔钢管、夯实、混凝土养护。

(6)长螺旋钻孔灌注混凝土桩工作内容包括:①准备机具、移动桩机、桩位校测、钻孔;②安放钢筋骨架,搅拌和灌注混凝土;③清理钻孔余土,并运至50m以外指定地点。

(7)潜水钻机钻孔灌注混凝土桩工作内容包括:护筒埋高及拆除、准备钻孔机具、钻孔出渣,加泥浆和泥浆制作,清桩孔泥浆,导管准备及安拆,搅拌及灌注混凝土。

(8)泥浆运输工作内容包括:装卸泥浆、运输、清理场地。

(9)打孔灌注砂(碎石或砂石)桩工作内容包括:准备打桩机具,移动打桩机及其轨道,安放桩尖,沉管打孔,运砂(碎石或砂石)灌注、拔管、振实。

注:打碎石或砂石桩时,人工工日、碎石(或砂石)用量按相应定额子目中括号内的数量计算。

(10)灰土挤密桩工作内容包括:准备机具、移动桩机、打拔桩管成孔、灰土、过筛拌和、30m 以内运输、填充、夯实。

(11)桩架 90°调面、超运距移动工作内容包括:铺设轨道、桩架 90°整体调面、桩机整体移动。

第三节 桩基础工程工程量计算

一、预制钢筋混凝土桩工程量计算

桩是指能增加地基承载能力的桩形基础构件,预制钢筋混凝土桩即为预先制好的钢筋混凝土桩。预制桩的桩尖可将主筋合拢焊接在桩尖辅助钢筋上,如图 5-2 所示。在密实砂和碎石类土中,可在桩尖处包以钢板桩靴,加强桩尖。

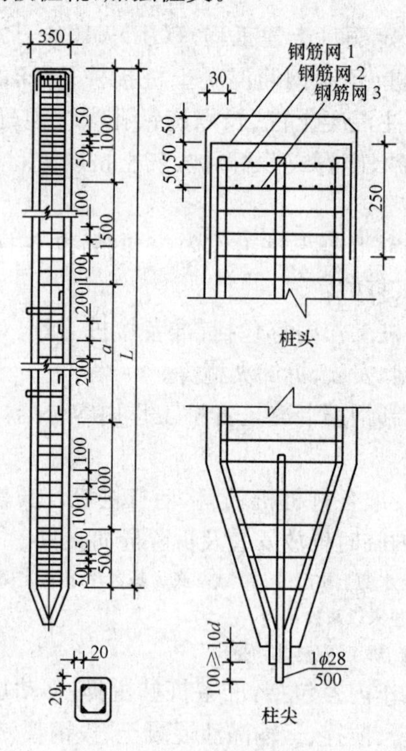

图 5-2 混凝土预制桩

1. 计算规则与注意事项

预制钢筋混凝土桩工程量计算规定应符合表 5-2 的要求。

表 5-2　　预制钢筋混凝土桩

项目编码	项目名称	项目特征	计量单位	工程量计算规则	工作内容
010301001	预制钢筋混凝土方桩	1. 地层情况 2. 送桩深度、桩长 3. 桩截面 4. 桩倾斜度 5. 沉桩方法 6. 接桩方式 7. 混凝土强度等级	1. m 2. m^3 3. 根	1. 以米计量，按设计图示尺寸以桩长(包括桩尖)计算 2. 以立方米计量，按设计图示截面积乘以桩长(包括桩尖)以实体积计算 3. 以根计量，按设计图示数量计算	1. 工作平台搭拆 2. 桩机竖拆、移位 3. 沉桩 4. 接桩 5. 送桩
010301002	预制钢筋混凝土管桩	1. 地层情况 2. 送桩深度、桩长 3. 桩外径、壁厚 4. 桩倾斜度 5. 沉桩方法 6. 桩尖类型 7. 混凝土强度等级 8. 填充材料种类 9. 防护材料种类			1. 工作平台搭拆 2. 桩机竖拆、移位 3. 沉桩 4. 接桩 5. 送桩 6. 桩尖制作安装 7. 填充材料、刷防护材料

工程量计算时应注意以下几点：

(1)地层情况按表 4-1 和表 4-2 的规定，并根据岩土工程勘察报告按单位工程各地层所占比例(包括范围值)进行描述。对无法准确描述的地层情况，可注明由投标人根据岩土工程勘察报告自行决定报价。

(2)项目特征中的桩截面、混凝土强度等级、桩类型等可直接用标准图代号或设计桩型进行描述。

(3)预制钢筋混凝土方桩、预制钢筋混凝土管桩项目以成品桩编制，应包括成品桩购置费，如果用现场预制，应包括现场预制桩的所有费用。

(4)打试验桩和打斜桩应按相应项目单独列项，并应在项目特征中注明试验桩或斜桩(斜率)。

2. 工程量计算实例

【例 5-1】　如图 5-3 所示，已知土质为二类土，预制钢筋混凝土桩为 28 根。计算用履带式柴油打桩机打桩工程量。

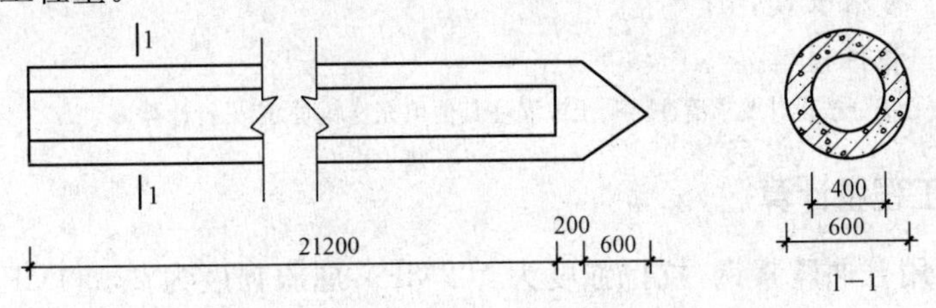

图 5-3　预制钢筋混凝土离心桩图

【解】 根据预制钢筋混凝土桩工程量计算规则，可以按根数计算，则履带式柴油打桩机打桩工程量为28根。

【例5-2】 如图5-4所示，已知共有20根预制钢筋混凝土桩，二类土，计算用柴油打桩机打桩工程量。

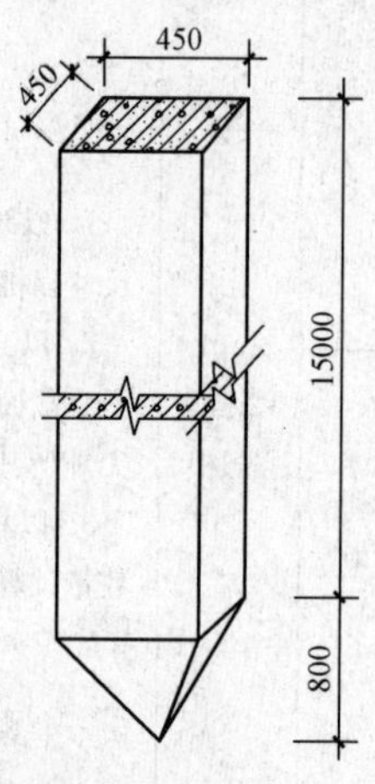

图5-4　预制钢筋混凝土桩示意图

【解】 打桩工程量＝0.45×0.45×(15＋0.8)×20＝63.99m³

【例5-3】 如图5-5所示为空心管桩，计算20根空心管桩的打桩工程量。

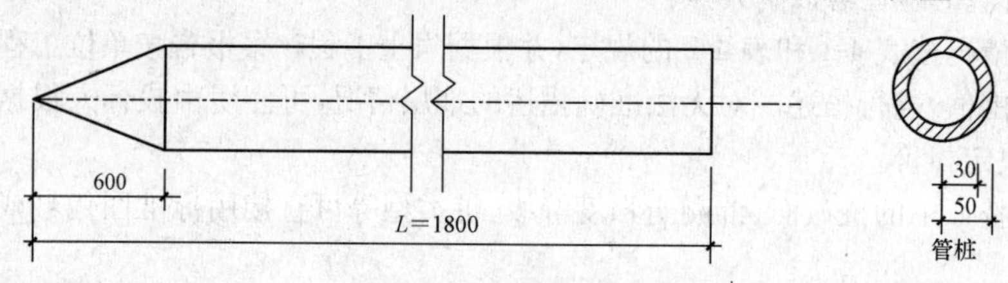

图5-5　空心管桩示意图

【解】 管桩应扣除空心部分体积，计算公式为：

$$V=\pi(R^2-r^2)\times L\times N$$

$$=3.14\times(0.05^2-0.03^2)\times1.8\times20=0.181\text{m}^3$$

式中　R——管桩外半径，m；

r——管桩内半径，m；

N——管桩长度，m；

L——管桩根数。

注：如果管桩的空心部分按设计要求灌注混凝土或灌注其他填充材料时，应另行计算。

二、钢管桩工程量计算

钢管桩一般用普通碳素钢，抗拉强度为402MPa，屈服强度为235.2MPa，或按设计要求选用。按加工工艺区分，有螺旋缝钢管和直缝钢管两种。

钢管桩的直径为ϕ406.4～ϕ2032.0mm，壁厚为6～25mm不等，常用钢管桩的规格、性能见表5-3。

表 5-3　常用钢管桩规格

钢管桩尺寸			质量		面积		
外径(mm)	厚度(mm)	内径(mm)	(kg/m)	(m/t)	断面面积(cm^2)	外包面积(m^2)	外表面积(m^2/m)
406.4	9	388.4	88.2	11.34	112.4	0.130	1.28
	12	382.4	117	8.55	148.7		
609.6	9	591.6	133	7.52	169.8	0.292	1.92
	12	585.6	177	5.65	225.3		
	14	581.6	206	4.85	262.0		
	16	577.6	234	4.27	298.4		
914.4	12	890.4	311	3.75	340.2	0.567	2.87
	14	886.4	351	3.22	396.0		
	16	882.4	420	2.85	451.6		
	19	876.4	297	2.38	534.5		

1. 计算规则与注意事项

钢管桩工程量计算规定应符合表 5-4 的要求。

表 5-4　钢管桩

项目编码	项目名称	项目特征	计量单位	工程量计算规则	工作内容
010301003	钢管桩	1. 地层情况 2. 送桩深度、桩长 3. 材质 4. 管径、壁厚 5. 桩倾斜度 6. 沉桩方法 7. 填充材料种类 8. 防护材料种类	1. t 2. 根	1. 以吨计量，按设计图示尺寸以质量计算 2. 以根计量，按设计图示数量计算	1. 工作平台搭拆 2. 桩机竖拆、移位 3. 沉桩 4. 接桩 5. 送桩 6. 切割钢管、精割盖帽 7. 管内取土 8. 填充材料、刷防护材料

2. 工程量计算实例

【例 5-4】 某超高层住宅建筑工程采用钢管桩基础，共计 215 根，已知钢管桩外径为 609.6mm，壁厚 14mm，单根钢柱长 16m。试计算该钢管桩基础工程量。

查表 5-3，根据钢管桩工程量计算规则：

【解】 钢管桩工程量＝206×16×215＝708640kg＝708.64t

三、截(凿)桩头工程量计算

截(凿)桩头项目适用于《房屋建筑与装饰工程工程量计算规范》(GB 50854—2013)附录B、附录C所列桩的桩头截(凿)。

截(凿)桩头工程量计算规定应符合表 5-5 的要求。

表 5-5　截(凿)桩头

项目编码	项目名称	项目特征	计量单位	工程量计算规则	工作内容
010301004	截(凿)桩头	1. 桩类型 2. 桩头截面、高度 3. 混凝土强度等级 4. 有无钢筋	1. m^3 2. 根	1. 以立方米计量，按设计桩截面乘以桩头长度以体积计 2. 以根计量，按设计图示数量计算	1. 截(切割)桩头 2. 凿平 3. 废料外运

四、灌注桩工程量计算

灌注桩也称现场灌注桩、沉管灌注桩和钻孔灌注桩，指用钻孔机（或人工钻孔）成孔后，将钢筋笼放入沉管内，然后随浇混凝土将钢沉管拔出，或不加钢筋笼，直接将混凝土倒入桩孔经振动而成的桩。我国应用的几种主要灌注桩桩型见表 5-6。

表 5-6　　常用灌注桩桩型

<table>
<tr><td rowspan="4">沉管灌注桩</td><td colspan="2">直桩身-预制锥形桩</td><td rowspan="4">锤击沉桩
振动沉桩
静力压桩</td></tr>
<tr><td rowspan="3">扩底</td><td>内击式扩底</td></tr>
<tr><td>无桩端夯扩</td></tr>
<tr><td>预制平底人工扩底</td></tr>
<tr><td>钻（冲、挖）孔灌注桩</td><td>直身桩
扩底桩
多节挤扩灌注桩
嵌岩桩</td><td>钻孔
冲孔
人工挖孔</td><td>压浆
不压浆</td></tr>
</table>

1. 计算规则与注意事项

灌注桩工程量计算规定应符合表 5-7 的要求。

表 5-7　　灌注桩

<table>
<tr><th>项目编码</th><th>项目名称</th><th>项目特征</th><th>计量单位</th><th>工程量计算规则</th><th>工作内容</th></tr>
<tr><td>010302001</td><td>泥浆护壁成孔灌注桩</td><td>1. 地层情况
2. 空桩长度、桩长
3. 桩径
4. 成孔方法
5. 护筒类型、长度
6. 混凝土种类、强度等级</td><td rowspan="3">1. m
2. m^3
3. 根</td><td rowspan="3">1. 以米计量，按设计图示尺寸以桩长（包括桩尖）计算
2. 以立方米计量，按不同截面在桩上范围内以体积计算
3. 以根计量，按设计图示数量计算</td><td>1. 护筒埋设
2. 成孔、固壁
3. 混凝土制作、运输、灌注、养护
4. 土方、废泥浆外运
5. 打桩场地硬化及泥浆池、泥浆沟</td></tr>
<tr><td>010302002</td><td>沉管灌注桩</td><td>1. 地层情况
2. 空桩长度、桩长
3. 复打长度
4. 桩径
5. 沉管方法
6. 桩尖类型
7. 混凝土种类、强度等级</td><td>1. 打（沉）拔钢管
2. 桩尖制作、安装
3. 混凝土制作、运输、灌注、养护</td></tr>
<tr><td>010302003</td><td>干作业成孔灌注桩</td><td>1. 地层情况
2. 空桩长度、桩长
3. 桩径
4. 扩孔直径、高度
5. 成孔方法
6. 混凝土种类、强度等级</td><td>1. 成孔、扩孔
2. 混凝土制作、运输、灌注、振捣、养护</td></tr>
</table>

续表

项目编码	项目名称	项目特征	计量单位	工程量计算规则	工作内容
010302004	挖孔桩土(石)方	1. 地层情况 2. 挖孔深度 3. 弃土(石)运距	m^3	按设计图示尺寸(含护壁)截面积乘以挖孔深度以立方米计算	1. 排地表水 2. 挖土、凿石 3. 基底钎探 4. 运输
010302005	人工挖孔灌注桩	1. 桩芯长度 2. 桩芯直径、扩底直径、扩底高度 3. 护壁厚度、高度 4. 护壁混凝土种类、强度等级 5. 桩芯混凝土种类、强度等级	1. m^3 2. 根	1. 以立方米计量，按桩芯混凝土体积计算 2. 以根计量，按设计图示数量计算	1. 护壁制作 2. 混凝土制作、运输、灌注、振捣、养护
010302006	钻孔压浆桩	1. 地层情况 2. 空钻长度、桩长 3. 钻孔直径 4. 水泥强度等级	1. m 2. 根	1. 以米计量，按设计图示尺寸以桩长计算 2. 以根计量，按设计图示数量计算	钻孔、下注浆管、投放骨料、浆液制作、运输、压浆
010302007	灌注桩后压浆	1. 注浆导管材料、规格 2. 注浆导管长度 3. 单孔注浆量 4. 水泥强度等级	孔	按设计图示以注浆孔数计算	1. 注浆导管制作、安装 2. 浆液制作、运输、压浆

工程量计算时应注意以下几点：

(1)地层情况按表4-1和表4-2的规定，并根据岩土工程勘察报告按单位工程各地层所占比例(包括范围值)进行描述。对无法准确描述的地层情况，可注明由投标人根据岩土工程勘察报告自行决定报价。

(2)项目特征中的桩长应包括桩尖，空桩长度＝孔深－桩长，孔深为自然地面至设计桩底的深度。

(3)项目特征中的桩截面(桩径)、混凝土强度等级、桩类型等可直接用标准图代号或设计桩型进行描述。

(4)泥浆护壁成孔灌注桩是指在泥浆护壁条件下成孔，采用水下灌注混凝土的桩。其成孔方法包括冲击钻成孔、冲抓锥成孔、回旋钻成孔、潜水钻成孔、泥浆护壁的旋挖成孔等。

(5)沉管灌注桩的沉管方法包括锤击沉管法、振动沉管法、振动冲击沉管法、内夯沉管法等。

(6)干作业成孔灌注桩是指不用泥浆护壁和套管护壁的情况下，用钻机成孔后，下钢筋笼，灌注混凝土的桩，适用于地下水位以上的土层使用。其成孔方法包括螺旋钻成孔、螺旋钻成孔扩底、干作业的旋挖成孔等。

(7)混凝土种类：指清水混凝土、彩色混凝土、水下混凝土等，如在同一地区既使用预拌

(商品)混凝土,又允许现场搅拌混凝土时,也应注明。

(8)混凝土灌注桩的钢筋笼制作、安装,按《房屋建筑与装饰工程工程量计算规范》(GB 50854—2013)附录E中相关项目编码列项。

2. 工程量计算实例

【例5-4】 某工程为人工挖孔灌注混凝土桩,混凝土强度等级C20,数量为60根,设计桩长8m,桩径1.2m,已知土壤类别为四类土,计算该工程混凝土灌注桩工程量。

【解】

$$单根桩工程量=\pi\times\left(\frac{1.2}{2}\right)^2\times8=9.048m^3$$

$$总工程量=9.048\times60=542.88m^3$$

【例5-5】 某湿陷性黄土地基,采用冲击沉管挤密灌注粉煤灰混凝土短桩820根,桩长为10m(包括桩尖),桩径为400mm。试计算其工程量。

【解】 沉管灌注桩工程量$=10\times820=8200m$

或 沉管灌注桩工程量=820根

或 沉管灌注桩工程量$=0.4^2\times\pi\times1/4\times10\times820=1029.92m^3$

第四节 地基处理与边坡支护工程量计算

一、地基处理工程量计算

地基处理的目的是采取各种地基处理方法以改善地基条件,包括:改善剪切特性,改善压缩特性,改善透水特性,改善动力特性,改善特殊土的不良地基特性等。

常用地基处理的方法有换填垫层法、预压(排水)固结法、夯实法、深层挤密法、化学(注浆)加固法等。

(1)换填垫层法。换填垫层法是挖除浅层软弱土或不良土,回填灰土、砂、石等材料,再分层碾压或夯实。它可提高持力层的承载力,减少变形量,消除或部分消除土的湿陷性和胀缩性,防止土的冻胀作用以及改善土的抗液化性,提高地基的稳定性。换填垫层法包括换填灰土垫层、砂和砂石垫层、粉煤灰垫层。

(2)预压(排水)固结法。预压(排水)固结法是通过布置垂直排水竖井、排水垫层等,改善地基的排水条件,采取加载、抽气等措施,以加速地基土的固结,增大地基土强度,提高地基土的稳定性,并使地基变形提前完成。预压(排水)固结法包括堆载预压法和真空预压法。

(3)夯实法。夯实法包括强夯法和强夯置换法。强夯法是利用强大的夯击能,迫使深层土压密,以提高地基承载力,降低其压缩性;强夯置换法是采用边强夯,边填块石、砂砾、碎石,边挤淤的方法,在地基中形成碎石墩体,以提高地基承载力和减小地基变形。

(4)深层挤密法。深层挤密法是通过挤密或振动使深层土密实,并在振动挤密过程中,回填砂、砾石、灰土、土或石灰等形成砂桩、碎石桩、灰土桩、二灰桩、土桩或石灰桩,与桩间土一起组成复合地基,减少沉降量,消除或部分消除土的湿陷性或液化性。深层挤密法包括振冲法、砂石桩复合地基、水泥粉煤灰碎石桩法、夯实水泥土桩法、石灰桩法、灰土挤密桩法和土挤密桩法。

(5)化学(注浆)加固法。化学(注浆)加固法包括水泥搅拌法、旋喷桩法、硅化法和碱液法、注浆法。

1)水泥土搅拌法分湿法(亦称深层搅拌法)和干法(亦称粉体喷射搅拌法)两种。湿法是利用深层搅拌机,将水泥浆与地基土在原位拌和;干法是利用喷粉机,将水泥粉或石灰粉与地基土在原位拌和,搅拌后形成柱状水泥土体,可提高地基承载力,减少地基变形,防止渗透,增加稳定性。

2)旋喷桩法是将带有特殊喷嘴的注浆管通过钻孔置入要处理的土层的预定深度,然后将浆液(常用水泥浆)以高压冲切土体。在喷射浆液的同时,以一定速度旋转、提升,即形成水泥土圆柱体;若喷嘴提升不旋转,则形成墙状固化体,可用以提高地基承载力,减少地基变形,防止砂土液化、管涌和基坑隆起,建成防渗帷幕。

3)硅化法和碱液法、注浆法是通过注入水泥浆液或化学浆液的措施使土粒胶结,用以改善土的性质,提高地基承载力,增加稳定性减少地基变形,防止渗透。

1. 计算规则与注意事项

地基处理工程量计算规定应符合表5-8的要求。

表5-8　　地基处理

项目编码	项目名称	项目特征	计量单位	工程量计算规则	工作内容
010201001	换填垫层	1. 材料种类及配比 2. 压实系数 3. 掺加剂品种	m^3	按设计图示尺寸以体积计算	1. 分层铺填 2. 碾压、振密或夯实 3. 材料运输
010201002	铺设土工合成材料	1. 部位 2. 品种 3. 规格	m^2	按设计图示尺寸以面积计算	1. 挖填锚固沟 2. 铺设 3. 固定 4. 运输
010201003	预压地基	1. 排水竖井种类、断面尺寸、排列方式、间距、深度 2. 预压方法 3. 预压荷载、时间 4. 砂垫层厚度		按设计图示处理范围以面积计算	1. 设置排水竖井、盲沟、滤水管 2. 铺设砂垫层、密封膜 3. 堆载、卸载或抽气设备安拆、抽真空 4. 材料运输
010201004	强夯地基	1. 夯击能量 2. 夯击遍数 3. 夯击点布置形式、间距 4. 地耐力要求 5. 夯填材料种类			1. 铺设夯填材料 2. 强夯 3. 夯填材料运输
010201005	振冲密实(不填料)	1. 地层情况 2. 振密深度 3. 孔距			1. 振冲加密 2. 泥浆运输

续表

项目编码	项目名称	项目特征	计量单位	工程量计算规则	工作内容
010201006	振冲桩（填料）	1. 地层情况 2. 空桩长度、桩长 3. 桩径 4. 填充材料种类	1. m 2. m^3	1. 以米计量，按设计图示尺寸以桩长计算 2. 以立方米计量，按设计桩截面乘以桩长以体积计算	1. 振冲成孔、填料、振实 2. 材料运输 3. 泥浆运输
010201007	砂石桩	1. 地层情况 2. 空桩长度、桩长 3. 桩径 4. 成孔方法 5. 材料种类、级配	1. m 2. m^3	1. 以米计量，按设计图示尺寸以桩长（包括桩尖）计算 2. 以立方米计量，按设计桩截面乘以桩长（包括桩尖）以体积计算	1. 成孔 2. 填充、振实 3. 材料运输
010201008	水泥粉煤灰碎石桩	1. 地层情况 2. 空桩长度、桩长 3. 桩径 4. 成孔方法 5. 混合料强度等级	m	按设计图示尺寸以桩长（包括桩尖）计算	1. 成孔 2. 混合料制作、灌注、养护 3. 材料运输
010201009	深层搅拌桩	1. 地层情况 2. 空桩长度、桩长 3. 桩截面尺寸 4. 水泥强度等级、掺量	m	按设计图示尺寸以桩长计算	1. 预搅下钻、水泥浆制作、喷浆搅拌提升成桩 2. 材料运输
010201010	粉喷桩	1. 地层情况 2. 空桩长度、桩长 3. 桩径 4. 粉体种类、掺量 5. 水泥强度等级、石灰粉要求	m	按设计图示尺寸以桩长计算	1. 预搅下钻、喷粉搅拌提升成桩 2. 材料运输
010201011	夯实水泥土桩	1. 地层情况 2. 空桩长度、桩长 3. 桩径 4. 成孔方法 5. 水泥强度等级 6. 混合料配比	m	按设计图示尺寸以桩长（包括桩尖）计算	1. 成孔、夯底 2. 水泥土拌和、填料、夯实 3. 材料运输
010201012	高压喷射注浆桩	1. 地层情况 2. 空桩长度、桩长 3. 桩截面 4. 注浆类型、方法 5. 水泥强度等级	m	按设计图示尺寸以桩长计算	1. 成孔 2. 水泥浆制作、高压喷射注浆 3. 材料运输

续表

项目编码	项目名称	项目特征	计量单位	工程量计算规则	工作内容
010201013	石灰桩	1. 地层情况 2. 空桩长度、桩长 3. 桩径 4. 成孔方法 5. 掺和料种类、配合比		按设计图示尺寸以桩长(包括桩尖)计算	1. 成孔 2. 混合料制作、运输、夯填
010201014	灰土(土)挤密桩	1. 地层情况 2. 空桩长度、桩长 3. 桩径 4. 成孔方法 5. 灰土级配	m		1. 成孔 2. 灰土拌和、运输填充、夯实
010201015	柱锤冲扩桩	1. 地层情况 2. 空桩长度、桩长 3. 桩径 4. 成孔方法 5. 桩体材料种类、配合比		按设计图示尺寸以桩长计算	1. 安、拔套管 2. 冲孔、填料、夯实 3. 桩体材料制作、运输
010201016	注浆地基	1. 地层情况 2. 空钻深度、注浆深度 3. 注浆间距 4. 浆液种类及配比 5. 注浆方法 6. 水泥强度等级	1. m 2. m^3	1. 以米计量,按设计图示尺寸以钻孔深度计算 2. 以立方米计量,按设计图示尺寸以加固体积计算	1. 成孔 2. 注浆导管制作、安装 3. 浆液制作、压浆 4. 材料运输
010201017	褥垫层	1. 厚度 2. 材料品种及比例	1. m^2 2. m^3	1. 以平方米计量,按设计图示尺寸以铺设面积计算 2. 以立方米计量,按设计图示尺寸以体积计算	材料拌和、运输、铺设、压实

工程量计算时应注意以下几点:

(1)地层情况按表4-1和表4-2的规定,并根据岩土工程勘察报告按单位工程各地层所占比例(包括范围值)进行描述。对无法准确描述的地层情况,可注明由投标人根据岩土工程勘察报告自行决定报价。

(2)项目特征中的桩长应包括桩尖,空桩长度=孔深-桩长,孔深为自然地面至设计桩底的深度。

(3)高压喷射注浆类型包括旋喷、摆喷、定喷,高压喷射注浆方法包括单管法、双重管法、三重管法。

(4)如采用泥浆护壁成孔,工作内容包括土方、废泥浆外运,如采用沉管灌注成孔,工作内容包括桩尖制作、安装。

2. 工程量计算实例

【例 5-6】 如图 5-6 所示，实线范围为地基强夯范围。

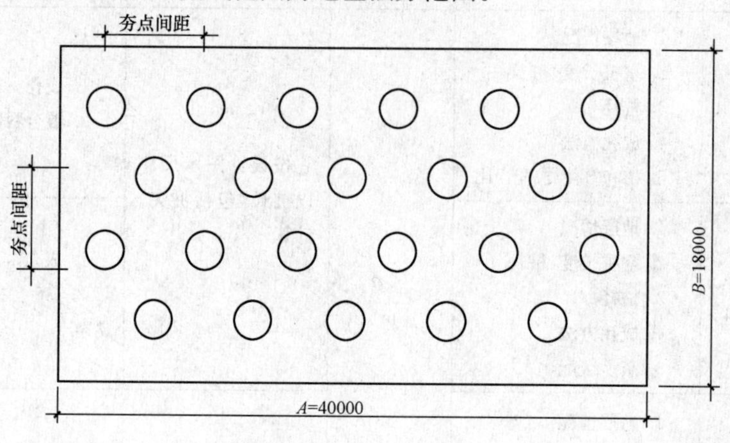

图 5-6　强夯示意图

设计要求：(1)不间隔夯击，设计击数为 8 击，夯击能量为 500t · m，一遍夯击。计算其工程量。

(2)不同隔夯击，设计击数为 10 击，分两遍夯击，第一遍 5 击，第二遍 5 击，第二遍要求低锤满拍，设计夯击能量为 400t · m。试计算其工程量。

【解】 地基强夯的工程数量计算如下：

计算公式：按设计图示处理范围以面积计算，则

(1)不间隔夯击，设计击数为 8 击，夯击能量为 500t · m，一遍夯击的强夯工程数量：

$$40\times18=720\text{m}^2$$

(2)不间隔夯击，设计击数为 10 击，分两遍夯击，第一遍 5 击，第二遍 5 击，第二遍要求低锤满拍，设计夯击能量为 400t · m 的强夯工程数量：

$$40\times18=720\text{m}^2$$

【例 5-7】 某工程采用挤密碎石桩加固地基，机械采用 40t 的振动打拔桩机，钢管外径为 320mm，桩深 8m，采用一次复打，共计 100 根。试计算振冲灌注碎石桩工程量。

【解】 振冲灌注碎石工程量＝单桩体积×根数

$$=\frac{1}{4}\times\pi\times0.32^2\times8\times100$$

$$=64.34\text{m}^3$$

二、基坑与边坡支护工程量计算

(一)地下连续墙工程量计算

地下连续墙指在所定位置利用专用的挖槽机械和泥浆（又称稳定液、触变泥浆等）护壁，开挖出一定长度（一般为 4～6m，称单元槽段）的深槽后，插入钢筋笼，并在充满泥浆的深槽中用导管法浇筑混凝土（混凝土浇筑从槽底开始，逐渐向上，泥浆也就被它置换出来），最后把这些槽段用特制的接头相互连接起来形成一道连续的现浇地下墙。

1. 计算规则与注意事项

地下连续墙工程量计算规定应符合表 5-9 的规定。

表 5-9　地下连续墙

项目编码	项目名称	项目特征	计量单位	工程量计算规则	工作内容
010202001	地下连续墙	1. 地层情况 2. 导墙类型、截面 3. 墙体厚度 4. 成槽深度 5. 混凝土种类、强度等级 6. 接头形式	m^3	按设计图示墙中心线长乘以厚度乘以槽深以体积计算	1. 导墙挖填、制作、安装、拆除 2. 挖土成槽、固壁、清底置换 3. 混凝土制作、运输、灌注、养护 4. 接头处理 5. 土方、废泥浆外运 6. 打桩场地硬化及泥浆池、泥浆沟

2. 工程量计算实例

【例 5-8】 如图 5-7 所示为地下连续墙示意图，已知槽深 900mm，墙厚 240mm，C30 混凝土，试计算该地下连续墙工程量。

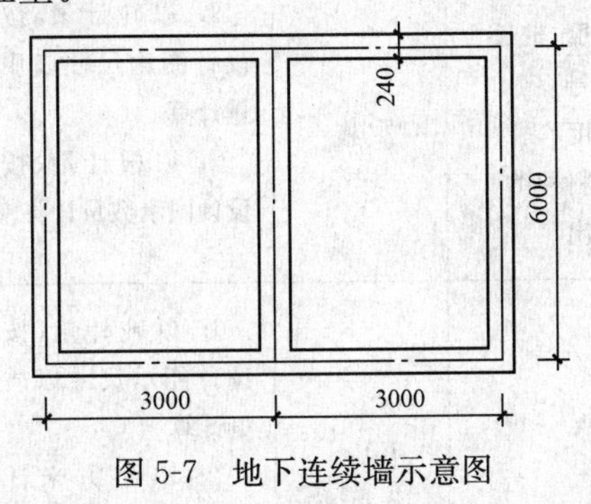

图 5-7　地下连续墙示意图

【解】 地下连续墙工程量＝(3.0×2×2＋6.0×3)×0.24×0.9＝6.48m^3

(二)基坑支护桩工程量计算

当拟开挖深基坑临边净距离内有建筑物、构筑物、管、线、缆或其他荷载，无法放坡的情况，且坑底下有可靠结实的土层作为桩尖端嵌固点时，可使用基坑支护桩支护。基坑支护桩具有保证临边的建筑物、构筑物、管、线、缆的安全；在基坑开挖过程中及基坑的使用期间，维持临空的土体稳定，以保证施工安全的作用。

基坑支护桩工程量计算规定应符合表 5-10 的要求。

表 5-10　基坑支护桩

项目编码	项目名称	项目特征	计量单位	工程量计算规则	工作内容
010202002	咬合灌注桩	1. 地层情况 2. 桩长 3. 桩径 4. 混凝土种类、强度等级 5. 部位	1. m 2. 根	1. 以米计量，按设计图示尺寸以桩长计算 2. 以根计量，按设计图示数量计算	1. 成孔、固壁 2. 混凝土制作、运输、灌注、养护 3. 套管压拔 4. 土方、废泥浆外运 5. 打桩场地硬化及泥浆池、泥浆沟

续表

项目编码	项目名称	项目特征	计量单位	工程量计算规则	工作内容
010202003	圆木桩	1. 地层情况 2. 桩长 3. 材质 4. 尾径 5. 桩倾斜度	1. m 2. 根	1. 以米计量，按设计图示尺寸以桩长(包括桩尖)计算 2. 以根计量，按设计图示数量计算	1. 工作平台搭拆 2. 桩机移位 3. 桩靴安装 4. 沉桩
010202004	预制钢筋混凝土板桩	1. 地层情况 2. 送桩深度、桩长 3. 桩截面 4. 沉桩方法 5. 连接方式 6. 混凝土强度等级			1. 工作平台搭拆 2. 桩机移位 3. 沉桩 4. 板桩连接
010202005	型钢桩	1. 地层情况或部位 2. 送桩深度、桩长 3. 规格型号 4. 桩倾斜度 5. 防护材料种类 6. 是否拔出	1. t 2. 根	1. 以吨计量，按设计图示尺寸以质量计算 2. 以根计量，按设计图示数量计算	1. 工作平台搭拆 2. 桩机移位 3. 打(拔)桩 4. 接桩 5. 刷防护材料
010202006	钢板桩	1. 地层情况 2. 桩长 3. 板桩厚度	1. t 2. m^2	1. 以吨计量，按设计图示尺寸以质量计算 2. 以平方米计量，按设计图示墙中心线长乘以桩长以面积计算	1. 工作平台搭拆 2. 桩机移位 3. 打拔钢板桩

(三)锚杆(锚索)、土钉工程量计算

锚杆(锚索)是一种受拉杆件，其一端与支挡结构物(如地下连续墙、就地灌注桩体与边坡的腰梁、H型钢桩等)联结；另一端则锚固在稳定的岩(土)层中，以承受作用在结构物上的侧土压力、水压力等，并利用地层的锚固力以维持结构物的稳定。锚杆支护结构一般适用于开挖深度不超过5m的基坑。

土钉墙是由设置在原土体中的细长金属杆件群和附着于坡面上的面板所组成。其适用于地下水位以上或经人工降水后的人工填土、黏性土和弱胶结砂土的基坑支护或边坡加固；不宜用于含水丰富的粉、细砂层、砂砾石层和淤泥质土，并不得用于没有自稳能力的淤泥和软弱土层。土钉墙的高度不宜大于12m。

1. 计算规则与注意事项

锚杆(锚索)、土钉支护工程量计算规定应符合表5-11的要求。

表 5-11　锚杆(锚索)、土钉

项目编码	项目名称	项目特征	计量单位	工程量计算规则	工作内容
010202007	锚杆（锚索）	1. 地层情况 2. 锚杆(索)类型、部位 3. 钻孔深度 4. 钻孔直径 5. 杆体材料品种、规格、数量 6. 预应力 7. 浆液种类、强度等级	1. m 2. 根	1. 以米计量，按设计图示尺寸以钻孔深度计算 2. 以根计量，按设计图示数量计算	1. 钻孔、浆液制作、运输、压浆 2. 锚杆(锚索)制作、安装 3. 张拉锚固 4. 锚杆(锚索)施工平台搭设、拆除
010202008	土钉	1. 地层情况 2. 钻孔深度 3. 钻孔直径 4. 置入方法 5. 杆体材料品种、规格、数量 6. 浆液种类、强度等级			1. 钻孔、浆液制作、运输、压浆 2. 土钉制作、安装 3. 土钉施工平台搭设、拆除

2. 工程量计算实例

【例 5-9】 如图 5-8 所示，某工程基坑立壁采用多锚支护，锚孔直径 80mm，深度 2.5m，C25 混凝土，共计锚杆 58 根。试计算其工程量。

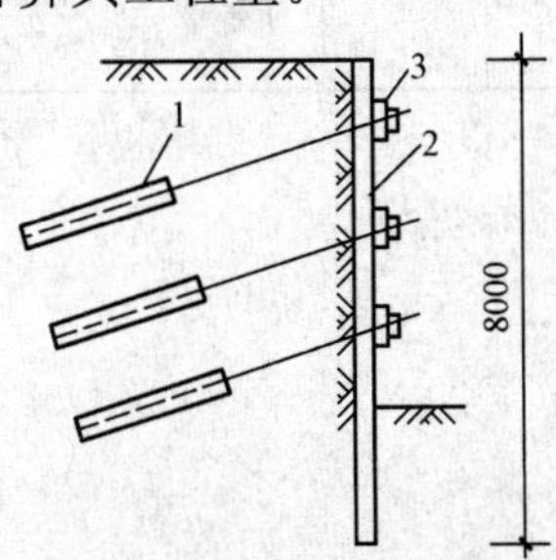

图 5-8　某工程基坑立壁

1—土层锚杆；2—挡土灌注桩或地下连续墙；3—钢横梁(撑)

【解】 锚杆支护工程量＝2.5×58＝145m 或＝58 根

(四)喷射混凝土、水泥砂浆工程量计算

喷射混凝土、水泥砂浆工程量计算规定应符合表 5-12 的要求。

表 5-12　喷射混凝土、水泥砂浆

项目编码	项目名称	项目特征	计量单位	工程量计算规则	工作内容
010202009	喷射混凝土、水泥砂浆	1. 部位 2. 厚度 3. 材料种类 4. 混凝土(砂浆)类别、强度等级	m^2	按设计图示尺寸以面积计算	1. 修整边坡 2. 混凝土(砂浆)制作、运输、喷射、养护 3. 钻排水孔、安装排水管 4. 喷射施工平台搭设、拆除

(五)基坑支撑工程量计算

基坑支撑系统是增大围护结构刚度,改善围护结构受力条件,确保基坑安全和稳定性的构件。目前,支撑体系主要有钢支撑和混凝土支撑。支撑系统主要由围檩、支撑和立柱组成。根据基坑的平面形状、开挖面积及开挖深度等,内支撑可分为有围檩和无围檩两种。对于圆形围护结构的基坑,可采用内衬墙和围檩两种方式而不设置内支撑。基坑支撑工程量计算规定应符合表5-13的要求。

表 5-13 基坑支撑

项目编码	项目名称	项目特征	计量单位	工程量计算规则	工作内容
010202010	钢筋混凝土支撑	1. 部位 2. 混凝土种类 3. 混凝土强度等级	m^3	按设计图示尺寸以体积计算	1. 模板(支架或支撑)制作、安装、拆除、堆放、运输及清理模内杂物、刷隔离剂等 2. 混凝土制作、运输、浇筑、振捣、养护
010202011	钢支撑	1. 部位 2. 钢材品种、规格 3. 探伤要求	t	按设计图示尺寸以质量计算。不扣除孔眼质量,焊条、铆钉、螺栓等不另增加质量	1. 支撑、铁件制作(摊销、租赁) 2. 支撑、铁件安装 3. 探伤 4. 刷漆 5. 拆除 6. 运输

第六章　砌筑工程工程量计算

第一节　砌筑工程类型划分

砌筑工程的分类方式很多,可以按材料分类、按承重体系分类,还可以按使用特点和工作状态进行分类。

一、按材料进行分类

砌筑工程按材料可分为砖砌体、砌块砌体、石材砌体、配筋砌体和空斗墙砌体五类,具体见表6-1。

表6-1　砌筑工程按材料分类

类　别	内　　　　容
砖砌体	采用标准尺寸的烧结普通砖、黏土空心砖及非烧结硅酸盐砖与砂浆砌筑成的砖砌体,有墙或柱。墙厚为120mm、240mm、370mm、490mm、620mm等,特殊要求时可有180mm、300mm和420mm等。砖柱规格为240mm×370mm、370mm×370mm、490mm×490mm、490mm×620mm等。 墙体砌筑方式有一顺一丁、三顺一丁等。砌筑的要求是铺砌均匀、灰浆饱满、上下错缝、受力均衡。黏土砖已被限用或禁用;非黏土砖是发展方向
砌块砌体	砌块砌体是用中小型混凝土砌块或硅酸盐砌块与砂浆砌筑而成的砌体,可用于定型设计的民用房屋及工业厂房的墙体。目前国内使用的小型砌块高度,一般为180～350mm,称为混凝土空心小型砌块砌体;中型砌块高度,一般为360～900mm,分别有混凝土空心中型砌块砌体和硅酸盐实心中型砌块砌体。空心砌块内加设钢筋混凝土芯柱者,称为钢筋混凝土芯柱砌块砌体,可用于有抗震设防要求的多层砌体房屋或高层砌体房屋。 砌块砌体设计和砌筑的要求是:规格宜少、重量适中、孔洞对齐、铺砌严密
石材砌体	采用天然料石或毛石与砂浆砌筑的砌体称为天然石材砌体。天然石材具有强度高、抗冻性强和导热性好的特点,是带形基础、挡土墙及某些墙体的理想材料。毛石墙的厚度不应小于350mm,柱截面较小边长不应小于400mm。当有振动荷载时,不宜采用毛石砌体
配筋砌体	在砌体水平灰缝中配置钢筋网片或在砌体外部预留沟槽,槽内设置竖向粗钢筋并灌注细石混凝土(或水泥砂浆)的组合砌体称为配筋砌体。这种砌体可提高强度,减小构件截面,加强整体性,增加结构延性,从而改善结构抗震能力
空斗墙砌体	空斗墙是由实心砖砌筑的空心砖砌体。可节省材料,减轻重量,提高隔热保温性能。但是,空斗墙整体稳定性差,因此,在有振动、潮湿环境、管道较多的房屋或地震烈度为7度及7度以上的地区不宜建造空斗墙房屋。

注:由砌体结构所用材料可见,其主要优点是易于就地取材,节约水泥、钢材和木材,造价低廉,有良好的耐火性和耐久性,有较好的保温隔热性能;主要缺点是强度低、自重大、砌筑工程量繁重、抗震性能差等,因而限制了它的使用范围。今后,砌筑制品应向高强、多孔、薄壁、大块和配筋等方向发展。

二、按承重体系进行分类

砌筑工程按承重体系可分为横墙承重体系、纵墙承重体系和内框架承重体系三类，具体见表6-2。

表6-2 砌筑工程按承重体系分类

类别	内容
横墙承重体系	横墙承重体系是指多数横向轴线处布置墙体，屋(楼)面荷载通过钢筋混凝土楼板传给各道横墙，横墙是主要承重墙，纵墙主要承受自重，侧向支承横墙，保证房屋的整体性和侧向稳定性。横墙承重体系的优点是屋(楼)面构件简单，施工方便，整体刚度好；缺点是房间布置不灵活，空间小，墙体材料用量大。其主要用于5～7层的住宅、旅馆、小开间办公楼
纵墙承重体系	纵墙承重体系是指屋(楼)盖梁(板)沿横向布置，楼面荷载主要传给纵墙。纵墙是主要承重墙；横墙承受自重和少量竖向荷载，侧向支承纵墙。其主要用于进深小而开间大的教学楼、办公楼、试验室、车间、食堂、仓库和影剧院等建筑物
内框架承重体系	内框架承重体系是指建筑物内部设置钢筋混凝土柱，柱与两端支于外墙的横梁形成内框架。外纵墙兼有承重和围护作用。它的优点是内部空间大，布置灵活，经济效果和使用效果均佳。但因其由两种性质不同的结构体系合成，地震作用下破坏严重，外纵墙尤甚，地震区宜慎用

注：除以上常见的三种承重体系外，还有纵、横墙双向承重体系和其他派生的砌体结构承重体系，如底层框架-剪力墙砌体结构等。

合理的结构体系必须受力明确，传力直接，结构先进。在砌体结构设计中，必须判明荷载在结构体系中的传递途径，才能得出正确的结构承重体系的分析结果。

三、按使用特点和工作状态进行分类

砌筑工程按使用特点和工作状态可分为一般砌体结构、特殊用途的构筑物和特殊工作状态的建筑物三大类，具体见表6-3。

表6-3 砌筑工程按使用特点和工艺状态分类

类别	内容
一般砌体结构	一般砌体结构是指用于正常使用状况下的工业与民用建筑。如供人们生活起居的住宅、宿舍、旅馆、招待所等居住建筑和供人们进行社会公共活动用的公共建筑。工业建筑则有为一般工业生产服务的单层厂房和多层工业建筑
特殊用途的构筑物	特殊用途的构筑物，通常称为特殊结构或特种结构，如烟囱、水塔、料仓及小型水池、涵洞和挡土墙等
特殊工作状态的建筑物	特殊工作状态的建筑物有以下三种： (1)处于特殊环境和介质中的建筑物。该类建筑物为保证结构的可靠性和满足建筑使用功能的要求，对建筑结构提出各种防护要求，如防水抗渗、防火耐热、防酸抗腐、防爆炸、防辐射等。 (2)处于特殊作用下工作的建筑物。如有抗震设防要求的建筑结构和在核爆动荷载作用下的防空地下建筑等。 (3)具有特殊工作空间要求的建筑物。如底层框架和多层内框架砖房以及单层空旷房屋等

第二节　砌筑工程分项工程划分

一、"13工程计量规范"中砌筑工程划分

砌筑工程共4节27个项目，包括砖砌体、砌块砌体、石砌体和垫层。

1. 砖砌体

(1)砖基础工作内容包括：①砂浆制作、运输；②砌砖；③防潮层铺设；④材料运输。

(2)砖砌挖孔桩护壁工作内容包括：①砂浆制作、运输；②砌砖；③材料运输。

(3)实心砖墙、多孔砖墙、空心砖墙工作内容包括：①砂浆制作、运输；②砌砖；③刮缝；④砖压顶砌筑；⑤材料运输。

(4)空斗墙、空花墙、填充墙工作内容包括：①砂浆制作、运输；②砌砖；③装填充料；④刮缝；⑤材料运输。

(5)实心砖柱、多孔砖柱工作内容包括：①砂浆制作、运输；②砌砖；③刮缝；④材料运输。

(6)砖检查井工作内容包括：①砂浆制作、运输；②铺设垫层；③底板混凝土制作、运输、浇筑、振捣、养护；④砌砖；⑤刮缝；⑥井池底、壁抹灰；⑦抹防潮层；⑧材料运输。

(7)零星砌砖工作内容包括：①砂浆制作、运输；②砌砖；③刮缝；④材料运输。

(8)砖散水、地坪工作内容包括：①土方挖、运、填；②地基找平、夯实；③铺设垫层；④砌砖散水、地坪；⑤抹砂浆面层。

(9)砖地沟、明沟工作内容包括：①土方挖、运、填；②铺设垫层；③底板混凝土制作、运输、浇筑、振捣、养护；④砌砖；⑤刮缝、抹灰；⑥材料运输。

2. 砌块砌体

砌块墙、砌块柱工作内容均包括：①砂浆制作、运输；②砌砖、砌块；③勾缝；④材料运输。

3. 石砌体

(1)石基础工作内容包括：①砂浆制作、运输；②吊装；③砌石；④防潮层铺设；⑤材料运输。

(2)石勒脚、石墙、石柱、石栏杆、石护坡工作内容包括：①砂浆制作、运输；②吊装；③砌石；④石表面加工；⑤勾缝；⑥材料运输。

(3)石挡土墙工作内容包括：①砂浆制作、运输；②吊装；③砌石；④变形缝、泄水孔、压顶抹灰；⑤滤水层；⑥勾缝；⑦材料运输。

(4)石台阶、石坡道工作内容包括：①铺设垫层；②石料加工；③砂浆制作、运输；④砌石；⑤石表面加工；⑥勾缝；⑦材料运输。

(5)石地沟、明沟工作内容包括：①土方挖、运；②砂浆制作、运输；③铺设垫层；④砌石；⑤石表面加工；⑥勾缝；⑦回填；⑧材料运输。

4. 垫层

垫层工作内容包括：①垫层材料的拌制；②垫层铺设；③材料运输。

二、基础定额中砌筑工程划分

《全国统一建筑工程基础定额》(土建工程)(GJD—101—1995)规定砌筑工程划分为砌砖和砌石两部分。

1. 砌砖

(1)砖基础、砖墙工作内容包括:①砖基础工作内容包括:调、运、铺砂浆,运砖,清理基槽坑,砌砖等;②砖墙工作内容包括:调、运、铺砂浆,运砖;砌砖包括窗台虎头砖、腰线、门窗套;安放木砖、铁件等。

(2)空斗墙、空花墙、填充墙、贴砌砖、砌块墙工作内容包括:①调、运、铺砂浆、运砖;②砌砖包括窗台虎头砖、腰线、门窗套;③安放木砖、铁件等。

(3)围墙工作内容包括:调、运、铺砂浆、运砖。

(4)砖柱工作内容包括:①调、运、铺砂浆、运砖;②砌砖;③安放木砖、铁件等。

(5)砖烟囱、水塔工作内容包括:①砖烟囱筒身工作内容包括:调运砂浆、砍砖、砌砖、原浆勾缝、支模出檐、安爬梯、烟囱帽抹灰等;②砖烟囱内衬、砖烟道工作内容包括:调、运砂浆、砍砖、砌砖、内部灰缝刮平及填充隔热材料等;③砖水塔工作内容包括:调运砂浆、砍砖、砌砖及原浆勾缝;制作安装及拆除门窗、胎模等。

(6)其他砖砌体工作内容包括:①砖平碳、钢筋砖过梁工作内容包括:调、运、铺砂浆,运砖,砌砖,模板制作安装、拆除,钢筋制作安装;②挖孔桩砖护壁工作内容包括:调、运、铺砂浆,运砖、砌砖。

2. 砌石

(1)基础、勒脚工作内容包括:运石,调,运、铺砂浆、砌筑。

(2)墙、柱工作内容包括:①运石,调,运、铺砂浆;②砌筑、平整墙角及门窗洞口处的石料加工等;③毛石墙身包括墙角、门窗洞口处的石料加工。

(3)护坡工作内容包括:调、运砂浆,砌石,铺砂,勾缝等。

(4)其他石砌体工作内容包括:①翻楞子、天地座打平、运石,调、运、铺砂浆,安铁梯及清理石渣,洗石料,基础夯实、扁钻缝、安砌等;②剔缝、洗刷、调运砂浆、勾缝等;③画线、扁光、打钻路、钉麻石等。

第三节　砖砌体工程量计算

一、砖基础工程量计算

当墙基承受荷载较大、砌筑高度达到一定范围时,在其底部作成阶梯形状,俗称“大放脚”,分为等高式和间隔式两种,具体如图 6-1 所示。

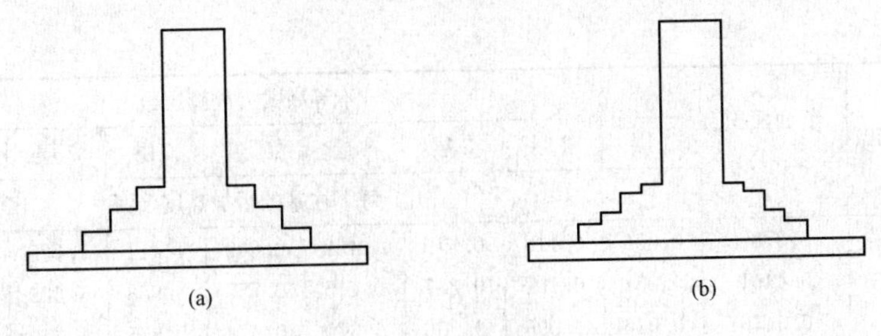

图 6-1　基础大放脚
(a)等高式大放脚;(b)间隔式大放脚

等高式为二皮一收三层大放脚;间隔式为二皮一收与一皮一收间隔四层做法。二皮砖高度为 126mm,如为标准砖基础,每层大放脚收进尺寸为 62.5mm。

基础大放脚折加高度参考数据见表 6-4 和表 6-5。

表 6-4　　**标准砖柱等高式基础大放脚折加高度**

砖柱断面尺寸(m)	断面面积(m^2)	等高式大放脚层数								
		1层	2层	3层	4层	5层	6层	7层	8层	9层
		每个柱基的折加高度(m)								
0.24×0.24	0.0576	0.168	0.564	1.271	2.344	3.502	5.858	8.458	11.70	15.665
0.24×0.365	0.0876	0.126	0.444	0.969	1.767	2.863	4.325	6.195	8.501	11.298
0.24×0.49	0.1176	0.112	0.378	0.821	1.477	2.389	3.381	5.079	6.936	9.172
0.24×0.615	0.1476	0.104	0.337	0.733	1.312	2.100	3.133	4.423	6.011	7.904
0.365×0.365	0.1332	0.099	0.333	0.724	1.306	2.107	3.158	4.482	6.124	8.101
0.365×0.49	0.1789	0.087	0.279	0.606	1.089	1.734	2.581	3.646	4.955	6.534
0.365×0.615	0.2246	0.079	0.251	0.535	0.932	1.513	2.242	3.154	4.266	5.592
0.365×0.74	0.2701	0.070	0.229	0.488	0.862	1.369	2.017	2.824	3.805	4.979
0.49×0.49	0.2401	0.074	0.234	0.501	0.889	1.415	2.096	2.95	3.986	5.23
0.49×0.615	0.3014	0.063	0.206	0.488	0.773	1.225	1.805	2.532	3.411	4.46
0.49×0.74	0.3626	0.059	0.186	0.397	0.698	1.099	1.616	2.256	3.02	3.95
0.49×0.865	0.4239	0.057	0.175	0.368	0.642	1.009	1.48	2.06	2.759	3.589
0.615×0.615	0.3782	0.056	0.170	0.38	0.668	1.055	1.549	2.14	2.881	3.762
0.615×0.74	0.4551	0.052	0.163	0.343	0.559	0.941	1.377	1.92	2.572	3.343
0.615×0.865	0.5320	0.047	0.150	0.316	0.515	0.861	1.257	2.746	2.332	3.025

表 6-5　　**标准砖柱不等高式基础大放脚折加高度**

砖柱断面尺寸(m)	断面面积(m^2)	不等高式大放脚层数								
		1层	2层	3层	4层	5层	6层	7层	8层	9层
		每个柱基的折加高度(m)								
0.24×0.24	0.0576	0.165	0.396	1.097	1.602	3.113	4.220	6.814	6.814	8.434
0.24×0.365	0.8760	0.131	0.287	0.814	1.240	2.316	3.112	4.975	4.975	6.130
0.365×0.365	0.1332	0.101	0.218	0.609	0.899	1.701	2.268	3.596	3.596	4.415
0.365×0.49	0.1789	0.087	0.185	0.509	0.747	1.399	1.854	2.921	2.921	3.575
0.49×0.49	0.2401	0.072	0.154	0.420	0.614	1.140	1.54	2.357	2.357	2.876
0.49×0.615	0.3014	0.064	0.136	0.367	0.535	0.987	1.296	2.021	2.020	2.462

续表

砖柱断面尺寸(m)	断面面积(m^2)	不等高式大放脚层数								
		1层	2层	3层	4层	5层	6层	7层	8层	9层
		每个柱基的折加高度(m)								
0.615×0.615	0.3782	0.056	0.118	0.319	0.462	0.849	1.111	1.725	1.725	2.097
0.615×0.74	0.4451	0.051	0.107	0.287	0.415	0.757	0.988	1.529	1.529	1.855
0.74×0.74	0.5476	0.046	0.096	0.256	0.370	0.673	0.875	1.349	1.349	1.635
0.74×0.865	0.6401	0.043	0.089	0.234	0.338	0.612	0.795	1.222	1.222	1.479
0.856×0.856	0.7482	0.039	0.081	0.214	0.307	0.555	0.719	1.104	1.104	1.334
0.865×0.990	0.8564	0.037	0.075	0.198	0.285	0.513	0.663	1.015	1.015	1.230
0.990×0.990	0.9801	0.030	0.070	0.183	0.263	0.472	0.610	0.931	0.931	1.123
0.990×1.115	1.1039	0.032	0.066	0.171	0.246	0.431	0.568	0.866	0.866	1.043
1.115×1.115	1.2432	0.030	0.061	0.160	0.229	0.410	0.425	0.803	0.083	0.967

1. 计算规则与注意事项

砖基础工程量计算规定应符合表 6-6 的要求。

表 6-6 砖基础

项目编码	项目名称	项目特征	计量单位	工程量计算规则	工作内容
010401001	砖基础	1. 砖品种、规格、强度等级 2. 基础类型 3. 砂浆强度等级 4. 防潮层材料种类	m^3	按设计图示尺寸以体积计算 包括附墙垛基础宽出部分体积，扣除地梁(圈梁)、构造柱所占体积，不扣除基础大放脚 T 形接头处的重叠部分(图 6-2)及嵌入基础内的钢筋、铁件、管道、基础砂浆防潮层和单个面积≤0.3m^2 的孔洞所占体积，靠墙暖气沟的挑檐不增加 基础长度：外墙按外墙中心线，内墙按内墙净长线计算	1. 砂浆制作、运输 2. 砌砖 3. 防潮层铺设 4. 材料运输

注：1. “砖基础”项目适用于各种类型砖基础：柱基础、墙基础、管道基础等。

2. 基础与墙(柱)身(图 6-3)使用同一种材料时，以设计室内地面为界(有地下室者，以地下室室内设计地面为界，图 6-4)，以下为基础，以上为墙(柱)身。基础与墙身使用不同材料时，位于设计室内地面高度≤±300mm 时，以不同材料为分界线，高度>±300mm 时，以设计室内地面为分界线。

3. 砖围墙以设计室外地坪为界，以下为基础，以上为墙身。

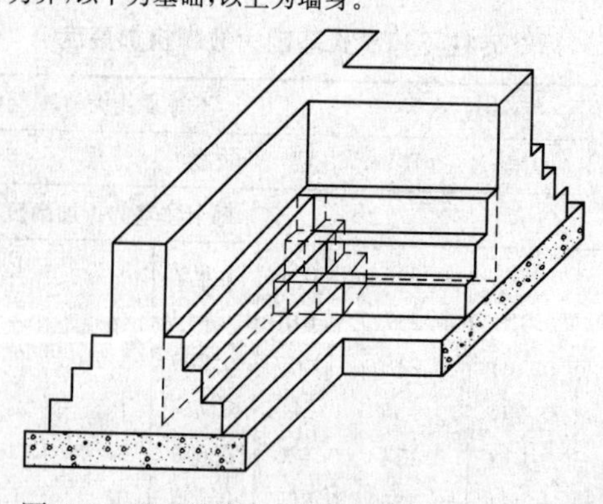

图 6-2 基础放脚 T 形接头重复部分示意图

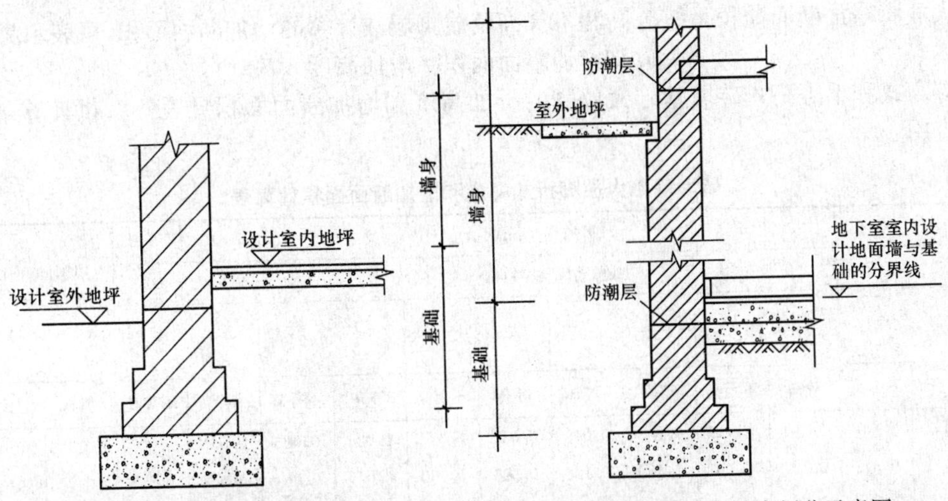

图 6-3　基础与墙身划分示意图　　图 6-4　地下室的基础与墙身划分示意图

2. 基础断面面积计算

大放脚砖基础示意图如图 6-5 所示，得：

基础断面面积＝基础墙厚度×(基础高度＋大放脚折加高度)

＝基础墙厚度×基础高度＋大放脚增加断面面积

式中，基础墙厚度为基础主墙身的厚度；

基础高度指室内地坪至基础底面间的距离；

大放脚折加高度是将大放脚增加的断面面积按其相应的墙厚折合成的高度，其计算公式如下：

$$大放脚折加高度=\frac{大放脚双面断面面积}{基础墙厚度}=\frac{A}{B}$$

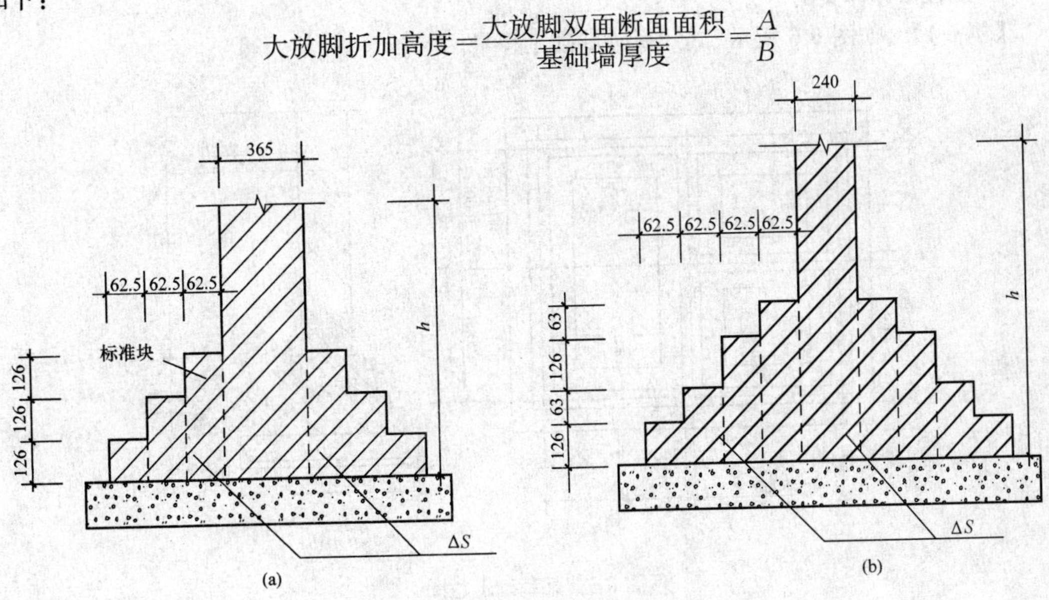

图 6-5　大放脚砖基础示意图

(a)等高式大放脚砖基础；(b)不等高式大放脚砖基础

大放脚增加断面面积是按等高和不等高及放脚层数计算的增加断面面积，可表示为：

$$大放脚增加断面面积=增加高度\times B$$

等高式和不等高式砖墙基础大放脚的折加高度和增加断面面积见表 6-7，供计算基础体积时查用。

表 6-7　　砖墙基础大放脚折加高度和增加断面面积计算表

放脚层数	折加高度(m)												增加断面面积(m²)	
	基础墙厚[砖数(m)]													
	1/2(0.115)		1(0.24)		$1\frac{1}{2}$(0.365)		2(0.49)		$2\frac{1}{2}$(0.615)		3(0.74)			
	等高	不等高	等高	不等高	等高	不等高	等高	不等高	等高	不等高	等高	不等高	等高	不等高
1	0.137	0.137	0.066	0.066	0.043	0.043	0.032	0.032	0.026	0.026	0.021	0.021	0.01575	0.01575
2	0.411	0.342	0.197	0.164	0.129	0.108	0.096	0.080	0.077	0.064	0.064	0.053	0.04725	0.03938
3			0.394	0.328	0.259	0.216	0.193	0.161	0.154	0.128	0.128	0.106	0.0945	0.07875
4			0.656	0.525	0.432	0.345	0.321	0.253	0.256	0.205	0.213	0.17	0.1575	0.1260
5			0.984	0.788	0.647	0.518	0.482	0.380	0.384	0.307	0.319	0.255	0.2363	0.1890
6			1.378	1.083	0.906	0.712	0.672	0.53	0.538	0.419	0.447	0.351	0.3308	0.2599
7			1.838	1.444	1.208	0.949	0.900	0.707	0.717	0.563	0.596	0.468	0.4410	0.3465
8			2.363	1.838	1.553	1.208	1.157	0.900	0.922	0.717	0.766	0.596	0.5670	0.4411
9			2.953	2.297	1.942	1.510	1.447	1.125	1.153	0.896	0.958	0.745	0.7088	0.5513
10			3.610	2.789	2.372	1.834	1.768	1.366	1.409	1.088	1.171	0.905	0.8663	0.6694

注：1. 本表按标准砖双面放脚每层高 126mm(等高式)，以及双面放脚层高分别为 126mm、63mm(间隔式)，砌出 62.5mm 计算。

2. 本表断面面积是按双面且完全对称计算的，当放脚为单面时，表中面积应乘以系数 0.5；当两面不对称时，应分别按单面计算。

3. 工程量计算实例

【例 6-1】 如图 6-6 所示，试计算砖基础工程量。

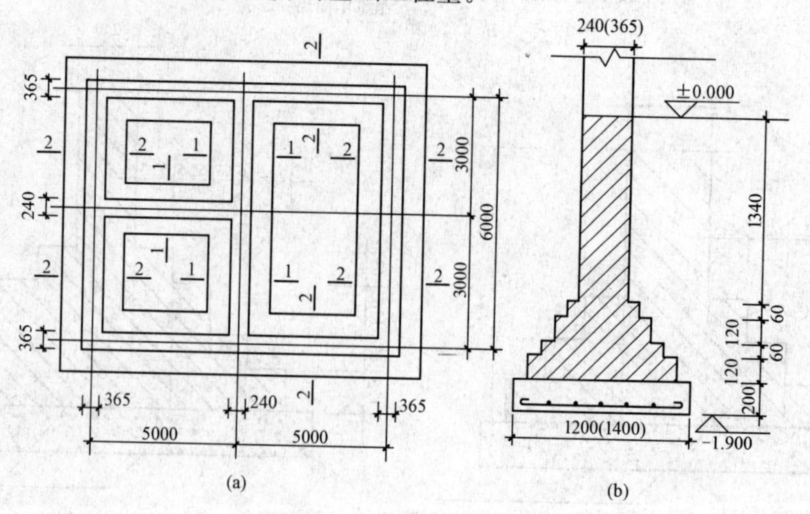

图 6-6　某基础示意图

(a)平面图；(b)1－1(2－2)剖面图

注：基础大放脚折加高度为 0.525m(0.345m)

【解】 内墙砖基1—1剖面的工程量为$=[(5-0.12-0.365\times0.5)+(6-0.365)]\times 0.24\times(1.7+0.525)=5.52\text{m}^3$

外墙砖基2—2剖面的工程量为$=(10+6)\times2\times0.365\times(1.7+0.345)=23.89\text{m}^3$

【例 6-2】 某工程砌筑的等高或标准砖大放脚基础如图 6-5(a)所示，当基础墙高 $h=1.4\text{m}$，基础长 $l=25.65\text{m}$ 时，计算砖基础工程量。

【解】 已知：$d=0.365\text{m}$，$h=1.4\text{m}$，$l=25.65\text{m}$，$n=3$。

$V_{基}$=(基础墙厚×基础墙高+大放脚增加面积)×基础长

$=(d\times h+\Delta S)\times l=[dh+0.007875n(n+1)]l$

式中　0.007875——一个大放脚标准块面积；

$0.007875n(n+1)$——全部大放脚的面积；

n——大放脚层数；

d——基础墙厚；

则　砖基础工程量$=(0.365\times1.4+0.007875\times3\times4)\times25.65=15.53\text{m}^3$

二、砖砌挖孔桩护壁工程量计算

砖砌挖孔桩护壁工程量计算规定应符合表 6-8 的要求。

表 6-8　砖砌挖孔桩护壁

项目编码	项目名称	项目特征	计量单位	工程量计算规则	工作内容
010401002	砖砌挖孔桩护壁	1. 砖品种、规格、强度等级 2. 砂浆强度等级	m^3	按设计图示尺寸以立方米计算	1. 砂浆制作、运输 2. 砌砖 3. 材料运输

三、实心砖墙、多孔砖墙、空心砖墙工程量计算

多孔砖墙与空心砖墙是分别以多孔砖和空心砖砌筑的墙体。

墙为房屋的主要结构部件之一，在建筑物内部主要起着维护和承重作用。墙分承重墙和非承重墙两种，此外，还有清水、混水及外墙、内墙之分。

清水砖墙是指墙表面不做面层的砖墙面，其表面就是块材本身的原色，清水墙面的灰缝一定要整齐，并进行勾缝处理，如图 6-7 所示。

混水砖墙是指需要抹灰的砖墙面，如图 6-8 所示。

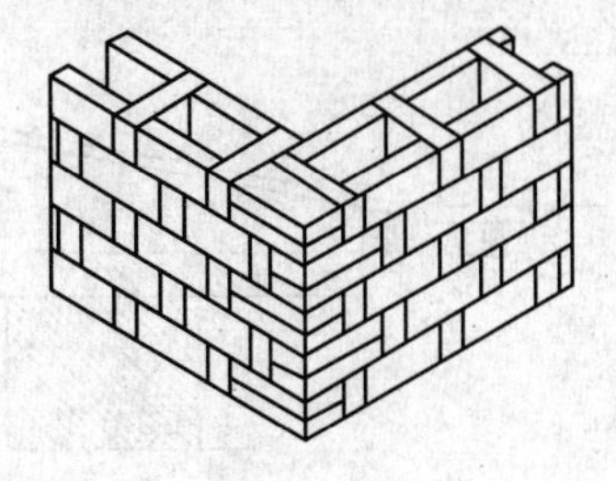

图 6-7　清水砖墙示意图

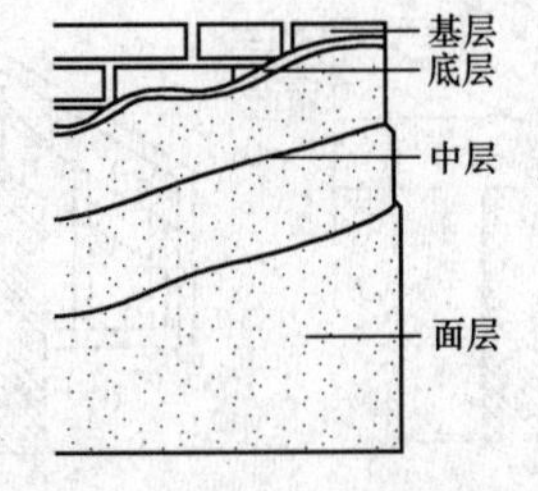

图 6-8　混水砖墙示意图

1. 计算规则与注意事项

实心砖墙、多孔砖墙、空心砖墙工程量计算规定应符合表 6-9 的要求。

表 6-9　　　　实心砖墙、多孔砖墙、空心砖墙

项目编码	项目名称	项目特征	计量单位	工程量计算规则	工作内容
010401003	实心砖墙	1. 砖品种、规格、强度等级 2. 墙体类型 3. 砂浆强度等级、配合比	m^3	按设计图示尺寸以体积计算 扣除门窗、洞口、嵌入墙内的钢筋混凝土柱、梁、圈梁、挑梁、过梁及凹进墙内的壁龛、管槽、暖气槽、消火栓箱所占体积。不扣除梁头、板头、檩头、垫木、木楞头、沿缘木、木砖、门窗走头、砖墙内加固钢筋、木筋、铁件、钢管及单个面积≤0.3m² 的孔洞所占体积。凸出墙面的腰线、挑檐、压顶、窗台线、虎头砖、门窗套的体积亦不增加。凸出墙面的砖垛并入墙体体积内计算 1. 墙长度：外墙按中心线，内墙按净长计算 2. 墙高度： (1)外墙：斜(坡)屋面无檐口天棚者算至屋面板底(图 6-9)；有屋架且室内外均有天棚者(图 6-10)算至屋架下弦底另加 200mm；无天棚者(图 6-11)算至屋架下弦底另加 300mm，出檐宽度超过 600mm 时按实砌高度计算；与钢筋混凝土楼板隔层者算至板顶。平屋面算至钢筋混凝土板底 (2)内墙：位于屋架下弦者，算至屋架下弦底；无屋架者算至天棚底另加 100mm；有钢筋混凝土楼板隔层者算至楼板顶；有框架梁时算至梁底 (3)女儿墙(图 6-12)：从屋面板上表面算至女儿墙顶面(如有混凝土压顶时算至压顶下表面) (4)内、外山墙：按其平均高度计算 3. 框架间墙：不分内外墙按墙体净尺寸以体积计算 4. 围墙：高度算至压顶上表面(如有混凝土压顶时算至压顶下表面)，围墙柱并入围墙体积内	1. 砂浆制作、运输 2. 砌砖 3. 刮缝 4. 砖压顶砌筑 5. 材料运输
010401004	多孔砖墙				
010401005	空心砖墙				

注：标准砖以 240mm×115mm×53mm 为准，其砌体计算厚度见表 6-10。

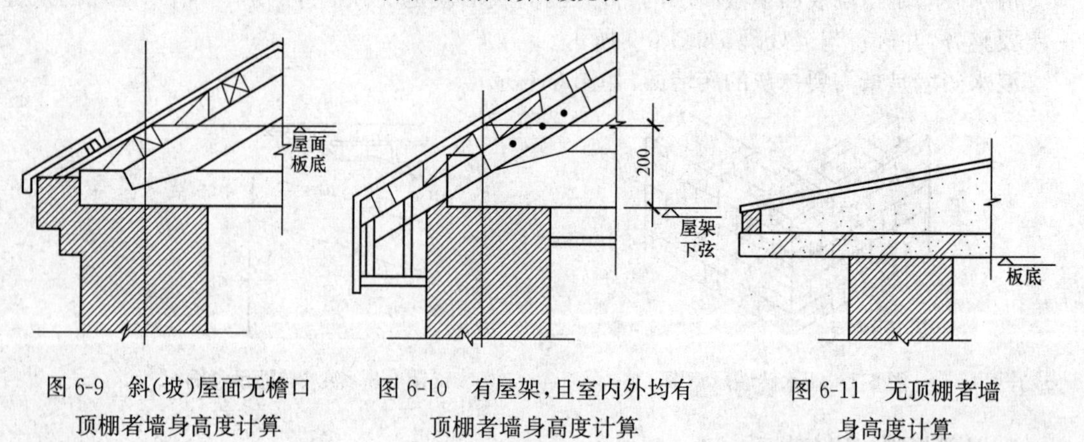

图 6-9　斜(坡)屋面无檐口顶棚者墙身高度计算　　图 6-10　有屋架，且室内外均有顶棚者墙身高度计算　　图 6-11　无顶棚者墙身高度计算

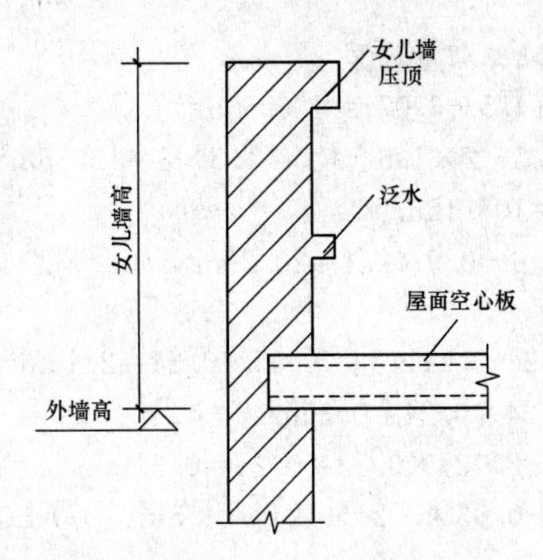

图 6-12　女儿墙示意图

表 6-10　　标准砖砌体计算厚度表

砖数(厚度)	1/4	1/2	3/4	1	1.5	2	2.5	3
计算厚度(mm)	53	115	180	240	365	490	615	740

2. 工程量计算实例

【例 6-3】 某食堂工程，平面图与剖面图如图 6-13 所示，试根据下列施工要求与图纸说明计算工程量。

施工及图纸要求如下：

(1)墙体为 M5.0 混合砂浆砌筑标准砖墙，屋面四周女儿墙上设 70mm 厚 C20 混凝土压顶。

(2)屋面板厚为 110mm，四周檐沟梁高为 350mm(含板厚)，②轴内墙顶 QL 高 240mm(含板厚)。

(3)门窗过梁厚为 120mm，长度为洞口宽加 500mm。

(4)吊顶面墙高按 3m 考虑。

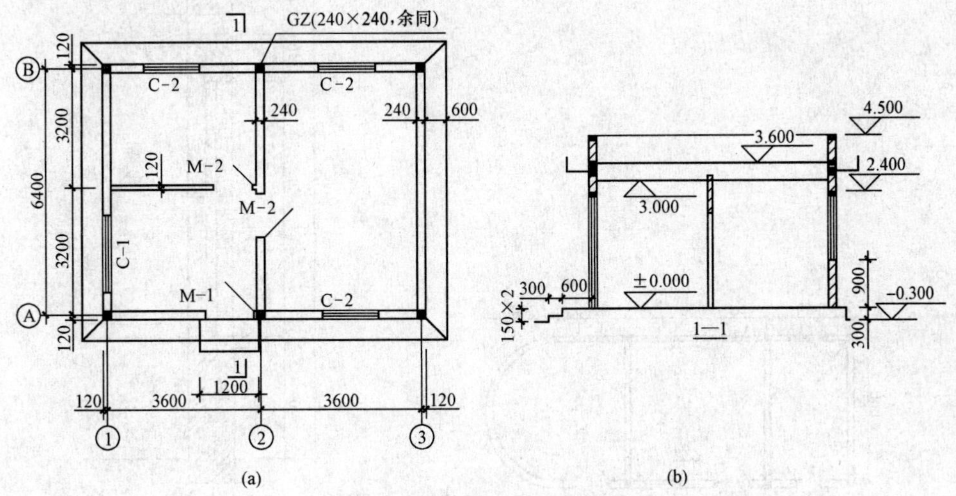

图 6-13　某食堂平面图和剖面图

(a)平面图；(b)剖面图

注：M-1 为有亮镶板门，洞口尺寸 1000×2400，M-2 为无亮胶合板门，洞口尺寸 900×2100，门按墙内侧平齐布置。窗为塑钢窗，居墙中布置，C-1 洞口尺寸 2000×1600，C-2 洞口尺寸 1500×1500。

【解】 (1)240mm厚砖墙工程量计算：

$S_{外}$＝(7.2＋6.4)×2×(4.5－0.07)＝120.50m^2

扣门窗洞口：$S_{扣}$＝1×2.4＋2×1.6＋1.5×1.5×3＝12.35m^2

$S_{外净}$＝120.50－12.35＝108.15m^2

$S_{内净}$＝(6.4－0.24)×3.6－0.9×2.1＝20.29m^2

应扣体积：

$V_{檐沟梁}$＝[(7.2＋6.4)×2－0.24×6]×0.35×0.24＝2.16m^3

V_{QL}＝(6.4－0.24)×0.24×0.24＝0.35m^3

V_{GL}＝(1.5＋1.4＋2.3＋2×3)×0.12×0.24＝0.32m^3

V_{GZ}＝(0.24×0.24×6＋0.03×0.24×12)×(4.5－0.07)＋0.03×0.24×2×3.6
＝1.97m^3

$V_{总}$＝2.16＋0.35＋0.32＋1.97＝4.8m^3

240mm厚砖墙工程量V＝(108.15＋20.29)×0.24－4.8＝26.83m^3

(2)120mm厚砖墙工程量计算。

$S_{净}$＝(3.6－0.24)×(3.6－0.11)－0.9×2.1＝9.84m^2

120mm厚砖墙工程量V＝9.84×0.12－1.4×0.12×0.12＝1.16m^3

【例6-4】 某单层建筑物如图6-14所示，墙身为M5.0混合砂浆砌筑MU10标准砖，内外墙厚均为240mm，外墙瓷砖贴面，GZ从基础圈梁到女儿墙顶，门窗洞口上全部采用预制钢筋混凝土过梁。M-1，1500mm×2700mm；M-2，1000mm×2700mm；C-1，1800mm×1800mm；C-2，1500mm×1800mm。试计算该工程砖砌体工程量。

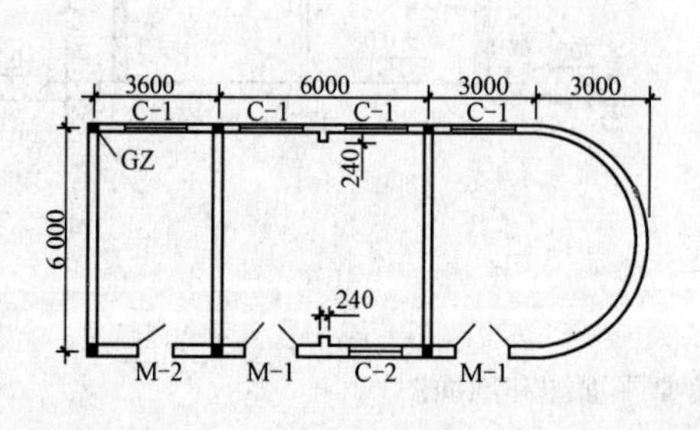

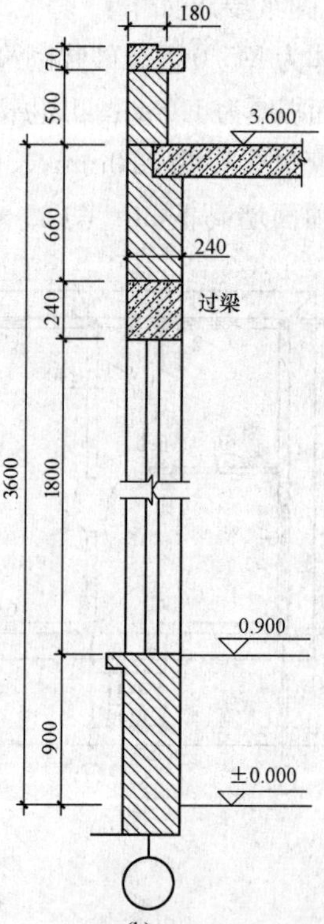

图6-14　单层建筑物示意图

(a)平面图；(b)剖面图

【解】 实心砖墙的工程数量计算公式：

(1)外墙：$V_{外}=(H_{外}\times L_{中}-F_{洞})\times b+V_{增减}$

(2)内墙：$V_{内}=(H_{内}\times L_{净}-F_{洞})\times b+V_{增减}$

(3)女儿墙：$V_{女}=H_{女}\times L_{中}\times b+V_{增减}$

(4)砖围墙：高度算至压顶上表面(如有混凝土压顶时算至压顶下表面)，围墙柱并入围墙体积内计算。

则实心砖墙的工程量计算如下：

(1)240mm 厚，3.6m 高，M5.0 混合砂浆砌筑 MU10 标准砖，原浆勾缝外墙工程量：

$L_{中}=6+(3.6+9)\times 2+\pi\times 3-0.24\times 6+0.24\times 2=39.66\text{m}$

扣门窗洞口：$S_{门窗}=1.5\times 2.7\times 2+1\times 2.7\times 1+1.8\times 1.8\times 4+1.5\times 1.8\times 1=26.46\text{m}^2$

扣钢筋混凝土过梁体积：

$V=[(1.5+0.5)\times 2+(1.0+0.5)\times 1+(1.8+0.5)\times 4+(1.5+0.5)\times 1]\times 0.24\times 0.24=0.96\text{m}^3$

工程量$=(3.6\times 39.66-26.46)\times 0.24-0.96=26.96\text{m}^3$

其中弧形墙工程量$=3.6\times\pi\times 3\times 0.24=8.14\text{m}^3$

(2)240mm 厚，3.6m 高，M5.0 混合砂浆砌筑 MU10 标准砖，原浆勾缝内墙工程量：

工程量$=3.6\times[(6-0.24)\times 2]\times 0.24=9.95\text{m}^3$

(3)180mm 厚，0.5m 高，M5.0 混合砂浆砌筑 MU10 标准砖，原浆勾缝女儿墙工程量：

工程量$=0.5\times[6.06+(3.63+9)\times 2+\pi\times 3.03-0.24\times 6]\times 0.18=3.55\text{m}^3$

四、空斗墙工程量计算

空斗墙是指一般用标准砖砌筑，使墙体内形成许多空腔的墙体。如一斗一眠、二斗一眠、三斗一眠及无眠空斗等砌法，如图 6-15 所示。

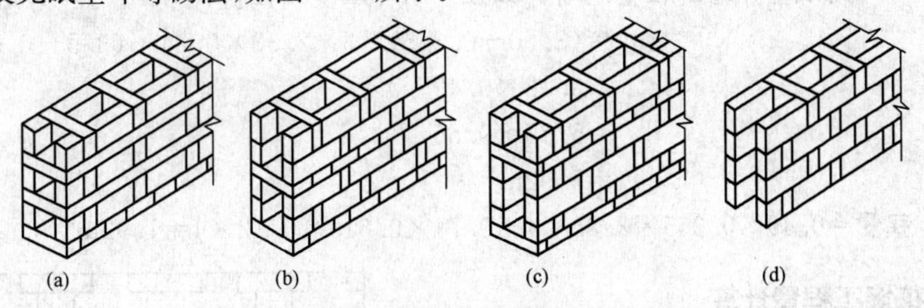

图 6-15　空斗墙的砌筑形式

(a)一斗一眠；(b)二斗一眠；(c)三斗一眠；(d)无眠空斗

1. 一斗一眠空斗墙用砖和砂浆理论计算

一斗一眠空斗墙用砖和砂浆理论计算公式如下：

$$砖=\frac{一斗一眠一层砖的块数}{墙厚\times 一斗一眠砖高\times 墙长}$$

$$砂浆=0.01\times 0.053\times\frac{(墙长\times 4\times 立砖净空\times 10+斗砖宽\times 20+眠砖长\times 12.52)}{墙厚\times 一斗一眠砖高\times 墙长}$$

2. 计算规则与注意事项

空斗墙工程量计算规定应符合表 6-11 的要求。

表 6-11 **空斗墙**

项目编码	项目名称	项目特征	计量单位	工程量计算规则	工作内容
010401006	空斗墙	1. 砖品种、规格、强度等级 2. 墙体类型 3. 砂浆强度等级、配合比	m^3	按设计图示尺寸以空斗墙外形体积计算。墙角、内外墙交接处、门窗洞口立边、窗台砖、屋檐处的实砌部分体积并入空斗墙体积内	1. 砂浆制作、运输 2. 砌砖 3. 装填充料 4. 刮缝 5. 材料运输

注：空斗墙的窗间墙、窗台下、楼板下、梁头下等的实砌部分，按零星砌砖项目编码列项。

3. 工程量计算实例

【例 6-5】 计算如图 6-16 所示一砖无眠空斗围墙工程量。

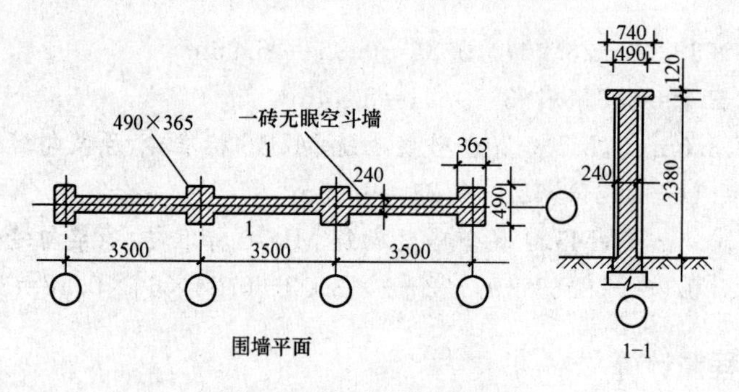

图 6-16 围墙平面示意图

【解】 一砖无眠空斗墙工程量＝墙身工程量＋砖压顶工程量

$=(3.50-0.365)\times3\times2.38\times0.24+(3.5-0.365)\times3\times0.12\times0.49$

$=5.37+0.55$

$=5.92m^3$

砖柱工程量$=0.49\times0.365\times2.38\times4+0.74\times0.615\times0.12\times4=1.92m^3$

五、空花墙工程量计算

空花墙是指砌成各种漏空花式的墙。空花墙也称花格墙，俗称梅花墙，墙面呈花格形状，常用于围墙等，如图 6-17 所示。

图 6-17 空花墙示意图

1. 计算规则与注意事项

空花墙工程量计算规定应符合表 6-12 的要求。

表 6-12　　空花墙

项目编码	项目名称	项目特征	计量单位	工程量计算规则	工作内容
010401007	空花墙	1. 砖品种、规格、强度等级 2. 墙体类型 3. 砂浆强度等级、配合比	m^3	按设计图示尺寸以空花部分外形体积计算，不扣除空洞部分体积	1. 砂浆制作、运输 2. 砌砖 3. 装填充料 4. 刮缝 5. 材料运输

注："空花墙"项目适用于各种类型的空花墙，使用混凝土花格砌筑的空花墙，实砌墙体与混凝土花格应分别计算，混凝土花格按混凝土及钢筋混凝土中预制构件相关项目编码列项。

2. 工程量计算实例

【例 6-6】 如图 6-18 所示，已知混凝土漏空花格墙厚度为 120mm，用 M2.5 水泥砂浆砌筑 300mm×300mm×120mm 的混凝土漏空花格砌块，试计算其工程量。

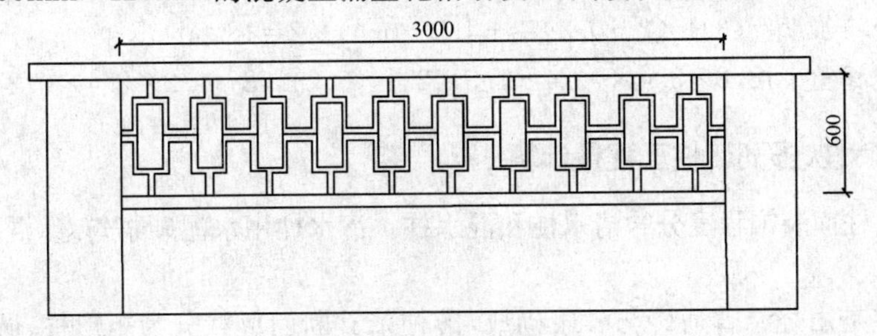

图 6-18　花格墙示意图

【解】 漏空花格砌块工程量＝0.6×3.0×0.12＝0.22m^3

六、填充墙工程量计算

填充墙一般是指框架结构中，先浇筑柱、梁、板后砌筑的墙体。

1. 计算规则与注意事项

填充墙工程量计算规定应符合表 6-13 的要求。

表 6-13　　填充墙

项目编码	项目名称	项目特征	计量单位	工程量计算规则	工作内容
010401008	填充墙	1. 砖品种、规格、强度等级 2. 墙体类型 3. 填充材料种类及厚度 4. 砂浆强度等级、配合比	m^3	按设计图示尺寸以填充墙外形体积计算	1. 砂浆制作、运输 2. 砌砖 3. 装填充料 4. 刮缝 5. 材料运输

2. 工程量计算实例

【例 6-7】 某工程框架柱间采用轻型砌块填充，已知墙高 3.4m，尺寸如图 6-19 所示，试计算填充墙工程量。

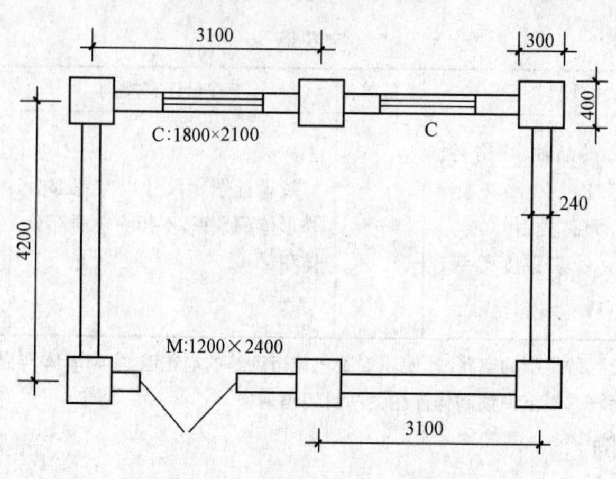

图 6-19　某工程平面示意图

【解】　外墙长度＝(3.1×2－0.3×2＋4.2－0.4)×2＝18.8m

填充墙工程量＝18.8×3.4×0.24－1.8×2.1×0.24×2－1.2×2.4×0.24＝12.84m³

七、实心砖柱、多孔砖柱工程量计算

砖柱依其柱面装饰程度分为清水柱和混水柱。清水柱用水泥砂浆勾缝；混水柱则原浆勾缝，然后抹灰。

实心砖柱是由烧结普通砖与砂浆砌成，砖柱依其断面形状分为矩形柱、圆形柱、八角形柱。矩形柱最小断面尺寸为240mm×365mm。圆形柱直径不应小于490mm；八角形柱内圆直长不应小于490mm。

实心砖柱、多孔砖柱工程量计算规定应符合表 6-14 的要求。

表 6-14　　实心砖柱、多孔砖柱

项目编码	项目名称	项目特征	计量单位	工程量计算规则	工作内容
010401009	实心砖柱	1. 砖品种、规格、强度等级 2. 柱类型 3. 砂浆强度等级、配合比	m³	按设计图示尺寸以体积计算。扣除混凝土及钢筋混凝土梁垫、梁头、板头所占体积	1. 砂浆制作、运输 2. 砌砖 3. 刮缝 4. 材料运输
010401010	多孔砖柱				

八、砖检查井与零星砌砖工程量计算

检查井是指上下水道或其他地下管线工程中，为便于检查或疏通而设置的井状建筑物。砖砌检查井，可分为砖砌矩形检查井和砖砌圆形检查井两大类。

零星砌砖是指体积较小的砖体砌筑。“零星砌体”项目适用于台阶、台阶挡墙、梯带、锅台、炉灶、蹲台、池槽、池槽腿、花台（图 6-20）、花池（图 6-21）、楼梯栏板、阳台栏板、地垄墙（图 6-22）、屋面隔热板下的砖墩、0.3m² 以内孔洞填塞等。

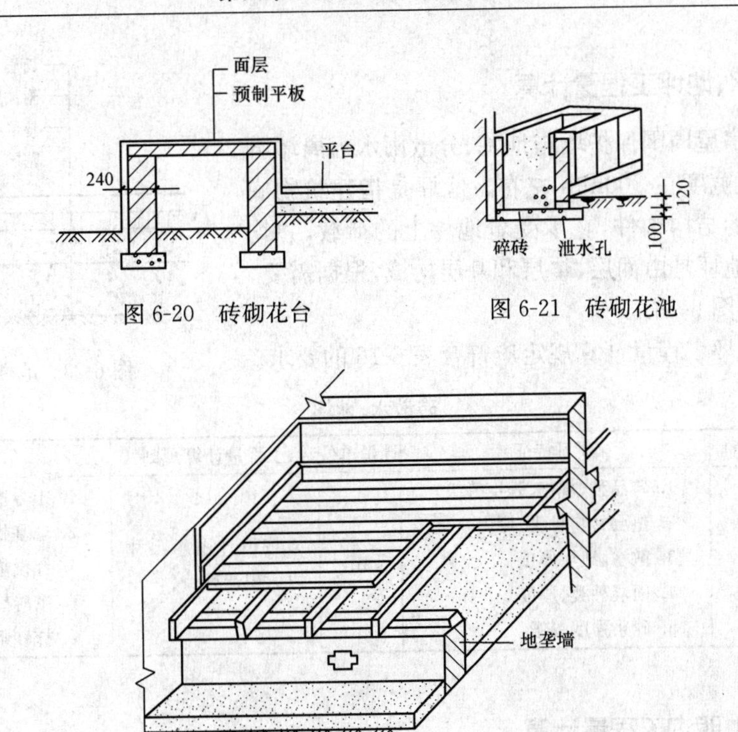

图 6-20　砖砌花台　　图 6-21　砖砌花池

图 6-22　地垄墙

砖检查井和零星砌砖工程量计算规定应符合表 6-15 的要求。

表 6-15　　**砖检查井、零星砌砖**

项目编码	项目名称	项目特征	计量单位	工程量计算规则	工作内容
010401011	砖检查井	1. 井截面、深度 2. 砖品种、规格、强度等级 3. 垫层材料种类、厚度 4. 底板厚度 5. 井盖安装 6. 混凝土强度等级 7. 砂浆强度等级 8. 防潮层材料种类	座	按设计图示数量计算	1. 砂浆制作、运输 2. 铺设垫层 3. 底板混凝土制作、运输、浇筑、振捣、养护 4. 砌砖 5. 刮缝 6. 井池底、壁抹灰 7. 抹防潮层 8. 材料运输
010401012	零星砌砖	1. 零星砌砖名称、部位 2. 砖品种、规格、强度等级 3. 砂浆强度等级、配合比	1. m^3 2. m^2 3. m 4. 个	1. 以立方米计量，按设计图示尺寸截面积乘以长度计算 2. 以平方米计量，按设计图示尺寸水平投影面积计算 3. 以米计量，按设计图示尺寸长度计算 4. 以个计量，按设计图示数量计算	1. 砂浆制作、运输 2. 砌砖 3. 刮缝 4. 材料运输

注：框架外表面的镶贴砖部分，按零星项目编码列项。

九、砖散水、地坪工程量计算

散水是指房屋周围保护墙与地基、分散雨水远离墙脚的保护层，一般宽度在 800mm 左右。地坪是指建筑物底层与土壤接触的结构构件，它承受着地坪上的荷载，并均匀传给地基。地坪是由面层、垫层和基层构成，根据需要，可增设附加层(图 6-23)。

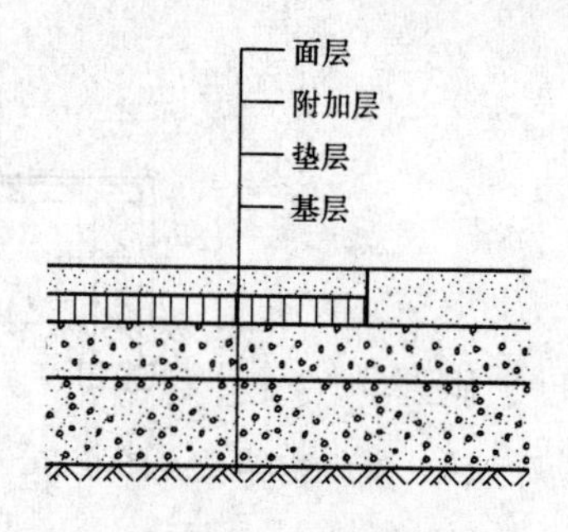

图 6-23 地坪构造

砖散水、地坪工程量计算规定应符合表 6-16 的要求。

表 6-16 砖散水、地坪

项目编码	项目名称	项目特征	计量单位	工程量计算规则	工作内容
010401013	砖散水、地坪	1. 砖品种、规格、强度等级 2. 垫层材料种类、厚度 3. 散水、地坪厚度 4. 面层种类、厚度 5. 砂浆强度等级	m^2	按设计图示尺寸以面积计算	1. 土方挖、运、填 2. 地基找平、夯实 3. 铺设垫层 4. 砌砖散水、地坪 5. 抹砂浆面层

十、砖地沟、明沟工程量计算

地沟是指用于排水的沟；明沟是散水坡边沿的雨水沟。明沟按材料一般有砖砌明沟、石砌明沟和混凝土明沟，如图 6-24 所示。

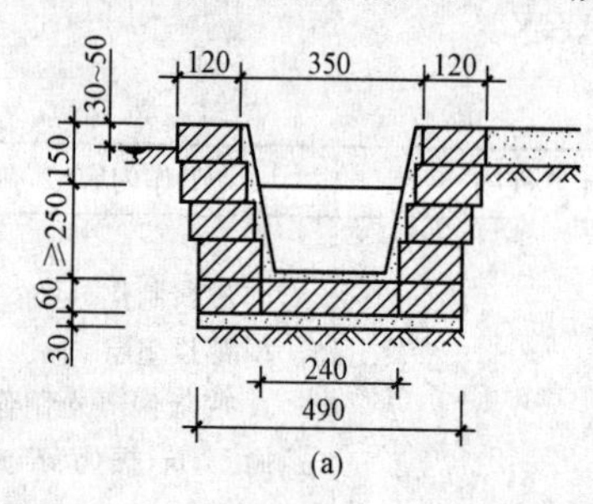

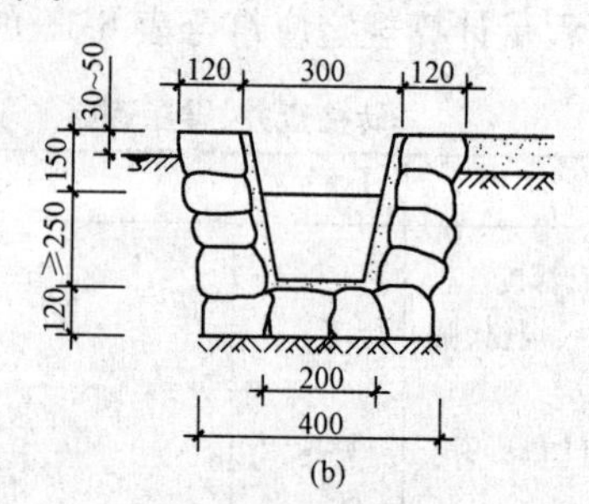

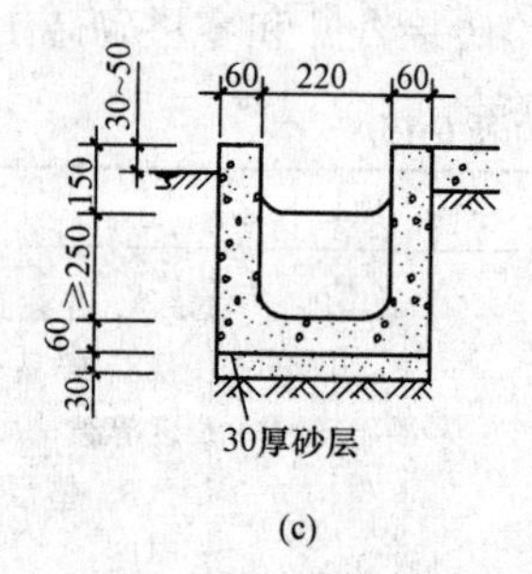

图 6-24 明沟构造做法

(a)砖砌明沟；(b)石砌明沟；(c)混凝土明沟

砖地沟、明沟工程量计算规定应符合表 6-17 的要求。

表 6-17 砖地沟、明沟

项目编码	项目名称	项目特征	计量单位	工程量计算规则	工作内容
010401014	砖地沟、明沟	1. 砖品种、规格、强度等级 2. 沟截面尺寸 3. 垫层材料种类、厚度 4. 混凝土强度等级 5. 砂浆强度等级	m	以米计量，按设计图示以中心线长度计算	1. 土方挖、运、填 2. 铺设垫层 3. 底板混凝土制作、运输、浇筑、振捣、养护 4. 砌砖 5. 刮缝、抹灰 6. 材料运输

第四节　砌块砌体工程量计算

一、砌块墙工程量计算

1. 计算规则与注意事项

砌块墙工程量计算规定应符合表 6-18 的要求。

表 6-18　砌块墙

项目编码	项目名称	项目特征	计量单位	工程量计算规则	工作内容
010402001	砌块墙	1. 砌块品种、规格、强度等级 2. 墙体类型 3. 砂浆强度等级	m^3	按设计图示尺寸以体积计算 扣除门窗、洞口、嵌入墙内的钢筋混凝土柱、梁、圈梁、挑梁、过梁及凹进墙内的壁龛、管槽、暖气槽、消火栓箱所占体积。不扣除梁头、板头、檩头、垫木、木楞头、沿椽木、木砖、门窗走头、砖墙内加固钢筋、木筋、铁件、钢管及单个面积≤0.3m^2 的孔洞所占体积。凸出墙面的腰线、挑檐、压顶、窗台线、虎头砖、门窗套的体积亦不增加。凸出墙面的砖垛并入墙体体积内计算 1. 墙长度：外墙按中心线，内墙按净长计算 2. 墙高度： (1)外墙：斜(坡)屋面无檐口天棚者算至屋面板底；有屋架且室内外均有天棚者算至屋架下弦底另加 200mm；无天棚者算至屋架下弦底另加 300mm，出檐宽度超过 600mm 时按实砌高度计算；与钢筋混凝土楼板隔层者算至板顶；平屋面算至钢筋混凝土板底 (2)内墙：位于屋架下弦者，算至屋架下弦底；无屋架者算至天棚底另加 100mm；有钢筋混凝土楼板隔层者算至楼板顶；有框架梁时算至梁底 (3)女儿墙：从屋面板上表面算至女儿墙顶面(如有混凝土压顶时算至压顶下表面) (4)内、外山墙：按其平均高度计算 3. 框架间墙：不分内外墙按墙体净尺寸以体积计算 4. 围墙：高度算至压顶上表面(如有混凝土压顶时算至压顶下表面)，围墙柱并入围墙体积内	1. 砂浆制作、运输 2. 砌砖、砌块 3. 勾缝 4. 材料运输

注：1. 砌体内加筋、墙体拉结的制作、安装，应按后述“混凝土及钢筋混凝土工程”中相关项目编码列项。
2. 砌块排列应上、下错缝搭砌，如果搭错缝长度满足不了规定的压搭要求，应采取压砌钢筋网片的措施，具体构造要求按设计规定。若设计无规定时，应注明由投标人根据工程实际情况自行考虑；钢筋网片按后述“金属结构工程”中相应编码列项。
3. 砌体垂直灰缝宽＞30mm 时，采用 C20 细石混凝土灌实。灌注的混凝土应按后述“混凝土及钢筋混凝土工程”相关项目编码列项。

2. 工程量计算实例

【例 6-8】 某食堂工程如图 6-25 所示。已知其外墙采用烧结普通砖，内墙采用混凝土小型空心砌块。试计算其空心砌块墙工程量。

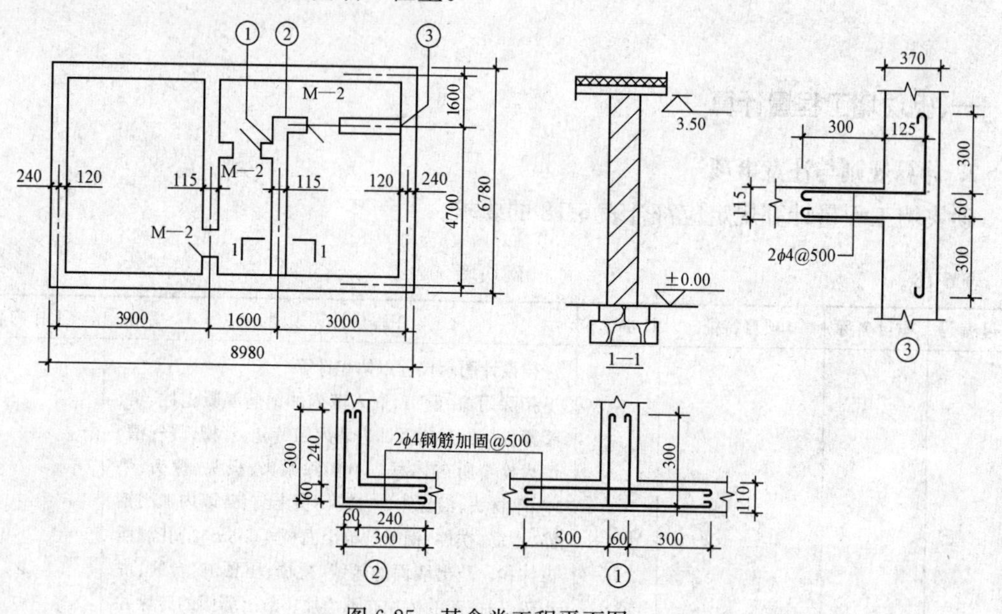

图 6-25　某食堂工程平面图

注：M—2：1100mm×2800mm（过梁尺寸：1500mm×115mm×120mm）

【解】 根据工程量计算规则：空心砌块墙工程量按图示尺寸以体积计算。计算时应扣除门窗洞口、钢筋混凝土过梁所占体积。根据图 6-25 可知：

内墙厚：0.115m　　内墙高：3.5m

内墙长：$L_{内}=(6.8-0.36\times 2)+(1.6-0.115)+(4.7-0.12-\frac{0.115}{2})+3-(3.0-0.12-\frac{0.115}{2})$

$=14.89\text{m}$

门洞口面积：$1.1\times 2.8\times 3=9.24\text{m}^2$

过梁体积：$0.115\times 0.12\times 1.5\times 3=0.062\text{m}^3$

砌块砌体工程量＝墙厚×（墙高×墙长－门窗洞口面积）－埋件体积

$=0.115\times(3.5\times 14.89-9.24)-0.062=4.87\text{m}^3$

二、砌块柱工程量计算

1. 工程量计算规则

砌块柱工程量计算规定应符合表 6-19 的要求。

表 6-19　　　　砌块柱

项目编码	项目名称	项目特征	计量单位	工程量计算规则	工作内容
010402002	砌块柱	1. 砌块品种、规格、强度等级 2. 墙体类型 3. 砂浆强度等级	m^3	按设计图示尺寸以体积计算扣除混凝土及钢筋混凝土梁垫、梁头、板头所占体积	1. 砂浆制作、运输 2. 砌砖、砌块 3. 勾缝 4. 材料运输

注:1. 砌体内加筋、墙体拉结的制作、安装,应按后述“混凝土及钢筋混凝土工程”中相关项目编码列项。
2. 砌块排列应上、下错缝搭砌,如果搭错缝长度满足不了规定的压搭要求,应采取压砌钢筋网片的措施,具体构造要求按设计规定。若设计无规定时,应注明由投标人根据工程实际情况自行考虑;钢筋网片按后述“金属结构工程”中相应编码列项。
3. 砌体垂直灰缝宽>30mm时,采用C20细石混凝土灌实。灌注的混凝土应按后述“混凝土及钢筋混凝土工程”相关项目编码列项。

2. 工程量计算实例

【例 6-9】 如图 6-26 所示,空心砖柱共 20 个,试计算其工程量。

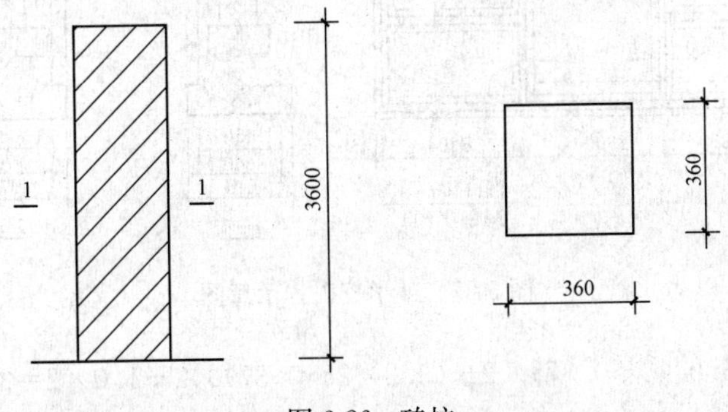

图 6-26　砖柱

【解】 空心砖柱工程量=0.36×0.36×3.6×20=9.33m³

第五节　石砌体工程量计算

一、石基础工程量计算

石基础是由石块与水泥混合砂浆或水泥砂浆砌筑而成。砌筑用石分毛石和料石两类。

1. 计算规则与注意事项

石基础工程量计算规定应符合表 6-20 的要求。

表 6-20　　石基础

项目编码	项目名称	项目特征	计量单位	工程量计算规则	工作内容
010403001	石基础	1. 石料种类、规格 2. 基础类型 3. 砂浆强度等级	m^3	按设计图示尺寸以体积计算 包括附墙垛基础宽出部分体积,不扣除基础砂浆防潮层及单个面积≤0.3m² 的孔洞所占体积,靠墙暖气沟的挑檐不增加体积。基础长度:外墙按中心线,内墙按净长计算	1. 砂浆制作、运输 2. 吊装 3. 砌石 4. 防潮层铺设 5. 材料运输

注:1. 石基础、石勒脚、石墙的划分:基础与勒脚应以设计室外地坪为界。勒脚与墙身应以设计室内地面为界。石围墙内外地坪标高不同时,应以较低地坪标高为界,以下为基础;内外标高之差为挡土墙时,挡土墙以上为墙身。
2.“石基础”项目适用于各种规格(粗料石、细料石等)、各种材质(砂石、青石等)和各种类型(柱基、墙基、直形、弧形等)基础。

2. 工程量计算实例

【例 6-10】 某学校工程按设计规定采用毛石基础(图 6-27)，试计算其工程量。

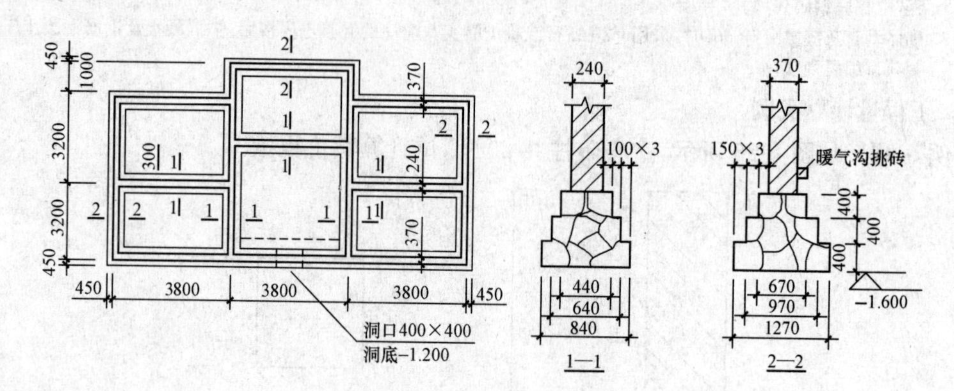

图 6-27　某学校工程示意图

【解】 $L_{2-2}=(3.8\times3-0.37)\times2+(3.2\times2-0.37)\times2+1.0\times2=36.12\text{m}$

$L_{1-1}=(3.2\times2-0.37\times2)\times2+(3.8-0.37-0.12)\times2+(3.8-0.12\times2)=21.5\text{m}$

$V_{1-1}=[0.24\times1.2+0.1\times0.4\times3\times(3+1)]\times21.5=16.51\text{m}^3$

$V_{2-2}=(0.37\times1.2+0.15\times0.4\times12)\times36.12=42.04\text{m}^3$

内、外墙毛石基础工程量$=V_{1-1}+V_{2-2}=16.51+42.04=58.55\text{m}^3$

二、石勒脚工程量计算

石勒脚是指在砌筑石基础或石挡墙时，层与层之间所用的石料，即收口处的石材。

石勒脚工程量计算规定应符合表 6-21 的要求。

表 6-21　　石勒脚

项目编码	项目名称	项目特征	计量单位	工程量计算规则	工作内容
010403002	石勒脚	1. 石料种类、规格 2. 石表面加工要求 3. 勾缝要求 4. 砂浆强度等级、配合比	m³	按设计图示尺寸以体积计算，扣除单个面积＞0.3m² 的孔洞所占的体积	1. 砂浆制作、运输 2. 吊装 3. 砌石 4. 石表面加工 5. 勾缝 6. 材料运输

注："石勒脚"项目适用于各种规格(粗料石、细料石等)、各种材质(砂石、青石、大理石、花岗石等)和各种类型(直形、弧形等)勒脚。

三、石墙工程量计算

石墙是指用石料与水泥混合砂浆或水泥砂浆砌成的构筑物。

石墙工程量计算规定应符合表 6-22 的要求。

表 6-22 石墙

项目编码	项目名称	项目特征	计量单位	工程量计算规则	工作内容
010403003	石墙	1. 石料种类、规格 2. 石表面加工要求 3. 勾缝要求 4. 砂浆强度等级、配合比	m^3	按设计图示尺寸以体积计算 扣除门窗、洞口、嵌入墙内的钢筋混凝土柱、梁、圈梁、挑梁、过梁及凹进墙内的壁龛、管槽、暖气槽、消火栓箱所占体积。不扣除梁头、板头、檩头、垫木、木楞头、沿椽木、木砖、门窗走头、砖墙内加固钢筋、木筋、铁件、钢管及单个面积≤0.3m^2 的孔洞所占体积。凸出墙面的腰线、挑檐、压顶、窗台线、虎头砖、门窗套的体积亦不增加。凸出墙面的砖垛并入墙体体积内计算 1. 墙长度：外墙按中心线，内墙按净长计算 2. 墙高度： (1)外墙：斜(坡)屋面无檐口天棚者算至屋面板底；有屋架且室内外均有天棚者算至屋架下弦底另加200mm；无天棚者算至屋架下弦底另加300mm，出檐宽度超过600mm时按实砌高度计算；与钢筋混凝土楼板隔层者算至板顶；平屋面算至钢筋混凝土板底 (2)内墙：位于屋架下弦者，算至屋架下弦底；无屋架者算至天棚底另加100mm；有钢筋混凝土楼板隔层者算至楼板顶；有框架梁时算至梁底 (3)女儿墙：从屋面板上表面算至女儿墙顶面(如有混凝土压顶时算至压顶下表面) (4)内、外山墙：按其平均高度计算 3. 围墙：高度算至压顶上表面(如有混凝土压顶时算至压顶下表面)，围墙柱并入围墙体积内	1. 砂浆制作、运输 2. 吊装 3. 砌石 4. 石表面加工 5. 勾缝 6. 材料运输

注："石墙"项目适用于各种规格(粗料石、细料石等)、各种材质(砂石、青石、大理石、花岗石等)和各种类型(直形、弧形等)墙体。

四、石挡土墙、石柱、石栏杆工程量计算

挡土墙是指为防止山坡岩土坍塌而修筑的承受土侧压力的墙式构造物；栏杆是指桥梁或建筑物的楼、台、廊、梯等边沿处的围护构件，由立杆、扶手组成，有的还加设横挡或花饰部件；石栏杆是指用石料制作而成的栏杆，其具有美观的作用。

1. 计算规则与注意事项

石挡土墙、石柱、石栏杆工程量计算规定应符合表 6-23 的要求。

表 6-23　　石挡土墙、石柱、石栏杆

项目编码	项目名称	项目特征	计量单位	工程量计算规则	工作内容
010403004	石挡土墙	1. 石料种类、规格 2. 石表面加工要求 3. 勾缝要求 4. 砂浆强度等级、配合比	m^3	按设计图示尺寸以体积计算	1. 砂浆制作、运输 2. 吊装 3. 砌石 4. 变形缝、泄水孔、压顶抹灰 5. 滤水层 6. 勾缝 7. 材料运输
010403005	石柱	1. 石料种类、规格 2. 石表面加工要求 3. 勾缝要求 4. 砂浆强度等级、配合比	m^3	按设计图示尺寸以体积计算	1. 砂浆制作、运输 2. 吊装 3. 砌石 4. 石表面加工 5. 勾缝 6. 材料运输
010403006	石栏杆	1. 石料种类、规格 2. 石表面加工要求 3. 勾缝要求 4. 砂浆强度等级、配合比	m	按设计图示以长度计算	1. 砂浆制作、运输 2. 吊装 3. 砌石 4. 石表面加工 5. 勾缝 6. 材料运输

注：1. “石挡土墙”项目适用于各种规格（粗料石、细料石、块石、毛石、卵石等）、各种材质（砂石、青石、石灰石等）和各种类型（直形、弧形、台阶形等）挡土墙。

2. “石柱”项目适用于各种规格、各种石质、各种类型的石柱。

3. “石栏杆”项目适用于无雕饰的一般石栏杆。

2. 工程量计算实例

【例 6-11】 某毛石挡土墙如图 6-28 所示，已知某用 M2.5 混合砂浆砌筑 200m，计算毛石挡土墙工程量。

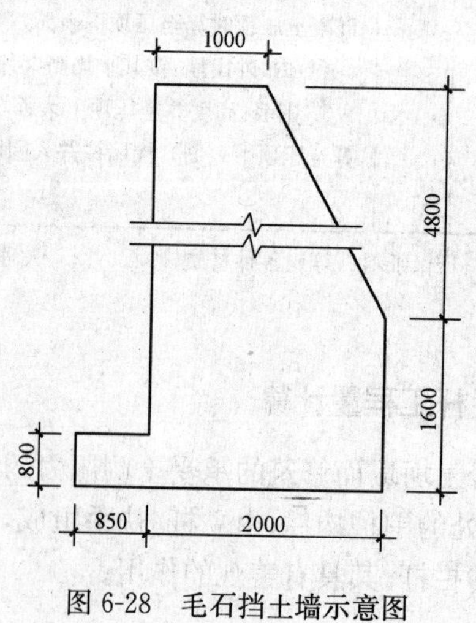

图 6-28　毛石挡土墙示意图

【解】 毛石挡土墙工程量 $=\left[0.8\times(0.85+2.0)+2.0\times(1.6-0.8)+(1.0+2.0)\times\frac{4.8}{2}\right]\times200=2216m^3$

五、石护坡、石台阶、石坡道工程量计算

护坡是指为了防止边坡受冲刷而在坡面上所作的各种铺砌和栽植的统称；石台阶是指用砖、石、混凝土等筑成的一级一级供人上下的建筑物；坡道是连接有高差的地面或楼面的斜向交通道。

石护坡、石台阶、石坡道工程量计算规定应符合表 6-24 的要求。

表 6-24　石护坡、石台阶、石坡道

<table>
<tr><th>项目编码</th><th>项目名称</th><th>项目特征</th><th>计量单位</th><th>工程量计算规则</th><th>工作内容</th></tr>
<tr><td>010403007</td><td>石护坡</td><td rowspan="3">1. 垫层材料种类、厚度
2. 石料种类、规格
3. 护坡厚度、高度
4. 石表面加工要求
5. 勾缝要求
6. 砂浆强度等级、配合比</td><td rowspan="2">m^3</td><td rowspan="2">按设计图示尺寸以体积计算</td><td>1. 砂浆制作、运输
2. 吊装
3. 砌石
4. 石表面加工
5. 勾缝
6. 材料运输</td></tr>
<tr><td>010403008</td><td>石台阶</td><td rowspan="2">1. 铺设垫层
2. 石料加工
3. 砂浆制作、运输
4. 砌石
5. 石表面加工
6. 勾缝
7. 材料运输</td></tr>
<tr><td>010403009</td><td>石坡道</td><td>m^2</td><td>按设计图示以水平投影面积计算</td></tr>
</table>

注：1. “石护坡”项目适用于各种石质和各种石料（粗料石、细料石、片石、块石、毛石、卵石等）。

2. “石台阶”项目包括石梯带（垂带），不包括石梯膀，石梯膀应按石挡土墙项目编码列项。

六、石地沟、明沟工程量计算

石地沟、明沟工程量计算规定应符合表 6-25 的要求。

表 6-25　石地沟、明沟

项目编码	项目名称	项目特征	计量单位	工程量计算规则	工作内容
010403010	石地沟、明沟	1. 沟截面尺寸 2. 土壤类别、运距 3. 垫层材料种类、厚度 4. 石料种类、规格 5. 石表面加工要求 6. 勾缝要求 7. 砂浆强度等级、配合比	m	按设计图示以中心线长度计算	1. 土方挖、运 2. 砂浆制作、运输 3. 铺设垫层 4. 砌石 5. 石表面加工 6. 勾缝 7. 回填 8. 材料运输

第六节　垫层工程量计算

垫层工程工程量计算规定应符合表 6-26 的要求。

表 6-26　　垫层

项目编码	项目名称	项目特征	计量单位	工程量计算规则	工作内容
010404001	垫层	垫层材料种类、配合比、厚度	m^3	按设计图示尺寸以立方米计算	1. 垫层材料的拌制 2. 垫层铺设 3. 材料运输

注：除混凝土垫层应按《房屋建筑与装饰工程工程量计算规范》(GB 50854－2013)附录 E 中相关项目编码列项外，没有包括垫层要求的清单项目应按本表垫层项目编码列项。

第七章　混凝土及钢筋混凝土工程工程量计算

第一节　工程量计算基础资料

一、模板一次用量表

(1)现浇构件模板一次用量见表 7-1。

表 7-1　　现浇构件模板一次用量表

项目			模板种类	支撑种类	混凝土体积	一次使用量							周转次数	周转补损率
						组合式钢模板	复合木模板		模板木材	钢支撑系统	零星卡具	木支撑系统		
							钢框肋	面板						
					m³	kg	kg	m²	m³	kg		m³	次	%
带形基础	无筋混凝土		钢模	钢	27.28	3146.00	—	—	0.690	2250.00	582.00	1.858	50	
				木	27.28	3146.00	—	—	0.690	—	432.06	5.318	50	
			复模	钢	27.28	45.00	1397.07	98.00	0.690	2250.00	582.00	1.858	50	
				木	27.28	45.00	1397.07	98.00	0.690	—	432.06	5.318	50	
	钢筋	有梁式	钢模	钢	45.51	3655.00	—	—	0.065	5766.00	725.20	3.061	50	
				木	45.51	3655.00	—	—	0.065	—	443.40	7.640	50	
			复模	钢	45.51	49.50	1674.00	97.50	0.065	5766.00	725.20	3.061	50	
				木	45.51	49.50	1674.00	97.50	0.065	—	443.40	7.640	50	
		板式	钢	木	168.27	3500.00	—	—	1.300	—	224.00	1.862	50	
			复		168.27	—	2724.50	98.50	1.300	—	224.00	1.862	50	
独立基础	毛石混凝土		钢	木	49.14	3308.50	—	—	0.445	—	473.80	5.016	50	
			复		49.14	102.00	1451.00	99.50	0.445	—	473.80	5.016	50	
	无筋、钢筋混凝土		钢	木	47.45	3446.00	—	—	0.450	—	507.60	5.370	50	
			复		47.45	102.00	1511.00	99.50	0.450	—	507.60	5.370	50	
杯形基础			钢模	钢	54.47	3129.00	—	—	0.885	3538.40	657.00	0.292	50	
				木	54.47	3129.00	—	—	0.885	—	361.80	6.486	50	
			钢模	钢	54.47	98.50	1410.50	77.00	0.885	3530.40	657.00	0.292	50	
				木	54.47	98.50	1410.50	77.00	0.885	—	361.80	6.486	50	
高杯基础			钢模	钢	22.20	3435.00	—	—	0.480	3972.00	666.60	3.866	50	
				木	22.20	3435.00	—	—	0.480	—	430.20	6.834	50	
			钢模	钢	22.20	—	1572.50	94.50	0.480	3972.00	666.60	3.866	50	
				木	22.20	—	1572.50	94.50	0.480	—	430.20	6.834	50	

续表

项目		模板种类	支撑种类	混凝土体积	一次使用量：组合式钢模板	一次使用量：复合木模板 钢框肋	一次使用量：复合木模板 面板	一次使用量：模板木材	一次使用量：钢支撑系统	一次使用量：零星卡具	一次使用量：木支撑系统	周转次数	周转补损率
				m^3	kg	kg	m^2	m^3	kg	kg	m^3	次	%
满堂基础	无梁式	钢	木	217.37	3180.50	—	—	0.730	—	195.60	1.453	50	
		复	木	217.37	—	1463.00	88.00	0.730	—	195.60	1.453	50	
	有梁式	钢模	钢	77.23	3383.00	—	—	0.085	2108.28	627.00	0.385	50	
			木	77.23	3282.00	—	—	0.130	—	521.00	3.834	50	
		钢模	钢	77.23	119.00	1454.50	95.50	0.085	2108.28	627.00	0.385	50	
			木	77.23	119.00	1454.50	95.50	0.130	—	521.00	3.834	50	
独立桩承台		钢模	钢	50.15	4598.60	—	—	0.295	1789.60[1]	506.20	1.194	50	
			木	50.15	4598.60	—	—	0.295	—	506.20	2.364	50	
		复模	钢	50.15	—	2068.00	123.50	0.295	1789.60[1]	506.20	1.194	50	
			木	50.15	—	2068.00	123.50	0.295	—	506.20	2.364	50	
混凝土基础垫层		木模	木	72.29	—	—	—	5.853	—	—	—	5	15
人工挖土方护井壁				13.07	—	—	—	3.205	—	—	0.367	4	15
设备基础	$5m^3$ 以内	钢模	钢	31.16	3392.50	—	—	0.570	3324.00	842.00	1.035	50	
			木	31.16	3392.50	—	—	0.570	—	692.00	4.975	50	
		复模	钢	31.16	88.00	1536.00	93.50	0.570	3324.00	842.00	1.035	50	
			木	31.16	88.00	1536.00	93.50	0.570	—	692.80	4.975	50	
	$20m^3$ 以内	钢模	钢	60.88	3368.00	—	—	0.425	3667.20	639.80	2.050	50	
			木	60.88	3368.00	—	—	0.425	—	540.60	3.290	50	
		复模	钢	60.88	75.00	1471.50	93.50	0.425	3667.20	639.80	2.050	50	
			木	60.88	75.00	1471.50	93.50	0.425	—	540.60	3.290	50	
	$100m^3$ 以内	钢模	钢	76.16	3276.00	—	—	0.400	4202.40	786.00	0.195	50	
			木	76.16	3276.00	—	—	0.400	—	616.20	5.235	50	
		复模	钢	76.16	73.00	1275.50	93.50	0.400	4202.40	786.00	0.195	50	
			木	76.16	73.00	1275.50	93.50	0.400	—	616.20	5.235	50	
	$100m^3$ 以外	钢模	钢	224	3290.50	—	—	0.250	2811.60	784.20	0.295	50	
			木	224	3290.50	—	—	0.250	—	640.40	5.335	50	
		复模	钢	224	12.50	1464.00	95.50	0.250	2811.60	784.20	0.295	50	
			木	224	12.50	1464.00	95.50	0.250	—	640.40	5.335	50	
设备螺栓套	0.5m 以内	木模(10个)	木	6.95	—	—	—	0.045	—	—	0.017	1	
	1m 以内			8.20	—	—	—	0.142	—	—	0.021	1	
	1m 以外			11.45	—	—	—	0.235	—	—	0.065	1	

续表

项　目	模板种类	支撑种类	混凝土体积	一次使用量							周转次数	周转补损率
				组合式钢模板	复合木模板		模板木材	钢支撑系统	零星卡具	木支撑系统		
					钢框肋	面板						
			m³	kg	kg	m²	m³	kg	kg	m³	次	%
矩形柱	钢模	钢	9.50	3866.00	—	—	0.305	5458.80	1308.60	1.73	50	
		木	9.50	3866.00	—	—	0.305	—	1106.20	5.050	50	
	复模	钢	9.50	512.00	1515.00	87.50	0.305	5458.80	1308.60	1.73	50	
		木	9.50	512.00	1515.00	87.50	0.305	—	1186.20	5.050	50	
异形柱	钢模	钢	10.73	3819.00	—	—	0.395	7072.80	547.80	—	50	
		木	10.73	3819.00	—	—	0.395	—	547.80	5.565	50	
	复模	钢	10.73	150.50	1644.009	99.50	0.395	7072.80	547.00	—	50	
		木	10.73	150.50	1644.00	99.50	0.395	—	547.00	5.565	50	
圆形柱	木	木	12.76	—	—	—	5.296	—	—	5.131	3	15
支撑高度超过 3.6m 每超过 1m		钢	—	—	—	—	—	400.80	—	0.200		
		木	—	—	—	—	—	—	—	0.520		
基础梁	钢模	钢	12.66	3795.50	—	—	0.205	849.00[2]	624.00	2.768	50	
		木	12.66	3795.50	—	—	0.205	—	624.00	5.503	50	
	复模	钢	12.66	264.00	1558.00	97.50	0.205	849.00[2]	624.00	2.768	50	
		木	12.66	264.00	1558.00	97.50	0.205	—	624.00	5.503	50	
单梁、连续梁	钢模	钢	10.41	3828.50	—	—	0.080	9535.700	806.00	0.290	50	
		木	10.41	3828.50	—	—	0.080	—	716.60	4.562	50	
	复模	钢	10.41	358.00	1541.50	98.00	0.080	9535.70[3]	806.00	0.290	50	
		木	10.41	358.00	1541.50	98.00	0.080	—	716.60	4.562	50	
异形梁	木	木	11.40	—	—	—	3.689	—	—	7.603	5	15
过　梁	钢	木	10.33	3653.50	—	—	0.920	—	235.60	6.062	50	
	复		10.33	—	1693.00	99.90	0.920	—	235.60	6.062	50	
拱　梁	木	木	13.12	—	—	—	6.500	—	—	5.769	3	15
弧形梁	木	木	11.45	—	—	—	9.685	—	—	22.178	3	15
圈　梁	钢	木	15.20	3787.00	—	—	0.065	—	—	1.040	50	
	复		15.20	—	1722.50	105.00	0.065	—	—	1.040	50	
弧形圈梁	木	木	15.87	—	—	—	6.538	—	—	1.246	3	15
支撑高度超过 3.6m 每超过 1m		钢	—	—	—	—	—	1424.40	—	—		
		木	—	—	—	—	—	—	—	1.660		
直形墙	钢模	钢	13.44	3556.00	—	—	0.140	2920.80	863.40	0.155	50	
		木	13.44	3556.00	—	—	0.140	—	712.00	5.810	50	
	复模	钢	13.44	249.50	1498.00	96.50	0.140	2920.80	863.40	0.155	50	
		木	13.44	249.50	1498.00	96.50	0.140	—	712.00	5.810	50	

续表

项目	模板种类	支撑种类	混凝土体积	一次使用量							周转次数	周转补损率
				组合式钢模板	复合木模板		模板木材	钢支撑系统	零星卡具	木支撑系统		
					钢框肋	面板						
			m^3	kg	kg	m^2	m^3	kg		m^3	次	%
电梯井壁	钢模	钢	7.69	3255.50	—	—	0.705	2356.80	764.60	—	50	
		木	7.69	3255.50	—	—	0.705	—	599.40	2.835	50	
	复模	钢	7.69	—	1495.00	89.50	0.705	2356.80	764.60	—	50	
		木	7.69	—	1495.00	89.50	0.705	—	599.40	2.835	50	
弧形墙	木	木	14.20	—	—	—	5.357	—	806.00	2.748	5	25
大钢模板墙		钢	14.16	11481.11	—	—	0.113	308.40	90.69	0.104	200	
		木	14.16	11481.11	—	—	0.113	—	90.69	1.220	200	
支撑高度超过3.6m每超过1m		钢	—	—	—	—	—	220.80	—	0.005		
		木	—	—	—	—	—	—	—	0.445		
有梁板	钢模	钢	14.49	3567.00	—	—	0.283	7163.90[④]	691.20	1.392	50	
		木	14.49	3567.00	—	—	0.283	—	691.20	8.051	50	
	复模	钢	14.49	729.50	1297.50	81.50	0.283	7163.90[④]	691.20	1.392	50	
		木	14.49	729.50	1297.50	81.50	0.283	—	691.20	8.051	50	
无梁板	钢模	钢	20.60	2807.50	—	—	0.822	4128.00	511.60	2.135	50	
		木	20.60	2807.50	—	—	0.822	—	511.60	6.970	50	
	复模	钢	20.60	—	1386.50	80.50	0.822	4128.00	511.60	2.135	50	
		木	20.60	—	1386.50	80.50	0.822	—	511.60	6.970	50	
平板	钢模	钢	13.44	3380.00	—	—	0.217	5704.80	542.40	1.448	50	
		木	13.44	3380.00	—	—	0.217	—	542.40	8.996	50	
	复模	钢	13.44	—	1482.50	96.50	0.217	5704.80	542.40	1.448	50	
		木	13.44	—	1482.50	96.50	0.217	—	542.40	8.996	50	
拱板	木	木	12.44	—	—	—	4.591	—	49.52	5.998	3	15
支撑高度超过3.6m每超过1m		钢	—	—	—	—	—	1225.20	—	—		
		木	—	—	—	—	—	—	—	2.000		
直形楼梯	木	木	1.68	—	—	—	0.660	—	—	1.174	4	15
圆弧形楼梯	木	木	1.88	—	—	—	0.701	—	—	1.034	4	25
悬挑板	木	木	1.05	—	—	—	0.516	—	—	1.411	5	10
圆弧悬挑板	木	木	1.07	—	—	—	0.400	—	—	1.223	5	25
栏板	木	木	2.95	—	—	—	4.736	—	—	12.718	5	15
门框	木	木	7.07	—	—	—	4.000	—	—	5.781	5	10
框架柱接头	木	木	7.50	—	—	—	6.014	—	—	—	3	15
升板柱帽	木	木	19.74	—	—	—	3.762	—	—	16.527	5	15
台阶	木	木	1.64	—	—	—	0.212	—	—	0.069	3	15
暖气电缆沟	木	木	9.00	—	—	—	4.828	—	29.60	1.481	3	15

续表

项目	模板种类	支撑种类	混凝土体积	一次使用量							周转次数	周转补损率
				组合式钢模板	复合木模板		模板木材	钢支撑系统	零星卡具	木支撑系统		
					钢框肋	面板						
			m^3	kg	kg	m^2	m^3	kg		m^3	次	%
天沟挑檐	木	木	6.99	—	—	—	2.743	—	—	2.328	3	15
小型构件	木	木	3.28	—	—	—	5.670	—	—	3.254	3	15
扶手	木	木	1.34	—	—	—	1.062	—	—	1.964	3	15
池槽	木	木	0.35	—	—	—	0.433	—	—	0.186	3	15

注：1. 复合木模板所列出的“钢框肋”定额项目中未示出，供参考用。

2. 表中所示周转次数、周转补损率系指模板，支撑材的周转次数详见编制说明。

3. 大钢模板墙项目中组合式钢模板栏中数量，为大钢模板数量。

4. 直形楼梯～圆弧悬挑板项单位：每 $10m^2$ 投影面积；扶手单位：每 100 延长米；池槽单位：每 m^3 外形体积。

5. 其他

①栏内数量包括钢管支撑用量 6896.40kg，梁卡具用量 267.50kg。

②栏内数量包括梁卡具用量 1072.00kg，钢管支撑用量 717.60kg。

③栏内数量为梁卡具用量。

④栏内数量包括梁卡具 1296.50kg，钢管支撑用量 8239.20kg。

(2)预制构件模板一次用量可参见表 7-2。

表 7-2　预制构件模板一次用量表

项目名称		定额单位	模板种类	模板面积		一次使用量									周转次数	周转补损率
				模板接触面积	地模接触面积	组合式钢模	复合木模板		模板木材	定型钢模	零星卡具	木支撑系统	钢支撑系统	橡胶管内膜		
							钢框肋	面板								
				m^2		kg	kg	m^2	m^3	kg	kg	m^3	kg	m	次	%
矩形桩	实心	$10m^3$ 混凝土体积	组合式钢模	53.22	25.77	—	—	—	0.230	—	200.55	0.110	757.43	—	150	—
		$10m^3$ 混凝土体积	复合木模板	53.22	25.77	13.95	881.09	50.82	0.230	—	200.55	0.110	757.43	—	100	—
	空心	$10m^3$ 混凝土体积	复合木模板	70.33	21.08	9.28	686.21	42.64	0.280	—	139.64	0.720	210.29	6.24	100	—
		$10m^3$ 混凝土体积	组合式钢模	10.33	21.08	1542.91	—	—	0.280	—	139.64	0.720	210.27	6.24	150	—
桩尖		$10m^3$ 混凝土体积	木模	49.30	—	—	—	—	10.52	—	—	—	—	—	20	—
矩形柱		$10m^3$ 混凝土体积	组合式钢模	50.46	29.43	1698.67	—	—	0.460	—	236.40	0.860	587.16	—	150	—
		$10m^3$ 混凝土体积	复合木模板	50.46	29.43	141.82	683.01	44.24	0.460	—	236.40	0.860	587.16	—	100	—
工形柱		$10m^3$ 混凝土体积	组合式钢模	71.23	44.36	1587.88	—	—	0.759	—	222.01	2.140	222.05	—	150	—
		$10m^3$ 混凝土体积	复合木模板	71.23	44.36	61.01	670.60	45.36	0.759	—	222.01	2.40	222.05	—	100	—
双肢形柱		$10m^3$ 混凝土体积	复合木模板	41.25	混凝土 2.08 砖 14.91	38.70	542.30	25.82	1.154	—	74.18	1.363	458.26	—	100	—
		$10m^3$ 混凝土体积	组合式钢模	41.25	混凝土 2.08 砖 14.91	1265.47	—	—	1.154	—	74.18	1.363	458.26	—	150	—

续表

项目名称	定额单位	模板种类	模板面积		一次使用量									周转次数	周转补损率
			模板接触面积	地模接触面积	组合式钢模	复合木模板		模板木材	定型钢模	零星卡具	木支撑系统	钢支撑系统	橡胶管内膜		
						钢框肋	面板								
			m^2		kg	kg	m^2	m^3	kg	kg	m^3	kg	m	次	%
空格柱	10m^3 混凝土体积	组合式钢模	66.68	22.34	1952.72	—	—	0.971	—	245.48	1.721	58.40	—	150	—
	10m^3 混凝土体积	复合木模板	66.68	22.34	145.85	796.02	53.55	0.971	—	245.48	1.721	58.40	—	100	—
围墙柱	10m^3 混凝土体积	木模	117.60	55.51	—	—	—	10.172	—	—	—	—	—	30	—
矩形梁	10m^3 混凝土体积	钢模	122.60	—	4734.42	—	—	0.380	—	836.67	8.165	559.30	—	150	—
	10m^3 混凝土体积	复合模	122.60	—	739.18	1758.88	111.75	0.380	—	836.67	8.165	559.30	—	100	—
异形梁	10m^3 混凝土体积	木模	99.62	—	—	—	—	12.532	—	—	—	—	—	10	10
过梁	10m^3 混凝土体积	木模	124.50	51.67	—	—	—	4.382	—	—	—	—	—	10	—
托架梁	10m^3 混凝土体积	木模	115.97	—	—	—	—	11.725	—	—	—	—	—	10	10
鱼腹式吊车梁	10m^3 混凝土体积	木模	136.28	—	—	—	—	28.428	—	—	—	—	—	10	10
风道梁	10m^3 混凝土体积	钢模	19.88	49.38	527.62	—	—	0.412	—	52.46	1.743	—	—	150	—
	10m^3 混凝土体积	复合模	19.88	49.38	16.29	223.80	14.23	0.412	—	52.46	1.743	—	—	100	—
拱形梁	10m^3 混凝土体积	木模	61.60	34.24	—	—	—	12.536	—	—	—	—	—	10	—
折线形屋架	10m^3 混凝土体积	木模	134.60	12.15	—	—	—	17.04	—	—	—	—	—	10	10
三角形屋架	10m^3 混凝土体积	木模	162.35	—	—	—	—	18.979	—	—	—	—	—	10	10
组合屋架	10m^3 混凝土体积	木模	136.50	—	—	—	—	17.595	—	—	—	—	—	10	10
薄腹屋架	10m^3 混凝土体积	木模	157.40	—	—	—	—	15.529	—	—	—	—	—	10	10
门式刚架	10m^3 混凝土体积	木模	83.98	—	—	—	—	9.061	—	—	—	—	—	10	10
天窗架	10m^3 混凝土体积	木模	83.05	52.74	—	—	—	4.078	—	—	—	—	—	10	10
天窗端壁板	10m^3 混凝土体积	木模	276.63	—	—	—	—	30.080	—	—	—	—	—	15	—
	10m^3 混凝土体积	定型钢模	276.63	—	—	—	—	—	47717.84	—	—	—	—	2000	—
120mm 以内空心板	10m^3 混凝土体积	定型钢模	470.79	—	—	—	—	—	55912.15	—	—	—	—	2000	—
180mm 以内空心板	10m^3 混凝土体积	定型钢模	393.52	—	—	—	—	—	53163.27	—	—	—	—	2000	—
240mm 以内空心板	10m^3 混凝土体积	定型钢模	339.97	—	—	—	—	—	36658.86	—	—	—	—	2000	—
120mm 以内空心板	10m^3 混凝土体积	长线台钢拉模	323.34	106.94	—	—	—	—	24469.66	—	—	—	—	2000	—
180mm 以内空心板	10m^3 混凝土体积	长线台钢拉模	306.57	91.57	—	—	—	—	23449.42	—	—	—	—	2000	—
预应力 120mm 以内空心板（拉模）	10m^3 混凝土体积	长线台钢拉模	351.42	140.73	—	—	—	—	61816.44	—	—	—	—	2000	—
预应力 180mm 以内空心板（拉模）	10m^3 混凝土体积	长线台钢拉模	311.45	110.83	—	—	—	—	43253.34	—	—	—	—		—
预应力 240mm 以内空心板（拉模）	10m^3 混凝土体积	长线台钢拉模	113.13	98.00	—	—	—	—	40665.59	—	—	—	—	2000	—

续表

项目名称	定额单位	模板种类	模板面积		一次使用量									周转次数	周转补损率
			模板接触面积	地模接触面积	组合式钢模	复合木模板		模板木材	定型钢模	零星卡具	木支撑系统	钢支撑系统	橡胶管内膜		
						钢框肋	面板								
			m²		kg	kg	m²	m³	kg	kg	m³	kg	m	次	%
平板	10m³ 混凝土体积	木模	48.30	123.55	—	—	—	0.145	—	—	—	—	—	40	—
	10m³ 混凝土体积	定型钢模	48.30	123.55		—	—	—	7833.96	—	—	—	—	2000	—
槽形板	10m³ 混凝土体积	定型钢模	250.02	—	—	—	—	—	55895.92	—	—	—	—	2000	—
F形板	10m³ 混凝土体积	定型钢模	259.58	—	—	—	—	—	44033.73	—	—	—	—	2000	—
大型屋面板	10m³ 混凝土体积	定型钢模	321.41	—	—	—	—	—	52084.76	—	—	—	—	2000	—
双T板	10m³ 混凝土体积	定型钢模	268.42	—	—	—	—	—	39693.15	—	—	—	—	2000	—
单肋板	10m³ 混凝土体积	定型钢模	351.49	—	—	—	—	—	60231.13	—	—	—	—	2000	—
天沟板	10m³ 混凝土体积	定型钢模	225.51	—	—	—	—	—	39257.34	—	—	—	—	2000	—
折板	10m³ 混凝土体积	木模	18.30	282.66	—	—	—	2.604	—	—	—	—	—	20	—
挑檐板	10m³ 混凝土体积	木模	43.60	159.94	—	—	—	4.264	—	—	—	—	—	30	—
地沟盖板	10m³ 混凝土体积	木模	66.20	92.58	—	—	—	5.687	—	—	—	—	—	40	—
窗台板	10m³ 混凝土体积	木模	121.10	281.01	—	—	—	14.217	—	—	—	—	—	30	—
隔板	10m³ 混凝土体积	木模	70.80	370.36	—	—	—	10.344	—	—	—	—	—	30	—
架空隔热板	10m³ 混凝土体积	木模	80.00	320.00	—	—	—	9.440	—	—	—	—	—	40	—
栏板	10m³ 混凝土体积	木模	78.90	178.68	—	—	—	9.460	—	—	—	—	—	30	—
遮阳板	10m³ 混凝土体积	木模	165.10	179.89	—	—	—	4.936	—	—	—	—	—	15	—
网架板	10m³ 混凝土体积	定型钢模	318.68	—	—	—	—	—	47337.61	—	—	—	—	2000	—
大型多孔墙板	10m³ 混凝土体积	定型钢模	317.99	—	—	—	—	—	34392.07	—	—	—	—	2000	—
墙板20cm内	10m³ 混凝土体积	定型钢模	26.41	59.10	—	—	—	—	8281.80	—	—	—	—	2000	—
墙板20cm外	10m³ 混凝土体积	定型钢模	26.61	43.47	—	—	—	—	6590.87	—	—	—	—	2000	—
升板	10m³ 混凝土体积	木模	2.98	—	—	—	—	0.516	—	—	—	—	—	15	—
天窗侧板	10m³ 混凝土体积	定型钢模	291.01	—	—	—	—	—	56378.34	—	—	—	—	2000	—
	10m³ 混凝土体积	木模	174.33	128.50	—	—	—	19.595	—	—	—	—	—	30	—
拱板(10m内)	10m³ 混凝土体积	木模	286.84	11.39	—	—	—	36.629	—	—	—	—	—	10	10
拱板(10m外)	10m³ 混凝土体积	木模	320.20	139.61	—	—	—	39.449	—	—	—	—	—	10	10
檩条	10m³ 混凝土体积	木模	440.40	—	—	—	—	53.465	—	—	—	—	—	20	—
天窗上下档及封檐板	10m³ 混凝土体积	木模	293.60	150.68	—	—	—	27.540	—	—	—	—	—	30	—
阳台	10m³ 混凝土体积	木模	56.42	69.73	—	—	—	5.3	—	—	—	—	—	30	—
雨篷	10m³ 混凝土体积	木模	117.77	38.07	—	—	—	5.018	—	—	—	—	—	20	—
烟囱、垃圾、通风道	10m³ 混凝土体积	木模	7.15	9.99	—	—	—	5.17	—	—	—	—	—	10	15
漏空花格	10m³ 混凝土体积	木模	1057.93	—	—	—	—	89.060	—	—	—	—	—	20	—

续表

项目名称	定额单位	模板种类	模板面积		一次使用量									周转次数	周转补损率
			模板接触面积	地模接触面积	组合式钢模	复合木模板		模板木材	定型钢模	零星卡具	木支撑系统	钢支撑系统	橡胶管内膜		
						钢框肋	面板								
			m²		kg	kg	m²	m³	kg	kg	m³	kg	m	次	%
门窗框	10m³ 混凝土体积	木模	151.30	门 74.14 窗 50.97	—	—	—	9.361	—	—	—	—	—	—	—
小型构件	10m³ 混凝土体积	木模	210.60	284.77	—	—	—	12.425	—	—	—	—	—	10	10
空心楼梯段	10m³ 混凝土体积	钢模	305.62	—	—	—	—	—	41696.50	—	—	—	—	2000	—
实心楼梯段	10m³ 混凝土体积	钢模	174.51	—	—	—	—	—	36476.16	—	—	—	—	2000	—
楼梯斜梁	10m³ 混凝土体积	木模	200.30	52.94	—	—	—	24.57	—	—	—	—	—	30	—
楼梯踏步	10m³ 混凝土体积	木模	237.02	188.81	—	—	—	15.96	—	—	—	—	—	40	—
池槽(小型)②	10m³ 混凝土体积	木模	128.56	26.05	—	—	—	6.10	—	—	—	—	—	10	15
栏杆	10m³ 混凝土体积	木模	177.10	113.88	—	—	—	23.38	—	—	—	—	—	30	—
扶手	10m³ 混凝土体积	木模	139.90	162.84	—	—	—	11.58	—	—	—	—	—	30	—
井盖板	10m³ 混凝土体积	木模	48.17	382.40	—	—	—	15.74	—	—	—	—	—	20	—
井圈	10m³ 混凝土体积	木模	177.56	84.11	—	—	—	30.30	—	—	—	—	—	20	—
一般支撑	10m³ 混凝土体积	木模	100.80	60.08	—	—	—	8.43	—	—	—	—	—	30	—
框架式支撑	10m³ 混凝土体积	复合模	33.63	26.30	46.14	2297.99	30.19	0.52	—	137.78	1.322	—	—	100	—
	10m³ 混凝土体积	组合式钢模	33.63	26.30	1087.66	—	—	0.52	—	137.78	1.322	—	—	150	—
支架	10m³ 混凝土体积	复合模	74.10	33.32	50.99	1167.83	54.08	1.600	—	136.03	1.578	735.29	—	100	—
	10m³ 混凝土体积	组合模	74.10	33.32	2064.71	—	—	1.600	—	136.03	1.578	735.29	—	150	—

(3)构筑物构件模板一次用量可参见表 7-3。

表 7-3　构筑物构件模板一次用量表

项目			模板种类	支撑种类	混凝土体积	一次使用量							周转次数	周转补损率
						组合式钢模板	复合木模板		模板木材	钢支撑系统	零星卡具	木支撑系统		
							钢框肋	面板						
					m³	kg	kg	m²	m³	kg		m³	次	%
水塔	塔身	筒式	木	木	6.26	—	—	—	2.698	—	—	2.862	5	15
		柱式			8.67	—	—	—	4.900	—	—	3.200	5	15
	水箱	内壁			7.04	—	—	—	2.038	—	—	3.831	5	15
		外壁			8.35	—	—	—	2.574	—	—	4.385	5	15
	塔顶				13.50	—	—	—	3.632	—	—	2.615	3	15
	塔底				17.57	—	—	—	3.570	—	—	12.085	3	15
	回廊及平台				10.80	—	—	—	3.230	—	—	13.538	3	15

续表

项目			模板种类	支撑种类	混凝土体积	一次使用量							周转次数	周转补损率
						组合式钢模板	复合木模板		模板木材	钢支撑系统	零星卡具	木支撑系统		
							钢框肋	面板						
					m³	kg	kg	m²	m³	kg		m³	次	%
贮水油池	池底	平底	钢	木	494.29	3503.00	—	—	0.060	—	374.00	2.874	50	
			复	木	494.29	—	1533.00	99.00	0.060	—	374.00	2.874	50	
			木	木	494.29	—	—	—	3.064	—	—	2.559	5	15
		坡底	木		107.53	—	—	—	9.914	—	—	—	5	15
	池壁	矩形	钢模	钢	9.95	3556.50	—	—	0.020	3408.00	1036.60	—	50	
			钢模	木	9.95	3556.50	1512.00	99.00	0.020	—	1036.60	5.595	60	
			复模	钢	9.95	8.50	1512.00	99.00	0.020	3498.00	1036.60	—	50	
			复模	木	9.95	8.50	—	—	0.026	—	1036.60	5.595	50	
			木	木	9.95	—	—	—	2.519	—	—	6.023	5	15
		圆形	木	木	8.59	—	—	—	3.289	—	—	4.269	5	15
	池盖	无梁盖	钢模	钢	30.78	3239.50	—	—	0.226	6453.60	348.80	1.750	50	
			钢模	木	20.78	2329.50	—	—	0.226	—	348.80	9.605	50	
			复模	钢	30.78	—	1410.50	95.00	0.226	6453.60	348.80	1.750	50	
			复模	木	30.78	—	1410.50	95.00	0.226	—	348.80	9.605	50	
			木	木	30.78	—	—	—	3.076	—	—	4.981	5	15
		肋形盖	木	木	90.09	—	—	—	4.910	—	—	4.981	5	15
	无梁盖柱		钢模	钢	11.38	3380.00	—	—	1.560	*3970.10	1035.20	2.545	50	
			钢模	木	11.38	3380.00	—	—	1.560	—	1035.20	7.005	50	
			复模	木	11.38	656.50	1283.00	73.00	1.560	*3970.10	1035.20	2.545	50	
			复模	木	11.38	656.50	1283.00	73.00	1.560	—	1035.20	7.005	50	
			木	木	11.38	—	—	—	4.749	—	—	7.128	5	15
	沉淀池水槽		木		4.74	—	—	—	4.455	—	—	10.169	5	15
	沉淀池壁基梁		木		23.26	—	—	—	2.940	—	—	7.300	5	15
贮仓	圆形	顶板	木	木	13.60	—	—	—	5.464	—	8.20	13.323	5	15
		底板	木	木	38.76	—	—	—	3.995	—	—	16.295	6	15
		立壁	木	木	109.00	—	—	—	3.615	—	202.20	3.505	5	15
	矩形壁		钢模	钢	19.29	3690.00	—	—	0.075	4626.00	1035.80	0.001	50	
			钢模	木	19.29	3690.00	—	—	0.075	—	828.00	4.377	50	
			复模	钢	19.29	65.50	1190.00	72.50	0.075	4626.00	1035.00	0.001	50	
			复模	木	19.29	65.50	1190.00	72.50	0.075	—	828.00	4.377	50	
			木	木	10.08	—	—	—	2.791	—	—	1.877	5	15

注：带*栏中数量包括柱用量2464.50kg，钢管用量1504.60kg。

二、每10m³钢筋混凝土钢筋含量参考表

(1)每10m³现浇钢筋混凝土构件中钢筋含量可参见表7-4。

表 7-4 现浇钢筋混凝土构件

项目		单位	钢筋				
			低碳冷拔钢丝	HPB235 级钢		HRB335 级钢	HRB400 级钢
			ϕ5 以内	ϕ10 以内	ϕ10 以外	ϕ10 以外	ϕ10 以外
带形基础	有梁式	$t/10m^3$	—	0.12	0.41	0.30	—
	板式	$t/10m^3$	—	0.09	0.623	—	—
独立基础		$t/10m^3$	—	0.06	0.45	—	—
杯形基础		$t/10m^3$	—	0.02	0.243	—	—
高杯基础		$t/10m^3$	—	0.06	0.615	—	—
满堂基础	无梁式	$t/10m^3$	—	0.043	0.982	—	—
	有梁式	$t/10m^3$	—	0.446	0.604	—	—
独立桩承台		$t/10m^3$	—	0.19	0.52	—	—
设备基础	$5m^3$ 以内	$t/10m^3$	—	0.14	0.20	—	—
	$20m^3$ 以内	$t/10m^3$	—	0.12	0.18	—	—
	$100m^3$ 以内	$t/10m^3$	—	0.10	0.16	—	—
	$100m^3$ 以外	$t/10m^3$	—	0.10	0.16	—	—
柱	矩形	$t/10m^3$	—	0.187	0.53	0.503	—
	异形	$t/10m^3$	—	0.22	0.64	0.465	—
	圆形	$t/10m^3$	—	0.22	0.65	0.515	—
梁	基础梁	$t/10m^3$	—	0.103	1.106	—	—
	单梁、连续梁	$t/10m^3$	—	0.244	0.876	—	—
	异形梁	$t/10m^3$	—	0.268	0.52	0.585	—
	过梁	$t/10m^3$	—	0.347	0.672	—	—
	拱弧形梁	$t/10m^3$	—	0.268	0.48	0.612	—
	圈梁	$t/10m^3$	—	0.263	0.99	—	—
直形墙		$t/10m^3$	—	0.506	0.36	—	—
电梯井壁		$t/10m^3$	—	0.232	0.784	—	—
弧形墙		$t/10m^3$	—	0.46	0.49	—	—
大钢模板墙		$t/10m^3$	—	0.51	0.43	—	—
板	有梁板	$t/10m^3$	—	0.575	0.628	—	—
	无梁板	$t/10m^3$	—	0.509	0.154	—	—
	平板	$t/10m^3$	—	0.38	0.41	—	—
	拱板	$t/10m^3$	—	0.42	0.543	—	—
楼梯		$t/10m^2$	—	0.065	0.127	—	—
悬挑板		$t/10m^2$	—	0.119	—	—	—
栏板		$t/10m^3$	—	0.071	—	—	—
暖气井		$t/10m^3$	—	0.09	0.79	—	—
门框		$t/10m^3$	—	0.205	0.699	—	—
框架柱接头		$t/10m^3$	—	0.34	—	—	—
无沟挑檐		$t/10m^3$	—	0.574	—	—	—
池槽		$t/10m^3$	—	0.52	0.25	—	—
小型构件		$t/10m^3$	—	0.92	—	—	—

(2)每 $10m^3$ 预制钢筋混凝土构件中钢筋含量可参见表 7-5。

表 7-5 预制钢筋混凝土构件

项目		单位	钢筋				
			低碳冷拔钢丝	HPB235 级钢		HRB335 级钢	HRB400 级钢
			ϕ5 以内	ϕ10 以内	ϕ10 以外	ϕ10 以外	ϕ10 以外
矩形桩		$t/10m^3$	—	0.279	0.474	0.415	—
桩尖		$t/10m^3$	0.17	0.203	1.772	—	—
柱	矩形	$t/10m^3$	—	0.117	—	0.889	—
柱	工形	$t/10m^3$	—	0.179	0.834	0.437	—
柱	双肢形	$t/10m^3$	—	0.202	0.98	0.96	—
柱	空格形	$t/10m^3$	—	0.202	0.98	0.96	—
柱	围墙柱	$t/10m^3$	—	0.792	—	—	—
梁	矩形	$t/10m^3$	—	0.321	0.764	—	—
梁	异形	$t/10m^3$	—	0.655	0.251	0.443	—
梁	过梁	$t/10m^3$	0.21	0.364	0.108	—	—
梁	托架梁	$t/10m^3$	—	0.35	0.95	1.50	—
梁	鱼腹式吊车梁	$t/10m^3$	—	0.867	—	0.931	—
梁	风道梁	$t/10m^3$	—	0.562	0.256	0.485	—
梁	拱形梁	$t/10m^3$	—	0.46	0.46	0.52	—
屋架	折线形	$t/10m^3$	—	0.337	1.405	1.40	—
屋架	三角形	$t/10m^3$	—	0.556	0.46	0.887	—
屋架	组合形	$t/10m^3$	0.14	0.556	0.40	0.687	—
屋架	薄腹形	$t/10m^3$	—	0.03	1.491	1.10	—
门式刚架		$t/10m^3$	—	0.368	0.855	1.18	—
天窗架		$t/10m^3$	0.266	0.077	—	1.484	—
天窗端板		$t/10m^3$	—	0.129	—	0.729	—
空心板	120 以内	$t/10m^3$	0.083	0.367	0.01	—	—
空心板	180 以内	$t/10m^3$	0.06	0.320	0.134	—	—
空心板	240 以内	$t/10m^3$	0.04	0.283	0.134	—	—
平板		$t/10m^3$	0.082	0.272	0.03	—	—
槽形板		$t/10m^3$	0.341	0.301	—	0.305	—
F 形板		$t/10m^3$	0.32	0.33	—	0.568	—
大型屋面板		$t/10m^3$	0.185	0.344	—	0.738	—
双 T 板		$t/10m^3$	0.185	0.344	—	0.738	—
单肋板		$t/10m^3$	0.341	0.301	—	0.305	—
天沟板		$t/10m^3$	—	0.325	0.121	—	—
折板		$t/10m^3$	—	0.24	0.354	—	—

续表

项　　目	单位	钢　　筋				
		低碳冷拔钢丝	HPB235 级钢		HRB335 级钢	HRB400 级钢
		ϕ5 以内	ϕ10 以内	ϕ10 以外	ϕ10 以外	ϕ10 以外
挑檐板	t/10m³	0.021	0.593	0.221	—	—
地沟盖板	t/10m³	0.024	0.220	—	—	—
窗台板	t/10m³	0.113	1.234	—	—	—
隔　板	t/10m³	0.381	0.563	—	—	—
架空隔热板	t/10m³	0.337	0.17	—	—	—
栏　板	t/10m³	0.342	0.244	—	—	—
遮阳板	t/10m³	0.406	0.214	—	—	—
网架板	t/10m³	0.460	0.245	—	—	—
大型多孔墙板	t/10m³	—	0.268	0.566	—	—
坪　板	t/10m³	—	0.268	0.488	—	—
檩　条	t/10m³	0.107	1.248	0.458	—	—
天窗上下档	t/10m³	0.107	1.248	0.458	—	—
阳　台	t/10m³	0.021	0.593	0.221	—	—
雨　蓬	t/10m³	0.042	0.460	0.266	—	—
门窗框	t/10m³	—	0.212	0.288	—	—
小型构件	t/10m³	0.225	0.227	0.056	—	—
空心楼梯段	t/10m³	0.188	0.136	0.210	—	—
实心楼梯段	t/10m³	0.051	0.434	0.286	—	—
楼梯斜梁	t/10m³	—	0.629	0.388	—	—
楼梯踏步	t/10m³	0.186	0.363	—	—	—
框架式支架	t/10m³	—	0.179	2.809	—	—
支　架	t/10m³	—	0.101	0.808	—	—
栏　杆	t/10m³	0.212	0.304	0.224	—	—
一般支撑	t/10m³	—	0.254	0.464	—	—

第二节　混凝土及钢筋混凝土工程分项工程划分

一、“13 工程计量规范”中混凝土及钢筋混凝土工程划分

“13 工程计量规范”中混凝土及钢筋混凝土工程共 16 节 76 个项目，包括：现浇混凝土基

础，现浇混凝土柱，现浇混凝土梁，现浇混凝土墙，现浇混凝土板，现浇混凝土楼梯，现浇混凝土其他构件，后浇带，预制混凝土柱，预制混凝土梁，预制混凝土屋架，预制混凝土板，预制混凝土楼梯，其他预制构件，钢筋工程，螺栓、铁件。

1. 现浇混凝土基础

现浇混凝土基础包括：垫层、带形基础、独立基础、满堂基础、桩承台基础、设备基础，其工作内容均包括：①模板及支撑制作、安装、拆除、堆放、运输及清理模内杂物、刷隔离剂等；②混凝土制作、运输、浇筑、振捣、养护。

2. 现浇混凝土柱

现浇混凝土柱包括：矩形柱、构造柱、异形柱，其工作内容均包括：①模板及支架(撑)制作、安装、拆除、堆放、运输及清理模内杂物、刷隔离剂等；②混凝土制作、运输、浇筑、振捣、养护。

3. 现浇混凝土梁

现浇混凝土梁包括：基础梁、矩形梁、异形梁、圈梁、过梁、弧形、拱形梁，其工作内容均包括：①模板及支架(撑)制作、安装、拆除、堆放、运输及清理模内杂物、刷隔离剂等；②混凝土制作、运输、浇筑、振捣、养护。

4. 现浇混凝土墙

现浇混凝土墙包括：直形墙、弧形墙、短肢剪力墙、挡土墙，其工作内容均包括：①模板及支架(撑)制作、安装、拆除、堆放、运输及清理模内杂物、刷隔离剂等；②混凝土制作、运输、浇筑、振捣、养护。

5. 现浇混凝土板

现浇混凝土板包括：有梁板、无梁板、平板、拱板、薄壳板、栏板、天沟(檐沟)、挑檐板、雨篷、悬挑板、阳台板、空心板、其他板，其工作内容均包括：①模板及支架(撑)制作、安装、拆除、堆放、运输及清理模内杂物、刷隔离剂等；②混凝土制作、运输、浇筑、振捣、养护。

6. 现浇混凝土楼梯

现浇混凝土楼梯包括：直形楼梯、弧形楼梯，其工作内容均包括：①模板及支架(撑)制作、安装、拆除、堆放、运输及清理模内杂物、刷隔离剂等；②混凝土制作、运输、浇筑、振捣、养护。

7. 现浇混凝土其他构件

(1)散水、坡道、室外地坪，其工作内容均包括：①地基夯实；②铺设垫层；③模板及支撑制作、安装、拆除、堆放、运输及清理模内杂物、刷隔离剂等；④混凝土制作、运输、浇筑、振捣、养护；⑤变形缝填塞。

(2)电缆沟、地沟工作内容包括：①挖填、运土石方；②铺设垫层；③模板及支撑制作、安装、拆除、堆放、运输及清理模内杂物、刷隔离剂等；④混凝土制作、运输、浇筑、振捣、养护；⑤刷防护材料。

(3)台阶工作内容包括：①模板及支撑制作、安装、拆除、堆放、运输及清理模内杂物、刷隔离剂等；②混凝土制作、运输、浇筑、振捣、养护。

(4)扶手、压顶、化粪池、检查井、其他构件，其工作内容均包括：①模板及支撑(架)制作、安装、拆除、堆放、运输及清理模内杂物、刷隔离剂等；②混凝土制作、运输、浇筑、振捣、养护。

8. 后浇带

后浇带工作内容包括:①模板及支架(撑)制作、安装、拆除、堆放、运输及清理模内杂物、刷隔离剂等;②混凝土制作、运输、浇筑、振捣、养护及混凝土交接面、钢筋等的清理。

9. 预制混凝土柱

预制混凝土柱包括:矩形柱、异形柱,其工作内容均包括:①模板制作、安装、拆除、堆放、运输及清理模内杂物、刷隔离剂等;②混凝土制作、运输、浇筑、振捣、养护;③构件运输、安装;④砂浆制作、运输;⑤接头灌缝、养护。

10. 预制混凝土梁

预制混凝土梁包括:矩形梁、异形梁、过梁、拱形梁、鱼腹式吊车梁、其他梁,其工作内容均包括:①模板制作、安装、拆除、堆放、运输及清理模内杂物、刷隔离剂等;②混凝土制作、运输、浇筑、振捣、养护;③构件运输、安装;④砂浆制作、运输;⑤接头灌缝、养护。

11. 预制混凝土屋架

预制混凝土屋架包括:折线型、组合、薄腹、门式刚架、天窗架,其工作内容均包括:①模板制作、安装、拆除、堆放、运输及清理模内杂物、刷隔离剂等;②混凝土制作、运输、浇筑、振捣、养护;③构件运输、安装;④砂浆制作、运输;⑤接头灌缝、养护。

12. 预制混凝土板

预制混凝土板包括:平板、空心板、槽形板、网架板、折线板、带肋板、大型板、沟盖板、井盖板、井圈,其工作内容均包括:①模板制作、安装、拆除、堆放、运输及清理模内杂物、刷隔离剂等;②混凝土制作、运输、浇筑、振捣、养护;③构件运输、安装;④砂浆制作、运输;⑤接头灌缝、养护。

13. 预制混凝土楼梯

楼梯工作内容包括:①模板制作、安装、拆除、堆放、运输及清理模内杂物、刷隔离剂等;②混凝土制作、运输、浇筑、振捣、养护;③构件运输、安装;④砂浆制作、运输;⑤接头灌缝、养护。

14. 其他预制构件

其他预制构件包括:垃圾道、通风道、烟道、其他构件,其工作内容均包括:①模板制作、安装、拆除、堆放、运输及清理模内杂物、刷隔离剂等;②混凝土制作、运输、浇筑、振捣、养护;③构件运输、安装;④砂浆制作、运输;⑤接头灌缝、养护。

15. 钢筋工程

(1)现浇构件钢筋、预制构件钢筋工作内容包括:①钢筋笼制作、运输;②钢筋安装;③焊接(绑扎)。

(2)钢筋网片工作内容包括:①钢筋网制作、运输;②钢筋网安装;③焊接(绑扎)。

(3)钢筋笼工作内容包括:①钢筋笼制作、运输;②钢筋笼安装;③焊接(绑扎)。

(4)先张法预应力钢筋工作内容包括:①钢筋制作、运输;②钢筋张拉。

(5)后张法预应力钢筋、预应力钢丝、预应力钢绞线工作内容包括:①钢筋、钢丝、钢绞线制作、运输;②钢筋、钢丝、钢绞线安装;③预埋管孔道铺设;④锚具安装;⑤砂浆制作、运输;⑥孔道压浆、养护。

(6)支撑钢筋(铁马)工作内容包括:钢筋制作、焊接、安装。

(7)声测管工作内容包括:①检测管截断、封头;②套管制作、焊接;③定位、固定。

16. 螺栓、铁件

(1)螺栓、预埋铁件工作内容包括:①螺栓、铁件制作、运输;②螺栓、铁件安装。

(2)机械连接工作内容包括:①钢筋套丝;②套筒连接。

二、基础定额中混凝土及钢筋混凝土工程划分

《全国统一建筑工程基础定额》(土建工程)(GJD—101—1995)规定混凝土及钢筋混凝土工程划分为现浇混凝土模板、预制混凝土模板、构筑物混凝土模板、钢筋、现浇混凝土、预制混凝土、构筑物混凝土、钢筋混凝土构件接头灌缝和集中搅拌、运输、泵输送混凝土参考定额九部分。

1. 现浇混凝土模板

现浇混凝土模板工作内容包括:①木模板制作;②模板安装、拆除、整理堆放及场内外运输;③清理模板粘结物及模内杂物、刷隔离剂等。

2. 预制混凝土模板

预制混凝土模板工作内容包括:①工具式钢模板、复合木模板安装;②木模板制作、安装;③清理模板、刷隔离剂;④拆除模板、整理堆放,装箱运输。

3. 构筑物混凝土模板

(1)烟囱工作内容包括:安装拆除平台、模板、液压、供电通信设备、中间改模、激光对中、设置安全网、滑模拆除后清洗、刷油、堆放及场内外运输。

(2)水塔工作内容包括:制作、清理、刷隔离剂、拆除、整理及场内外运输。

(3)倒锥壳水塔工作内容包括:①安装拆除钢平台、模板及液压、供电、供水设备;②制作、安装、清理、刷隔离剂,拆除、整理、堆放及场内外运输;③水箱提升。

(4)贮水(油)池工作内容包括:①木模板制作;②模板安装、拆除、整理堆放及场内外运输;③清理模板粘结物及模内杂物、刷隔离剂等。

(5)贮仓工作内容包括:制作、安装、清理、刷隔离剂,拆除、整理、堆放及场内外运输。

(6)筒仓工作内容包括:安装拆除平台、模板、液压、供电通信设备、中间改模、激光对中、设备安全网,滑模拆除后清洗、刷油、堆放及场内外运输。

4. 钢筋

(1)现浇(预制)构件钢筋工作内容包括:钢筋制作、绑扎、安装。

(2)先(后)张法预应力钢筋工作内容包括:钢筋制作、张拉、放张、切断等。

(3)铁件及电渣压力焊接工作内容包括:安装埋设、焊接固定。

5. 混凝土

混凝土工作内容包括:①混凝土水平(垂直)运输;②混凝土搅拌、捣固、养护;③成品堆放。

6. 集中搅拌、运输、泵输送混凝土

(1)混凝土搅拌站工作内容包括:筛洗石子,砂石运至搅拌点,混凝土搅拌,装运输车。

(2)混凝土搅拌输送车工作内容包括:将搅拌好混凝土在运输中进行搅拌,并运送到施工现场、自动卸车。

(3)混凝土(搅拌站)输送泵工作内容包括:将搅拌好的混凝土输送浇灌点,进行捣固,养护。

需要注意的是,输送高度30m时,输送泵台班用量乘以系数1.10;输送高度超过50m时,输送泵台班用量乘以系数1.25。

第三节　现浇混凝土工程工程量计算

一、现浇混凝土基础工程量计算

建筑物的基础通常被分为两大类:浅基础和深基础。浅基础按其构造形式主要分为独立基础、条形基础、筏形基础和箱形基础。

(1)从基础结构而言,凡墙体下的条形基础或柱和柱之间距离较近而连接起来的条形基础都称为带形基础。

(2)独立基础是指当建筑物上部结构采用框架结构或单层排架结构承重时,基础常采用方形或矩形的独立式基础。其是整个或局部结构物下的无筋或配筋基础,一般指结构柱基、高烟囱、水塔基础等形式。

(3)用板梁墙柱组合浇筑而成的基础,称为满堂基础。一般有板式(也称无梁式)满堂基础、梁板式(也称片筏式)满堂基础和箱式满堂基础(图7-1)三种形式。满堂基础、大型设备基础、大型构筑物基础都称为大体积基础。大体积基础的整体性要求高,混凝土必须连续浇筑,不留施工缝。因此,除应分层浇筑、分层捣实外,还必须保证上下层混凝土在初凝前结合好。

(4)设备基础(图7-2)是为了固定和安装设备而做的钢筋混凝土基础,设备基础的上部都要承受设备的重量和设备运行时的振动力,设备基础一般布在建筑物内,但也有少数在建筑物外。大型设备基础的施工要点同满堂基础。

(5)桩承台基础。桩承台是指钢筋混凝土桩顶部承受柱或墙身荷载的基础构件。

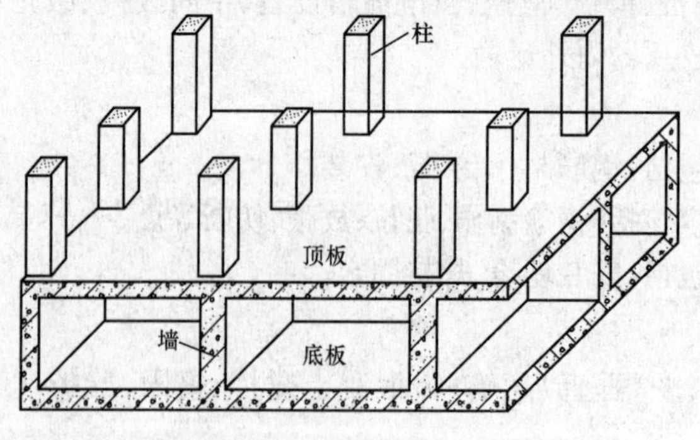

图7-1　箱式满堂基础示意图

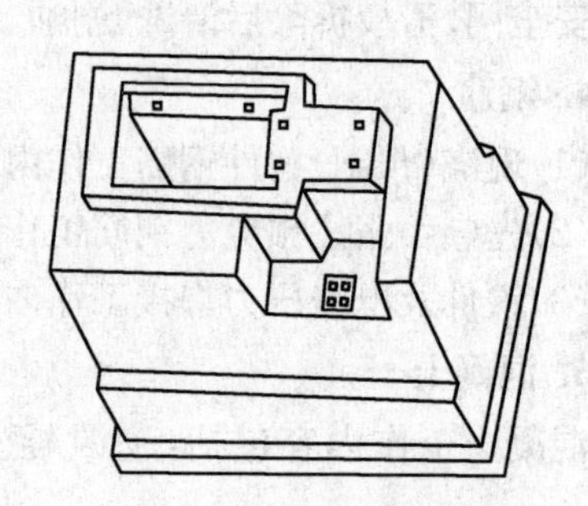

图7-2　设备基础示意图

1. 计算规则与注意事项

现浇混凝土基础工程量计算规定应符合表7-6的要求。

表 7-6　　现浇混凝土基础

项目编码	项目名称	项目特征	计量单位	工程量计算规则	工作内容
010501001	垫层	1. 混凝土种类 2. 混凝土强度等级	m³	按设计图示尺寸以体积计算。不扣除伸入承台基础的桩头所占体积	1. 模板及支撑制作、安装、拆除、堆放、运输及清理模内杂物、刷隔离剂等 2. 混凝土制作、运输、浇筑、振捣、养护
010501002	带形基础				
010501003	独立基础				
010501004	满堂基础				
010501005	桩承台基础				
010501006	设备基础	1. 混凝土种类 2. 混凝土强度等级 3. 灌浆材料及其强度等级			

注：1. 有肋带形基础、无肋带形基础应按本表中相关项目列项，并注明肋高。

2. 箱式满堂基础中柱、梁、墙、板按后述“现浇混凝土柱、梁、墙、板”相关项目分别编码列项；箱式满堂基础底板按本表的满堂基础项目列项。

3. 框架式设备基础中柱、梁、墙、板分别按后述“现浇混凝土柱、梁、墙、板”相关项目编码列项；基础部分按本表相关项目编码列项。

4. 如为毛石混凝土基础，项目特征应描述毛石所占比例。

2. 现浇混凝土基础工程量计算公式

(1)带形混凝土基础(图 7-3)。带形基础工程量，按其断面面积乘以长度以立方米计算，计算公式如下：

$$V=F\times l$$

式中　V——混凝土带形基础体积，m^3；

F——基础断面面积，其断面高度以基础扩大顶面为界，向下算至基础底面，m^2；

l——基础计算长度：外墙部分按外墙基中心线长度；内墙部分按净长线；连接柱独立基础的，按独立基础间净长度计算，m。

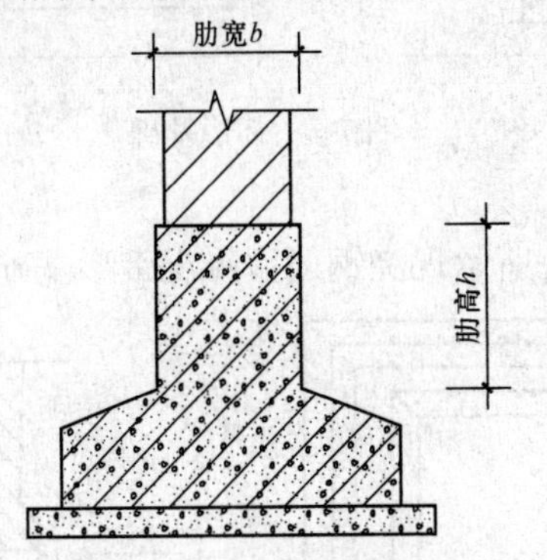

图 7-3　有肋带形基础示意图

$h/b>4$ 时，肋按墙计算

(2)独立基础。独立基础的底面积一般为方形或矩形，按其外形一般有锥形基础(图 7-4)、阶梯形基础、矩形基础(亦称平线柱垫形基础)和杯形基础。

独立基础工程量应按不同构造形式分别计算：

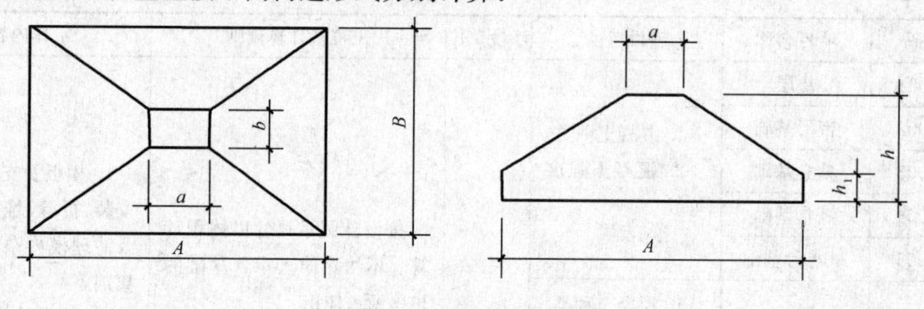

图 7-4　锥形独立基础

1)锥形独立基础(图 7-4)。一般情况下，锥形独立基础口下部为矩形，上部为截头锥体，可分别计算相加后得其体积，即：

$$V=A\cdot B\cdot h_1+\frac{h-h_1}{6}[A\cdot B+a\cdot b+(A+a)(B+b)]$$

2)杯形基础。现浇钢筋混凝土杯形基础(图 7-5)的工程量分四个部分计算：底部立方体(Ⅰ)；中部棱台体(Ⅱ)；上部立方体(Ⅲ)；最后扣除杯口空心棱台体(Ⅳ)。即：

$$V=\text{Ⅰ}+\text{Ⅱ}+\text{Ⅲ}-\text{Ⅳ}$$
$$=A\cdot B\cdot h_3+\frac{h_1-h_3}{3}[A\cdot B\cdot +a\cdot b+\sqrt{(AB)\cdot(ab)}]+$$
$$a_1b_1(h-h_1)-(h-h_2)(a-0.25)(b-0.025)$$

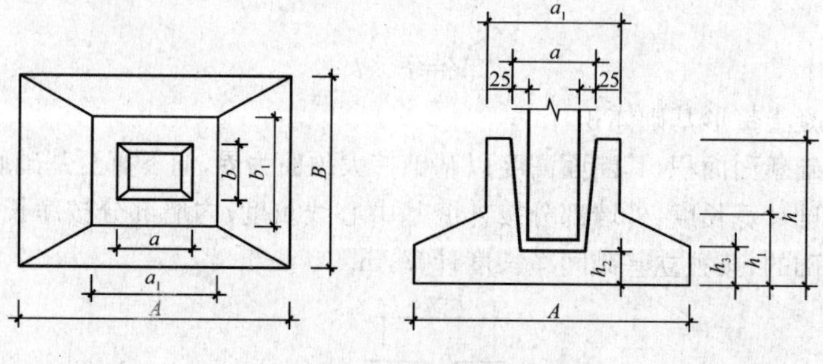

图 7-5　杯形基础

3. 工程量计算实例

【例 7-1】　试计算如图 7-6 所示现浇钢筋混凝土带形基础混凝土工程量。

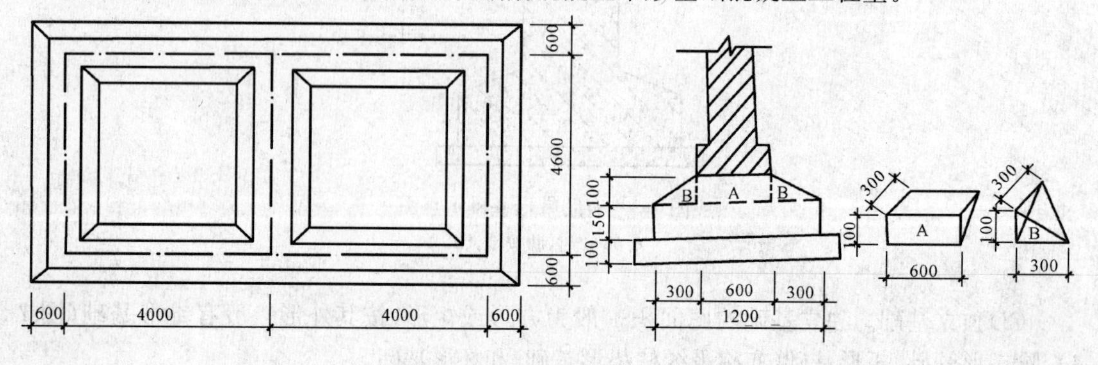

图 7-6　现浇钢筋混凝土带形基础

【解】 带形基础工程量=设计外墙中心线长度×设计断面+设计内墙基础图示长度×设计断面

现浇钢筋混凝土带形基础工程量=[(8.00+4.60)×2+4.60−1.20]×(1.20×0.15+0.90×0.10)+0.60×0.30×0.10(A 折合体积)+0.30×0.10/2×0.30/3×4(B 体积)=7.75m^3

二、现浇混凝土柱工程量计算

1. 计算规则与注意事项

现浇混凝土柱工程量计算规定应符合表 7-7 的要求。

表 7-7　　现浇混凝土柱

项目编码	项目名称	项目特征	计量单位	工程量计算规则	工作内容
010502001	矩形柱	1. 混凝土种类 2. 混凝土强度等级	m^3	按设计图示尺寸以体积计算 柱高： 1. 有梁板的柱高，应自柱基上表面(或楼板上表面)至上一层楼板上表面之间的高度计算 2. 无梁板的柱高，应自柱基上表面(或楼板上表面)至柱帽下表面之间的高度计算 3. 框架柱的柱高：应自柱基上表面至柱顶高度计算 4. 构造柱按全高计算，嵌接墙体部分(马牙槎)并入柱身体积 5. 依附柱上的牛腿和升板的柱帽，并入柱身体积计算	1. 模板及支架(撑)制作、安装、拆除、堆放、运输及清理模内杂物、刷隔离剂等 2. 混凝土制作、运输、浇筑、振捣、养护
010502002	构造柱				
010502003	异形柱	1. 柱形状 2. 混凝土种类 3. 混凝土强度等级			

注：混凝土种类：指清水混凝土、彩色混凝土等，如在同一地区既使用预拌(商品)混凝土，又允许现场搅拌混凝土时，也应注明。

2. 钢筋混凝土柱计算高度的确定

钢筋混凝土柱计算高度的确定见表 7-8。

表 7-8　　钢筋混凝土柱计算高度的确定

项目	计算高度的确定	图示
有梁板的柱高	有梁板的柱高，应自柱基上表面(或楼板上表面)至上一层楼板上表面之间的高度计算	H ±0.000

续表

项目	计算高度的确定	图示
无梁板的柱高	无梁板的柱高，应自柱基上表面（或楼板上表面）至柱帽下表面之间的高度计算	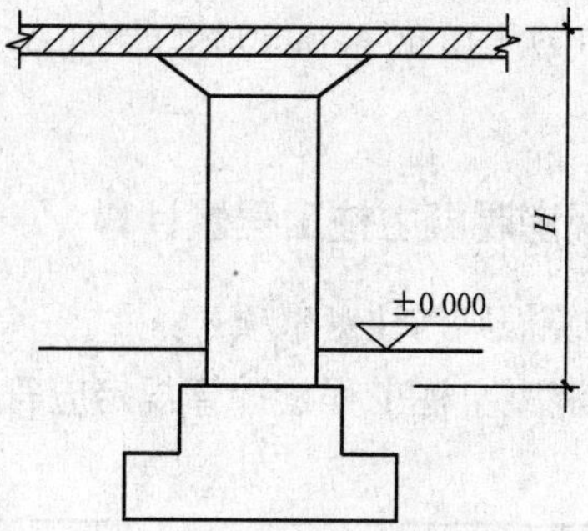
框架柱的柱高	框架柱的柱高，应自柱基上表面至柱顶高度计算	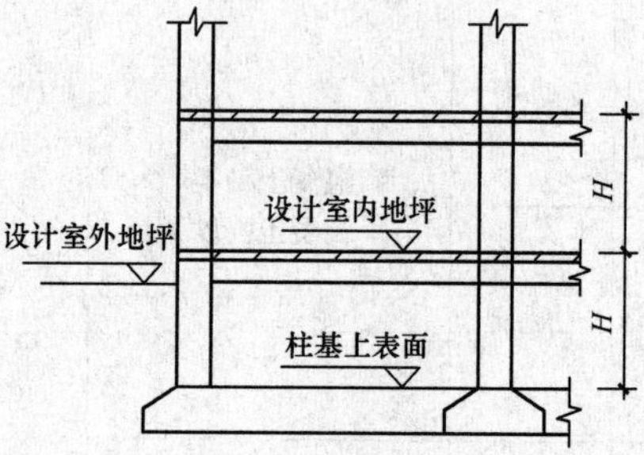
构造柱的柱高	构造柱是指不承重，只与圈梁连成一体，加固房屋整体性的连接构件，其结构示意图如图 7-7 所示。构造柱按全高计算，嵌接墙体部分并入柱身体积。 常用构造柱的形状一般有四种，即人形拐角、T形接头、十字形接头、十字形交叉及长墙中间“一字形”，如图 7-8 所示。 构造柱体积计算公式： 当墙厚为 240mm 时： V＝构造柱高×(0.24×0.24＋0.03×0.24×马牙槎边数)	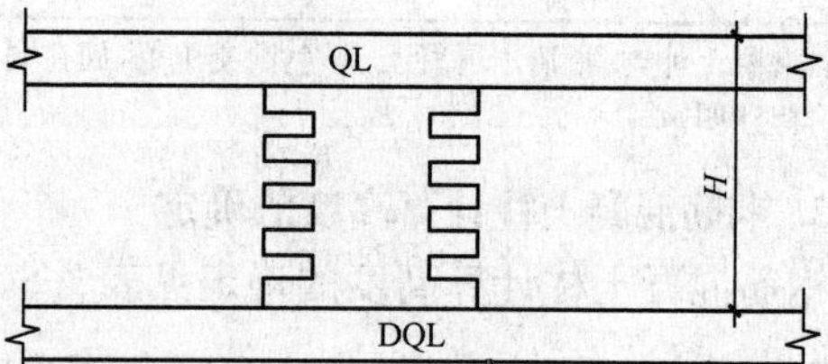
依附柱上的牛腿和升板的柱帽	依附柱上的牛腿和升板的柱帽，并入柱身体积计算	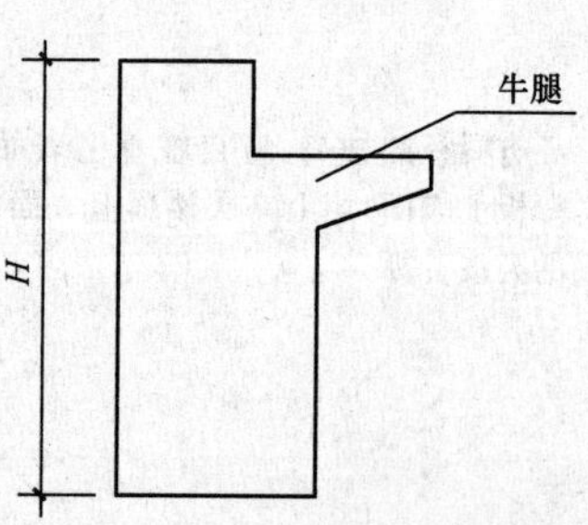

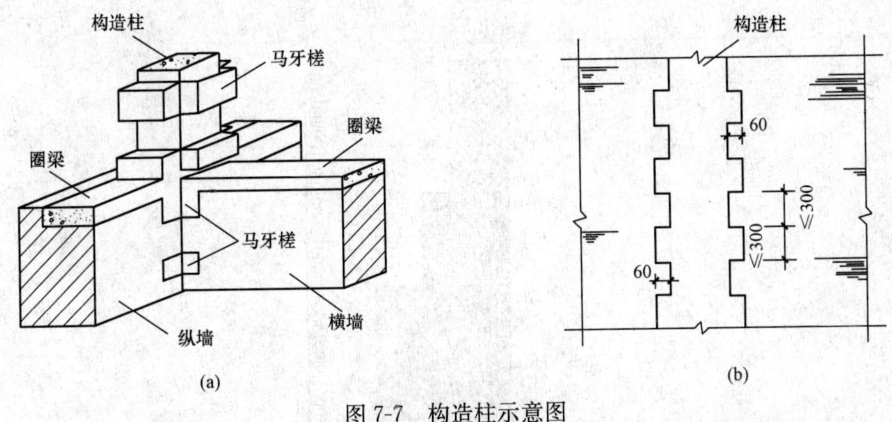

图 7-7　构造柱示意图

(a)构造柱与砖墙嵌接部分体积(马牙槎)示意图;(b)构造柱立面示意图

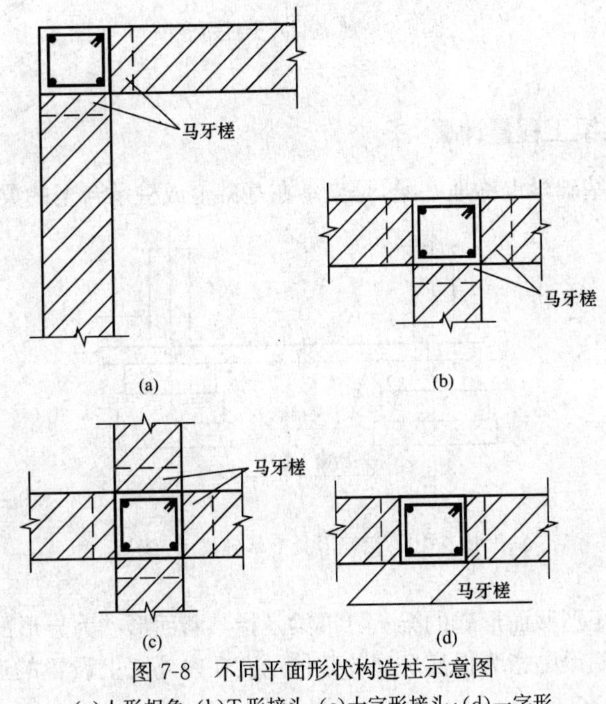

图 7-8　不同平面形状构造柱示意图

(a)人形拐角;(b)T 形接头;(c)十字形接头;(d)一字形

3. 工程量计算实例

【例 7-2】 如图 7-9 所示,C30 混凝土现浇柱,断面分别为 600mm×600mm、450mm×400mm、300mm×250mm,层高分别为 3.6m、3.0m、1.5m、4.5m,试计算其工程量。

【解】 根据现浇混凝土柱的工程量计算规则可知,现浇混凝土柱工程量计算方法均是按图示断面尺寸乘以柱高以体积计算。则可以先计算出断面面积,再乘以柱高即可得出工程量。

600mm×600mm 柱工程量＝0.6×0.6×(1.5＋4.5＋3.6×2)＝4.725m^3

450mm×400mm 柱工程量＝0.45×0.4×3.6×2＝1.296m^3

300mm×250mm 柱工程量＝0.3×0.25×(3.6＋3.0×2)＝0.72m^3

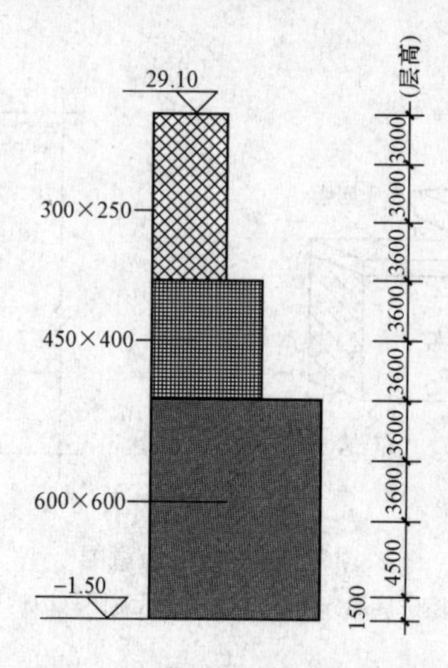

图 7-9　现浇混凝土柱示意图

三、现浇混凝土梁工程量计算

(1)钢筋混凝土基础梁也称地基梁,是支承在基础上或桩承台上的梁,如图 7-10 所示。

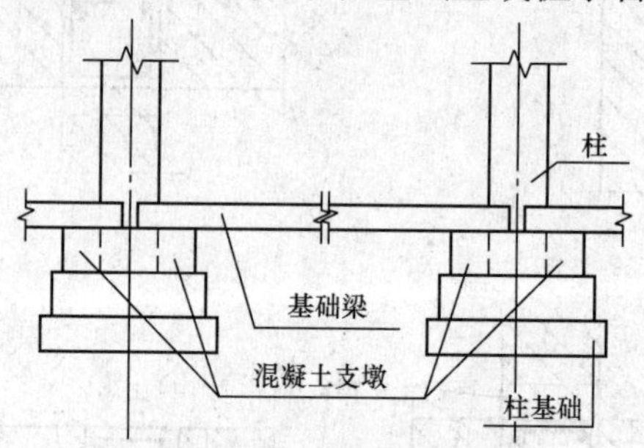

图 7-10　钢筋混凝土基础梁示意图

(2)矩形梁是指矩形截面形式的梁。异形梁是指其断面形状为异形的梁。

(3)钢筋混凝土圈梁是指为提高房屋的整体刚度在内外墙上设置的连续封闭的钢筋混凝土梁,如图 7-11 所示。

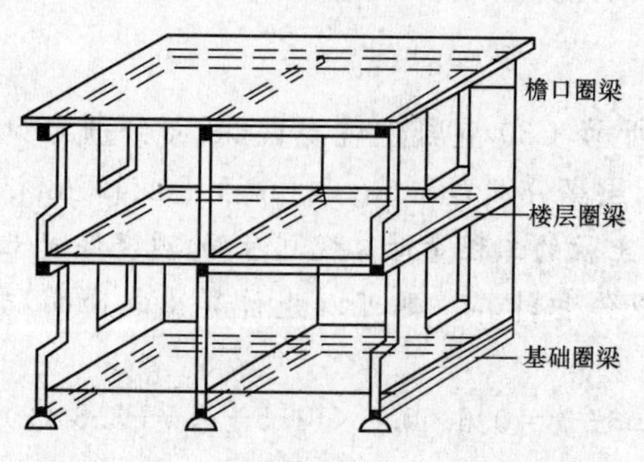

图 7-11　钢筋混凝土圈梁示意图

(4)过梁是指跨越一定空间，以承受屋盖或楼板、墙传来的荷载的钢筋混凝土构筑物。

(5)拱形梁是指梁的断面为矩形或异形，沿长的方向，向上拱起构成弧拱形或半圆拱形的梁；弧形梁是指梁的断面为矩形或异形，在同一水平面上构成弧形或半圆形的梁。

1. 计算规则与注意事项

现浇混凝土梁工程量计算规定应符合表 7-9 的要求。

表 7-9　　现浇混凝土梁

项目编码	项目名称	项目特征	计量单位	工程量计算规则	工作内容
010503001	基础梁	1. 混凝土种类 2. 混凝土强度等级	m^3	按设计图示尺寸以体积计算。伸入墙内的梁头、梁垫并入梁体积内 梁长(图 7-12)： 1. 梁与柱连接时，梁长算至柱侧面 2. 主梁与次梁连接时，次梁长算至主梁侧面	1. 模板及支架(撑)制作、安装、拆除、堆放、运输及清理模内杂物、刷隔离剂等 2. 混凝土制作、运输、浇筑、振捣、养护
010503002	矩形梁				
010503003	异形梁				
010503004	圈梁				
010503005	过梁				
010503006	弧形、拱形梁				

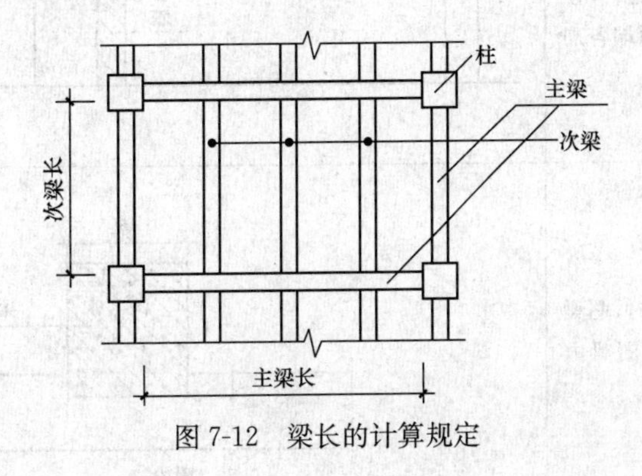

图 7-12　梁长的计算规定

2. 钢筋混凝土梁分界线的确定

钢筋混凝土梁分界线的确定见表 7-10。

表 7-10　　钢筋混凝土梁分界线的确定

项目	分界线的确定	图示
梁与柱连接	梁与柱连接时，梁长算至柱侧面	板 梁 梁长度 H

续表

项目	分界线的确定	图示
主梁与次梁连接	主梁与次梁连接时，次梁长算至主梁侧面。伸入墙体内的梁头、梁垫体积并入梁体积内计算	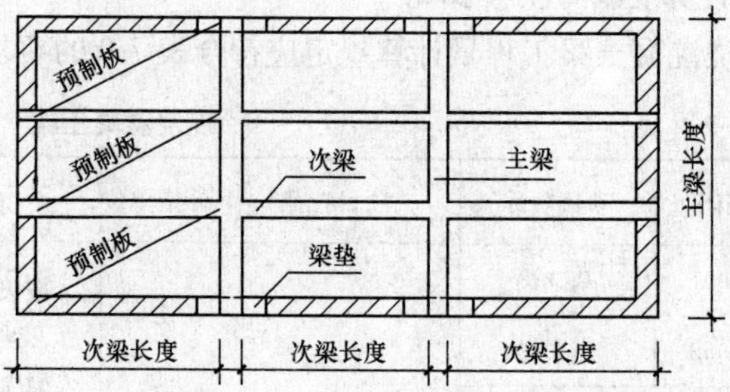 预制板 预制板 预制板 次梁 主梁 梁垫 主梁长度 次梁长度 次梁长度 次梁长度
圈梁与过梁连接	圈梁与过梁连接时，分别套用圈梁、过梁项目。过梁长度按设计规定计算，设计无规定时，按门窗洞口宽度，两端各加250mm计算	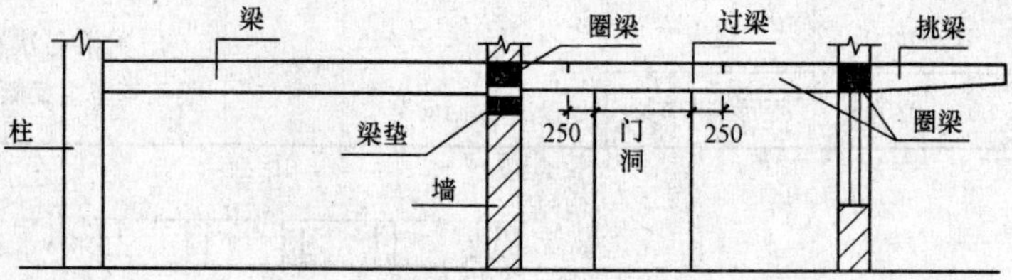 梁 圈梁 过梁 挑梁 柱 梁垫 250 门洞 250 圈梁 墙
圈梁与梁连接	圈梁与梁连接时，圈梁体积应扣除伸入圈梁内的梁体积	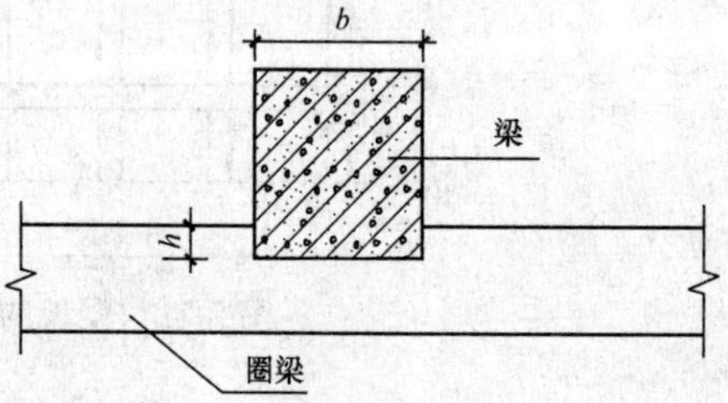 b 梁 h 圈梁

3. 工程量计算实例

【例 7-3】 某工程结构平面如图 7-13 所示，采用 C25 现拌混凝土浇捣，模板用组合钢模，层高为 5m（＋6.00～＋11.00），柱截面为 500mm×500mm，KL1 截面为 200mm×600mm，KL2 截面为 200mm×700mm，L 截面为 200mm×600mm，板厚 10cm，试计算现浇混凝土梁工程量。

【解】 (1)C25 钢筋混凝土梁 KL1（梁高 0.6m 以内，层高 5m）

$$KL1\ 工程量=(6+0.24-0.5\times2)\times0.2\times0.6\times2=1.258m^3$$

(2)C25 钢筋混凝土梁 KL2（梁高 0.6m 以上，层高 5m）

$$KL2\ 工程量=(4+0.24-0.5\times2)\times0.2\times0.7\times2=0.907m^3$$

(3)C25 钢筋混凝土梁 L（梁高 0.6m 以内，层高 5m）

$$L\ 工程量=(4+0.24-0.2\times2)\times0.2\times0.6=0.461m^3$$

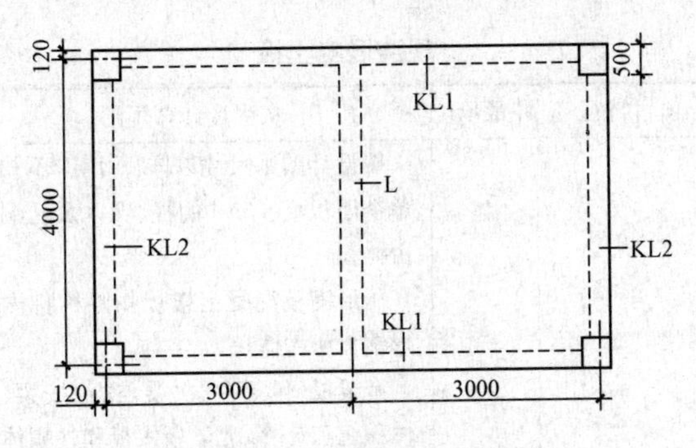

图 7-13 某工程结构平面图

四、现浇混凝土墙工程量计算

地下室墙厚在 35cm 以内者，称为直形墙。弧形墙是指墙身形状为弧形的构筑物。

短肢剪力墙是指截面厚度不大于 300mm、各肢截面高度与厚度之比的最大值大于 4 但不大于 8 的剪力墙，各肢截面高度与厚度之比的最大值不大于 4 的剪力墙按柱项目编码列项。

1. 计算规则与注意事项

现浇混凝土墙工程量计算规定应符合表 7-11 的要求。

表 7-11 现浇混凝土墙

项目编码	项目名称	项目特征	计量单位	工程量计算规则	工作内容
010504001	直形墙	1. 混凝土种类 2. 混凝土强度等级	m^3	按设计图示尺寸以体积计算 扣除门窗洞口及单个面积 ＞0.3m^2 的孔洞所占体积，墙垛及突出墙面部分并入墙体积内计算	1. 模板及支架（撑）制作、安装、拆除、堆放、运输及清理模内杂物、刷隔离剂等 2. 混凝土制作、运输、浇筑、振捣、养护
010504002	弧形墙				
010504003	短肢剪力墙				
010504004	挡土墙				

2. 工程量计算实例

【例 7-4】 如图 7-14 所示，某现浇钢筋混凝土直形墙墙高 32.5m，墙厚 0.3m，门为 900mm×2100mm。计算现浇钢筋混凝土直形墙的工程量。

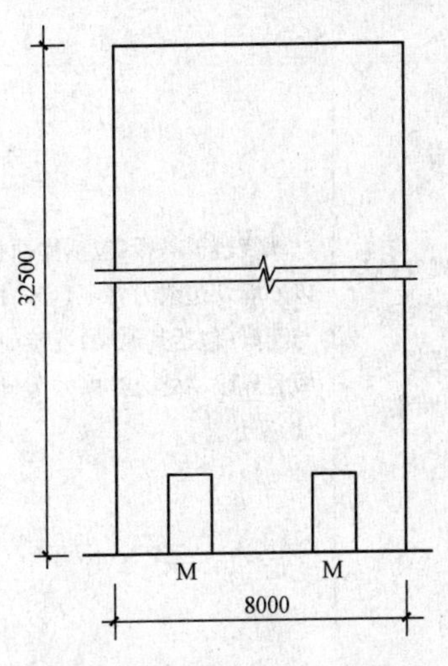

图 7-14 某现浇钢筋混凝土直形墙示意图

【解】 混凝土工程量＝32.5×8.0×0.3－0.9×2.1×2×0.3＝76.87m^3

五、现浇混凝土板工程量计算

1. 计算规则与注意事项

现浇混凝土板工程量计算规定应符合表 7-12 的要求。

表 7-12　　现浇混凝土板

<table>
<tr><th>项目编码</th><th>项目名称</th><th>项目特征</th><th>计量单位</th><th>工程量计算规则</th><th>工作内容</th></tr>
<tr><td>010505001</td><td>有梁板</td><td rowspan="10">1. 混凝土种类
2. 混凝土强度等级</td><td rowspan="10">m^3</td><td rowspan="6">按设计图示尺寸以体积计算，不扣除单个面积≤0.3m² 的柱、垛以及孔洞所占体积
压形钢板混凝土楼板扣除构件内压形钢板所占体积
有梁板(包括主、次梁与板)按梁、板体积之和计算，无梁板按板和柱帽体积之和计算，各类板伸入墙内的板头并入板体积内</td><td rowspan="10">1. 模板及支架（撑）制作、安装、拆除、堆放、运输及清理模内杂物、刷隔离剂等
2. 混凝土制作、运输、浇筑、振捣、养护</td></tr>
<tr><td>010505002</td><td>无梁板</td></tr>
<tr><td>010505003</td><td>平板</td></tr>
<tr><td>010505004</td><td>拱板</td></tr>
<tr><td>010505005</td><td>薄壳板</td></tr>
<tr><td>010505006</td><td>栏板</td></tr>
<tr><td>010505007</td><td>天沟(檐沟)、挑檐板</td><td>按设计图示尺寸以体积计算</td></tr>
<tr><td>010505008</td><td>雨篷、悬挑板、阳台板</td><td>按设计图示尺寸以墙外部分体积计算。包括伸出墙外的牛腿和雨篷反挑檐的体积</td></tr>
<tr><td>010505009</td><td>空心板</td><td>按设计图示尺寸以体积计算。空心板(GBF 高强薄壁蜂巢芯板等)应扣除空心部分体积</td></tr>
<tr><td>010505010</td><td>其他板</td><td>按设计图示尺寸以体积计算</td></tr>
</table>

注：现浇挑檐、天沟板、雨篷、阳台与板(包括屋面板、楼板)连接时，以外墙外边线为分界线；与圈梁(包括其他梁)连接时，以梁外边线为分界线。外边线以外为挑檐、天沟、雨篷或阳台。

2. 现浇混凝土板分界线的确定

现浇混凝土板分界线的确定见表 7-13。

表 7-13　　现浇混凝土板分界线的确定

项目	分界线的确定	图示
现浇挑檐与现浇板及圈梁	现浇挑檐与板(包括屋面板)连接时，以外墙外边线为界限，如右图(a)所示；与圈梁(包括其他梁)连接时，以梁外边线为界限。外边线以外为挑檐，如右图(b)所示	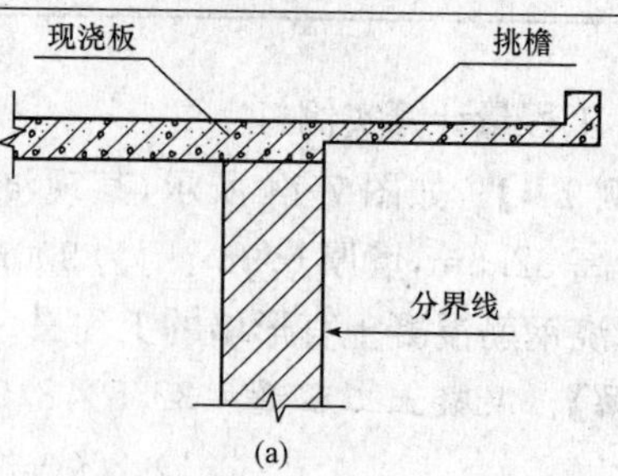 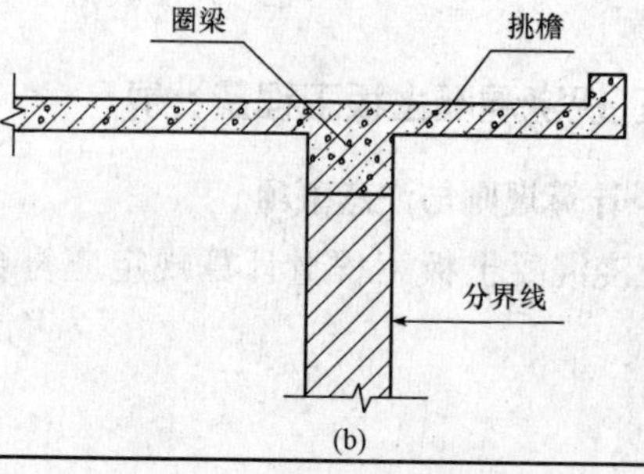 现浇板　挑檐　分界线 (a) 圈梁　挑檐　分界线 (b)

续表

项目	分界线的确定	图示
阳台板与栏板及现浇楼板	阳台板与栏板的分界以阳台板顶面为界；阳台板与现浇楼板的分界以墙外皮为界，其嵌入墙内的梁应按梁有关规定单独计算，如右图所示。伸入墙内的栏板，合并计算	现浇板　圈梁　阳台板　分界线　栏板　圈梁　墙内梁　挑牛腿　分界线

3. 工程量计算实例

【例 7-5】 某现浇钢筋混凝土有梁板如图 7-15 所示，计算有梁板工程量。

【解】 现浇钢筋混凝土有梁板混凝土工程量＝图示长度×图示宽度×板厚＋主梁及次梁体积

主梁及次梁体积＝主梁长度×主梁宽度×肋高＋次梁净长度×次梁宽度×肋高

现浇板工程量＝2.6×3×2.4×3×0.12＝4.49m^3

板下梁工程量＝0.25×(0.5－0.12)×2.4×3×2＋0.2×(0.4－0.12)×(2.6×3－0.5)×2＋0.25×0.50×0.12×4＋0.20×0.40×0.12×4＝2.28m^3

有梁板工程量＝4.49＋2.28＝6.77m^3

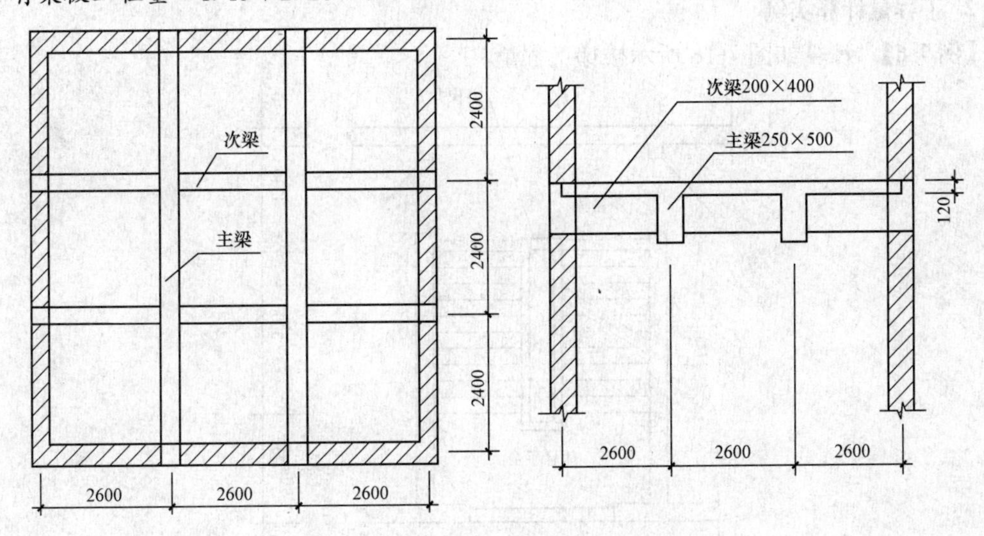

图 7-15　现浇钢筋混凝土有梁板示意图

六、现浇混凝土楼梯工程量计算

楼梯可分为直形楼梯和弧形楼梯。楼梯作为竖向交通和人员紧急疏散的主要交通设施，使用最为广泛，直形楼梯如图 7-16 所示。弧形楼梯是楼层间连接的交通用的构件，如图 7-17

所示。

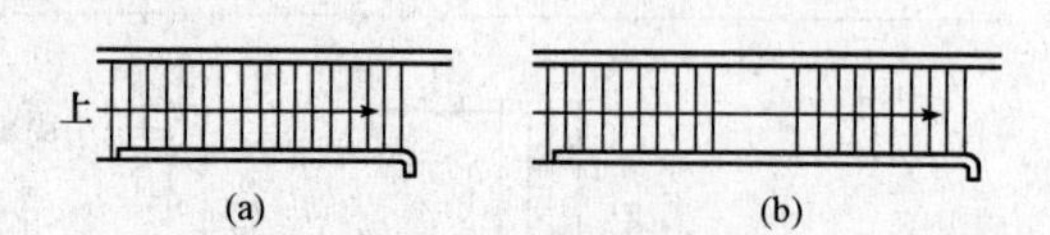

图 7-16 直形楼梯示意图
(a)单跑直楼梯；(b)双跑直楼梯

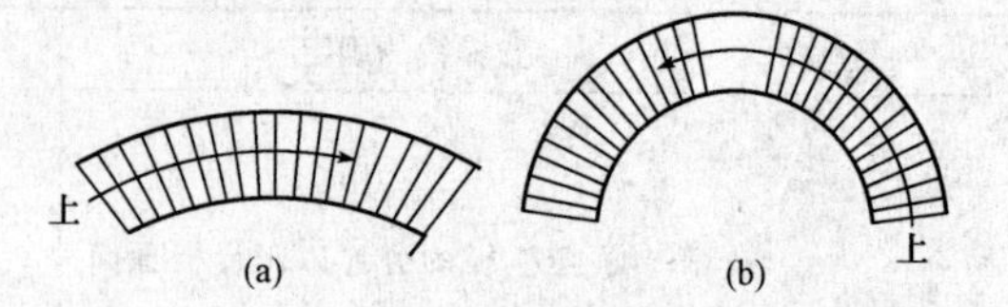

图 7-17 弧形楼梯示意图
(a)单跑弧形楼梯；(b)踏步宽≥230 双跑弧形楼梯

1. 计算规则与注意事项

现浇混凝土楼梯工程量计算规定应符合表 7-14 的要求。

表 7-14 现浇混凝土楼梯

项目编码	项目名称	项目特征	计量单位	工程量计算规则	工作内容
010506001	直形楼梯	1. 混凝土种类 2. 混凝土强度等级	1. m^2 2. m^3	1. 以平方米计量，按设计图示尺寸以水平投影面积计算。不扣除宽度≤500mm 的楼梯井，伸入墙内部分不计算 2. 以立方米计量，按设计图示尺寸以体积计算	1. 模板及支架（撑）制作、安装、拆除、堆放、运输及清理模内杂物、刷隔离剂等 2. 混凝土制作、运输、浇筑、振捣、养护
010506002	弧形楼梯				

注：整体楼梯（包括直形楼梯、弧形楼梯）水平投影面积包括休息平台、平台梁、斜梁和楼梯的连接梁。当整体楼梯与现浇楼板无梯梁连接时，以楼梯的最后一个踏步边缘加 300mm 为界。

2. 工程量计算实例

【例 7-6】 计算如图 7-18 所示楼梯工程量。

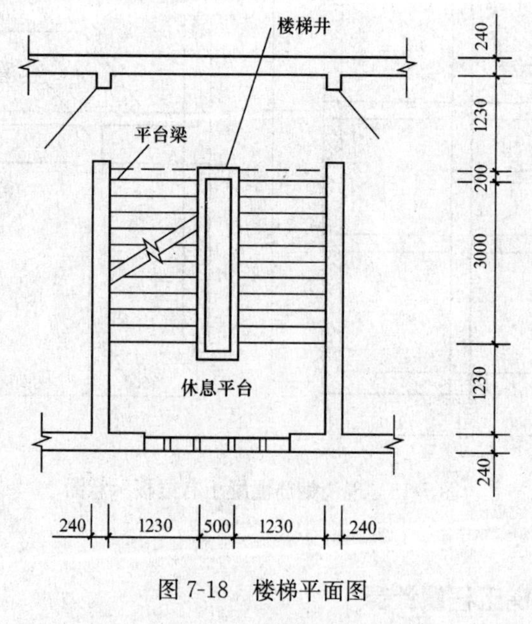

图 7-18 楼梯平面图

【解】 楼梯工程量＝(1.23＋0.50＋1.23)×(1.23＋3.00＋0.20＋1.23)
＝2.96×5.66＝16.75m^2

七、现浇混凝土其他构件工程量计算

现浇混凝土小型池槽、垫块、门框等应按现浇混凝土其他构件编码列项。架空式混凝土台阶，按现浇楼梯计算。

现浇混凝土其他构件工程量计算规定应符合表 7-15 的要求。

表 7-15　　现浇混凝土其他构件

<table>
<tr><th>项目编码</th><th>项目名称</th><th>项目特征</th><th>计量单位</th><th>工程量计算规则</th><th>工作内容</th></tr>
<tr><td>010507001</td><td>散水、坡道</td><td>1. 垫层材料种类、厚度
2. 面层厚度
3. 混凝土种类
4. 混凝土强度等级
5. 变形缝填塞材料种类</td><td rowspan="2">m^2</td><td rowspan="2">按设计图示尺寸以水平投影面积计算。不扣除单个≤0.3m^2 的孔洞所占面积</td><td rowspan="2">1. 地基夯实
2. 铺设垫层
3. 模板及支撑制作、安装、拆除、堆放、运输及清理模内杂物、刷隔离剂等
4. 混凝土制作、运输、浇筑、振捣、养护
5. 变形缝填塞</td></tr>
<tr><td>010507002</td><td>室外地坪</td><td>1. 地坪厚度
2. 混凝土强度等级</td></tr>
<tr><td>010507003</td><td>电缆沟、地沟</td><td>1. 土壤类别
2. 沟截面净空尺寸
3. 垫层材料种类、厚度
4. 混凝土种类
5. 混凝土强度等级
6. 防护材料种类</td><td>m</td><td>按设计图示以中心线长度计算</td><td>1. 挖填、运土石方
2. 铺设垫层
3. 模板及支撑制作、安装、拆除、堆放、运输及清理模内杂物、刷隔离剂等
4. 混凝土制作、运输、浇筑、振捣、养护
5. 刷防护材料</td></tr>
<tr><td>010507004</td><td>台阶</td><td>1. 踏步高、宽
2. 混凝土种类
3. 混凝土强度等级</td><td>1. m^2
2. m^3</td><td>1. 以平方米计量，按设计图示尺寸水平投影面积计算
2. 以立方米计量，按设计图示尺寸以体积计算</td><td>1. 模板及支撑制作、安装、拆除、堆放、运输及清理模内杂物、刷隔离剂等
2. 混凝土制作、运输、浇筑、振捣、养护</td></tr>
<tr><td>010507005</td><td>扶手、压顶</td><td>1. 断面尺寸
2. 混凝土种类
3. 混凝土强度等级</td><td>1. m
2. m^3</td><td>1. 以米计量，按设计图示的中心线延长米计算
2. 以立方米计量，按设计图示尺寸以体积计算</td><td rowspan="3">1. 模板及支架（撑）制作、安装、拆除、堆放、运输及清理模内杂物、刷隔离剂等
2. 混凝土制作、运输、浇筑、振捣、养护</td></tr>
<tr><td>010507006</td><td>化粪池、检查井</td><td>1. 部位
2. 混凝土强度等级
3. 防水、抗渗要求</td><td>1. m^3
2. 座</td><td rowspan="2">1. 按设计图示尺寸以体积计算
2. 以座计量，按设计图示数量计算</td></tr>
<tr><td>010507007</td><td>其他构件</td><td>1. 构件的类型
2. 构件规格
3. 部位
4. 混凝土种类
5. 混凝土强度等级</td><td>m^3</td></tr>
</table>

八、后浇带工程量计算

后浇带是为了防止现浇钢筋混凝土结构由于温度、收缩不均可能产生的有害裂缝，按照设计或施工规范要求，在板(包括基础底板)、墙、梁相应位置留设临时施工缝，将结构暂时划分为若干部分，经过构件内部收缩，在若干时间后再浇捣该施工缝混凝土，将结构连成整体的构造形式。

后浇带工程量计算规定应符合表 7-16 的要求。

表 7-16　后浇带

项目编码	项目名称	项目特征	计量单位	工程量计算规则	工作内容
010508001	后浇带	1. 混凝土种类 2. 混凝土强度等级	m^3	按设计图示尺寸以体积计算	1. 模板及支架(撑)制作、安装、拆除、堆放、运输及清理模内杂物、刷隔离剂等 2. 混凝土制作、运输、浇筑、振捣、养护及混凝土交接面、钢筋等的清理

【例 7-7】 计算如图 7-19 所示钢筋混凝土后浇带混凝土工程量。已知板厚 120mm。

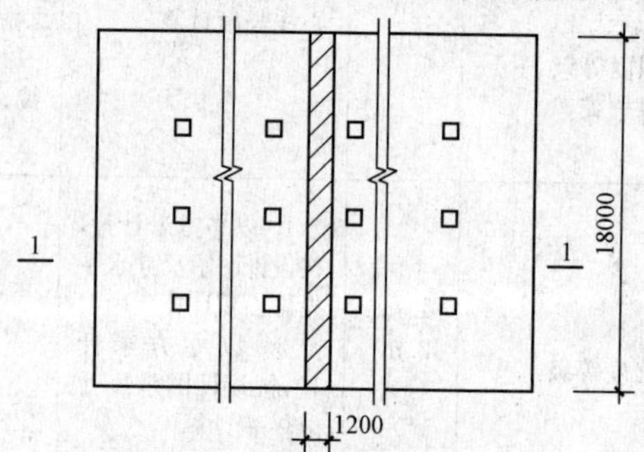

图 7-19　某钢筋混凝土后浇带示意图

【解】 后浇带工程量＝18×1.2×0.12＝2.59m^3

第四节　预制混凝土工程工程量计算

一、预制混凝土柱工程量计算

预制混凝土柱是指在预制构件加工厂或施工现场外按照设计要求预先制作，然后再运到施工现场装配而成的钢筋混凝土柱。预制混凝土柱的制作场地应平整坚实，并做好排水处理。当采用重叠浇筑时，柱与柱之间应做好隔离层。

预制混凝土柱工程量计算规定应符合表 7-17 的要求。

表 7-17　预制混凝土柱

项目编码	项目名称	项目特征	计量单位	工程量计算规则	工作内容
010509001	矩形柱	1. 图代号 2. 单件体积 3. 安装高度 4. 混凝土强度等级 5. 砂浆（细石混凝土）强度等级、配合比	1. m^3 2. 根	1. 以立方米计量，按设计图示尺寸以体积计算 2. 以根计量，按设计图示尺寸以数量计算	1. 模板制作、安装、拆除、堆放、运输及清理模内杂物、刷隔离剂等 2. 混凝土制作、运输、浇筑、振捣、养护 3. 构件运输、安装 4. 砂浆制作、运输 5. 接头灌缝、养护
010509002	异形柱				

注：以根计量，必须描述单件体积。

二、预制混凝土梁工程量计算

1. 计算规则与注意事项

预制混凝土梁工程量计算规定应符合表 7-18 的要求。

表 7-18　预制混凝土梁

项目编码	项目名称	项目特征	计量单位	工程量计算规则	工作内容
010510001	矩形梁	1. 图代号 2. 单件体积 3. 安装高度 4. 混凝土强度等级 5. 砂浆（细石混凝土）强度等级、配合比	1. m^3 2. 根	1. 以立方米计量，按设计图示尺寸以体积计算 2. 以根计量，按设计图示尺寸以数量计算	1. 模板制作、安装、拆除、堆放、运输及清理模内杂物、刷隔离剂等 2. 混凝土制作、运输、浇筑、振捣、养护 3. 构件运输、安装 4. 砂浆制作、运输 5. 接头灌缝、养护
010510002	异形梁				
010510003	过梁				
010510004	拱形梁				
010510005	鱼腹式吊车梁				
010510006	其他梁				

注：以根计量，必须描述单件体积。

2. 工程量计算实例

【例 7-8】 如图 7-20 所示为后张法预应力吊车梁，下部后张预应力钢筋用 JM 型锚具，计算后张法预应力吊车梁工程量。

【解】 根据预制混凝土吊车梁的工程量计算规则，预制混凝土吊车梁工程量＝断面面积×设计图示长度，得：

吊车梁混凝土工程量＝(0.1×0.6＋0.3×0.6)×5.98＝1.44m^3

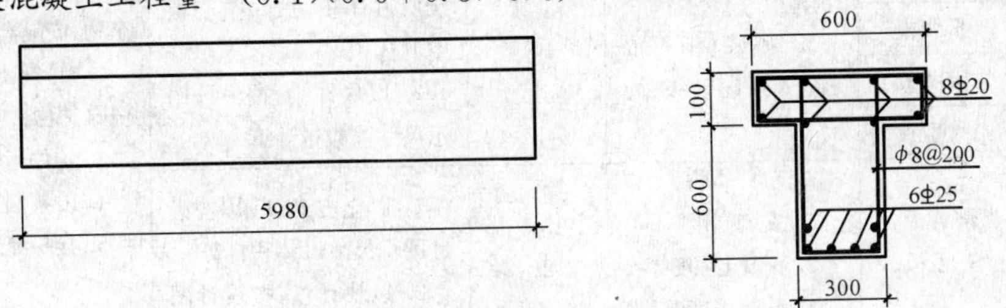

图 7-20　后张法预应力吊车梁示意图

三、预制混凝土屋架工程量计算

预制混凝土屋架是指在预制构件加工厂或施工现场外预先制作，然后运到施工现场装配而成的钢筋混凝土屋架。

预制混凝土屋架工程量计算规定应符合表 7-19 的要求。

表 7-19 预制混凝土屋架

项目编码	项目名称	项目特征	计量单位	工程量计算规则	工作内容
010511001	折线型	1. 图代号 2. 单件体积 3. 安装高度 4. 混凝土强度等级 5. 砂浆（细石混凝土）强度等级、配合比	1. m^3 2. 榀	1. 以立方米计量，按设计图示尺寸以体积计算 2. 以榀计量，按设计图示尺寸以数量计算	1. 模板制作、安装、拆除、堆放、运输及清理模内杂物、刷隔离剂等 2. 混凝土制作、运输、浇筑、振捣、养护 3. 构件运输、安装 4. 砂浆制作、运输 5. 接头灌缝、养护
010511002	组合				
010511003	薄腹				
010511004	门式刚架				
010511005	天窗架				

注：1. 以榀计量，必须描述单件体积。

2. 三角形屋架按本表中折线型屋架项目编码列项。

四、预制混凝土板工程量计算

预制混凝土板是指事先做好的、可直接安装在墙上或梁上的板。

混凝土吊装分为构件吊装和结构吊装两大类。其中，构件吊装包括构件的制作、运输、堆放、吊装；结构吊装分为单层工业厂房结构吊装和多层装配式框架结构吊装。吊装顺序由于吊装方案的不同而不同。

沟盖板、井盖板是指放置在沟、井上部起密封、保护作用的构件；井圈是指放置井盖板的基座。

1. 计算规则与注意事项

预制混凝土板工程量计算规定应符合表 7-20 的要求。

表 7-20 预制混凝土板

项目编码	项目名称	项目特征	计量单位	工程量计算规则	工作内容
010512001	平板	1. 图代号 2. 单件体积 3. 安装高度 4. 混凝土强度等级 5. 砂浆（细石混凝土）强度等级、配合比	1. m^3 2. 块	1. 以立方米计量，按设计图示尺寸以体积计算。不扣除单个面积≤300mm× 300mm 的孔洞所占体积，扣除空心板空洞体积 2. 以块计量，按设计图示尺寸以数量计算	1. 模板制作、安装、拆除、堆放、运输及清理模内杂物、刷隔离剂等 2. 混凝土制作、运输、浇筑、振捣、养护 3. 构件运输、安装 4. 砂浆制作、运输 5. 接头灌缝、养护
010512002	空心板				
010512003	槽形板				
010512004	网架板				
010512005	折线板				
010512006	带肋板				
010512007	大型板				
010512008	沟盖板、井盖板、井圈	1. 单件体积 2. 安装高度 3. 混凝土强度等级 4. 砂浆强度等级、配合比	1. m^3 2. 块（套）	1. 以立方米计量，按设计图示尺寸以体积计算。 2. 以块计量，按设计图示尺寸以数量计算	

注：1. 以块、套计量，必须描述单件体积。

2. 不带肋的预制遮阳板、雨篷板、挑檐板、拦板等，应按本表平板项目编码列项。

3. 预制 F 形板、双 T 形板、单肋板和带反挑檐的雨篷板、挑檐板、遮阳板等应按本表带肋板项目编码列项。

4. 预制大型墙板、大型楼板、大型屋面板等，按本表中大型板项目编码列项。

2. 工程量计算实例

【例 7-9】 根据图 7-21 所示计算 10 块 YKB-3364 预应力空心板工程量。

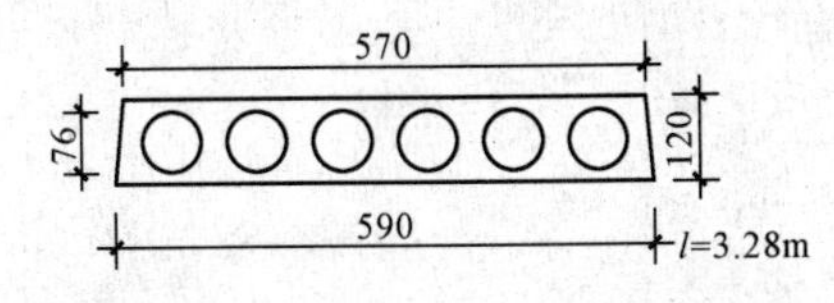

图 7-21　YKB-3364 预应力空心板

【解】 空心板工程量＝空心板净断面面积×板长×块数

$$=\left[0.12\times(0.57+0.59)\times\frac{1}{2}-\frac{\pi}{2}\times\left(\frac{0.076}{2}\right)^2\times6\right]\times3.28\times10$$

$$=1.84\text{m}^3$$

五、预制混凝土楼梯工程量计算

1. 楼梯宽度与踏步尺寸确定

楼梯的宽度包括楼梯段的宽度和平台的宽度。楼梯段的宽度是根据通过楼梯人流量的大小和安全疏散的要求决定的，其宽度应符合基本模数的整倍数，如 1000mm、1100mm、1500mm、1800mm 等，但特殊情况有专门用途的楼梯也有 750mm、850mm 宽的梯段。平台的最小宽度不应小于楼梯段的净宽。梯段或平台的净宽，是指扶手中心线间的水平距离或墙面至扶手中心线的水平距离。

踏步的踢面与踏面尺寸决定了楼梯的坡度。坡度越小，越平缓，行走越舒适；相反，陡些虽然经济，但很不舒适，也有危险感，所以要选择适当的踏步尺寸。踏面的宽度与人的脚长和上下楼梯时脚与踏面接触的状态有关。一般踏面宽为 300mm 时，人的脚可以完全踏在上面，行走才舒适。当跨面宽度小于 300mm 时，脚的一部分就会悬空，行走不便。一般适合的踏面宽 b 为 300mm，踢面高 h 为 150mm，此时楼梯的倾斜角是 26°34′，最为适宜。可用下列经验公式计算踏步尺寸：

$$s=2h+b$$

式中　h——踏步高；

b——踏步宽；

s——平均步距(600mm)。

楼梯踏步高度不应大于 210mm，也不应小于 140mm，各级踏步高度均应相同。

2. 计算规则与注意事项

预制混凝土楼梯工程量计算规定应符合表 7-21 的要求。

表 7-21 预制混凝土楼梯

项目编码	项目名称	项目特征	计量单位	工程量计算规则	工作内容
010513001	楼梯	1. 楼梯类型 2. 单件体积 3. 混凝土强度等级 4. 砂浆（细石混凝土）强度等级	1. m^3 2. 段	1. 以立方米计量，按设计图示尺寸以体积计算。扣除空心踏步板空洞体积 2. 以段计量，按设计图示数量计算	1. 模板制作、安装、拆除、堆放、运输及清理模内杂物、刷隔离剂等 2. 混凝土制作、运输、浇筑、振捣、养护 3. 构件运输、安装 4. 砂浆制作、运输 5. 接头灌缝、养护

注：以段计量，必须描述单件体积。

3. 工程量计算实例

【例 7-10】 如图 7-22 所示，某 4 层建筑物，采用预制混凝土楼梯，试计算该楼梯工程量。

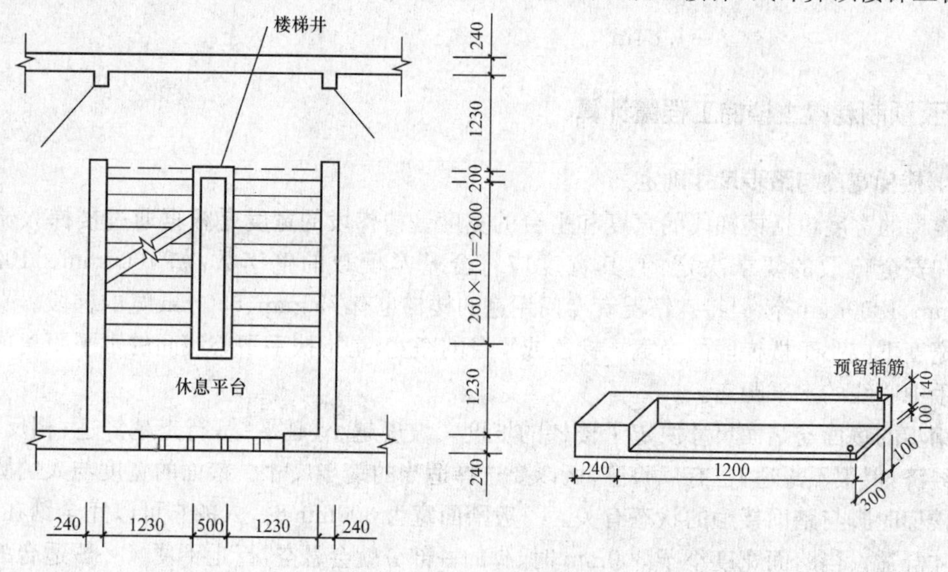

图 7-22 预制混凝土楼梯

【解】 由题可知，建筑物 4 层，则共有 3 层楼梯，根据工程量计算规则，楼梯工程量以体积计算。

楼梯工程量＝[(1.2＋0.24)×(0.3＋0.1)×(0.14＋0.1)－0.3×0.14×1.2]×10×6

＝5.27m^3

六、其他预制构件工程量计算

烟道是指将内部焰火和烟送到外部空间的孔道；垃圾道是指从一层至顶层的竖形通道，便于居民把垃圾扔进通道，环卫人员直接从底层收集垃圾；通风道是指像烟囱一样到房顶或楼顶，利用气流容易上升的性质来排除异味的构件。

其他预制构件工程量计算规定应符合表 7-22 的要求。

表 7-22　　其他预制构件

项目编码	项目名称	项目特征	计量单位	工程量计算规则	工作内容
010514001	垃圾道、通风道、烟道	1. 单件体积 2. 混凝土强度等级 3. 砂浆强度等级	1. m^3 2. m^2 3. 根(块、套)	1. 以立方米计量，按设计图示尺寸以体积计算。不扣除单个面积≤300mm×300mm的孔洞所占体积，扣除烟道、垃圾道、通风道的孔洞所占体积 2. 以平方米计量，按设计图示尺寸以面积计算。不扣除单个面积≤300mm×300mm的孔洞所占面积 3. 以根计量，按设计图示尺寸以数量计算	1. 模板制作、安装、拆除、堆放、运输及清理模内杂物、刷隔离剂等 2. 混凝土制作、运输、浇筑、振捣、养护 3. 构件运输、安装 4. 砂浆制作、运输 5. 接头灌缝、养护
010514002	其他构件	1. 单件体积 2. 构件的类型 3. 混凝土强度等级 4. 砂浆强度等级			

工程量计算时应注意以下两点：

(1)以块、根计量，必须描述单件体积。

(2)预制钢筋混凝土小型池槽、压顶、扶手、垫块、隔热板、花格等，按表 7-22 中其他构件项目编码列项。

第五节　钢筋工程工程量计算

一、钢筋单位理论质量与长度计算

1. 钢筋单位理论质量的计算

钢筋每米理论质量＝0.006165×d^2(d 为钢筋直径)或按表 7-23 计算。

表 7-23　　钢筋理论质量计算常用数据

直径 d (mm)	理论质量 (kg/m)	横截面积 (cm^2)	直径倍数(mm)									
			$3d$	$6.25d$	$8d$	$10d$	$12.5d$	$20d$	$25d$	$30d$	$35d$	$40d$
4	0.099	0.126	12	25	32	40	50	80	100	120	140	160
6	0.222	0.283	18	38	48	60	75	120	150	180	210	240
6.5	0.260	0.332	20	41	52	65	81	130	163	195	228	260
8	0.395	0.503	24	50	64	80	100	160	200	240	280	320
9	0.490	0.635	27	57	72	90	113	180	225	270	315	360
10	0.617	0.785	30	63	80	100	125	200	250	300	350	400
12	0.888	1.131	36	75	96	120	150	240	300	360	420	480
14	1.208	1.539	42	88	112	140	175	280	350	420	490	560
16	1.578	2.011	48	100	128	160	200	320	400	480	560	640
18	1.998	2.545	54	113	144	180	225	360	450	540	630	720
19	2.230	2.835	57	119	152	190	238	380	475	570	665	760
20	2.466	3.142	60	125	160	200	250	400	500	600	700	800

续表

直径 d (mm)	理论质量 (kg/m)	横截面积 (cm^2)	直径倍数 (mm)									
			$3d$	$6.25d$	$8d$	$10d$	$12.5d$	$20d$	$25d$	$30d$	$35d$	$40d$
22	2.984	3.301	66	138	176	220	275	440	550	660	770	880
24	3.551	4.524	72	150	192	240	300	480	600	720	840	960
25	3.850	4.909	75	157	200	250	313	500	625	750	875	1000
26	4.170	5.309	78	163	208	260	325	520	650	780	910	1040
28	4.830	6.153	84	175	224	280	350	560	700	840	980	1160
30	5.550	7.069	90	188	240	300	375	600	750	900	1050	1200
32	6.310	8.043	96	200	256	320	400	640	800	960	1120	1280
34	7.130	9.079	102	213	272	340	425	680	850	1020	1190	1360
35	7.500	9.620	105	219	280	350	438	700	875	1050	1225	1400
36	7.990	10.179	108	225	288	360	450	720	900	1080	1200	1440
40	9.865	12.561	120	250	320	400	500	800	1000	1220	1400	1600

2. 钢筋长度的计算

(1)直筋(图 7-23 和表 7-24)长度计算公式为：

$$钢筋净长=L-2b+12.5d$$

(2)弯筋。如图 7-24 所示，d 为钢筋的直径，H' 为弯筋需要弯起的高度，A 为局部钢筋的斜长度，B 为A 向水平面的垂直投影长度。

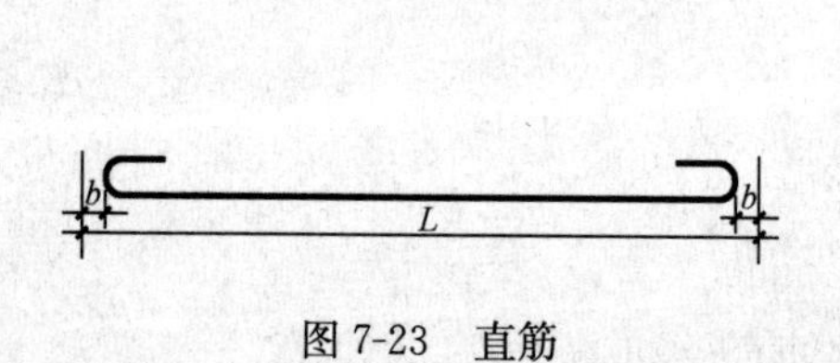

图 7-23　直筋

图 7-24　弯筋

表 7-24　　　　钢筋弯头、搭接长度计算表

钢筋直径 d (mm)	保护层 b(cm) 1.5	2.0	2.5	钢筋直径 d (mm)	保护层 b(cm) 1.5	2.0	2.5
	按 L 增加长度(cm)				按 L 增加长度(cm)		
4	2.0	1.0	—	22	24.5	23.5	22.5
6	4.5	3.5	2.5	24	27.0	26.0	25.0
8	7.0	6.0	5.0	25	28.3	27.3	26.3
9	8.3	7.3	6.3	26	29.5	28.5	27.5
10	9.5	8.5	7.5	28	32.0	31.0	30.0
12	12.0	11.0	10.0	30	34.5	33.5	32.5
14	14.5	13.5	12.5	32	37.0	36.0	35.0
16	17.0	16.0	15.0	35	40.8	39.8	38.8
18	19.5	18.5	17.5	38	44.5	43.5	42.5
19	20.8	19.8	18.8	40	47.0	46.0	45.0
20	22.0	21.0	20.0				

(3)箍筋。

1)包围箍[图 7-25(a)]的长度＝2(A＋B)＋弯钩增加长度。

2)开口箍[图 7-25(b)]的长度＝2A＋B＋弯钩增加长度。

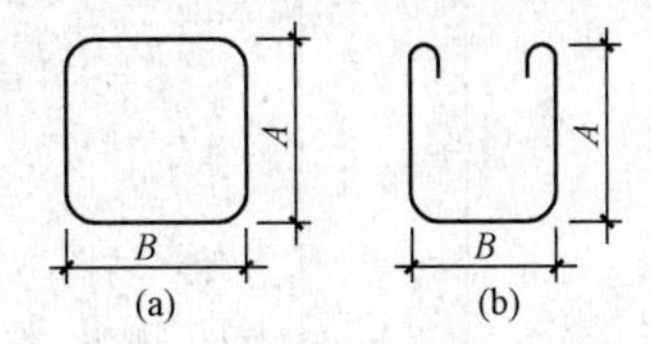

图 7-25　箍筋

(a)包围箍;(b)开口箍

箍筋弯钩增加长度见表 7-25。

表 7-25　　钢筋弯钩增加长度

弯钩形式		180°	90°	135°
弯钩增加值	一般结构	8.25d	5.5d	6.87d
	有抗震要求结构	13.25d	10.5d	11.87d

3)用于圆柱的螺旋箍(图 7-26)的长度计算公式为:

$$L = N\sqrt{P^2 + (D-2a-d)^2\pi^2} + \text{弯钩增加长度}$$

式中　N——螺旋箍圈数;

D——圆柱直径,m;

P——螺距;

a——钢筋保护层厚度,mm。

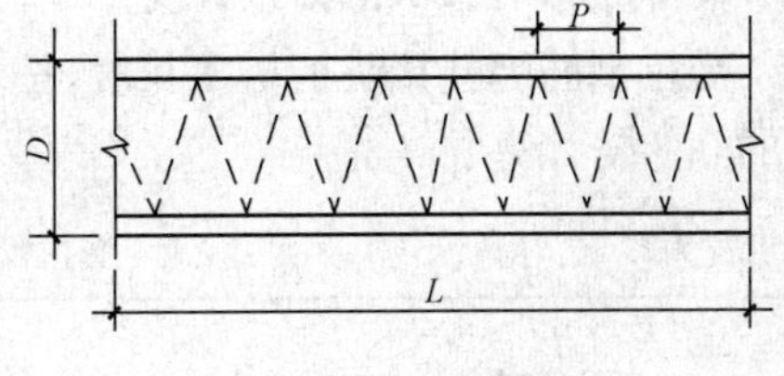

图 7-26　螺旋箍

二、构件钢筋、钢筋网片、钢筋笼工程量计算

钢筋按轧制外形分为光圆钢筋、带肋钢筋、钢丝及钢绞线。在结构中的作用可分为受压钢筋、受拉钢筋、弯起钢筋、架立钢筋、分布钢筋等。钢筋网片是一种焊接成形的网状钢筋制品,是纵向和横向钢筋分别以一定的间距排列且互成直角,全部交叉点均用焊接或用镀锌铁丝绑扎在一起。如图 7-27 所示为绑扎钢筋网的临时加固情况。

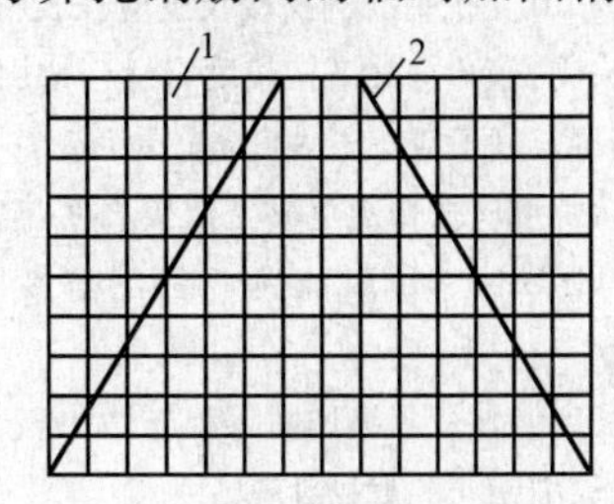

图 7-27　绑扎钢筋网的临时加固

1—钢筋网;2—加固钢筋

1. 计算规则与注意事项

构件钢筋、钢筋网片、钢筋笼工程量计算规定应符合表 7-26 的要求。

表 7-26　　构件钢筋、钢筋网片、钢筋笼

<table>
<tr><th>项目编码</th><th>项目名称</th><th>项目特征</th><th>计量单位</th><th>工程量计算规则</th><th>工作内容</th></tr>
<tr><td>010515001</td><td>现浇构件钢筋</td><td rowspan="4">钢筋种类、规格</td><td rowspan="4">t</td><td rowspan="4">按设计图示钢筋(网)长度(面积)乘单位理论质量计算</td><td rowspan="2">1. 钢筋制作、运输
2. 钢筋安装
3. 焊接(绑扎)</td></tr>
<tr><td>010515002</td><td>预制构件钢筋</td></tr>
<tr><td>010515003</td><td>钢筋网片</td><td>1. 钢筋网制作、运输
2. 钢筋网安装
3. 焊接(绑扎)</td></tr>
<tr><td>010515004</td><td>钢筋笼</td><td>1. 钢筋笼制作、运输
2. 钢筋笼安装
3. 焊接(绑扎)</td></tr>
</table>

工程量计算时应注意:现浇构件中伸出构件的锚固钢筋应并入钢筋工程量内。除设计(包括规范规定)标明的搭接外,其他施工搭接不计算工程量,在综合单价中综合考虑。

2. 钢筋绑扎接头的搭接长度

受拉钢筋绑扎接头的搭接长度,按表 7-27 计算;受压钢筋绑扎接头的搭接长度按受拉钢筋的 0.7 倍计算。

表 7-27　　受拉钢筋绑扎接头的搭接长度

钢筋类型	混凝土强度等级		
	C20	C25	C25 以上
HPB300 级钢筋	35*d*	30*d*	25*d*
HRB335 级钢筋	45*d*	40*d*	35*d*
HRB400 级钢筋	55*d*	50*d*	45*d*
冷拔低碳钢丝	300mm		

注:1. 当 HRB335、HRB400 级钢筋直径 *d* 大于 25mm 时,其受拉钢筋的搭接长度应按表中数值增加 5*d* 采用。
2. 当螺纹钢筋直径 *d* 不大于 25mm 时,其受拉钢筋的搭接长度应按表中值减少 5*d* 采用。
3. 当混凝土在凝固过程中受力钢筋易受扰动时,其搭接长度宜适当增加。
4. 在任何情况下,纵向受拉钢筋的搭接长度不应小于 300mm;受压钢筋的搭接长度不应小于 200mm。
5. 轻骨料混凝土的钢筋绑扎接头搭接长度应按普通混凝土搭接长度增加 5*d*,对冷拔低碳钢丝增加 50mm。
6. 当混凝土强度等级低于 C20 时,HPB300、HRB335 级钢筋的搭接长度应按表中 C20 的数值相应增加 10*d*,HRB335 级钢筋不宜采用。
7. 对有抗震要求的受力钢筋的搭接长度,对一、二级抗震等级应增加 5*d*。
8. 两根直径不同钢筋的搭接长度,以较细钢筋的直径计算。

3. 工程量计算实例

【例 7-11】 如图 7-28 所示为某钢筋混凝土工程,试计算其钢筋工程量。

【解】 ①号钢筋:$(6.3-0.015\times2+2\times6.25\times0.008)\times\left(\frac{3.6-0.015\times2}{0.2}+1\right)\times0.395$

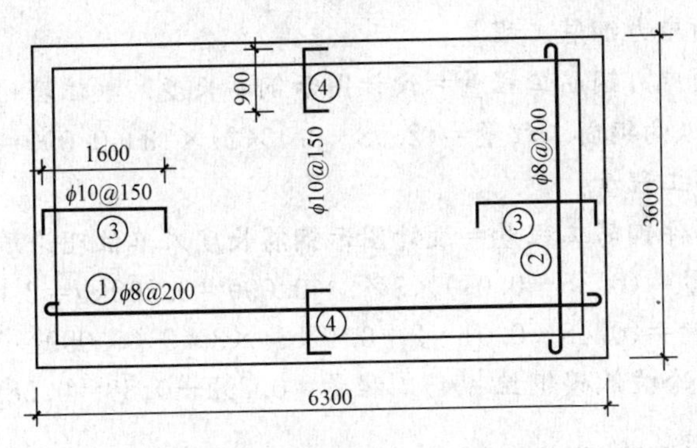

图 7-28　某钢筋混凝土工程示意图

$$=6.37\times19\times0.395=47.81\text{kg}=0.048\text{t}$$

②号钢筋：$(3.6-0.015\times2+2\times6.25\times0.008)\times\left(\frac{6.3-0.015\times2}{0.2}+1\right)\times0.395$

$$=3.67\times33\times0.395=47.84\text{kg}=0.048\text{t}$$

③号钢筋：$(1.6+0.1\times2)\times\left(\frac{3.6-0.015\times2}{0.15}+1\right)\times2\times0.617$

$$=1.8\times25\times2\times0.617=55.53\text{kg}=0.056\text{t}$$

④号钢筋：$(0.9+0.1\times2)\times\left(\frac{6.3-0.015\times0.2}{0.15}+1\right)\times2\times0.617$

$$=1.1\times43\times2\times0.617=58.37\text{kg}=0.058\text{t}$$

三、先张法预应力钢筋工程量计算

先张法预应力钢筋是指先固定钢筋、施加外力，然后再浇筑混凝土。

1. 计算规则与注意事项

先张法预应力钢筋工程量计算规定应符合表 7-28 的要求。

表 7-28　　先张法预应力钢筋

项目编码	项目名称	项目特征	计量单位	工程量计算规则	工作内容
010515005	先张法预应力钢筋	1. 钢筋种类、规格 2. 锚具种类	t	按设计图示钢筋长度乘单位理论质量计算	1. 钢筋制作、运输 2. 钢筋张拉

2. 工程量计算实例

【例 7-12】　如图 7-29 所示为预应力空心板，试计算其钢筋工程量。

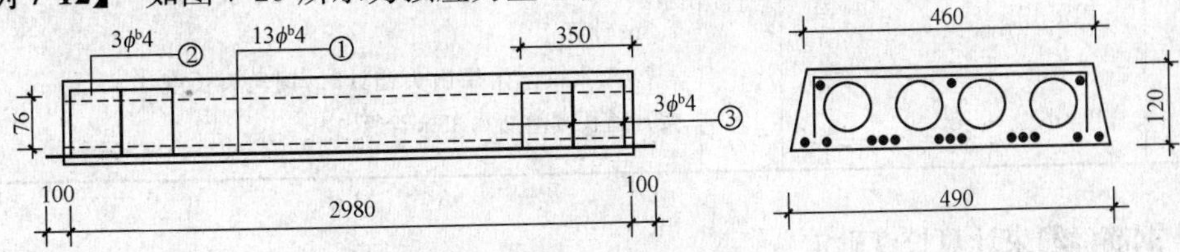

图 7-29　预应力空心板示意图

【解】 (1)先张预应力钢筋工程量：

计算公式：先张预应力钢筋工程量＝设计图示钢筋长度×单位理论质量

①号先张预应力纵向钢筋工程量＝(2.98＋0.1×2)×13×0.099＝4.093kg＝0.004t

(2)预制构件钢筋工程量：

计算公式：预制构件钢筋工程量＝设计图示钢筋长度×单位理论质量

②号纵向钢筋质量＝(0.35－0.01)×3×2×0.099＝0.202kg＝2.0×10^{-4}t

③号纵向钢筋质量＝(0.46－0.01×2＋0.1×2)×3×2×0.099＝0.38kg＝3.8×10^{-4}t

构造筋(非预应力冷拔低碳钢丝 $\phi^{b}4$)工程量＝0.202＋0.38＝0.582kg＝5.82×10^{-4}t

四、后张法预应力钢筋、预应力钢丝、钢绞线工程量计算

1. 计算规则与注意事项

后张法预应力钢筋与预应力钢丝、钢绞线工程量计算规定应符合表 7-28 的要求。

表 7-29　　　　后张法预应力钢筋、预应力钢丝、钢绞线

<table>
<tr><th>项目编码</th><th>项目名称</th><th>项目特征</th><th>计量单位</th><th>工程量计算规则</th><th>工作内容</th></tr>
<tr><td>010515006</td><td>后张法预应力钢筋</td><td rowspan="3">1. 钢筋种类、规格
2. 钢丝种类、规格
3. 钢绞线种类、规格
4. 锚具种类
5. 砂浆强度等级</td><td rowspan="3">t</td><td rowspan="3">按设计图示钢筋(丝束、绞线)长度乘单位理论质量计算
1. 低合金钢筋两端均采用螺杆锚具时，钢筋长度按孔道长度减 0.35m 计算，螺杆另行计算
2. 低合金钢筋一端采用镦头插片，另一端采用螺杆锚具时，钢筋长度按孔道长度计算，螺杆另行计算
3. 低合金钢筋一端采用镦头插片，另一端采用帮条锚具时，钢筋增加 0.15m 计算；两端均采用帮条锚具时，钢筋长度按孔道长度增加 0.3m 计算
4. 低合金钢筋采用后张混凝土自锚时，钢筋长度按孔道长度增加 0.35m 计算
5. 低合金钢筋(钢绞线)采用 JM、XM、QM 型锚具，孔道长度≤20m 时，钢筋长度增加 1m 计算，孔道长度>20m 时，钢筋长度增加 1.8m 计算
6. 碳素钢丝采用锥形锚具，孔道长度≤20m 时，钢丝束长度按孔道长度增加 1m 计算，孔道长度>20m 时，钢丝束长度按孔道长度增加 1.8m 计算
7. 碳素钢丝采用镦头锚具时，钢丝束长度按孔道长度增加 0.35m 计算</td><td rowspan="3">1. 钢筋、钢丝、钢绞线制作、运输
2. 钢筋、钢丝、钢绞线安装
3. 预埋管孔道铺设
4. 锚具安装
5. 砂浆制作、运输
6. 孔道压浆、养护</td></tr>
<tr><td>010515007</td><td>预应力钢丝</td></tr>
<tr><td>010515008</td><td>预应力钢绞线</td></tr>
</table>

2. 钢筋(丝)束计算长度确定

(1)两端用螺丝端杆锚具[图 7-30(a)]时预应力筋的成品长度(冷拉后的全长)：

$$L_1 = l + 2l_1$$

式中　L_1——预应力筋的成品长度；

l——构件的孔道长度或台座长度(包括横梁在内)；

l_1——螺丝端杆长度。

预应力筋钢筋部分的成品长度：

$$L_0 = L - 2l_1$$

式中　L——预应力筋的下料长度；

L_0——预应力筋钢筋部分的成品长度；

l_1——螺丝端杆长度。

(2)一端用螺丝端杆,另一端用帮条(或镦头)锚具[图 7-30(b)]时：

$$L_1 = l + l_2 + l_3$$

$$L_0 = L_1 - l_1$$

式中　L_1——预应力筋的成品长度；

L_0——预应力筋钢筋部分的成品长度；

l——构件的孔道长度或台座长度(包括横梁在内)；

l_1——螺丝端杆长度；

l_2——螺丝端杆长度伸出构件外的长度(一般为 320～150mm)；

l_3——镦头或帮条锚具长度(一般取 70～80mm)。

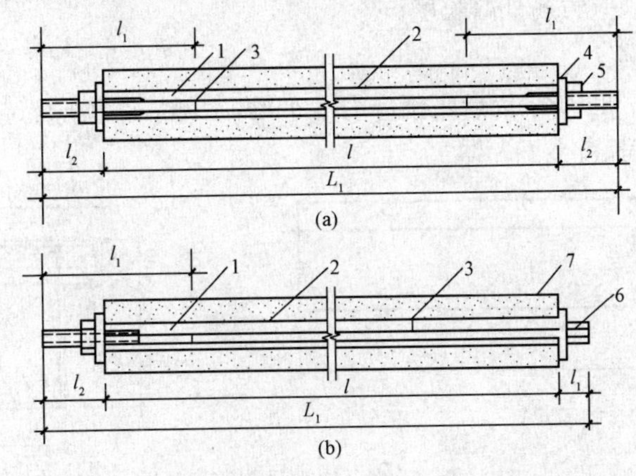

图 7-30　某预应力钢筋示意图

(a)两端用螺丝端杆锚具时；(b)一端用螺丝端杆锚具时

1—螺丝端杆；2—预应力钢筋；3—对焊接头；4—垫板；5—螺母；6—帮条锚具；7—混凝土构件

钢筋(丝)束计算长度的确定：

1)两端张拉：如图 7-31(a)所示为预应力钢筋(丝)束两端张拉工艺,两端采用 JM12 型锚具,其预应力钢筋(丝)束的计算长度按下式确定：

$$L_0 = L_1 = l + 2l_4$$

式中　L_1——预应力筋的成品长度；

L_0——预应力筋钢筋部分的成品长度；

l——构件的孔道长度或台座长度(包括横梁在内)；

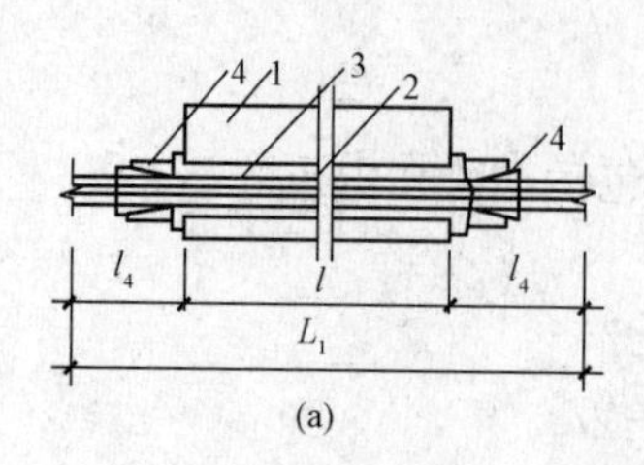

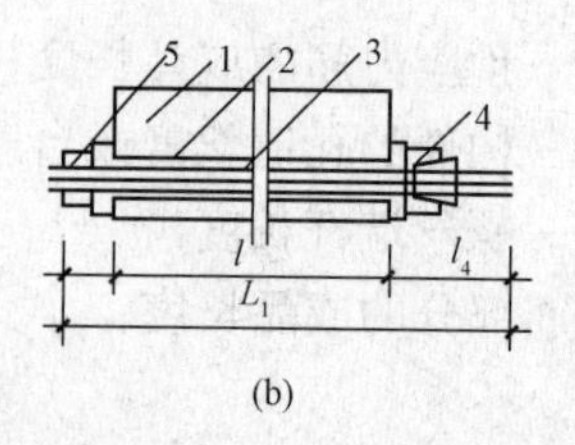

图 7-31 某预应力钢筋示意图

(a)两端张拉时；(b)一端张拉时

1—混凝土构件；2—孔道；3—钢筋（丝）束；4—JM12 型锚具；5—镦头锚具

l_4——张拉端预应力筋外露长度。

2)一端张拉：如图 7-31(b)所示为预应力钢筋（丝）束一端张拉工艺，一端采用 JM12 型锚具，另一端为镦头锚具固定，其预应力钢丝束的计算长度按下式确定：

$$L_0 = L_1 = l + l_4 + l_5$$

式中 L_1——预应力筋的成品长度；

L_0——预应力筋钢筋部分的成品长度；

l——构件的孔道长度或台座长度（包括横梁在内）；

l_4——张拉端预应力筋外露长度；

l_5——固定端预应力筋外露长度。

3. 工程量计算实例

【例 7-13】 如图 7-32 所示为后张预应力吊车梁，下部后张预应力钢筋用 JM 型锚具，计算后张预应力钢筋工程量。

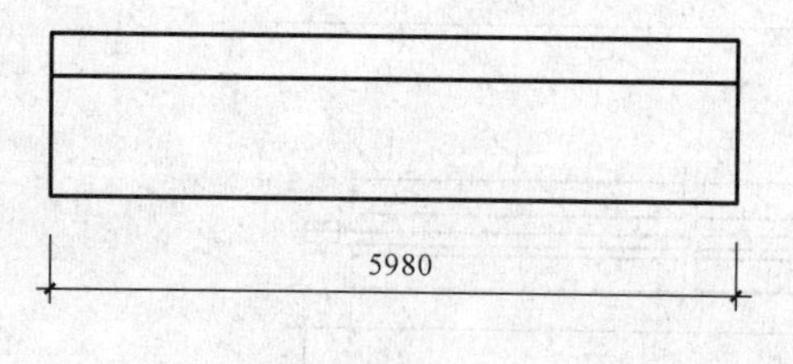

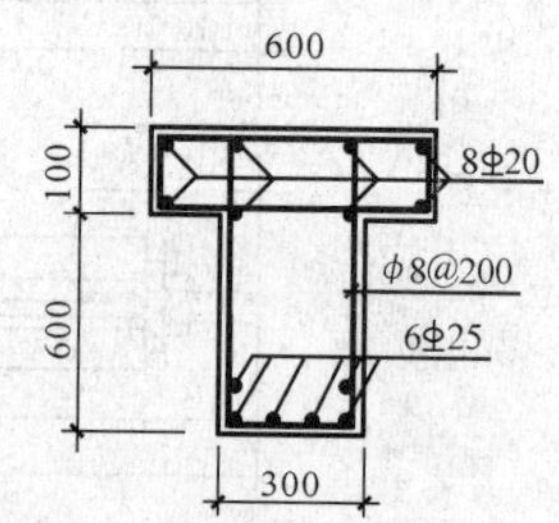

图 7-32 后张预应力吊车梁示意图

【解】 后张法预应力钢筋采用 JM 型锚具时，孔道长度在 20m 以内时，预应力钢筋长度增加 1m；孔道长度 20m 以上时预应力钢筋长度增加 1.8m 计算，即：

后张法预应力钢筋（JM 型锚具）工程量＝（设计图示钢筋长度＋增加长度）×单位理论质量

后张法预应力钢筋（Φ25）工程量＝(5.98＋1.00)×6×3.853＝161kg＝0.161t

五、支撑钢筋和声测管工程量计算

支撑钢筋和声测管工程量计算规定应符合表 7-30 的要求。

表 7-30　支撑钢筋(铁马)和声测管

项目编码	项目名称	项目特征	计量单位	工程量计算规则	工作内容
010515009	支撑钢筋（铁马）	1. 钢筋种类 2. 规格	t	按钢筋长度乘单位理论质量计算	钢筋制作、焊接、安装
010515010	声测管	1. 材质 2. 规格型号		按设计图示尺寸以质量计算	1. 检测管截断、封头 2. 套管制作、焊接 3. 定位、固定

注：现浇构件中固定位置的支撑钢筋、双层钢筋用的“铁马”在编制工程量清单时，如果设计来明确，其工程数量可为暂估量，结算时按现场签证数量计算。

第六节　螺栓、铁件工程量计算

混凝土及钢筋混凝土工程中的螺栓、预埋铁件以及机械连接工程量计算规定应符合表 7-31 的要求。

表 7-31　螺栓、铁件

项目编码	项目名称	项目特征	计量单位	工程量计算规则	工作内容
010516001	螺栓	1. 螺栓种类 2. 规格	t	按设计图示尺寸以质量计算	1. 螺栓、铁件制作、运输 2. 螺栓、铁件安装
010516002	预埋铁件	1. 钢材种类 2. 规格 3. 铁件尺寸			
010516003	机械连接	1. 连接方式 2. 螺纹套筒种类 3. 规格	个	按数量计算	1. 钢筋套丝 2. 套筒连接

第八章　门窗与木结构工程工程量计算

第一节　门窗与木结构分项工程划分

一、“13工程计量规范”中门窗与木结构划分

“13工程计量规范”中门窗工程共10节55个项目，包括木门，金属门，金属卷帘(闸)门，厂库房大门、特种门，其他门，木窗，金属窗，门窗套，窗台板，窗帘、窗帘盒、轨；木结构工程共3节8个项目，包括木屋架、木构件、屋面木基层。

(一)门窗工程

1. 木门

(1)木质门、木质门带套、木质连窗门、木质防火门工作内容均包括：①门安装；②玻璃安装；③五金安装。

(2)木门框工作内容包括：①木门框制作、安装；②运输；③刷防护材料。

(3)门锁安装工作内容包括：安装。

2. 金属门

(1)金属(塑钢)门、彩板门、钢质防火门工作内容均包括：①门安装；②五金安装；③玻璃安装。

(2)防盗门工作内容包括：①门安装；②五金安装。

3. 金属卷帘(闸)门

金属卷帘(闸)门、防火卷帘(闸)门工作内容包括：①门运输、安装；②启动装置、活动小门、五金安装。

4. 厂库房大门、特种门

(1)木板大门、钢木大门、全钢板大门、防护铁丝门工作内容均包括：①门(骨架)制作、运输；②门、五金配件安装；③刷防护材料。

(2)金属格栅门工作内容包括：①门安装；②启动装置、五金配件安装。

(3)钢制花饰大门、特种门工作内容包括：①门安装；②五金配件安装。

5. 其他门

(1)电子感应门、旋转门、电子对讲门、电动伸缩门工作内容均包括：①门安装；②启动装置、五金、电子配件安装。

(2)全玻自由门、镜面不锈钢饰面门、复合材料门工作内容均包括：①门安装；②五金

安装。

6. 木窗

(1)木质窗、木飘(凸)窗工作内容包括:①窗安装;②五金、玻璃安装。

(2)木橱窗工作内容包括:①窗制作、运输、安装;②五金、玻璃安装;③刷防护材料。

(3)木纱窗工作内容包括:①窗安装;②五金安装。

7. 金属窗

(1)金属(塑钢断桥)窗、金属防火窗工作内容包括:①窗安装;②五金、玻璃安装。

(2)金属百叶窗、金属纱窗、金属隔栅窗工作内容包括:①窗安装;②五金安装。

(3)金属(塑钢、断桥)橱窗工作内容包括:①窗制作、运输、安装;②五金、玻璃安装;③刷防护材料。

(4)金属(塑钢、断桥)飘(凸)窗、彩板窗、复合材料窗工作内容均包括:①窗安装;②五金、玻璃安装。

8. 门窗套

(1)木门窗套、木筒子板、饰面夹板筒子板工作内容均包括:①清理基层;②立筋制作、安装;③基层板安装;④面层铺贴;⑤线条安装;⑥刷防护材料。

(2)金属门窗套工作内容包括:①清理基层;②立筋制作、安装;③基层板安装;④面层铺贴;⑤刷防护材料。

(3)石材门窗套工作内容包括:①清理基层;②立筋制作、安装;③基层抹灰;④面层铺贴;⑤线条安装。

(4)门窗木贴脸工作内容包括安装。

(5)成品木门窗套工作内容包括:①清理基层;②立筋制作、安装;③板安装。

9. 窗台板

(1)木窗台板、铝塑窗台板、金属窗台板工作内容均包括:①基层清理;②基层制作、安装;③窗台板制作、安装;④刷防护材料。

(2)石材窗台板工作内容包括:①基层清理;②抹找平层;③窗台板制作、安装。

10. 窗帘、窗帘盒、轨

(1)窗帘工作内容包括:①制作、运输;②安装。

(2)木窗帘盒、饰面夹板、塑料窗帘盒、铝合金窗帘盒、窗帘轨工作内容均包括:①制作、运输、安装;②刷防护材料。

(二)木结构工程

1. 木屋架

木屋架、钢木屋架工作内容包括:①制作;②运输;③安装;④刷防护材料。

2. 木构件

木柱、木梁、木檩、木楼梯、其他木构件工作内容均包括:①制作;②运输;③安装;④刷防护材料。

3. 屋面木基层

屋面木基层工作内容包括:①椽子制作、安装;②望板制作、安装;③顺水条和挂瓦条制作、安装；④刷防护材料。

二、基础定额中门窗与木结构划分

《全国统一建筑工程基础定额》(土建工程)(GJD—101—1995)规定门窗及木结构工程划分为门窗和木结构工程两部分。

1. 门窗

厂库房大门、特种门工作内容包括：①制作安装门扇、装配玻璃及五金零件、固定铁脚、制作安装便门扇；②铺油毡和毛毡、安密封条；③制作安装门樘框架和筒子板、刷防腐油。

注：《全国统一建筑工程基础定额》(土建工程)(GJD—101—1995)中不包括固定铁件的混凝土垫块及门樘或梁柱内的预埋铁件。

2. 木结构

(1)木屋架工作内容包括：屋架制作、拼装、安装、装配钢铁件、锚定、梁端刷防腐油。

(2)屋面木基层工作内容包括：①制作安装檩木、檩托木(或垫木)，伸入墙内部分及垫木刷防腐油；②屋面板制作；③檩木上钉屋面板；④檩木上钉椽板。

(3)木楼梯、木柱、木梁工作内容包括：①制作：放样、选料、运料、錾剥、刨光、划绕、起线、凿眼、挖底拔灰、锯榫；②安装：安装、吊线、校正、临时支撑、伸入墙内部分刷水柏油。

(4)门窗贴脸、披水条、盖口条、明式暖气罩、木搁板、木格踏板等项目工作内容均包括制作、安装。

第二节　门窗工程工程量计算

一、木门窗工程量计算

1. 木门窗的分类和构造

(1)木门。木门按结构形式可分为镶板门、夹板门、木板门、玻璃门(全玻与半玻)等，按使用部位分为分户门、内门、厕所门、厨房门、阳台门等。木门的分类、适用范围及规格见表 8-1。

表 8-1　木门分类及规格

名称	镶板门	夹板门	玻璃门(半玻)	弹簧门	平开大木门
适用范围	一般民用建筑的外门、内门、厕所门、浴池门	卧室、办公室、教室、厕所等内门	有间接采光的内门，公用建筑外门	食堂、影剧院、礼堂、公用建筑正门	工业仓库、车库、工业厂房

续表

名称		镶板门	夹板门	玻璃门(半玻)	弹簧门	平开大木门
洞口	高 (mm)	无亮:2000, 2100 有亮:2400, 2500, 2700	无亮:1900, 2000 有亮:2400, 2500, 2700	无亮:2000, 2100 有亮:2400, 2500, 2700	无亮:2100 有亮:2500, 2700, 3000, 3300	2400～3300
	宽 (mm)	710,810, 900,1000	710,810, 900,1000	810,900,1000	双扇:1000, 1200, 1500, 四扇:2400, 2700, 3000	2100～3500

(2)木窗。木窗以其类型分为玻璃窗、纱窗、百叶窗等,依其开启方式分为平开窗(内、外开)、上悬窗、中悬窗和推拉窗(水平与上下推拉)。木窗的类型及规格见表 8-2。

表 8-2　　木窗种类及规格

种　类		宽度(mm)	高度(mm)
平开窗	双扇	800～1400	单玻:600～800 三玻:1000～1200 带腰:1400～1800
	三扇	1500～1800	
	四扇	2100～2400	
中悬、立转窗	双联	1800～2400	单玻:1000～1200 双玻:1500～2400 带腰:2700～3000
	三联	3000～3600	
百叶窗		600～1800	620～1800
提拉窗		650	900
推拉窗		1200～1500	1000～1800
门连窗		1140～1800	2400～2600

2. 计算规则与注意事项

(1)木门工程量计算规定应符合表 8-3 的要求。

表 8-3　　木门

项目编码	项目名称	项目特征	计量单位	工程量计算规则	工作内容
010801001	木质门	1. 门代号及洞口尺寸 2. 镶嵌玻璃品种、厚度	1. 樘 2. m^2	1. 以樘计量,按设计图示数量计算 2. 以平方米计量,按设计图示洞口尺寸以面积计算	1. 门安装 2. 玻璃安装 3. 五金安装
010801002	木质门带套				
010801003	木质连窗门				
010801004	木质防火门				

续表

项目编码	项目名称	项目特征	计量单位	工程量计算规则	工作内容
010801005	木门框	1. 门代号及洞口尺寸 2. 框截面尺寸 3. 防护材料种类	1. 樘 2. m	1. 以樘计量，按设计图示数量计算 2. 以米计量，按设计图示框的中心线以延长米计算	1. 木门框制作、安装 2. 运输 3. 刷防护材料
010801006	门锁安装	1. 锁品种 2. 锁规格	个(套)	按设计图示数量计算	安装

工程量计算时应注意以下几点：

1)木质门应区分镶板木门、企口木板门、实木装饰门、胶合板门、夹板装饰门、木纱门、全玻门(带木质扇框)、木质半玻门(带木质扇框)等项目，分别编码列项。

2)木门五金应包括：折页、插销、门碰珠、弓背拉手、搭机、木螺丝、弹簧折页(自动门)、管子拉手 (自由门、地弹门)、地弹簧(地弹门)、角铁、门轧头(地弹门、自由门)等。

3)木质门带套计量按洞口尺寸以面积计算，不包括门套的面积，但门套应计算在综合单价中。

4)以樘计量，项目特征必须描述洞口尺寸；以平方米计量，项目特征可不描述洞口尺寸。

5)单独制作安装木门框按木门框项目编码列项。

(2)木窗工程量计算规定应符合表 8-4 的要求。

表 8-4　　　　木窗

项目编码	项目名称	项目特征	计量单位	工程量计算规则	工作内容
010806001	木质窗	1. 窗代号及洞口尺寸 2. 玻璃品种、厚度	1. 樘 2. m^2	1. 以樘计量，按设计图示数量计算 2. 以平方米计量，按设计图示洞口尺寸以面积计算	1. 窗安装 2. 五金、玻璃安装
010806002	木飘(凸)窗				
010806003	木橱窗	1. 窗代号 2. 框截面及外围展开面积 3. 玻璃品种、厚度 4. 防护材料种类		1. 以樘计量，按设计图示数量计算 2. 以平方米计量，按设计图示尺寸以框外围展开面积计算	1. 窗制作、运输、安装 2. 五金、玻璃安装 3. 刷防护材料
010806004	木纱窗	1. 窗代号及框的外围尺寸 2. 窗纱材料品种、规格		1. 以樘计量，按设计图示数量计算 2. 以平方米计量，按框的外围尺寸以面积计算	1. 窗安装 2. 五金安装

工程量计算时应注意以下几点：

1)木质窗应区分木百叶窗、木组合窗、木天窗、木固定窗、木装饰空花窗等项目，分别编码列项。

2)以樘计量，项目特征必须描述洞口尺寸，没有洞口尺寸必须描述窗框外围尺寸；以平方米计量，项目特征可不描述洞口尺寸及框的外围尺寸。

3)以平方米计量，无设计图示洞口尺寸，按窗框外围以面积计算。

4)木橱窗、木飘(凸)窗以樘计量，项目特征必须描述框截面及外围展开面积。

5)木窗五金包括：折页、插销、风钩、木螺丝、滑轮滑轨(推拉窗)等。

3. 工程量计算实例

【例 8-1】 某工程采用图 8-1 所示木质窗，共 22 樘，计算木窗工程量。

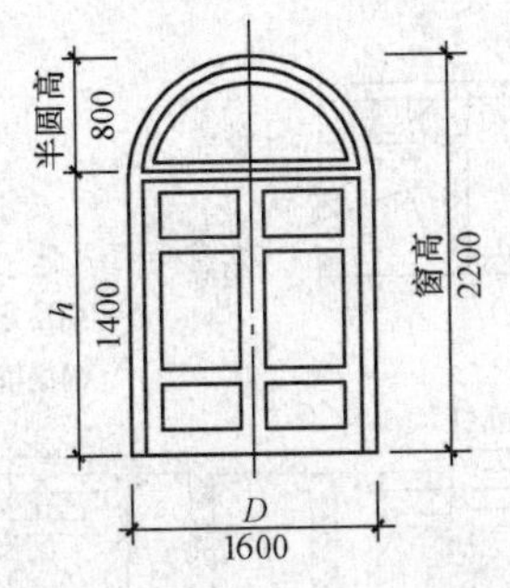

图 8-1　普通窗上带半圆窗

【解】 半圆窗工程量 $=1/2\times\pi\times0.8^2\times22=22.12m^2$

单层木窗工程量 $=1.4\times1.6\times22=49.28m^2$

木窗工程量 $=22.12+49.28=71.40m^2$ 或 $=22$ 樘

二、金属门窗工程量计算

1. 金属门窗分类与构造

(1)铝合金门窗。铝合金门窗按其结构与开闭方式可分为推拉窗(门)、平开窗(门)、固定窗、悬挂窗、回转窗(门)、百叶窗、纱窗等。所谓推拉窗，是窗扇可沿左右方向推拉启闭的窗；平开窗是窗扇绕合叶旋转启闭的窗；固定窗是固定不开启的窗。

(2)钢门窗。钢门的形式有半玻璃钢板门(也可为全部玻璃，仅留下部少许钢板，常称为落地长窗)、满镶钢板的门(为安全和防火之用)。实腹钢门框一般用 32mm 或 38mm 钢料，门扇大的可采用后者。门芯板用 2～3mm 厚的钢板，门芯板与门梃、冒头的连接，可于四周镶扁钢或钢皮线脚焊牢；或做双面钢板与门的钢料相平。钢窗从构造类型上有“一玻”及“一玻一纱”之分。实腹钢窗料的选择一般与窗扇面积、玻璃大小有关，通常 25mm 钢料用于 550mm 宽度以内的窗扇；32mm 钢料用于 700mm 宽的窗扇；38mm 钢料用于 700mm 宽的窗扇。钢门安装及钢窗构造分别如图 8-2、图 8-3 所示。

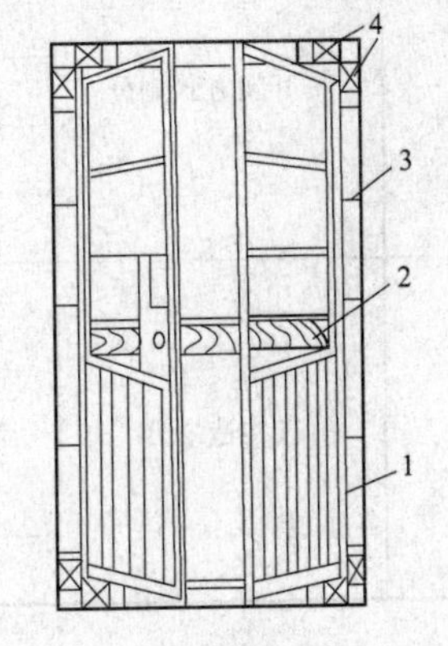

图 8-2　钢门安装基本形式
1—门洞口；2—临时木撑；3—铁脚；4—木楔

(3)塑钢门窗。塑钢门窗的种类划分见表 8-5。

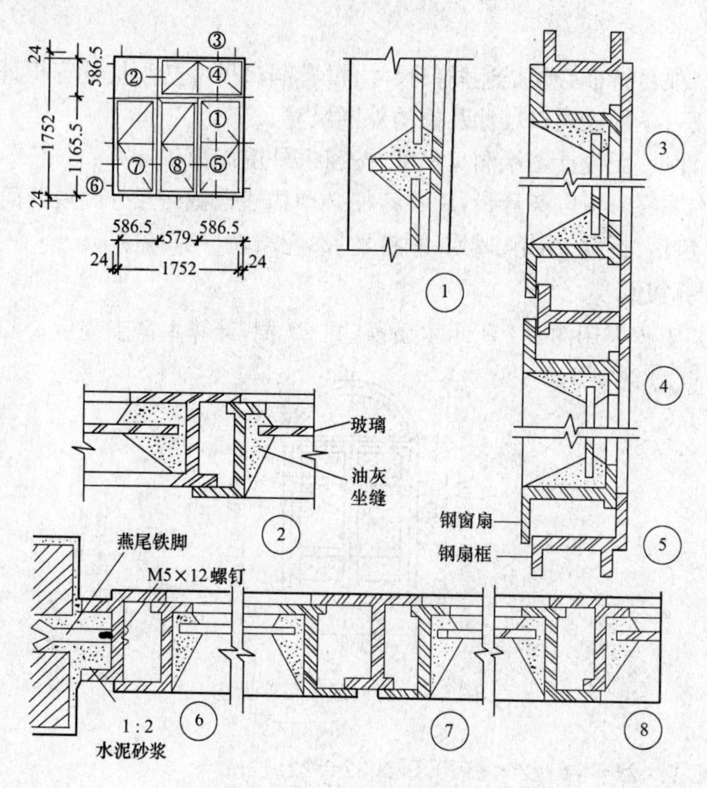

图 8-3　钢窗构造示例

表 8-5　　**塑钢门窗的种类划分**

<table>
<tr><th>序号</th><th>划分方式</th><th colspan="2">种类</th></tr>
<tr><td rowspan="3">1</td><td rowspan="3">按原材料划分</td><td colspan="2">PVC 钙塑门窗</td></tr>
<tr><td colspan="2">改性 PVC 塑钢门窗</td></tr>
<tr><td colspan="2">其他以树脂为原材的塑钢门窗</td></tr>
<tr><td rowspan="5">2</td><td rowspan="5">按开闭方式划分</td><td colspan="2">平开门窗</td></tr>
<tr><td colspan="2">固定门窗</td></tr>
<tr><td colspan="2">推拉门窗</td></tr>
<tr><td colspan="2">悬挂窗</td></tr>
<tr><td colspan="2">组合窗</td></tr>
<tr><td rowspan="5">3</td><td rowspan="5">按构造划分</td><td rowspan="4">全塑门窗</td><td>全塑整体门</td></tr>
<tr><td>组装门</td></tr>
<tr><td>夹层门</td></tr>
<tr><td>复合门窗</td></tr>
<tr><td colspan="2">复合 PVC 门窗</td></tr>
</table>

(4)彩板门窗。我国目前彩板门窗种类主要有平开门窗、推拉门窗、悬窗、固定窗、百叶窗、地弹簧门等数种。

2. 计算规则与注意事项

(1)金属门工程量计算规定应符合表 8-6 的要求。

表 8-6　　金属门

<table>
<tr><th>项目编码</th><th>项目名称</th><th>项目特征</th><th>计量单位</th><th>工程量计算规则</th><th>工作内容</th></tr>
<tr><td>010802001</td><td>金属(塑钢)门</td><td>1. 门代号及洞口尺寸
2. 门框或扇外围尺寸
3. 门框、扇材质
4. 玻璃品种、厚度</td><td rowspan="4">1. 樘
2. m^2</td><td rowspan="4">1. 以樘计量,按设计图示数量计算
2. 以平方米计量,按设计图示洞口尺寸以面积计算</td><td rowspan="2">1. 门安装
2. 五金安装
3. 玻璃安装</td></tr>
<tr><td>010802002</td><td>彩板门</td><td>1. 门代号及洞口尺寸
2. 门框或扇外围尺寸</td></tr>
<tr><td>010802003</td><td>钢质防火门</td><td rowspan="2">1. 门代号及洞口尺寸
2. 门框或扇外围尺寸
3. 门框、扇材质</td><td rowspan="2">1. 门安装
2. 五金安装</td></tr>
<tr><td>010802004</td><td>防盗门</td></tr>
</table>

工程量计算时应注意以下几点:

1)金属门应区分金属平开门、金属推拉门、金属地弹门、全玻门(带金属扇框)、金属半玻门(带扇框)等项目,分别编码列项。

2)铝合金门五金包括:地弹簧、门锁、拉手、门插、门铰、螺丝等。

3)金属门五金包括:L 型执手插锁(双舌)、执手锁(单舌)、门轨头、地锁、防盗门机、门眼(猫眼)、门碰珠、电子锁(磁卡锁)、闭门器、装饰拉手等。

4)以樘计量,项目特征必须描述洞口尺寸,没有洞口尺寸必须描述门框或扇外围尺寸;以平方米计量,项目特征可不描述洞口尺寸及框、扇的外围尺寸。

5)以平方米计量,无设计图示洞口尺寸,按门框、扇外围以面积计算。

(2)金属窗工程量计算规定应符合表 8-7 的要求。

表 8-7　　金属窗

<table>
<tr><th>项目编码</th><th>项目名称</th><th>项目特征</th><th>计量单位</th><th>工程量计算规则</th><th>工作内容</th></tr>
<tr><td>010807001</td><td>金属(塑钢、断桥)窗</td><td rowspan="2">1. 窗代号及洞口尺寸
2. 框、扇材质
3. 玻璃品种、厚度</td><td rowspan="4">1. 樘
2. m^2</td><td rowspan="2">1. 以樘计量,按设计图示数量计算
2. 以平方米计量,按设计图示洞口尺寸以面积计算</td><td rowspan="2">1. 窗安装
2. 五金、玻璃安装</td></tr>
<tr><td>010807002</td><td>金属防火窗</td></tr>
<tr><td>010807003</td><td>金属百叶窗</td><td>1. 窗代号及洞口尺寸
2. 框、扇材质
3. 玻璃品种、厚度</td><td>1. 以樘计量,按设计图示数量计算
2. 以平方米计量,按设计图示洞口尺寸以面积计算</td><td rowspan="2">1. 窗安装
2. 五金安装</td></tr>
<tr><td>010807004</td><td>金属纱窗</td><td>1. 窗代号及框的外围尺寸
2. 框材质
3. 窗纱材料品种、规格</td><td>1. 以樘计量,按设计图示数量计算
2. 以平方米计量,按框的外围尺寸以面积计算</td></tr>
</table>

续表

<table>
<tr><th>项目编码</th><th>项目名称</th><th>项目特征</th><th>计量单位</th><th>工程量计算规则</th><th>工作内容</th></tr>
<tr><td>010807005</td><td>金属格栅窗</td><td>1. 窗代号及洞口尺寸
2. 框外围尺寸
3. 框、扇材质</td><td rowspan="5">1. 樘
2. m^2</td><td>1. 以樘计量，按设计图示数量计算
2. 以平方米计量，按设计图示洞口尺寸以面积计算</td><td>1. 窗安装
2. 五金安装</td></tr>
<tr><td>010807006</td><td>金属(塑钢、断桥)橱窗</td><td>1. 窗代号
2. 框外围展开面积
3. 框、扇材质
4. 玻璃品种、厚度
5. 防护材料种类</td><td rowspan="2">1. 以樘计量，按设计图示数量计算
2. 以平方米计量，按设计图示尺寸以框外围展开面积计算</td><td>1. 窗制作、运输、安装
2. 五金、玻璃安装
3. 刷防护材料</td></tr>
<tr><td>010807007</td><td>金属(塑钢、断桥)飘(凸)窗</td><td>1. 窗代号
2. 框外围展开面积
3. 框、扇材质
4. 玻璃品种、厚度</td><td rowspan="3">1. 窗安装
2. 五金、玻璃安装</td></tr>
<tr><td>010807008</td><td>彩板窗</td><td rowspan="2">1. 窗代号及洞口尺寸
2. 框外围尺寸
3. 框、扇材质
4. 玻璃品种、厚度</td><td rowspan="2">1. 以樘计量，按设计图示数量计算
2. 以平方米计量，按设计图示洞口尺寸或框外围以面积计算</td></tr>
<tr><td>010807009</td><td>复合材料窗</td></tr>
</table>

工程量计算时应注意以下几点：

1)金属窗应区分金属组合窗、防盗窗等项目，分别编码列项。

2)以樘计量，项目特征必须描述洞口尺寸，没有洞口尺寸必须描述窗框外围尺寸；以平方米计量，项目特征可不描述洞口尺寸及框的外围尺寸。

3)以平方米计量，无设计图示洞口尺寸，按窗框外围以面积计算。

4)金属橱窗、飘(凸)窗以樘计量，项目特征必须描述框外围展开面积。

5)金属窗五金包括：折页、螺丝、执手、卡锁、铰拉、风撑、滑轮、滑轨、拉把、拉手、角码、牛角制等。

3. 工程量计处实例

【例 8-2】 某车间安装塑钢门窗如图 8-4 所示，门洞口尺寸为 2100mm×2700mm，窗洞口尺寸为 1800mm×2400mm，不带纱扇，计算其门窗安装工程量。

【解】 塑钢门工程量＝2.1×2.7＝5.67m^2

塑钢窗工程量＝1.8×2.4＝4.32m^2

三、金属卷帘(闸)门工程量计算

金属卷帘门按使用功能可分为防火卷帘门和普通卷帘门。防火卷帘主要用于将建筑物进行防火分隔，通过发挥防火卷帘的防火性能，延缓火灾对建筑物的破坏，降低火灾的危害，保障人身和财产的安全，而普通卷帘门窗主要起封闭作用。

1. 计算规则与注意事项

金属卷帘(闸)门工程量计算规定应符合表 8-8 的要求。

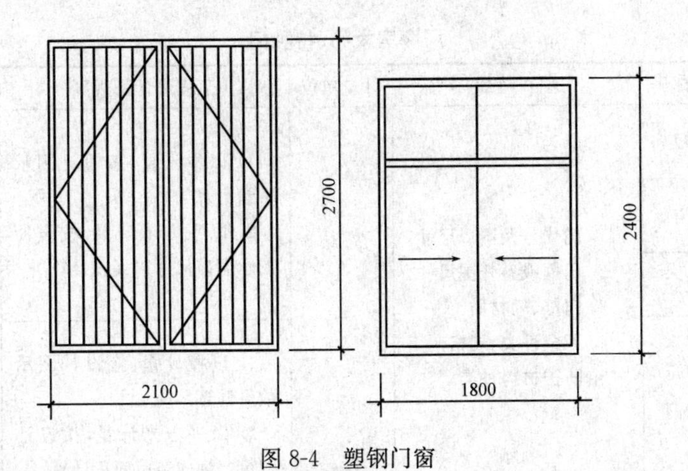

图 8-4　塑钢门窗

表 8-8　金属卷帘(闸)门

项目编码	项目名称	项目特征	计量单位	工程量计算规则	工作内容
010803001	金属卷帘(闸)门	1. 门代号及洞口尺寸 2. 门材质 3. 启动装置品种、规格	1. 樘 2. m^2	1. 以樘计量，按设计图示数量计算 2. 以平方米计量，按设计图示洞口尺寸以面积计算	1. 门运输、安装 2. 启动装置、活动小门、五金安装
010803002	防火卷帘(闸)门				

注：以樘计量，项目特征必须描述洞口尺寸；以平方米计量，项目特征可不描述洞口尺寸。

2. 工程量计算实例

【例 8-3】 如图 8-5 所示为某工程的卷闸门示意图，试计算其工程量。

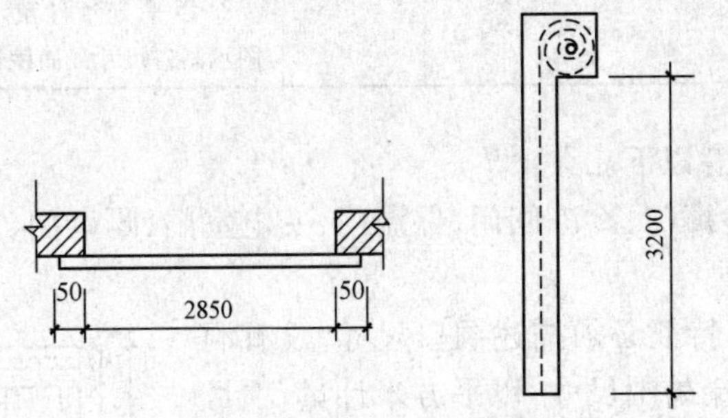

图 8-5　卷闸门示意图

【解】 卷闸门工程量＝(2.85＋0.05＋0.05)×3.2＝9.44m^2

四、厂库房大门、特种门工程量计算

“厂库房大门、特种门”清单项目包括木板大门、钢木大门、全钢板大门、防护铁丝门、金属格栅门、钢制花饰大门、特种门七个项目。

1. 计算规则与注意事项

厂库房大门、特种门工程量计算规定应符合表 8-9 的要求。

表 8-9 厂库房大门、特种门

<table>
<tr><th>项目编码</th><th>项目名称</th><th>项目特征</th><th>计量单位</th><th>工程量计算规则</th><th>工作内容</th></tr>
<tr><td>010804001</td><td>木板大门</td><td rowspan="4">1. 门代号及洞口尺寸
2. 门框或扇外围尺寸
3. 门框、扇材质
4. 五金种类、规格
5. 防护材料种类</td><td rowspan="7">1. 樘
2. m^2</td><td rowspan="3">1. 以樘计量，按设计图示数量计算
2. 以平方米计量，按设计图示洞口尺寸以面积计算</td><td rowspan="4">1. 门（骨架）制作、运输
2. 门、五金配件安装
3. 刷防护材料</td></tr>
<tr><td>010804002</td><td>钢木大门</td></tr>
<tr><td>010804003</td><td>全钢板大门</td></tr>
<tr><td>010804004</td><td>防护铁丝门</td><td>1. 以樘计量，按设计图示数量计算
2. 以平方米计量，按设计图示门框或扇以面积计算</td></tr>
<tr><td>010804005</td><td>金属格栅门</td><td>1. 门代号及洞口尺寸
2. 门框或扇外围尺寸
3. 门框、扇材质
4. 启动装置的品种、规格</td><td>1. 以樘计量，按设计图示数量计算
2. 以平方米计量，按设计图示洞口尺寸以面积计算</td><td>1. 门安装
2. 启动装置、五金配件安装</td></tr>
<tr><td>010804006</td><td>钢制花饰大门</td><td rowspan="2">1. 门代号及洞口尺寸
2. 门框或扇外围尺寸
3. 门框、扇材质</td><td>1. 以樘计量，按设计图示数量计算
2. 以平方米计量，按设计图示门框或扇以面积计算</td><td rowspan="2">1. 门安装
2. 五金配件安装</td></tr>
<tr><td>010804007</td><td>特种门</td><td>1. 以樘计量，按设计图示数量计算
2. 以平方米计量，按设计图示洞口尺寸以面积计算</td></tr>
</table>

工程量计算时应注意以下几点：

(1)特种门应区分冷藏门、冷冻间门、保温门、变电室门、隔音门、防射线门、人防门、金库门等项目，分别编码列项。

(2)以樘计量，项目特征必须描述洞口尺寸，没有洞口尺寸必须描述门框或扇外围尺寸；以平方米计量，项目特征可不描述洞口尺寸及框、扇的外围尺寸。

(3)以平方米计量，无设计图示洞口尺寸，按门框、扇外围以面积计算。

2. 工程量计算实例

【例 8-4】 计算如图 8-6 所示平开木板大门工程量，共 5 樘。

【解】 木板大门工程量 $=3.30\times3.30\times5=54.45m^2$

或 $=5$ 樘

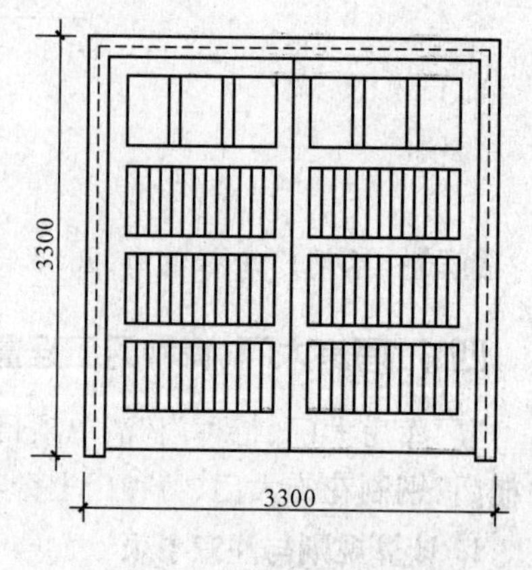

图 8-6 木板大门示意图

五、其他门工程量计算

“其他门”清单项目包括电子感应门、旋转门、电子对讲门、电动伸缩门、全玻自由门、镜面不锈钢饰面门、复合材料门七个项目。

电子感应门主要是指门开关的控制系统是通过感应方式而实现的，按感应方式的不同可分为红外线感应门、微波感应门、刷卡感应门、触摸式感应门等。旋转门按功能可分为手动和自动两种，按类型可分为两翼旋转门、三翼旋转门、四翼旋转门、环柱旋转门以及水晶旋转门等。电子对讲门是居民小区房屋建筑中的一个通话设备，常伴有开锁功能，其可以让访客和业主直接通话并为访客打开防盗门锁。电动伸缩门是一种门体可以伸缩自由移动，从而控制门洞大小、控制行人或车辆的拦截和放行的门。全玻自由门即为全玻璃门，一般用 12mm 或更厚的钢化玻璃制作，有有框和无框两种形式，下有地弹簧。镜面不锈钢饰面门采用不锈钢薄板经特殊抛光处理制成，具有板面光亮如镜，耐火、耐潮、不变形、不破碎等特点。

1. 计算规则与注意事项

其他门工程量计算规定应符合表 8-10 的要求。

表 8-10　　其他门

<table>
<tr><th>项目编码</th><th>项目名称</th><th>项目特征</th><th>计量单位</th><th>工程量计算规则</th><th>工作内容</th></tr>
<tr><td>010805001</td><td>电子感应门</td><td rowspan="2">1. 门代号及洞口尺寸
2. 门框或扇外围尺寸
3. 门框、扇材质
4. 玻璃品种、厚度
5. 启动装置的品种、规格
6. 电子配件品种、规格</td><td rowspan="7">1. 樘
2. m^2</td><td rowspan="7">1. 以樘计量，按设计图示数量计算
2. 以平方米计量，按设计图示洞口尺寸以面积计算</td><td rowspan="4">1. 门安装
2. 启动装置、五金、电子配件安装</td></tr>
<tr><td>010805002</td><td>旋转门</td></tr>
<tr><td>010805003</td><td>电子对讲门</td><td rowspan="2">1. 门代号及洞口尺寸
2. 门框或扇外围尺寸
3. 门材质
4. 玻璃品种、厚度
5. 启动装置的品种、规格
6. 电子配件品种、规格</td></tr>
<tr><td>010805004</td><td>电动伸缩门</td></tr>
<tr><td>010805005</td><td>全玻自由门</td><td>1. 门代号及洞口尺寸
2. 门框或扇外围尺寸
3. 框材质
4. 玻璃品种、厚度</td><td rowspan="3">1. 门安装
2. 五金安装</td></tr>
<tr><td>010805006</td><td>镜面不锈钢饰面门</td><td rowspan="2">1. 门代号及洞口尺寸
2. 门框或扇外围尺寸
3. 框、扇材质
4. 玻璃品种、厚度</td></tr>
<tr><td>010805007</td><td>复合材料门</td></tr>
</table>

注：1. 以樘计量，项目特征必须描述洞口尺寸，没有洞口尺寸必须描述门框或扇外围尺寸；以平方米计量，项目特征可不描述洞口尺寸及框、扇的外围尺寸。

2. 以平方米计量，无设计图示洞口尺寸，按门框、扇外围以面积计算。

2. 工程量计算实例

【例 8-5】 某底层商店采用全玻自由门，不带纱扇，如图 8-7 所示，木材采用水曲柳，不刷底油，共计 9 樘，试计算全玻自由门工程量。

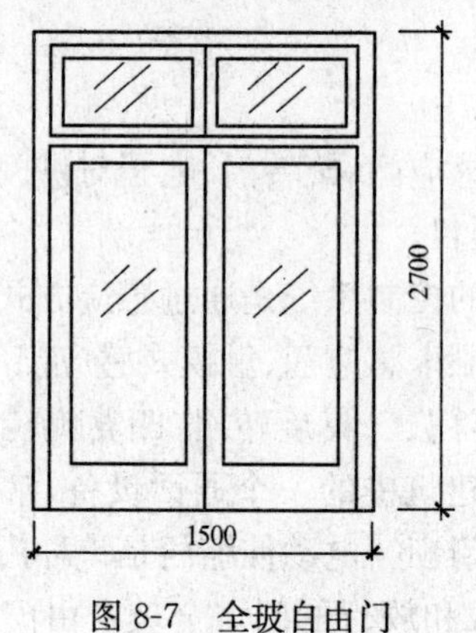

图 8-7 全玻自由门

【解】 全玻自由门工程量＝1.5×2.7×9＝36.45m^2 或＝9 樘

六、门窗套、窗台板、窗帘盒工程量计算

1. 门窗套、窗台板、窗帘盒构造

(1)门窗套用于保护和装饰门框及窗框，包括筒子板和贴脸，与墙连接在一起。

(2)筒子板设置在室内门窗洞口处，又称“堵头板”，其面板一般用五层胶合板（五夹板）制作并采用镶钉方法。门头筒子板的构造，如图 8-8 所示；窗樘筒子板构造，如图 8-9 所示。

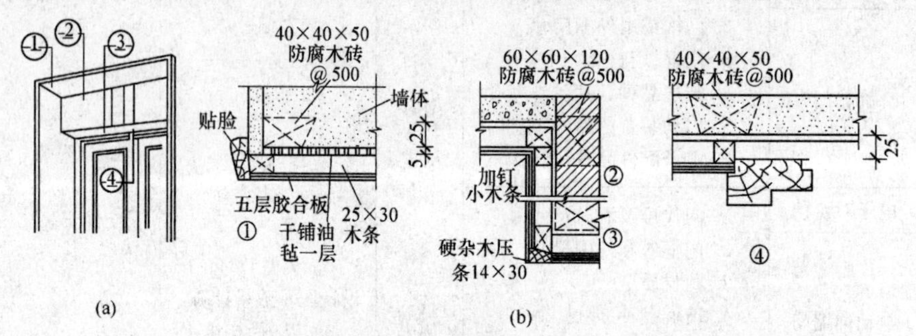

图 8-8 门头筒子板及其构造
(a)门头贴脸、筒子板示意；(b)门头筒子板的构造

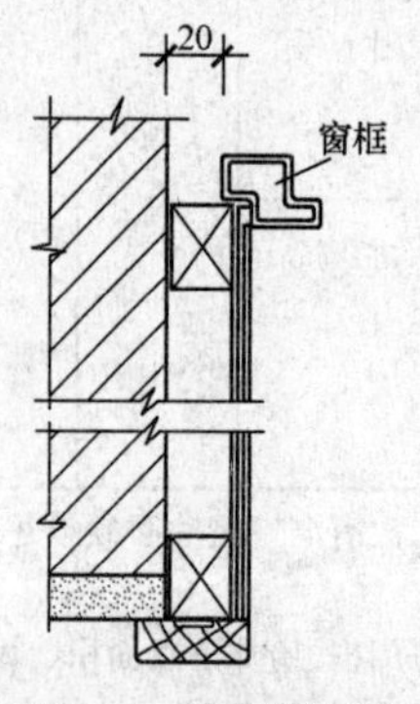

图 8-9 窗樘筒子板

(3)贴脸板也称为门头线与窗头线，是装饰门窗洞口的一种木制线脚。门窗贴脸板的式

样很多,尺寸各异,应按照设计图纸施工。其构造和安装形式如图 8-10 所示。

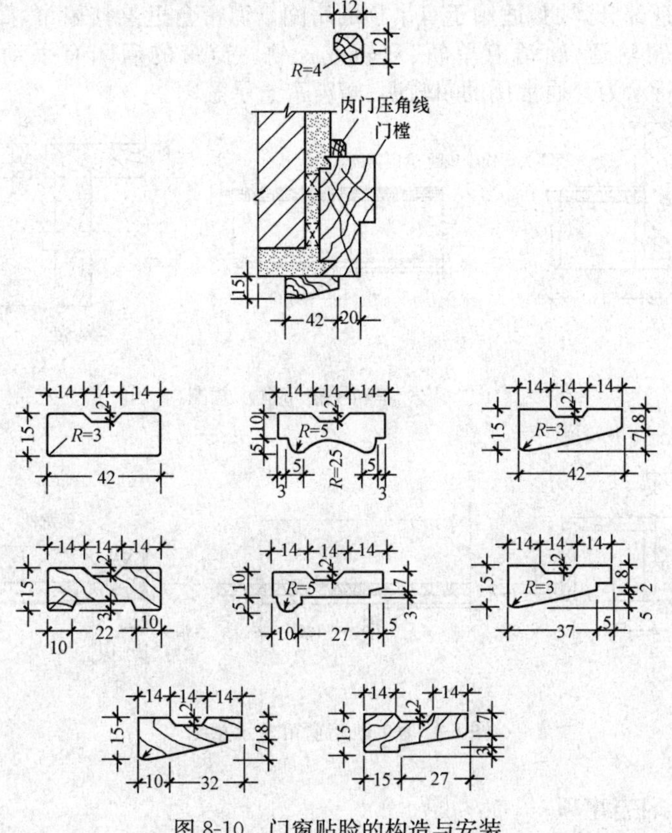

图 8-10　门窗贴脸的构造与安装

(4)窗台板有木制、预制水泥板、预制水磨石块、石料板、金属板等多种,其中木窗台板的构造,如图 8-11 所示。

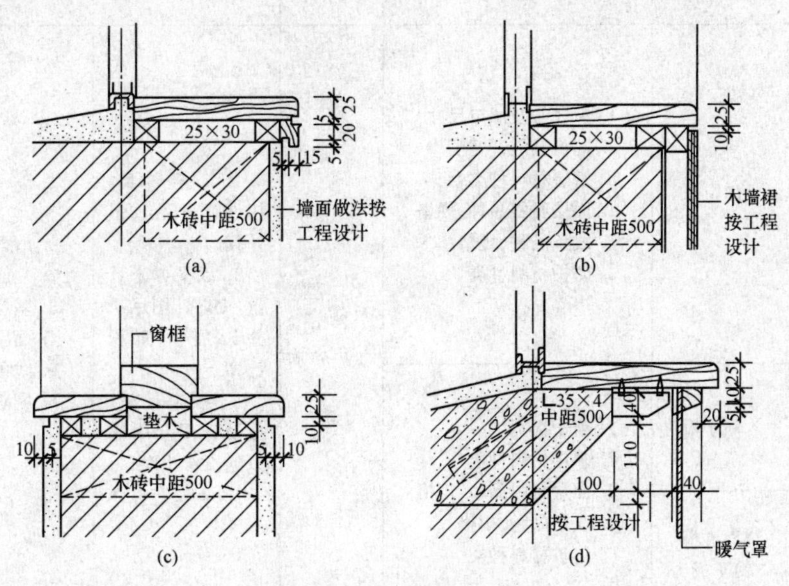

图 8-11　木窗台板构造

(5)窗帘盒有明、暗两种。明窗帘盒整个露明,一般是先加工成半成品,再在施工现场安装;暗窗帘盒的仰视部分露明,适用于有吊顶的房间。窗帘盒里悬挂窗帘,简单的用木棍或钢筋棍,普遍采用窗帘轨道,轨道有单轨、双轨或三轨。窗帘的启闭有手动和电动之分。如图 8-12和图 8-13 所示为普通常用的单轨明、暗窗帘盒示意图。

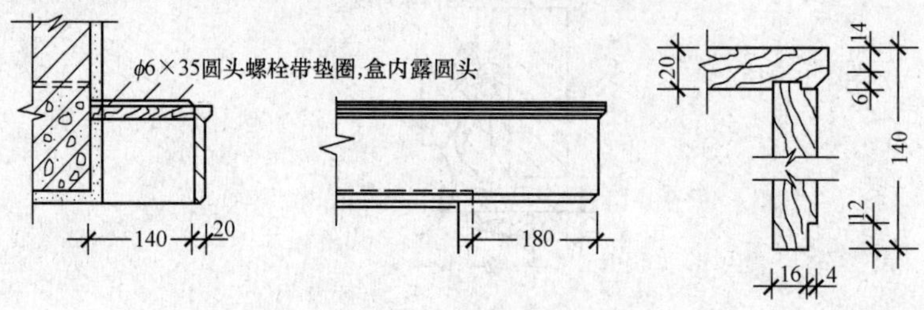

图 8-12　单轨明窗帘盒示意图

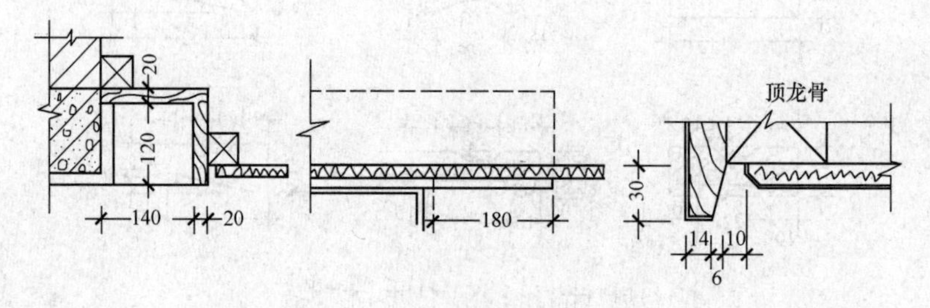

图 8-13　单轨暗窗帘盒示意图

2. 计算规则与注意事项

(1)门窗套工程量计算规定应符合表 8-11 的要求。

表 8-11　　　　　　　　　　　　**门窗套**

<table>
<tr><th>项目编码</th><th>项目名称</th><th>项目特征</th><th>计量单位</th><th>工程量计算规则</th><th>工作内容</th></tr>
<tr><td>010808001</td><td>木门窗套</td><td>1. 窗代号及洞口尺寸
2. 门窗套展开宽度
3. 基层材料种类
4. 面层材料品种、规格
5. 线条品种、规格
6. 防护材料种类</td><td rowspan="3">1. 樘
2. m^2
3. m</td><td rowspan="3">1. 以樘计量,按设计图示数量计算
2. 以平方米计量,按设计图示尺寸以展开面积计算
3. 以米计量,按设计图示中心以延长米计算</td><td rowspan="3">1. 清理基层
2. 立筋制作、安装
3. 基层板安装
4. 面层铺贴
5. 线条安装
6. 刷防护材料</td></tr>
<tr><td>010808002</td><td>木筒子板</td><td rowspan="2">1. 筒子板宽度
2. 基层材料种类
3. 面层材料品种、规格
4. 线条品种、规格
5. 防护材料种类</td></tr>
<tr><td>010808003</td><td>饰面夹板筒子板</td></tr>
</table>

续表

项目编码	项目名称	项目特征	计量单位	工程量计算规则	工作内容
010808004	金属门窗套	1. 窗代号及洞口尺寸 2. 门窗套展开宽度 3. 基层材料种类 4. 面层材料品种、规格 5. 防护材料种类	1. 樘 2. m^2 3. m	1. 以樘计量，按设计图示数量计算 2. 以平方米计量，按设计图示尺寸以展开面积计算 3. 以米计量，按设计图示中心以延长米计算	1. 清理基层 2. 立筋制作、安装 3. 基层板安装 4. 面层铺贴 5. 刷防护材料
010808005	石材门窗套	1. 窗代号及洞口尺寸 2. 门窗套展开宽度 3. 粘结层厚度、砂浆配合比 4. 面层材料品种、规格 5. 线条品种、规格			1. 清理基层 2. 立筋制作、安装 3. 基层抹灰 4. 面层铺贴 5. 线条安装
010808006	门窗木贴脸	1. 门窗代号及洞口尺寸 2. 贴脸板宽度 3. 防护材料种类	1. 樘 2. m	1. 以樘计量，按设计图示数量计算 2. 以米计量，按设计图示尺寸以延长米计算	安装
010808007	成品木门窗套	1. 门窗代号及洞口尺寸 2. 门窗套展开宽度 3. 门窗套材料品种、规格	1. 樘 2. m^2 3. m	1. 以樘计量，按设计图示数量计算 2. 以平方米计量，按设计图示尺寸以展开面积计算 3. 以米计量，按设计图示中心以延长米计算	1. 清理基层 2. 立筋制作、安装 3. 板安装

注：1. 以樘计量，项目特征必须描述洞口尺寸、门窗套展开宽度。
2. 以平方米计量，项目特征可不描述洞口尺寸、门窗套展开宽度。
3. 以米计量，项目特征必须描述门窗套展开宽度、筒子板及贴脸宽度。
4. 木门窗套适用于单独门窗套的制作、安装。

(2)窗台板工程量计算规定应符合表 8-12 的要求。

表 8-12　　窗台板

项目编码	项目名称	项目特征	计量单位	工程量计算规则	工作内容
010809001	木窗台板	1. 基层材料种类 2. 窗台面板材质、规格、颜色 3. 防护材料种类	m^2	按设计图示尺寸以展开面积计算	1. 基层清理 2. 基层制作、安装 3. 窗台板制作、安装 4. 刷防护材料
010809002	铝塑窗台板				
010809003	金属窗台板				
010809004	石材窗台板	1. 粘结层厚度、砂浆配合比 2. 窗台板材质、规格、颜色			1. 基层清理 2. 抹找平层 3. 窗台板制作、安装

(3)窗帘、窗帘盒、轨工程量计算规定应符合表 8-13 的要求。

表 8-13　　**窗帘、窗帘盒、轨**

项目编码	项目名称	项目特征	计量单位	工程量计算规则	工作内容
010810001	窗帘	1. 窗帘材质 2. 窗帘高度、宽度 3. 窗帘层数 4. 带幔要求	1. m 2. m^2	1. 以米计量，按设计图示尺寸以成活后长度计算 2. 以平方米计量，按图示尺寸以成活后展开面积计算	1. 制作、运输 2. 安装
010810002	木窗帘盒	1. 窗帘盒材质、规格 2. 防护材料种类	m	按设计图示尺寸以长度计算	1. 制作、运输、安装 2. 刷防护材料
010810003	饰面夹板、塑料窗帘盒				
010810004	铝合金窗帘盒				
010810005	窗帘轨	1. 窗帘轨材质、规格 2. 轨的数量 3. 防护材料种类			

注：1. 窗帘若是双层，项目特征必须描述每层材质。

2. 窗帘以米计量，项目特征必须描述窗帘高度和宽。

3. 工程量计算实例

【例 8-6】 某宾馆有 900mm×2100mm 的门洞 66 樘，内外钉贴细木工板门套、贴脸（不带龙骨），榉木夹板贴面，尺寸如图 8-14 所示，试计算其工程量。

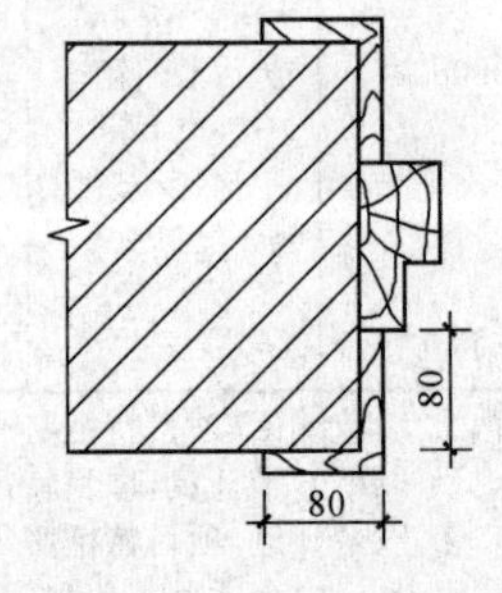

图 8-14　榉木夹板贴面尺寸

【解】 (1)门窗木贴脸工程量＝(门洞宽＋贴脸宽×2＋门洞高×2)×2×樘数＝(0.90＋0.08×2＋2.10×2)×2×66＝694.32m

(2)榉木筒子板工程量＝(门洞宽＋门洞高×2)×筒子板宽×2×樘数＝(0.90＋2.10×2)×0.08×2×66＝53.86m^2

第三节　木结构工程工程量计算

一、木屋架工程量计算

屋架是由一组杆件在同一个平面内相互结合成整体的承重构件，有木屋架和钢木屋架。

木屋架(图 8-15)是指全部杆件均采用木材制作的屋架；钢木屋架(图 8-16)是指受压杆件采用木材制作，受拉杆件采用钢材制作的屋架。

1. 计算规则与注意事项

木屋架、钢木屋架工程量计算规定应符合表 8-3 的要求。

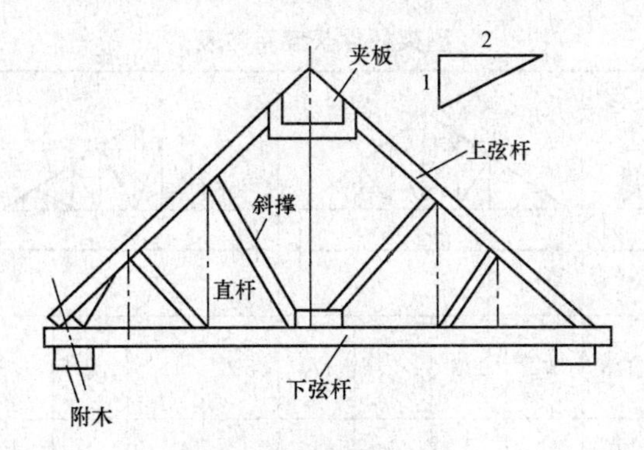

图 8-15 木屋架示意图

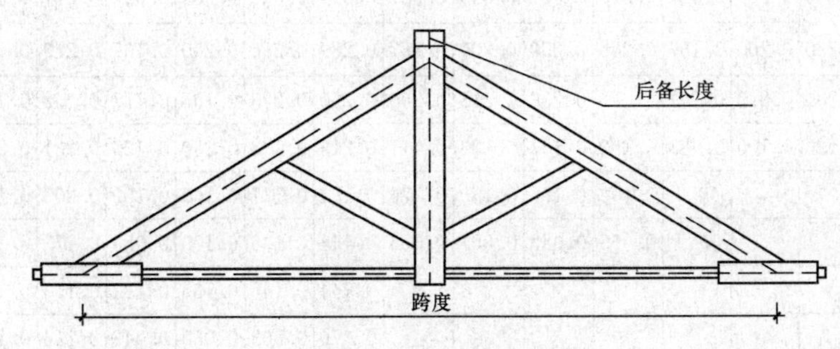

图 8-16 钢木屋架示意图

表 8-14 木屋架

项目编码	项目名称	项目特征	计量单位	工程量计算规则	工作内容
010701001	木屋架	1. 跨度 2. 材料品种、规格 3. 刨光要求 4. 拉杆及夹板种类 5. 防护材料种类	1. 榀 2. m^3	1. 以榀计量，按设计图示数量计算 2. 以立方米计量，按设计图示的规格尺寸以体积计算	1. 制作 2. 运输 3. 安装 4. 刷防护材料
010701002	钢木屋架	1. 跨度 2. 木材品种、规格 3. 刨光要求 4. 钢材品种、规格 5. 防护材料种类	榀	以榀计量，按设计图示数量计算	

工程量计算时应注意以下几点：

(1)屋架的跨度应以上、下弦中心线两交点之间的距离计算。

(2)带气楼的屋架和马尾、折角以及正交部分的半屋架，按相关屋架项目编码列项。

(3)以榀计量，按标准图设计的应注明标准图代号，按非标准图设计的项目特征必须按表8-4 的要求予以描述。

2. 木屋架计算常用资料

(1)木屋架杆件的长度系数可按表 8-15 规定选用。

表 8-15　　　　屋架杆件长度系数表

形式	L=1				L=2				L=3				L=4			
杆件＼坡度	30°	1/2	1/2.5	1/3	30°	1/2	1/2.5	1/3	30°	1/2	1/2.5	1/3	30°	1/2	1/2.5	1/3
1	1	1	1	1	1	1	1	1	1	1	1	1	1	1	1	1
2	0.577	0.559	0.539	0.527	0.577	0.559	0.539	0.527	0.577	0.559	0.539	0.527	0.577	0.559	0.539	0.527
3	0.289	0.250	0.200	0.167	0.289	0.250	0.200	0.167	0.289	0.250	0.200	0.167	0.289	0.250	0.200	0.167
4	0.289	0.280	0.270	0.264		0.236	0.213	0.200	0.250	0.225	0.195	0.177	0.252	0.224	0.189	0.167
5	0.144	0.125	0.100	0.083	0.192	0.167	0.133	0.111	0.216	0.188	0.150	0.125	0.231	0.200	0.160	0.133
6					0.192	0.186	0.180	0.176	0.181	0.177	0.160	0.150	0.200	0.180	0.156	0.141
7					0.095	0.083	0.067	0.056	0.144	0.125	0.100	0.083	0.173	0.150	0.120	0.100
8									0.144	0.140	0.135	0.132	0.153	0.141	0.128	0.120
9									0.070	0.063	0.050	0.042	0.116	0.100	0.080	0.067
10													0.110	0.112	0.108	0.105
11													0.058	0.050	0.040	0.033

(2)普通人字木屋架每榀质量及钢材用量可按表 8-16 规定选用。

表 8-16　　　　普通人字木屋架每榀质量及钢材用量表

	屋架简图							
	跨度(m)	6	7	8	9	10	11	12
项目	荷重(kg/m)	366～1130	343～1070	353～1100	366～1132	362～1120	330～1100	332～1100
	钢材(kg)	6.27～23.3	6.71～26.9	7.19～28.57	12.7～48	15.4～55.75	16.23～62.82	17.04～180.52
	屋架质量(kg)	116～298	137～372	152～439	188～513	230～586	246～868	272～971

	屋架简图			
	跨度(m)	13	14	15
项目	荷重(kg/m)	358～1130	361～1115	335～1125
	钢材(kg)	18.73～185.3	32.4～249.43	33.58～274.73
	屋架质量(kg)	369～1040	427～1254	454～1365

注:屋架允许悬挂质量 2t。

(3)普通人字木屋架每榀木材的体积可按表 8-17 规定选用。

表 8-17　**普通人字木屋架每榀木材体积表(概预算用)**

跨度(m)	木屋架接头夹板铁拉杆													
	屋架每一延长米的荷载(kg)													
	400		500		600		700		800		900		1000	
	方木	圆木	方木	圆木	方木	圆木	方木	圆木	方木	圆木	方木	圆木	方木	圆木
7	0.31	0.41	0.35	0.47	0.40	0.53	0.46	0.61	0.53	0.70	0.54	0.72	0.55	0.74
8	0.36	0.48	0.41	0.54	0.46	0.61	0.50	0.67	0.57	0.74	0.59	0.80	0.64	0.86
9	0.43	0.58	0.49	0.66	0.55	0.74	0.61	0.82	0.68	0.90	0.74	0.99	0.81	1.08
10	0.50	0.66	0.58	0.77	0.66	0.88	0.73	0.98	0.81	1.08	0.89	1.13	0.97	1.28
11	0.57	0.76	0.67	0.89	0.77	1.03	0.86	1.14	0.96	1.27	1.05	1.40	1.15	1.54
12	0.66	0.88	0.78	1.04	0.90	1.20	1.01	1.35	1.12	1.50	1.23	1.65	1.35	1.80
13	0.77	1.02	0.90	1.02	1.04	1.38	1.17	1.56	1.30	1.74	1.44	1.92	1.58	2.11
14	0.88	1.17	1.03	1.38	1.19	1.60	1.35	1.81	1.52	2.02	1.67	2.22	1.82	2.43
15	1.01	1.33	1.19	1.57	1.33	1.82	1.55	2.06	1.73	2.30	1.90	2.52	2.07	2.75
16	1.17	1.52	1.36	1.80	1.56	2.08	1.85	2.32	1.94	2.57	2.14	2.85	2.35	3.13
17	1.32	1.73	1.55	2.05	1.79	2.38	2.01	2.68	2.24	2.98	2.48	3.29	2.72	3.61
18	1.52	2.02	1.78	2.36	2.04	2.71	2.31	3.07	2.58	3.44	2.84	3.79	3.11	4.14

注:木半屋架每榀木材体积概算用量可按整屋架的60%计算。

(4)普通人字木屋架每榀平均使用剪刀撑及下弦水平系杆木材的用量可参照表 8-18 规定计算。

表 8-18　**普通人字木屋架每榀平均使用剪刀撑及下弦水平系杆木材用量(概预算用)**

项目名称	屋架下弦使用材料	屋架跨度(m)	屋架间距(m)	每榀屋架平均用剪刀撑及下弦水平系杆木材用量(m^3)	剪刀撑及下弦水平系杆用料断面(mm×mm)	设置情况	
						剪刀撑(道)	下弦水平系杆(道)
方木屋架	方木	6.0	3.0	不用	—	—	—
		9.0		0.033	均用方木	1	—
	方钢	6.0		0.034	80×120	1	—
		9.0		0.053	80×120	1	1
		12.0		0.103	80×120	2	2
		15.0		0.109	80×120	2	2
圆木屋架	圆木	6.0	3.0	不用	—	—	—
		9.0		0.052	均用圆木	1	—
	圆钢	6.0		0.046	梢径 $d=\phi120$,对剖	1	—
		9.0		0.073	梢径 $d=\phi120$,对剖	1	1
		12.0		0.141	梢径 $d=\phi120$,对剖	2	2
		15.0		0.150	梢径 $d=\phi120$,对剖	2	2

注:木剪刀撑及下弦水平系杆的设置系按一般设计情况考虑的,屋面计算荷载 1.47～2.9kN/m^2(不包括屋架自重)。

(5)屋面坡度与斜面长度的系数可参照表 8-19 规定选用。

表 8-19 屋面坡度与斜面长度系数

屋面坡度														
屋面坡度	高度系数	1.00	0.67	0.50	0.45	0.40	0.33	0.25	0.20	0.15	0.125	0.10	0.083	0.066
	坡度	1/1	1/1.5	1/2	—	1/2.5	1/3	1/4	1/5	—	1/8	1/10	1/12	1/15
	角度	45°	33°40′	26°34′	24°14′	21°48′	18°26′	14°02′	11°19′	8°32′	7°08′	5°42′	4°45′	3°49′
斜长系数		1.4142	1.2015	1.1180	1.0966	1.0770	1.0541	1.0380	1.0198	1.0112	1.0078	1.0050	1.0035	1.0022

3. 工程量计算实例

【例 8-7】 有一原料仓库,采用圆木木屋架,计 8 榀,如图 8-17 所示,屋架跨度为 8m,坡度为 12,四节间,试计算该仓库屋架工程量。

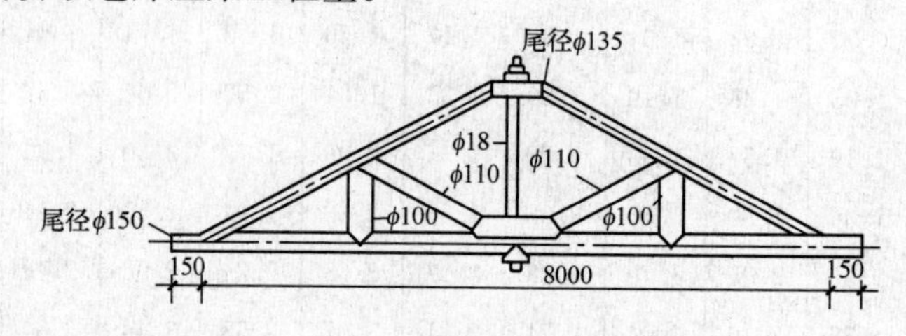

图 8-17 木屋架示意图

【解】 (1)屋架杆件长度(m)=屋架跨度(m)×长度系数

①杆件 1 下弦杆长=8+0.15×2=8.3m

②杆件 2 上弦杆 2 根长=8×0.559×2=4.47m×2 根

③杆件 4 斜杆 2 根长=8×0.28×2=2.24m×2 根

④杆件 5 竖杆 2 根长=8×0.125×2=1m×2 根

(2)计算材积

①杆件 1,下弦材积,以尾径 $\phi150$,长 8.3m 代入公式计算 V_1:

$V_1=7.854\times10^{-5}\times[(0.026\times8.3+1)\times15^2+(0.37\times8.3+1)\times15+10\times(8.3-3)]\times8.3=0.2527\text{m}^3$

②杆件 2,上弦杆,以尾径 $\phi13.5$cm 和 $L=4.47$m 代入,则杆件 2 材积:

$V_2=7.854\times10^{-5}\times4.47\times[(0.026\times4.47+1)\times13.5^2+(0.37\times4.47+1)\times13.5+10\times(4.47-3)]\times2=0.1783\text{m}^3$

③杆件 4,斜杆 2 根,以尾径 11.0cm 和 2.24m 代入,则:

$V_4=7.854\times10^{-5}\times2.24\times[(0.026\times2.24+1)\times11^2+(0.37\times2.24+1)\times11+10\times(2.24-3)]\times2=0.0494\text{m}^3$

④杆件 5,竖杆 2 根,以尾径 10cm 及 $L=1$m 代入,则竖杆材积为:

$V_5=7.854\times10^{-5}\times1\times1\times[(0.026\times1+1)\times100+(0.37\times1+1)\times10+10\times(1-3)]\times2=0.0151\text{m}^3$

一榀屋架工程量$=V_1+V_2+V_4+V_5=0.2527+0.1783+0.0494+0.0151=0.4955\text{m}^3$

木屋架工程量$=0.4955\times8=3.96\text{m}^3$ 或=8 榀

二、木构件工程量计算

1. 计算规则与注意事项

(1)木构件工程量计算规定应符合表8-20的要求。

表8-20　木构件

项目编码	项目名称	项目特征	计量单位	工程量计算规则	工作内容
010702001	木柱	1. 构件规格尺寸 2. 木材种类 3. 刨光要求 4. 防护材料种类	m^3	按设计图示尺寸以体积计算	1. 制作 2. 运输 3. 安装 4. 刷防护材料
010702002	木梁				
010702003	木檩		1. m^3 2. m	1. 以立方米计量，按设计图示尺寸以体积计算 2. 以米计量，按设计图示尺寸以长度计算	
010702004	木楼梯	1. 楼梯形式 2. 木材种类 3. 刨光要求 4. 防护材料种类	m^2	按设计图示尺寸以水平投影面积计算。不扣除宽度≤300mm的楼梯井，伸入墙内部分不计算	
010702005	其他木构件	1. 构件名称 2. 构件规格尺寸 3. 木材种类 4. 刨光要求 5. 防护材料种类	1. m^3 2. m	1. 以立方米计量，按设计图示尺寸以体积计算 2. 以米计量，按设计图示尺寸以长度计算	

注：1. 木楼梯的栏杆(栏板)、扶手，应按《房屋建筑与装饰工程工程量计算规范》(GB 50854－2013)附录Q中的相关项目编码列项。

2. 以米计量，项目特征必须描述构件规格尺寸。

(2)木檩体积计算应符合表8-21的要求

表8-21　单根圆木檩的体积计算规定

项目		工程量计算
1	设计规定圆木小头直径时	设计规定圆木小头直径时，可按小头直径、檩木长度计算，杉圆木材积计算公式如下： $V=7.854\times10^{-5}\times[(0.026L+1)D^2+(0.37L+1)D+10(L-3)]\times L$ 式中　V——杉原木材积，m^3； L——杉原木材长，m； D——杉原木小头直径，cm
		设计规定圆木小头直径时，可按小头直径、檩木长度计算，圆木材积计算公式(适用于除杉圆木以外的所有树种)如下： $V=L\times10^{-4}[(0.003895L+0.8982)D^2+(0.39L-1.219)D-(0.5796L+3.067)]$ 式中　V——一根圆木(除杉原木)材积，m^3； L——圆木长度，m； D——圆木小头直径，cm

续表

项目		工程量计算
2	设计规定为大、小头直径时	设计规定为大、小头直径时，取平均断面积乘以计算长度，即： $V_i=\frac{\pi}{4}D^2\times L=7.854\times10^{-5}\times D^2L$ 式中 V_i——单根原木材积，m^3； L——圆木长度，m； D——圆木平均直径，cm

2. 工程量计算实例

【例 8-8】 计算如图 8-18 所示圆木简支檩(不刨光)工程量。

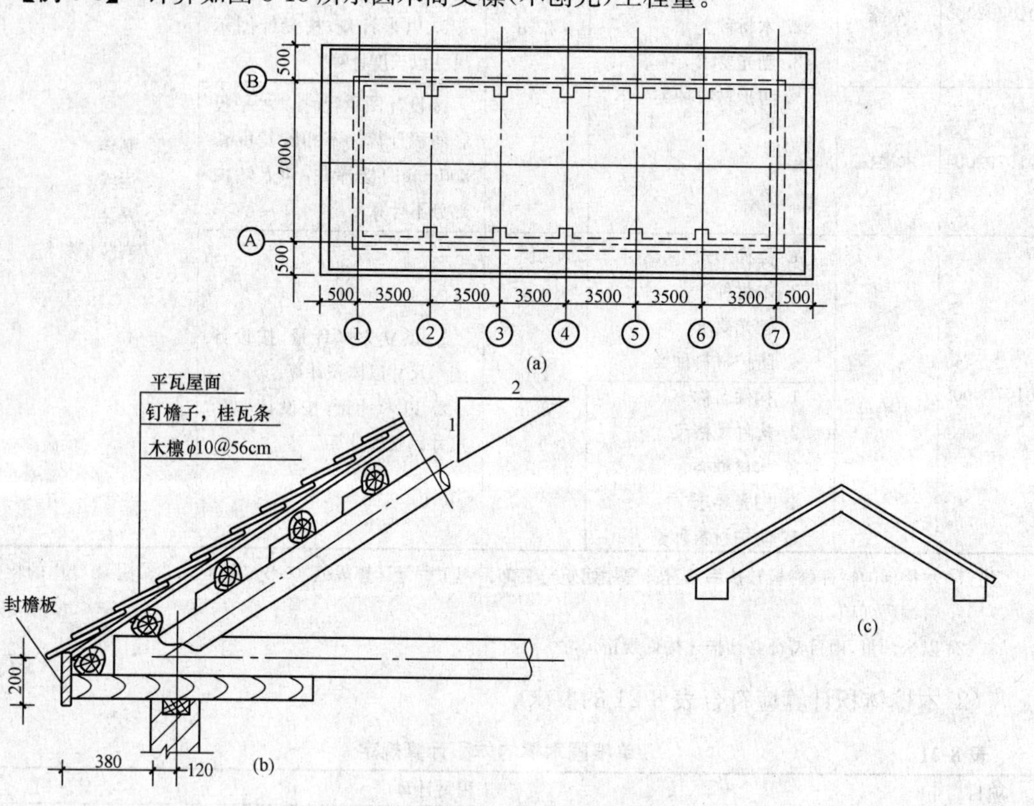

图 8-18 圆木简支檩(不刨光)示意图

(a)屋顶平面；(b)檐口节点大样；(c)博风板

【解】 根据工程量计算规则，檩木的工程量按设计图示尺寸以长度或体积计算，本例中按长度计算的工程量为：

$$每一开间的檩条根数=[(7+0.5\times2)\times1.118(坡度系数)]\times\frac{1}{0.56}+1=17$$

$$工程量=17\times4\times3.5+17\times2\times(3.5+0.5)=332m$$

三、屋面木基层工程量计算

屋面木基层是指铺设在屋架上面的椽条、望板、油毡、挂瓦条、顺水条等,这些构件有的起承重作用,有的起围护及承重作用。

屋面木基层工程量计算规定应符合表8-22的要求。

表8-22　屋面木基层

项目编码	项目名称	项目特征	计量单位	工程量计算规则	工作内容
010703001	屋面木基层	1. 椽子断面尺寸及椽距 2. 望板材料种类、厚度 3. 防护材料种类	m^2	按设计图示尺寸以斜面积计算 不扣除房上烟囱、风帽底座、风道、小气窗、斜沟等所占面积。小气窗的出檐部分不增加面积	1. 椽子制作、安装 2. 望板制作、安装 3. 顺水条和挂瓦条制作、安装 4. 刷防护材料

第九章　金属结构工程工程量计算

金属结构也称为钢结构，是指由各种型钢、钢管等热轧钢材或冷弯成型的薄壁型钢等金属材料，以不同的连接方法组成的结构。主要适用于工业厂房的承重骨架、大跨度建筑空间的屋架及骨架，一些民用高层住宅的框架，一些桥梁建筑及起重、运输大型建筑机械的钢骨架等。

第一节　金属结构工程分项工程划分

一、"13工程计量规范"中金属结构工程划分

"13工程计量规范"中金属结构工程共8节31个项目，包括钢网架，钢屋架、钢托架、钢桁架、钢架桥，钢柱，钢梁，钢板楼板、墙板，钢构件，金属制品。

1. 钢网架

钢网架工作内容包括：①拼装；②安装；③探伤；④补刷油漆。

2. 钢屋架、钢托架、钢桁架、钢架桥

钢屋架、钢托架、钢桁架、钢架桥工作内容均包括：①拼装；②安装；③探伤；④补刷油漆。

3. 钢柱

实腹钢柱、空腹钢柱、钢管柱工作内容均包括：①拼装；②安装；③探伤；④补刷油漆。

4. 钢梁

钢梁、钢吊车梁工作内容包括：①拼装；②安装；③探伤；④补刷油漆。

5. 钢板楼板、墙板

钢板楼板、钢板墙板工作内容包括：①拼装；②安装；③探伤；④补刷油漆。

6. 钢构件

钢支撑、钢拉条、钢檩条、钢天窗架、钢挡风架、钢墙架、钢平台、钢走道、钢梯、钢护栏、钢漏斗、钢板天沟、钢支架、零星钢构件工作内容均包括：①拼装；②安装；③探伤；④补刷油漆。

7. 金属制品

(1)成品空调金属百页护栏、成品雨篷工作内容包括：①安装；②校正；③预埋铁件及安螺栓。

(2)成品栅栏、金属网栏工作内容包括：①安装；②校正；③预埋铁件；④安螺栓及金属立柱。

(3)砌块墙钢丝网加固、后浇带金属网工作内容包括：①铺贴；②铆固。

二、基础定额中金属结构工程划分

《全国统一建筑工程基础定额》(土建工程)(GJD—101—1995)规定金属结构工程划分为

钢柱制作，钢屋架、钢托架制作，钢吊车梁、钢制动梁制作，钢吊车轨道制作，钢支撑、钢檩条、钢墙架制作，钢平台、钢梯子、钢栏杆制作，钢漏斗、H型钢制作，球节点钢网架制作，钢屋架、钢托架制作平台摊销九部分。

(1)钢柱、钢屋架、钢托架、钢吊车梁、钢制动梁、钢吊车轨道、钢支撑、钢檩条、钢墙架、钢平台、钢梯子、钢栏杆、钢漏斗、H型钢等制作项目工作内容均包括放样、画线、截料、平直、钻孔、拼装、焊接、成品矫正、除锈、刷防锈漆一遍及成品编号堆放。H型钢项目未包括超声波探伤及X射线拍片。

(2)球节点钢网架制作工作内容包括定位、放样、放线、搬运材料、制作拼装、油漆等。

第二节　钢结构工程量计算

一、钢网架工程量计算

钢网架结构是由许多杆件按一定规律布置，通过节点连接而形成的平板形式微曲面形空间杆系结构，也称为网格结构。网架是一种新型结构形式，具有跨度大、覆盖面广、结构轻、省料经济，有良好的稳定性和安全性等特点。

1. 钢网架的节点构造

在网架结构中，节点起着连接汇交杆件、传递内力的作用，同时也是网架与屋面结构、天棚吊顶、管道设备、悬挂吊车等连接之处，起着传递荷载的作用。

(1)螺栓球节点。螺栓球节点是通过螺栓将管形截面的杆件和钢球连接起来的节点，一般由高强度螺栓、钢球、紧固螺钉、套筒和锥头或封板等零件组成，如图9-1所示，一般适用于中、小跨度的网架。

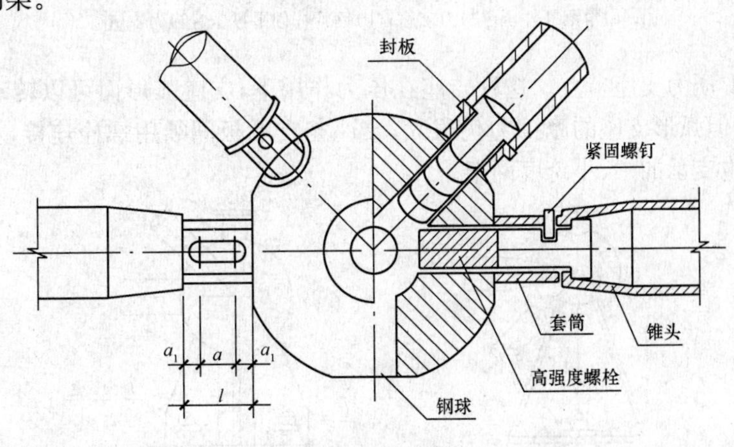

图9-1　螺栓球节点

(2)焊接空心球节点。焊接空心球节点分加肋和不加肋两种，它是将两块圆钢板经热压或冷压成两个半球后对焊而成的，如图9-2所示。只要是将圆钢管垂直于本身轴线切割，杆件就会和空心球自然对中而不产生节点偏心。球体无方向性，可与任意方向的杆件连接，其构造简单、受力明确、连接方便，适用于钢管杆件的各种网架。

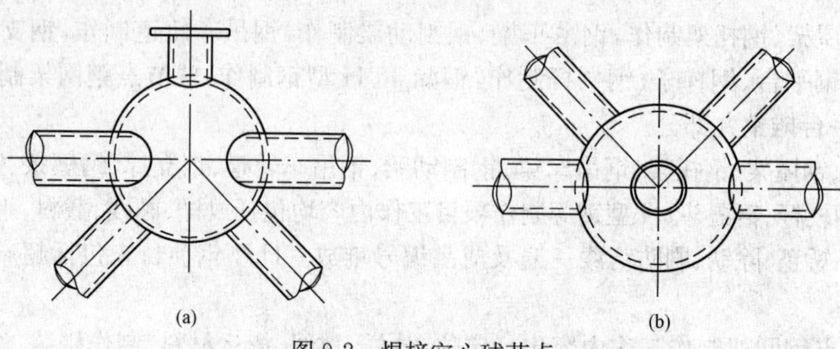

图 9-2　焊接空心球节点

(a)上弦节点;(b)下弦节点

(3)支座节点。网架结构通常都支承在柱顶或圈梁等支承结构上,支座节点是指位于支承结构上的网架节点。根据受力状态的不同,支座节点一般可分为压力支座节点和拉力支座节点两类。常用的压力支座节点主要有下列四种类型:

1)平板压力支座节点。这种节点构造简单,加工方便,用钢量省,但支承底板与结构支承面间的应力分布不均匀,支座不能完全转动,如图 9-3 所示。

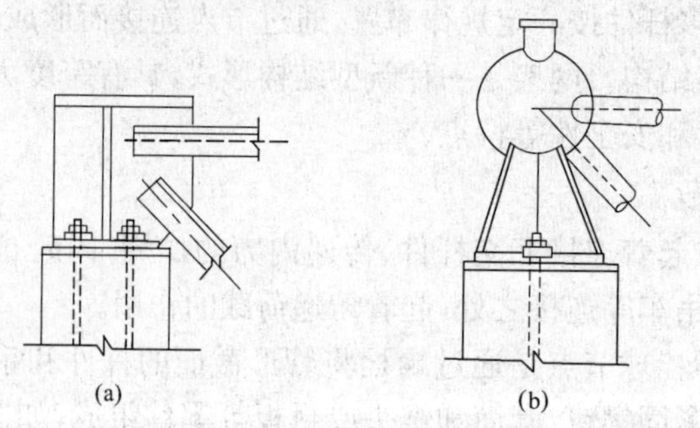

图 9-3　网架平板支座节点

(a)角钢杆件压(拉)力支座;(b)钢管杆件平板压(拉)力支座

2)单面弧形压力支座节点。这种支座在压力作用下,支座弧形面可以转动,支承板下的反力比较均匀,但弧形支座的摩擦力仍很大,支座与支承板间须用螺栓连接,如图 9-4 所示。主要适用于周边支承的中、小跨度网架。

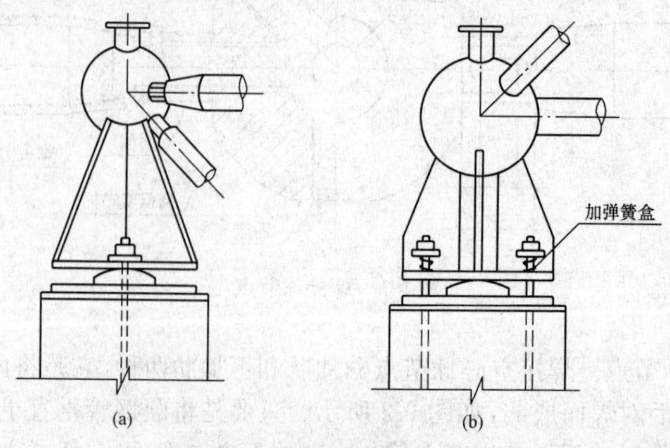

图 9-4　单面弧形压力支座节点

(a)两个螺栓连接;(b)四个螺栓连接

3)双面弧形压力支座节点。这种支座在网架支座上部支承板和下部支承底板间,设置一个上下均为圆弧曲面的特制钢铸件,在钢铸件两侧分别从支座上部支承板和下部支承底板焊接带有椭圆孔的梯形连接板,并采用螺栓将三者联结成整体,如图 9-5 所示。

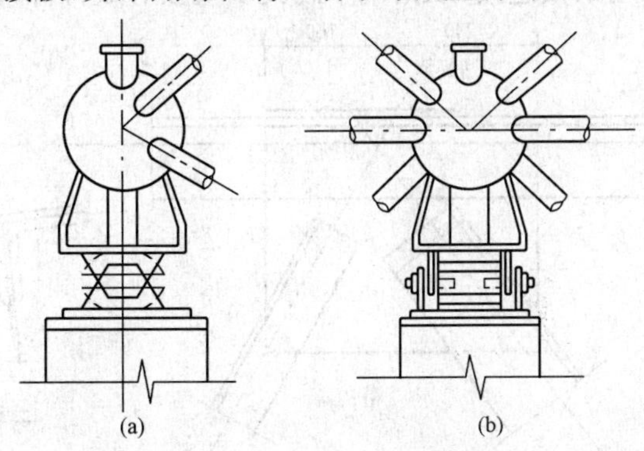

图 9-5　双面弧形压力支座节点
(a)侧视图;(b)正视图

4)球铰压力支座节点。这种支座在多跨或有悬臂的大跨度网架的柱上,为了使其能适应各个方向的自由转动,需使支座与柱顶铰接而不产生弯矩,如图 9-6 所示。

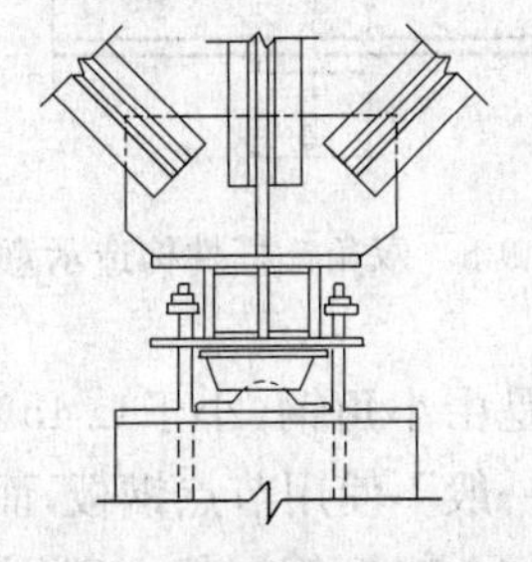

图 9-6　球铰压力支座节点

2. 计算规则与注意事项

钢网架工程量计算规定应符合表 9-1 的要求。

表 9-1　　钢网架

项目编码	项目名称	项目特征	计量单位	工程量计算规则	工作内容
010601001	钢网架	1. 钢材品种、规格 2. 网架节点形式、连接方式 3. 网架跨度、安装高度 4. 探伤要求 5. 防火要求	t	按设计图示尺寸以质量计算。不扣除孔眼的质量,焊条、铆钉等不另增加质量	1. 拼装 2. 安装 3. 探伤 4. 补刷油漆

二、钢屋架工程量计算

钢屋架按采用钢材规格不同分为普通钢屋架(简称钢屋架)、轻型钢屋架和薄壁型钢屋架。

(1)钢屋架。钢屋架一般是采用等于或大于∟45×4 和∟55×36×4 的角钢或其他型钢焊接而成，杆件节点处采用钢板连接，双角钢中间夹以垫板焊成杆件，如图 9-7 和图 9-8 所示。

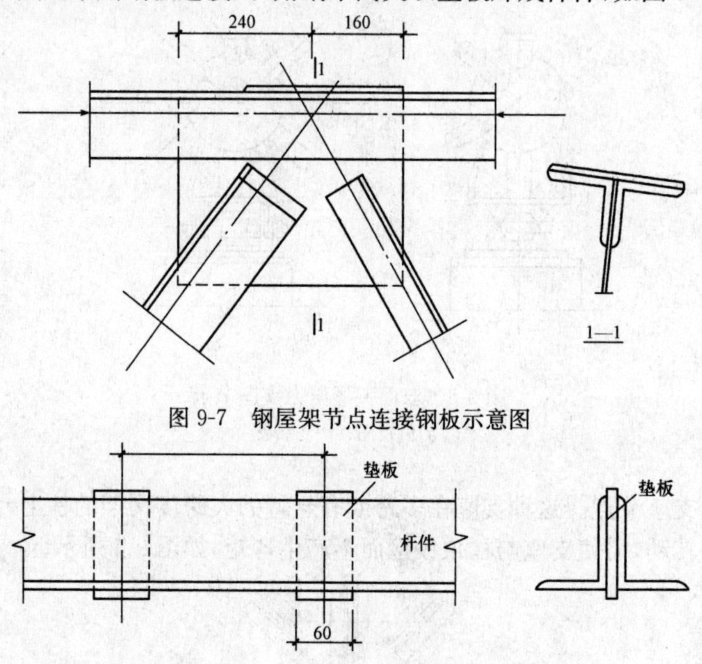

图 9-7 钢屋架节点连接钢板示意图

图 9-8 双角钢杆件构造示意图

(2)轻型钢屋架。轻型钢屋架是由小角钢(小于∟45×4 或∟56×36×4)和小圆钢($\phi \geqslant$ 12mm)构成的钢屋架，杆件节点处一般不使用节点钢板，而是各杆直接连接，杆件也可采用单角钢，下弦杆及拉杆常用小圆钢制作。轻型钢屋架一般用于跨度较小(小于等于 18m)，起重量不大于 5t 的轻、中级工作制吊车和屋面荷载较轻的屋面结构中。

(3)薄壁型钢屋架。薄壁型钢屋架常以薄壁型钢为主材，一般钢材为辅材制作而成。它的主要特点是重量特轻，常用于做轻型屋面的支撑构件。

1. 计算规则与注意事项

钢屋架工程量计算规定应符合表 9-2 的要求。

表 9-2 **钢屋架**

项目编码	项目名称	项目特征	计量单位	工程量计算规则	工作内容
010602001	钢屋架	1. 钢材品种、规格 2. 单榀质量 3. 屋架跨度、安装高度 4. 螺栓种类 5. 探伤要求 6. 防火要求	1. 榀 2. t	1. 以榀计量，按设计图示数量计算 2. 以吨计量，按设计图示尺寸以质量计算。不扣除孔眼的质量，焊条、铆钉、螺栓等不另增加质量	1. 拼装 2. 安装 3. 探伤 4. 补刷油漆

2. 工程量计算实例

【例 9-1】 某厂房三角形钢屋架及连接钢板如图 9-9 所示，试计算屋架工程量。

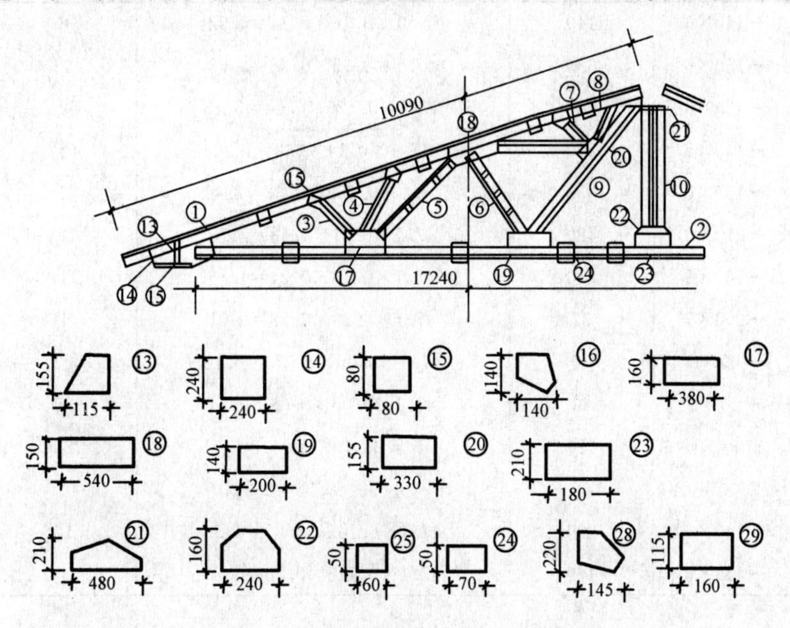

图 9-9　三角形钢屋架结构示意图

【解】 屋架工程量按公式分别计算型钢和连接钢板质量相加即得，各钢杆件和钢板计算结果列于表 9-3 中，则：

屋架工程量＝511.16(角钢)＋92.06(钢板)＝603.22kg＝0.603t

表 9-3　　三角形钢屋架工程计算表

构件编号	截面(mm)	长度(mm)	每个构件质量(kg)	数量	质量(kg)
1	70×6	10090	6.406×10.09＝64.64	4	258.56
2	56×4	17240	3.446×17.24＝59.41	2	118.82
3	36×4	810	2.163×0.81＝1.75	2	3.50
4	36×4	920	2.163×0.92＝1.99	2	3.98
5	30×4	2090	1.786×2.09＝3.73	8	29.84
6	30×4	1420	1.786×1.42＝2.54	4	10.16
7	36×4	930	2.163×0.93＝2.05	2	4.10
8	36×4	870	2.163×0.87＝1.88	2	3.76
9	30×4	4600	1.786×4.6＝8.22	4	32.88
10	36×4	2810	2.163×2.81＝6.08	2	12.16
11	90×56×6	300	6.717×0.3＝2.02	2	4.04
12	－185×8	520	62.8×0.185×0.52＝6.04	2	12.08
13	－115×8	115	62.8×0.115×0.115＝0.83	4	3.32
14	－240×12	240	94.2×0.24×0.24＝5.43	2	10.86
15	－80×14	80	109.9×0.08×0.08＝0.7	4	2.80

续表

构件编号	截面(mm)	长度(mm)	每个构件质量(kg)	数量	质量(kg)
16	－140×6	140	47.1×0.14×0.14＝0.92	8	7.36
17	－150×6	380	47.1×0.15×0.38＝2.68	2	5.36
18	－125×6	540	47.1×0.125×0.54＝3.18	2	6.36
19	－140×6	200	47.1×0.14×0.2＝1.32	2	2.64
20	－155×6	330	47.1×0.155×0.33＝2.41	2	4.82
21	－210×6	480	47.1×0.21×0.48＝4.75	1	4.75
22	－160×6	240	47.1×0.16×0.24＝1.81	1	1.81
23	－200×6	32	47.1×0.20×0.32＝3.01	1	3.01
24	－50×6	75	47.1×0.05×0.075＝0.18	22	3.96
25	－50×6	60	47.1×0.05×0.06＝0.14	29	4.06
26	110×70×6	120	8.35×0.12＝1.00	28	28.00
27	75×50×6	60	5.699×0.06＝0.34	4	1.36
28	－145×6	220	47.1×0.145×0.22＝1.50	12	18.00
29	－115×6	160	47.1×0.115×0.16＝0.87	1	0.87
合计					603.22

三、钢托架、钢桁架、钢架桥工程量计算

某些工业厂房中，由于使用和交通上的需求，要抽去其中的一根(或几根)柱子，将两个开间合拼成一个开间，称为扩大开间。此时就需要在扩大开间的两根柱上架设一根跨度等于柱距的梁来承托中间的屋架，此种梁就称为托架梁(即承托屋架的梁)。当这种梁由多种钢材组成桁架结构时称为托架(图 9-10)。当采用一种或两种型钢组成实腹式结构时就称为托梁，只有高度受到限制或有其他特殊要求时才采用托梁。在钢筋混凝土梁工程中统称为托架梁，如图 9-11 所示。

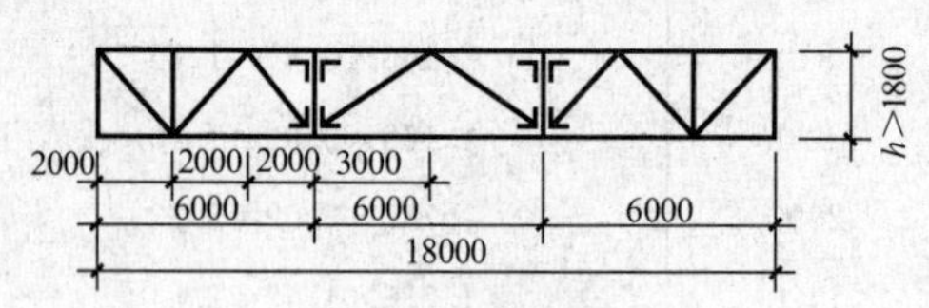

图 9-10　支承于钢柱上的托架示意图

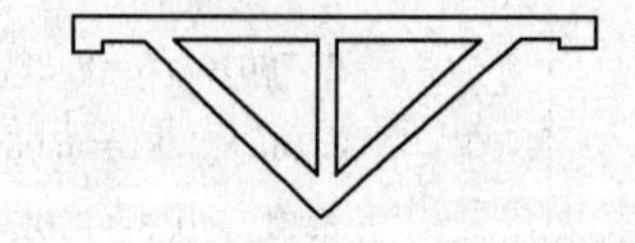

图 9-11　钢筋混凝土托架梁示意图

钢托架、钢桁架、钢架桥工程量计算规定应符合表 9-4 的要求。

表 9-4　钢托架、钢桁架、钢架桥

<table>
<tr><th>项目编码</th><th>项目名称</th><th>项目特征</th><th>计量单位</th><th>工程量计算规则</th><th>工作内容</th></tr>
<tr><td>010602002</td><td>钢托架</td><td rowspan="2">1. 钢材品种、规格
2. 单榀质量
3. 安装高度
4. 螺栓种类
5. 探伤要求
6. 防火要求</td><td rowspan="3">t</td><td rowspan="3">按设计图示尺寸以质量计算。不扣除孔眼的质量，焊条、铆钉、螺栓等不另增加质量</td><td rowspan="3">1. 拼装
2. 安装
3. 探伤
4. 补刷油漆</td></tr>
<tr><td>010602003</td><td>钢桁架</td></tr>
<tr><td>010602004</td><td>钢架桥</td><td>1. 桥类型
2. 钢材品种、规格
3. 单榀质量
4. 安装高度
5. 螺栓种类
6. 探伤要求</td></tr>
</table>

注：以榀计量，按标准图设计的应注明标准图代号，按非标准图设计的项目特征必须描述单榀屋架的质量。

四、钢柱工程量计算

钢柱一般由钢板焊接而成，也可由型钢单独制作或组合成格构式钢柱。焊接钢柱按截面形式可分为实腹式柱和格构式柱，或者分为工字形、箱形和T形柱；按截面尺寸大小可分为一般组合截面柱和大型焊接柱。

1. 计算规则与注意事项

钢柱工程量计算规定应符合表 9-5 的要求。

表 9-5　钢柱

<table>
<tr><th>项目编码</th><th>项目名称</th><th>项目特征</th><th>计量单位</th><th>工程量计算规则</th><th>工作内容</th></tr>
<tr><td>010603001</td><td>实腹钢柱</td><td rowspan="2">1. 柱类型
2. 钢材品种、规格
3. 单根柱质量
4. 螺栓种类
5. 探伤要求
6. 防火要求</td><td rowspan="3">t</td><td rowspan="2">按设计图示尺寸以质量计算。不扣除孔眼的质量，焊条、铆钉、螺栓等不另增加质量，依附在钢柱上的牛腿及悬臂梁等并入钢柱工程量内</td><td rowspan="3">1. 拼装
2. 安装
3. 探伤
4. 补刷油漆</td></tr>
<tr><td>010603002</td><td>空腹钢柱</td></tr>
<tr><td>010603003</td><td>钢管柱</td><td>1. 钢材品种、规格
2. 单根柱质量
3. 螺栓种类
4. 探伤要求
5. 防火要求</td><td>按设计图示尺寸以质量计算。不扣除孔眼的质量，焊条、铆钉、螺栓等不另增加质量，钢管柱上的节点板、加强环、内衬管、牛腿等并入钢管柱工程量内</td></tr>
</table>

注：1. 实腹钢柱类型指十字、T、L、H 形等。

2. 空腹钢柱类型指箱形、格构等。

3. 型钢混凝土柱浇筑钢筋混凝土，其混凝土和钢筋按《房屋建筑与装饰工程工程量计算规范》(GB 50854－2013)附录 E 混凝土及钢筋混凝土工程中相关项目编码列项。

2. 工程量计算实例

【例 9-2】 如图 9-12 所示为空腹钢柱，计算其钢柱工程量。

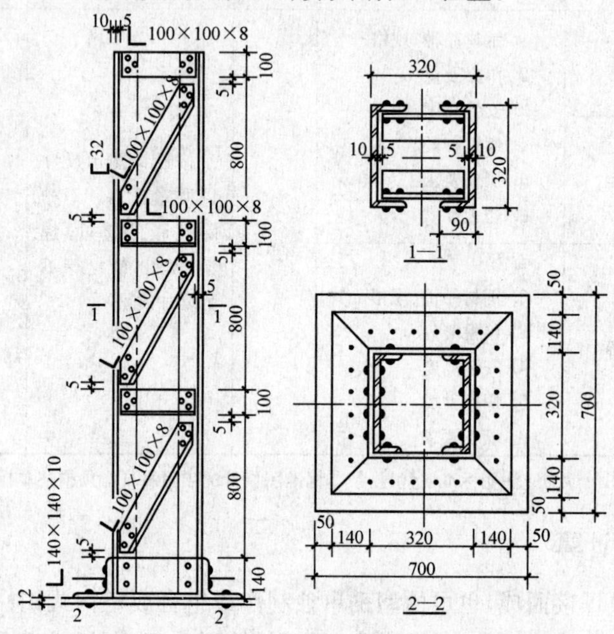

图 9-12　空腹钢柱示意图

【解】 计算公式：杆件质量＝杆件设计图示长度×单位理论质量

多边形钢板质量＝最大对角线长度×最大宽度×面密度

32b 槽钢立柱质量＝2.84×2×43.25＝245.66kg＝0.246t

∟100×100×8 角钢横撑质量＝0.29×12.276×6＝21.36kg＝0.021t

∟100×100×8 角钢斜撑质量 $\sqrt{(0.8-0.01)^2+0.29^2}\times 6\times 12.276=61.98$kg＝0.062t

∟140×140×10 角钢底座质量＝(0.32＋0.14×2)×4×21.488＝51.57kg＝0.052t

－12 钢底板座质量＝0.70×0.70×94.20＝46.16kg＝0.046t

空腹钢柱工程量＝245.66＋21.36＋61.98＋51.57＋46.16＝426.73kg＝0.427t

五、钢梁工程量计算

钢梁的种类较多，有普通钢梁、吊车梁、单轨钢吊车梁、制动梁等。截面以工字形居多，或用钢板焊接，也可采用桁架式钢梁、箱型梁或贯通形梁等。如图9-13所示是工字形梁与箱形柱的连接示意图。

钢梁工程量计算规定应符合表 9-6 的要求。

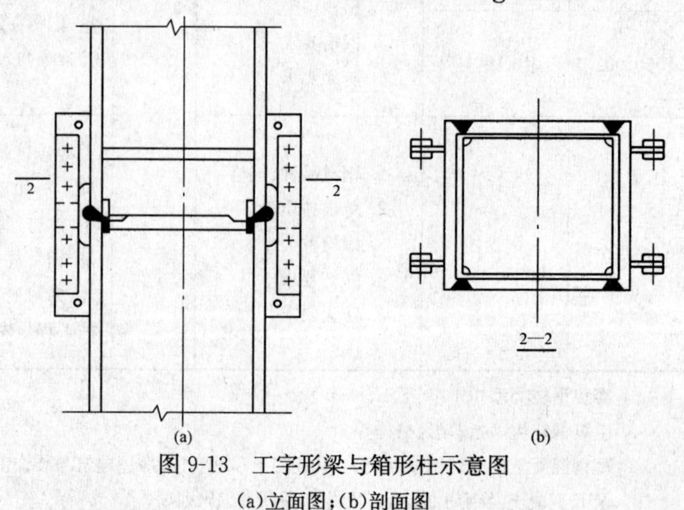

图 9-13　工字形梁与箱形柱示意图

(a)立面图；(b)剖面图

表 9-6　钢梁

项目编码	项目名称	项目特征	计量单位	工程量计算规则	工作内容
010604001	钢梁	1. 梁类型 2. 钢材品种、规格 3. 单根质量 4. 螺栓种类 5. 安装高度 6. 探伤要求 7. 防火要求	t	按设计图示尺寸以质量计算。不扣除孔眼的质量，焊条、铆钉、螺栓等不另增加质量，制动梁、制动板、制动桁架、车挡并入钢吊车梁工程量内	1. 拼装 2. 安装 3. 探伤 4. 补刷油漆
010604002	钢吊车梁	1. 钢材品种、规格 2. 单根质量 3. 螺栓种类 4. 安装高度 5. 探伤要求 6. 防火要求			

工程量计算时应注意以下几点：

(1)梁类型指 H、L、T 形、箱形、格构式等。

(2)型钢混凝土梁浇筑钢筋混凝土，其混凝土和钢筋应按《房屋建筑与装饰工程工程量计算规范》(GB 50854－2013)附录 E 混凝土及钢筋混凝土工程中相关项目编码列项。

六、钢板楼板、墙板工程量计算

钢板楼板、墙板工程量计算规定应符合表 9-7 的要求。

表 9-7　钢板楼板、墙板

项目编码	项目名称	项目特征	计量单位	工程量计算规则	工作内容
010605001	钢板楼板	1. 钢材品种、规格 2. 钢板厚度 3. 螺栓种类 4. 防火要求	m^2	按设计图示尺寸以铺设水平投影面积计算。不扣除单个面积≤0.3m^2柱、垛及孔洞所占面积	1. 拼装 2. 安装 3. 探伤 4. 补刷油漆
010605002	钢板墙板	1. 钢材品种、规格 2. 钢板厚度、复合板厚度 3. 螺栓种类 4. 复合板夹芯材料种类、层数、型号、规格 5. 防火要求		按设计图示尺寸以铺挂展开面积计算。不扣除单个面积≤0.3m^2的梁、孔洞所占面积，包角、包边、窗台泛水等不另加面积	

注：1. 钢板楼板上浇筑钢筋混凝土，其混凝土和钢筋应按《房屋建筑与装饰工程工程量计算规范》(GB 50854－2013)附录 E 混凝土及钢筋混凝土工程中相关项目编码列项。

2. 压型钢楼板按本表中钢板楼板项目编码列项。

第三节　钢构件工程量计算

一、钢支撑、钢檩条工程量计算

钢支撑有屋盖支撑和柱间支撑两类。屋盖支撑包括：①屋架的纵向支撑；②屋架和天窗架横向支撑；③屋架和天窗架的垂直支撑。钢支撑用单角钢或两个角钢组成十字形截面，一般采用十字交叉的形式。柱间支撑一般包括以下几项：

(1)吊车梁(或吊车桁架)以上至屋架下弦间设置的上段柱支撑。

(2)吊车梁(或吊车桁架)以下至柱脚处设置的下段柱支撑和下段柱系杆。柱间支撑的形式有十字交叉形支撑、八字形支撑、人字形支撑和门架形支撑。

檩条是支撑于屋架或天窗上的钢构件，通常分为实腹式和桁架式两种。实腹式檩条的截面形式有：当檩条跨度大于12m时，宜用H型钢或由三块钢板焊接的工字形钢；当跨度等于6m时，常采用槽钢、工字钢，或用双角钢组成槽形或Z形截面；当跨度小于等于4m时，可采用单角钢。桁架式檩条常为轻钢桁架式，一般采用小角钢，小圆钢组成，分平面桁架式檩条和空间桁架式檩条。

1. 计算规则与注意事项

钢支撑、钢檩条工程量计算规定应符合表9-8的要求。

表9-8　钢支撑、钢檩条

项目编码	项目名称	项目特征	计量单位	工程量计算规则	工作内容
010606001	钢支撑、钢拉条	1. 钢材品种、规格 2. 构件类型 3. 安装高度 4. 螺栓种类 5. 探伤要求 6. 防火要求	t	按设计图示尺寸以质量计算，不扣除孔眼的质量，焊条、铆钉、螺栓等不另增加质量	1. 拼装 2. 安装 3. 探伤 4. 补刷油漆
010606002	钢檩条	1. 钢材品种、规格 2. 构件类型 3. 单根质量 4. 安装高度 5. 螺栓种类 6. 探伤要求 7. 防火要求			

注：钢支撑、钢拉条类型指单式、复式；钢檩条类型指型钢式、格构式。

2. 工程量计算实例

【例9-3】 某厂房上柱间支撑尺寸如图9-14所示，共4组，∟63×6的线密度为5.72kg/m，－8钢板的面密度为62.8kg/m²。计算柱间支撑工程量。

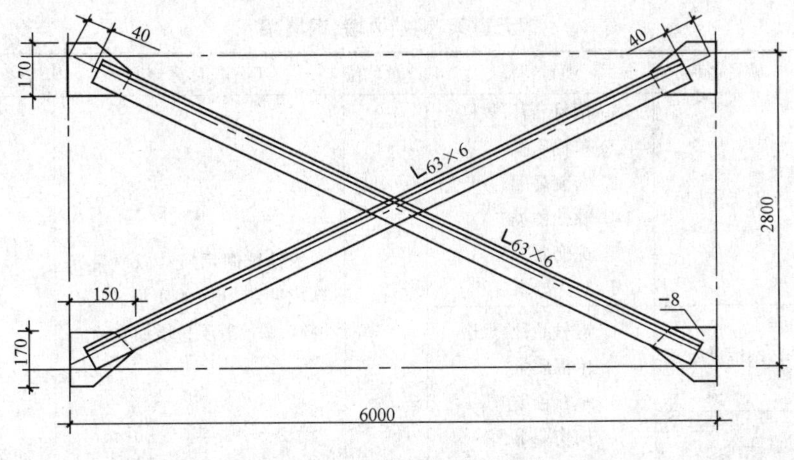

图 9-14　上柱间支撑示意图

【解】 柱间支撑工程量计算如下：

计算公式：杆件质量＝杆件设计图示长度×单位理论质量

多边形钢板质量＝最大对角线长度×最大宽度×面密度

∟63×6 角钢质量＝$(\sqrt{6^2+2.8^2}-0.04\times2)\times5.72\times2=74.83$kg＝0.075t

－8 钢板质量＝0.17×0.15×62.8×4＝6.41kg＝0.006t

柱间支撑工程量＝(74.83＋6.41)×4＝324.96kg＝0.325t

二、钢天窗架、钢挡风架、钢墙架工程量计算

厂房的天窗主要用于采光和通风，为了阻止天窗侧面的冷风直接进入天窗内，以保证车间的散热、通风，就需在天窗前面设立挡风板，挡风板是安装在与天窗柱连接的支架上的，该支架就称为挡风架，如图 9-15 所示。

有些厂房为了节省钢材，简化构造处理，采用自承重墙体，而把水平方向的风荷载通过墙体构件传递给厂房骨架，这种组成墙体的骨架即称为墙架，如图 9-16 所示。钢墙架包括墙架柱、墙架梁及连系柱杆等。

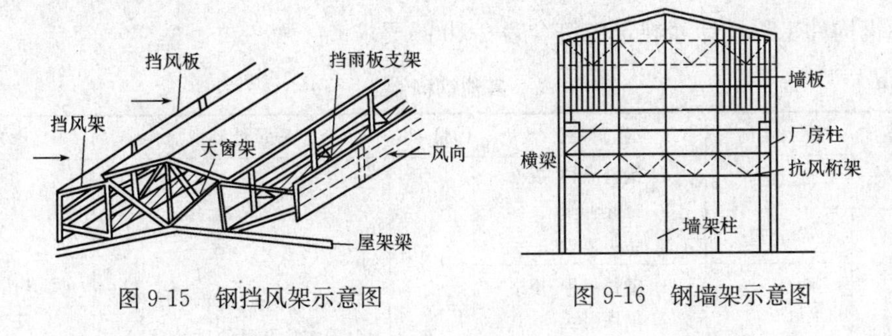

图 9-15　钢挡风架示意图　　图 9-16　钢墙架示意图

钢天窗架、钢挡风架、钢墙架工程量计算规定应符合表 9-9 的要求。

表 9-9　　钢天窗架、钢挡风墙、钢墙架

项目编码	项目名称	项目特征	计量单位	工程量计算规则	工作内容
010606003	钢天窗架	1. 钢材品种、规格 2. 单榀质量 3. 安装高度 4. 螺栓种类 5. 探伤要求 6. 防火要求	t	按设计图示尺寸以质量计算，不扣除孔眼的质量，焊条、铆钉、螺栓等不另增加质量	1. 拼装 2. 安装 3. 探伤 4. 补刷油漆
010606004	钢挡风架	1. 钢材品种、规格 2. 单榀质量 3. 螺栓种类 4. 探伤要求 5. 防火要求			
010606005	钢墙架				

注：钢墙架项目包括墙架柱、墙架梁和连接杆件。

三、其他钢构件工程量计算

(1)平台是指在生产和施工过程中，为操作方便而设置的工作台，有的能移动和升降。钢平台则指用钢材制作的平台，有固定式、移动式和升降式三种。

(2)走道是指在生活或生产过程中，为过往方便而设置的过道，有的能移动或升降。钢走道是指用钢材制作的过道，有固定式、移动式和升降式三种。

(3)工业建筑中的钢梯有平台钢梯、起重机钢梯、消防钢梯和屋面检修钢梯等。按构造形式分有踏步式、爬式和螺旋式。钢梯的踏步多为独根圆钢或角钢做成。

(4)钢护栏是指在平台、操作台的外围设置的垂直构件，主要是承担人们扶依的侧向推力，以保障人身安全。

(5)钢漏斗是指以钢材为材料制作的漏斗，有方形和圆形之分。

(6)钢支架是指用型钢加工成的直形构件，构件之间采用螺栓连接。

(7)零星钢构件是指工程量不大但也构成工程实体的钢构件。

1. 计算规则与注意事项

其他钢构件工程量计算规定应符合表 9-10 的要求。

表 9-10　　其他钢构件

项目编码	项目名称	项目特征	计量单位	工程量计算规则	工作内容
010606006	钢平台	1. 钢材品种、规格 2. 螺栓种类 3. 防火要求	t	按设计图示尺寸以质量计算，不扣除孔眼的质量，焊条、铆钉、螺栓等不另增加质量	1. 拼装 2. 安装 3. 探伤 4. 补刷油漆
010606007	钢走道				
010606008	钢梯	1. 钢材品种、规格 2. 钢梯形式 3. 螺栓种类 4. 防火要求			
010606009	钢护栏	1. 钢材品种、规格 2. 防火要求			

续表

项目编码	项目名称	项目特征	计量单位	工程量计算规则	工作内容
010606010	钢漏斗	1. 钢材品种、规格 2. 漏斗、天沟形式 3. 安装高度 4. 探伤要求	t	按设计图示尺寸以质量计算，不扣除孔眼的质量，焊条、铆钉、螺栓等不另增加质量，依附漏斗或天沟的型钢并入漏斗或天沟工程量内	1. 拼装 2. 安装 3. 探伤 4. 补刷油漆
010606011	钢板天沟				
010606012	钢支架	1. 钢材品种、规格 2. 安装高度 3. 防火要求		按设计图示尺寸以质量计算，不扣除孔眼的质量，焊条、铆钉、螺栓等不另增加质量	
010606013	零星钢构件	1. 构件名称 2. 钢材品种、规格			

注：1. 钢漏斗形式指方形、圆形；天沟形式指矩形沟或半圆形沟。

2. 加工铁件等小型构件，按本表中零星钢构件项目编码列项。

2. 工程量计算实例

【例 9-4】 如图 9-17 所示，计算钢护栏制作工程量。

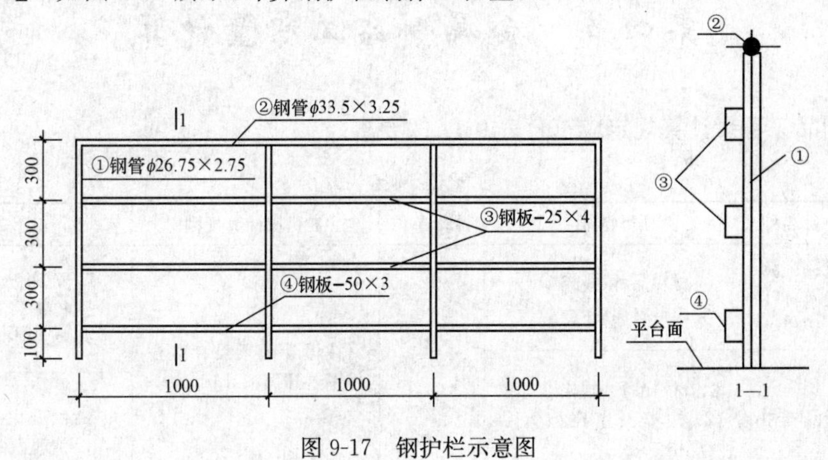

图 9-17　钢护栏示意图

【解】 钢管(ϕ26.75×2.75)质量＝(0.1＋0.3×3)×4×1.63＝6.52kg＝0.007t

钢管(ϕ33.5×3.25)质量＝1.0×3×2.42＝7.26kg＝0.007t

扁钢(－25×4)质量＝1×6×0.785＝4.71kg＝0.005t

扁钢(－50×3)质量＝1×3×1.18＝3.54kg＝0.004t

工程量＝6.52＋7.26＋4.71＋3.54＝22.03kg＝0.022t

【例 9-5】 某钢直梯如图 9-18 所示，ϕ28 光面钢筋线密度为 4.830kg/m，计算钢直梯工程量。

【解】 计算公式：杆件质量＝杆件设计图示长度×单位理论质量

钢直梯工程量＝$[(1.50+0.12\times2+0.45\times\frac{\pi}{2})\times2+(0.50-0.028)\times5+(0.15-0.014)\times4]\times4.830$＝37.66kg＝0.038t

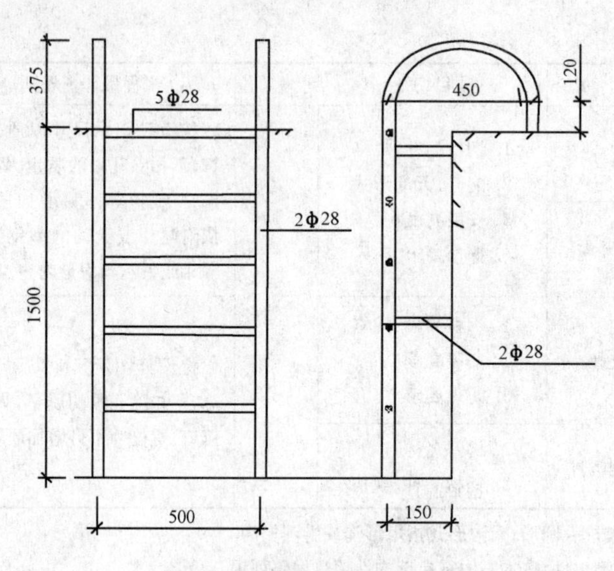

图 9-18 钢直梯示意图

第四节 金属制品工程量计算

金属制品工程量计算规定应符合表 9-11 的要求。

表 9-11 金属制品

项目编码	项目名称	项目特征	计量单位	工程量计算规则	工作内容
010607001	成品空调金属百叶护栏	1. 材料品种、规格 2. 边框材质	m^2	按设计图示尺寸以框外围展开面积计算	1. 安装 2. 校正 3. 预埋铁件及安螺栓
010607002	成品栅栏	1. 材料品种、规格 2. 边框及立柱型钢品种、规格			1. 安装 2. 校正 3. 预埋铁件 4. 安螺栓及金属立柱
010607003	成品雨篷	1. 材料品种、规格 2. 雨篷宽度 3. 晾衣杆品种、规格	1. m 2. m^2	1. 以米计量，按设计图示接触边以米计算 2. 以平方米计量，按设计图示尺寸以展开面积计算	1. 安装 2. 校正 3. 预埋铁件及安螺栓
010607004	金属网栏	1. 材料品种、规格 2. 边框及立柱型钢品种、规格	m^2	按设计图示尺寸以框外围展开面积计算	1. 安装 2. 校正 3. 安螺栓及金属立柱
010607005	砌块墙钢丝网加固	1. 材料品种、规格 2. 加固方式		按设计图示尺寸以面积计算	1. 铺贴 2. 铆固
010607006	后浇带金属网				

注：抹灰钢丝网加固按本表中砌块墙钢丝网加固项目编码列项。

第十章　屋面及防水工程工程量计算

第一节　屋面及防水工程分项工程划分

一、"13工程计量规范"中屋面及防水工程划分

"13工程计量规范"中屋面及防水工程共4节21个项目，包括瓦、型材及其他屋面，屋面防水及其他，墙面防水、防潮，楼(地)面防水、防潮。

1. 瓦、型材及其他屋面

(1)瓦屋面工作内容包括：①砂浆制作、运输、摊铺、养护；②安瓦、作瓦脊。

(2)型材屋面工作内容包括：①檩条制作、运输、安装；②屋面型材安装；③接缝、嵌缝。

(3)阳光板屋面工作内容包括：①骨架制作、运输、安装、刷防护材料、油漆；②阳光板安装；③接缝、嵌缝。

(4)玻璃钢屋面工作内容包括：①骨架制作、运输、安装、刷防护材料、油漆；②玻璃钢制作、安装；③接缝、嵌缝。

(5)膜结构屋面工作内容包括：①膜布热压胶接；②支柱(网架)制作、安装；③膜布安装；④穿钢丝绳、锚头锚固；⑤锚固基座、挖土、回填；⑥刷防护材料，油漆。

2. 屋面防水及其他

(1)屋面卷材防水工作内容包括：①基层处理；②刷底油；③铺油毡卷材、接缝。

(2)屋面涂膜防水工作内容包括：①基层处理；②刷基层处理剂；③铺布、喷涂防水层。

(3)屋面刚性层工作内容包括：①基层处理；②混凝土制作、运输、铺筑、养护；③钢筋制安。

(4)屋面排水管工作内容包括：①排水管及配件安装、固定；②雨水斗、山墙出水口、雨水箅子安装；③接缝、嵌缝；④刷漆。

(5)屋面排(透)气管工作内容包括：①排(透)气管及配件安装、固定；②铁件制作、安装；③接缝、嵌缝；④刷漆。

(6)屋面(廊、阳台)泄(吐)水管工作内容包括：①水管及配件安装、固定；②接缝、嵌缝；③刷漆。

(7)屋面天沟、檐沟工作内容包括：①天沟材料铺设；②天沟配件安装；③接缝、嵌缝；④刷防护材料。

(8)屋面变形缝工作内容包括：①清缝；②填塞防水材料；③止水带安装；④盖缝制作、安装；⑤刷防护材料。

3. 墙面防水、防潮

(1)墙面卷材防水工作内容包括：①基层处理；②刷粘结剂；③铺防水卷材；④接缝、嵌缝。

(2)墙面涂膜防水工作内容包括:①基层处理;②刷基层处理剂;③铺布、喷涂防水层。

(3)墙面砂浆防水(防潮)工作内容包括:①基层处理;②挂钢丝网片;③设置分隔缝;④砂浆制作、运输、摊铺、养护。

(4)墙面变形缝工作内容包括:①清缝;②填塞防水材料;③止水带安装;④盖缝制作、安装;⑤刷防护材料。

4. 楼(地)面防水、防潮

(1)楼(地)面卷材防水工作内容包括:①基层处理;②刷粘结剂;③铺防水卷材;④接缝、嵌缝。

(2)楼(地)面涂膜防水工作内容包括:①基层处理;②刷基层处理剂;③铺布、喷涂防水层。

(3)楼(地)面砂浆防水(防潮)工作内容包括:①基层处理;②砂浆制作、运输、摊铺、养护。

(4)楼(地)面变形缝工作内容包括:①清缝;②填塞防水材料;③止水带安装;④盖缝制作、安装;⑤刷防护材料。

二、基础定额中屋面及防水工程划分

《全国统一建筑工程基础定额》(土建工程)(GJD—101—1995)规定屋面及防水工程划分为屋面、防水和变形缝三部分。屋面工程部分包含刚性屋面、瓦屋面、覆土屋面、屋面排水 4 个定额节,共 37 个定额子目;防水工程部分包含屋面及平、立面 2 个定额节,共 59 个定额子目;变形缝部分包含嵌缝、盖缝、止水带 3 个定额节,共 20 个定额子目。

1. 屋面

(1)瓦屋面工作内容包括:铺瓦、调制砂浆、安脊瓦、檐口梢头坐灰。水泥瓦或黏土瓦如果穿铁丝、钉铁钉,每 100m 檐瓦增加 2.2 工日,20 号铁丝 0.7kg,铁钉 0.49kg。

(2)小波、大波石棉瓦工作内容包括:檩条上铺钉石棉瓦、安脊瓦。

(3)金属压型板屋面工作内容包括:构件变形修理、临时加固、吊装、就位、找正、螺栓固定。

(4)油毡卷材屋面工作内容包括:熬制沥青玛琋脂、配制冷底子油、贴附加层、铺贴卷材收头。

(5)三元乙丙橡胶卷材冷贴、再生橡胶卷材冷贴、氯丁橡胶卷材冷贴、氯化聚乙烯-橡胶共混卷材冷贴、氯磺化聚乙烯卷材冷贴等高分子卷材屋面工作内容均包括:清理基层、找平层分格缝嵌油膏、防水薄弱处刷涂膜附加层;刷底胶、铺贴卷材、接缝嵌油膏、做收头;涂刷着色剂保护层二遍。

(6)热贴满铺防水柔毡工作内容包括:清理基层、熔化粘胶、涂刷粘胶、铺贴柔毡、做收头、铺撒白石子保护层。

(7)聚氯乙烯防水卷材铝合金压条工作内容包括:清理基层、铺卷材、钉压条及射钉、嵌密封膏、收头。

(8)冷贴满铺 SBC120 复合卷材工作内容包括:找平层嵌缝、刷聚氨酯涂膜附加层;用掺胶水泥浆贴卷材、聚氨酯胶接缝搭接。

(9)屋面满涂塑料油膏工作内容包括:油膏加热、屋面满涂油膏。

(10)屋面板塑料油膏嵌缝工作内容包括:油膏加热、板缝嵌油膏。嵌缝取定纵缝断面;空心板 7.5cm^2,大形屋面板 9cm^2;如果断面不同于定额取定断面,以纵缝断面比例调整人工、材料数量。

(11)塑料油膏玻璃纤维布屋面工作内容包括:刷冷底子油、找平层分格缝嵌油膏、贴防水附加层、铺贴玻璃纤维布、表面撒粒砂保护层。

(12)屋面分格缝工作内容包括:支座处干铺油毡一层、清理缝、熬制油膏、油膏灌缝、沿缝上做二毡三油一砂。

(13)塑料油膏贴玻璃布盖缝工作内容包括:熬制油膏、油膏灌缝、缝上铺贴玻璃纤维布。

(14)聚氨酯涂膜防水屋面工作内容包括:涂刷聚氨酯底胶、刷聚氨酯防水层两遍、撒石渣做保护层(或刚性连接层)。聚氨酯如果掺缓凝剂,应增加磷酸 0.30kg;如果掺促凝剂,应增加二月桂酸二丁基锡 0.25kg。

(15)防水砂浆、镇水粉隔离层等工作内容包括:清理基层、调制砂浆、铺抹砂浆养护、筛铺镇水粉、铺隔离纸。

(16)氯丁冷胶涂膜防水屋面工作内容包括:涂刷底胶、做一布一涂附加层于防水薄弱处、冷胶贴聚酯布防水层、最表层撒细砂保护层。

(17)铁皮排水工作内容包括:铁皮截料、制作安装。

(18)铸铁落水管工作内容包括:切管、埋管卡、安水管、合灰捻口。

(19)铸铁雨水口、铸铁水斗(或称接水口)、铸铁弯头(含箅子板)等工作内容均包括:就位、安装。

(20)单屋面玻璃钢排水管系统工作内容包括:埋设管卡箍、截管、涂胶、接口。

(21)屋面阳台玻璃钢排水管系统工作内容包括:埋设管卡箍、截管、涂胶、安三通、伸缩节、管等。

(22)玻璃钢水斗(带罩)工作内容包括:细石混凝土填缝、涂胶、接口。

(23)玻璃钢弯头(90°)、短管工作内容包括:涂胶、接口。

2. 防水

(1)玛琋脂卷材防水工作内容包括:配制、涂刷冷底子油、熬制玛琋脂、防水薄弱处贴附加层、铺贴玛琋脂卷材。

(2)玛琋脂(或沥青)玻璃纤维布防水等工作内容包括:基层清理、配制、涂刷冷底子油、熬制玛琋脂、防水薄弱处贴附加层、铺贴玛琋脂(或沥青)玻璃纤维布。

(3)高分子卷材工作内容包括:涂刷基层处理剂、防水薄弱处涂聚氨酯涂膜加强、铺贴卷材、卷材接缝贴卷材条加强、收头。

(4)苯乙烯涂料、刷冷底子油等涂膜防水工作内容包括:基层清理、刷涂料。

(5)焦油玛琋脂、塑料油膏等涂膜防水工作内容包括:配制、涂刷冷底子油、熬制玛琋脂或油膏、涂刷油膏或玛琋脂。

(6)氯偏共聚乳胶涂膜防水工作内容包括:成品涂刷。

(7)聚氨酯涂膜防水工作内容包括:涂刷底胶及附加层、刷聚氨酯两道、盖石渣保护层(或刚性连接层)。聚氨酯如果掺缓凝剂,应增加磷酸 0.30kg;如果掺促凝剂,应增加二月桂酸二丁基锡 0.25kg。

(8)石油沥青(或刷石油沥青玛琋脂)涂膜防水等工作内容包括:熬制石油沥青(或石油沥

青玛琋脂)，配制、涂刷冷底子油，涂刷沥青(或石油沥青玛琋脂)。

(9)防水砂浆涂膜防水工作内容包括：基层清理、调制砂浆、抹水泥砂浆。

(10)水乳型普通乳化沥青涂料、水乳型水性石棉质沥青、水乳型再生胶沥青聚酯布、水乳型阴离子合成胶乳化沥青聚酯布、水乳型阳离子氯丁胶乳化沥青聚酯布、溶剂型再生胶沥青聚酯布涂膜防水等工作内容均包括：基层清理、调配涂料、铺贴附加层、贴布(聚酯布或玻璃纤维布)刷涂料(最后两遍掺水泥作保护层)。

3. 变形缝

(1)油浸麻丝填变形缝工作内容包括：熬制沥青、配制沥青麻丝、填塞沥青麻丝。

(2)油浸木丝板填变形缝工作内容包括：熬制沥青、浸木丝板、油浸木丝板嵌缝。

(3)石灰麻刀填变形缝工作内容包括：调制石灰麻刀、石灰麻刀嵌缝、缝上贴二毡二油条一层。

(4)建筑油膏、沥青砂浆填变形缝等工作内容包括：熬制油膏、沥青、拌和沥青砂浆、沥青砂浆或建筑油膏嵌缝。

(5)氯丁橡胶片止水带工作内容包括：清理用乙酸乙酯洗缝、隔纸、用氯丁胶粘剂贴氯丁橡胶片，最后在氯丁橡胶片上涂胶铺砂。

(6)预埋式紫铜板止水带工作内容包括：铜板剪裁、焊接成形、铺设。

(7)聚氯乙烯胶泥变形缝工作内容包括：清缝、水泥砂浆勾缝、垫牛皮纸、熬灌聚氯乙烯胶泥。

(8)涂刷式一布二涂氯丁胶贴玻璃纤维布止水片工作内容包括：基层清理、刷底胶、缝上粘贴 350mm 宽一布二涂氯丁胶贴玻璃纤维布，在缝中心贴 150mm 宽一布二涂氯丁胶贴玻璃纤维布，止水片干后表面涂胶并粘粒砂。

(9)预埋式橡胶、塑料止水带工作内容包括：止水带制作、接头及安装。

(10)木板盖缝板工作内容包括：平面板材加工、板缝一侧涂胶粘、立面埋木砖、钉木盖板。

(11)铁皮盖缝板工作内容包括：平面(屋面)埋木砖、钉木条、木条上钉铁皮；立面埋木砖、木砖上钉铁皮。

第二节　瓦、型材屋面工程量计算

一、瓦屋面、型材屋面工程量计算

用平瓦(黏土瓦)，根据防水、排水要求，将瓦相互排列在挂瓦条或其他层上的屋面称为瓦屋面。坡度大的屋面可用铁丝将瓦固定在挂瓦条上。

型材屋面是指用平板形薄钢板、波形薄钢板、彩色压型保温夹心板制作而成的屋面。

1. 计算规则与注意事项

瓦屋面、型材屋面工程量计算规定应符合表 10-1 的要求。

表 10-1　　瓦屋面、型材屋面

项目编码	项目名称	项目特征	计量单位	工程量计算规则	工作内容
010901001	瓦屋面	1. 瓦品种、规格 2. 粘结层砂浆的配合比	m²	按设计图示尺寸以斜面积计算 不扣除房上烟囱、风帽底座、风道、小气窗、斜沟等所占面积。小气窗的出檐部分不增加面积	1. 砂浆制作、运输、摊铺、养护 2. 安瓦、作瓦脊
010901002	型材屋面	1. 型材品种、规格 2. 金属檩条材料品种、规格 3. 接缝、嵌缝材料种类			1. 檩条制作、运输、安装 2. 屋面型材安装 3. 接缝、嵌缝

工程量计算时应注意以下几点：

(1)瓦屋面若是在木基层上铺瓦，项目特征不必描述粘结层砂浆的配合比，瓦屋面铺防水层，按本章第三节中相关项目编码列项。

(2)型材屋面的柱、梁、屋架，按《房屋建筑与装饰工程工程量计算规范》(GB 50854—2013)附录 F 金属结构工程(参见本书第九章)、附录 G 木结构工程(参见本书第八章)中相关项目编码列项。

如图 10-1 所示，屋面斜面积可按图示尺寸的水平投影面积乘以坡度系数(表 10-2)计算。

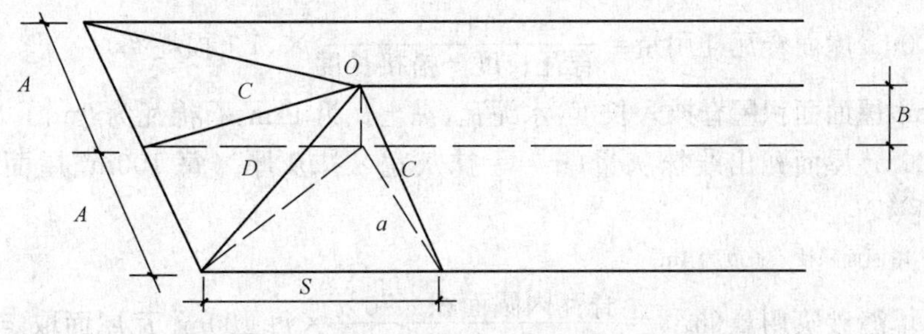

图 10-1　瓦屋面、金属压型板工程量计算示意图

表 10-2　　屋面坡度系数表

坡度			延尺系数 C	隅延尺系数 D
$B/A(A=1)$	$B/2A$	角度 α		
1	1/2	45°	1.4142	1.7321
0.750		36°52′	1.2500	1.6008
0.700		35°	1.2207	1.5779
0.666	1/3	33°40′	1.2015	1.5620
0.650		33°01′	1.1926	1.5564
0.600		30°58′	1.1662	1.5362
0.577		30°	1.1547	1.5270
0.550		28°49′	1.1413	1.5170
0.500	1/4	26°34′	1.1180	1.5000
0.450		24°14′	1.0966	1.4839
0.400	1/5	21°48′	1.0770	1.4697
0.350		19°17′	1.0594	1.4569
0.300		16°42′	1.0440	1.4457

续表

坡度			延尺系数 C	隅延尺系数 D
$B/A(A=1)$	$B/2A$	角度 α		
0.200	1/10	11°19′	1.0198	1.4283
0.150		8°32′	1.0112	1.4221
0.250		14°02′	1.0308	1.4362
0.125		7°8′	1.0078	1.4191
0.100	1/20	5°42′	1.0050	1.4177
0.083		4°45′	1.0035	1.4166
0.066	1/30	3°49′	1.0022	1.4157

注：1. 屋面斜铺面积＝屋面水平投影面积×C。

2. 等两坡屋面山墙泛水斜长：AC。

3. 等四坡屋面斜脊长度：AD。

2. 瓦屋面材料用量计算

各种瓦屋面的瓦及砂浆用量计算方法如下：

(1)每 100m² 屋面瓦耗用量$=\dfrac{100}{\text{瓦有效长度}\times\text{瓦有效宽度}}\times(1+\text{损耗率})$

(2)每 100m² 屋面脊瓦耗用量$=\dfrac{11(9)}{\text{脊瓦长度}-\text{搭接长度}}\times(1+\text{损耗率})$

(每 100m² 屋面面积屋脊摊入长度：水泥瓦、黏土瓦为 11m，石棉瓦为 9m。)

(3)每 100m² 屋面瓦出线抹灰量(m³)＝抹灰宽×抹灰厚×每 100m² 屋面摊入抹灰长度×(1＋损耗率)

注：每 100m² 屋面面积摊入长度为 4m。

(4)脊瓦填缝砂浆用量(m³)$=\dfrac{\text{脊瓦内圆面积}\times70\%}{2}\times$每 100m² 瓦屋面取定的屋脊长×(1－砂浆孔隙率)×(1＋损耗率)

脊瓦用的砂浆量按脊瓦半圆体积的 70% 计算；梢头抹灰宽度按 120mm，砂浆厚度按 30mm 计算；铺瓦条间距 300mm。

瓦的选用规格、搭接长度及综合脊瓦，梢头抹灰长度见表 10-3。

表 10-3　　瓦的选用规格、搭接长度及综合脊瓦、梢头抹灰长度

项目	规格(mm)		搭接(mm)		有效尺寸(mm)		每 100m² 屋面摊入	
	长	宽	长向	宽向	长	宽	脊长	梢头长
黏土瓦	380	240	80	33	300	207	7690	5860
小青瓦	200	145	133	182	67	190	11000	9600
小波石棉瓦	1820	720	150	62.5	1670	657.5	9000	
大波石棉瓦	2800	994	150	165.7	2650	828.3	9000	
黏土脊瓦	455	195	55				11000	
小波石棉脊瓦	780	180	200	1.5 波			11000	
大波石棉脊瓦	850	460	200	1.5 波			11000	

3. 工程量计算实例

【例 10-1】 有一带屋面小气窗的四坡水平瓦屋面，尺寸及坡度如图 10-2 所示。试计算屋面工程量。

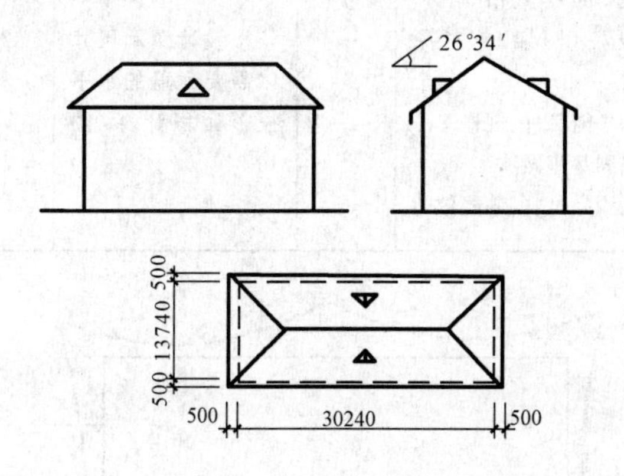

图 10-2　带屋面小气窗的四坡水平瓦屋面示意图

【解】 瓦屋面斜面积可按图示尺寸的水平投影面积乘屋面坡度延尺系数计算，屋面小气窗不扣除，与屋面重叠部分面积不增加。查表 10-2 得，$C=1.1180$。

屋面工程量$=(30.24+0.5\times2)\times(13.74+0.5\times2)\times1.1180=514.81m^2$

二、其他屋面工程量计算

阳光板主要由 PC、PET、PMMA、PP 等材料制作，普遍用于各种建筑采光屋顶和室内装饰装修。阳光板屋面具有高强度、透光、隔音、节能等优点。

采用玻璃钢材料制作的防水屋面具有重量轻，强度高，能制成各种复杂的形状，以及容易着色等特点。

膜材是新型膜结构建筑屋面的主体材料，它既为防水材料又兼为屋面结构。膜结构屋面的特点是不需要梁(屋架)和刚性屋面板，只以膜材由钢支架、钢索支撑和固定。膜结构建筑造型美、独特、结构形式简单、表现效果好。

阳光板屋面、玻璃钢屋面、膜结构屋面工程量计算规定应符合表 10-4 的要求。

表 10-4　　**其他屋面**

<table>
<tr><th>项目编码</th><th>项目名称</th><th>项目特征</th><th>计量单位</th><th>工程量计算规则</th><th>工作内容</th></tr>
<tr><td>010901003</td><td>阳光板屋面</td><td>1. 阳光板品种、规格
2. 骨架材料品种、规格
3. 接缝、嵌缝材料种类
4. 油漆品种、刷漆遍数</td><td rowspan="2">m²</td><td rowspan="2">按设计图示尺寸以斜面积计算不扣除屋面面积≤0.3m² 孔洞所占面积</td><td>1. 骨架制作、运输、安装、刷防护材料、油漆
2. 阳光板安装
3. 接缝、嵌缝</td></tr>
<tr><td>010901004</td><td>玻璃钢屋面</td><td>1. 玻璃钢品种、规格
2. 骨架材料品种、规格
3. 玻璃钢固定方式
4. 接缝、嵌缝材料种类
5. 油漆品种、刷漆遍数</td><td>1. 骨架制作、运输、安装、刷防护材料、油漆
2. 玻璃钢制作、安装
3. 接缝、嵌缝</td></tr>
</table>

续表

项目编码	项目名称	项目特征	计量单位	工程量计算规则	工作内容
010901005	膜结构屋面	1. 膜布品种、规格 2. 支柱（网架）钢材品种、规格 3. 钢丝绳品种、规格 4. 锚固基座做法 5. 油漆品种、刷漆遍数	m^2	按设计图示尺寸以需要覆盖的水平投影面积计算（图10-3）	1. 膜布热压胶接 2. 支柱(网架)制作、安装 3. 膜布安装 4. 穿钢丝绳、锚头锚固 5. 锚固基座、挖土、回填 6. 刷防护材料，油漆

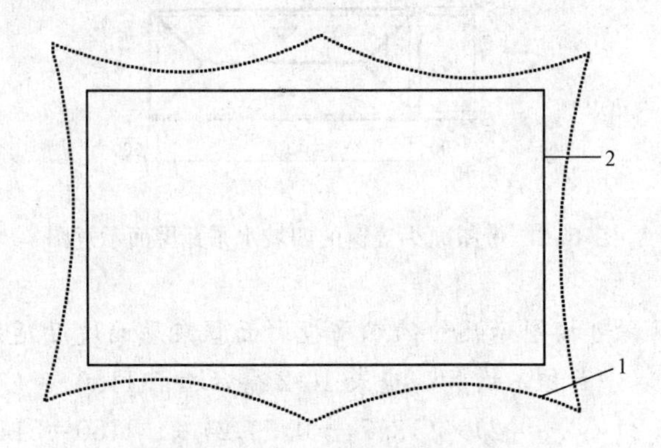

图 10-3　膜结构屋面工程量计算图

1—膜布水平的投影面积；2—需覆盖的水平投影面积

工程量计算时应注意以下几点：

(1)阳光板屋面、玻璃钢屋面的柱、梁、屋架，按《房屋建筑与装饰工程工程量计算规范》(GB 50854－2013)附录F金属结构工程（参见本书第九章）、附录G木结构工程（参见本书第八章）中相关项目编码列项。

(2)支撑柱的钢筋混凝土的柱基、锚固的钢筋混凝土基础以及地脚螺栓等按混凝土及钢筋混凝土相关工作内容编码列项。

(3)水泥砂浆保护层、细石混凝土保护层可包括在报价内，也可按相关工作内容编码列项。

第三节　屋面防水及其他工程量计算

一、屋面卷材、涂膜防水工程量计算

卷材屋面也称柔性屋面，用油毡玻璃丝纤维卷材和沥青交替粘结而成。一般做法为：在基层（或找平层）上刷冷底油，浇涂第一层沥青，铺贴第一层油毡卷材；再刷第二道沥青，铺第二层油毡后刷第三道沥青，也就是最后一道沥青，撒粒砂，如图 10-4 所示。

涂膜防水是指在屋面的混凝土或砂浆基层上，抹压或涂布具有防水能力的流态或半流态物质，经过溶剂、水分蒸发固化或交链化学反应，形成具有一定弹性和一定厚度的无接缝的完

整薄膜，使基层表面与水隔绝，起到防水密封作用。

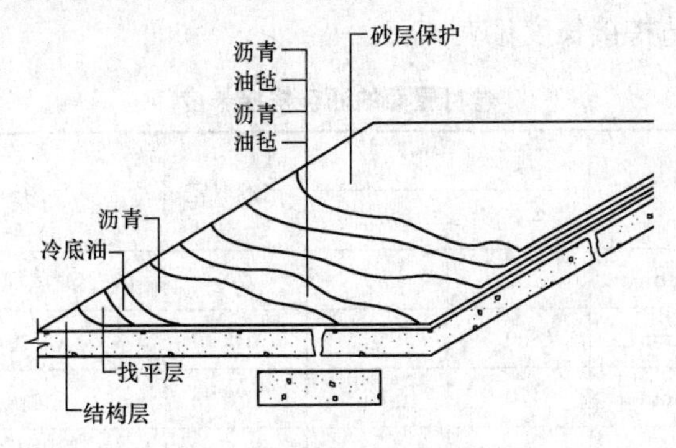

图 10-4　卷材屋面示意图

1. 计算规则与注意事项

屋面卷材、涂膜防水工程量计算规定应符合表 10-5 的要求。

表 10-5　屋面卷材、涂膜防水

项目编码	项目名称	项目特征	计量单位	工程量计算规则	工作内容
010902001	屋面卷材防水	1. 卷材品种、规格、厚度 2. 防水层数 3. 防水层做法	m^2	按设计图示尺寸以面积计算 1. 斜屋顶(不包括平屋顶找坡)按斜面积计算，平屋顶按水平投影面积计算 2. 不扣除房上烟囱、风帽底座、风道、屋面小气窗和斜沟所占面积 3. 屋面的女儿墙、伸缩缝和天窗等处的弯起部分(图 10-5、图 10-6)，并入屋面工程量内	1. 基层处理 2. 刷底油 3. 铺油毡卷材、接缝
010902002	屋面涂膜防水	1. 防水膜品种 2. 涂膜厚度、遍数 3. 增强材料种类			1. 基层处理 2. 刷基层处理剂 3. 铺布、喷涂防水层

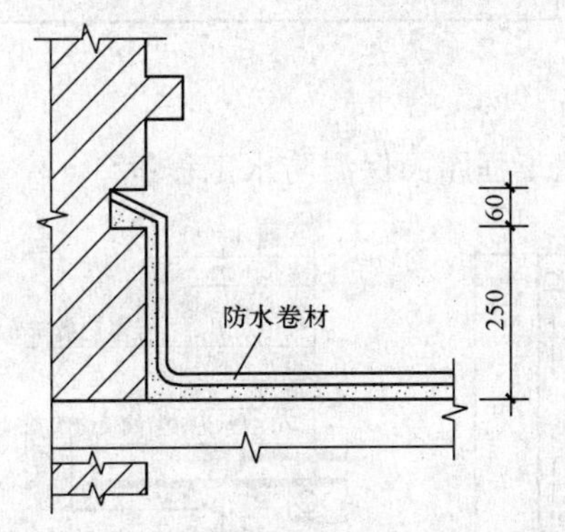

图 10-5　屋面女儿墙防水卷材弯起示意图

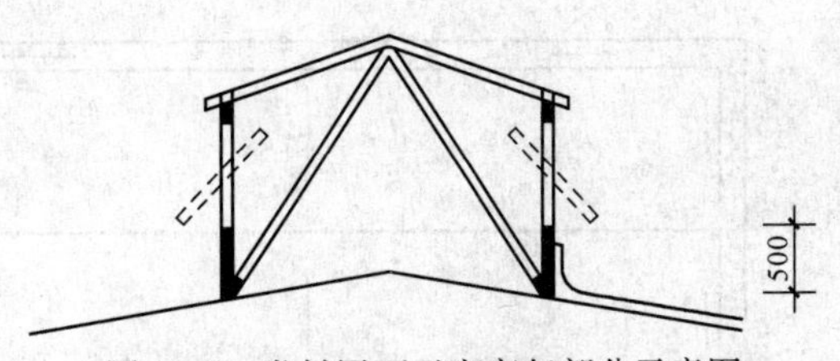

图 10-6　卷材屋面天窗弯起部分示意图

2. 卷材屋面材料用量计算

$$每\ 100m^2\ 屋面卷材用量(m^2)=\frac{100}{\left(卷材宽-\begin{matrix}横向\\搭接宽\end{matrix}\right)\times\left(卷材长-\begin{matrix}顺向\\搭接宽\end{matrix}\right)}\times$$

每卷卷材面积×(1＋损耗率)

(1)卷材屋面的油毡搭接长度见表10-6。

表10-6 卷材屋面的油毡搭接长度

项目		单位	规范规定		定额取定	备注
			平顶	坡顶		
隔气层	长向	mm	50	50	70	油毡规格为21.86m×0.915m
	短向	mm	50	50	100	每卷卷材按2个接头
防水层	长向	mm	70	70	70	—
	短向	mm	100	150	100	(100×0.7＋150×0.3)按2个接头

注:定额取定为搭接长向70mm,短向100mm,附加层计算10.30m²。

(2)一般各部位附加层见表10-7。

表10-7 每100m² 卷材屋面附加层含量

部位		单位	平檐口	檐口沟	天沟	檐口天沟	屋脊	大板端缝	过屋脊	沿墙
附加层	长度	mm	780	5340	730	6640	2850	6670	2850	6000
	宽度	mm	450	450	800	500	450	300	200	650

(3)卷材铺油厚度见表10-8。

表10-8 屋面卷材铺油厚度

项目	底层	中层	面层	
			面层	带砂
规范规定	1～1.5不大于2mm			2～4
定额取定	1.4	1.3	2.5	3

3. 工程量计算实例

【例10-2】 如图10-7所示为保温平屋面,计算该工程屋面保温防水工程量。

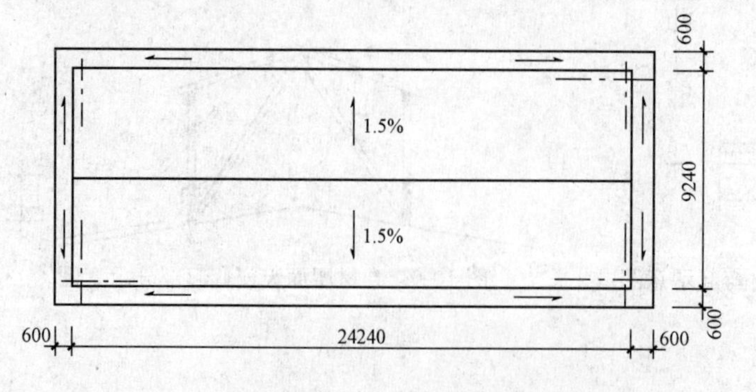

图10-7 保温防水平屋面

【解】 屋面卷材、涂膜防水工程量按图示尺寸以面积计算，则：

工程量＝24.24×9.24＝223.98m^2

【例 10-3】 有一两坡水二毡三油卷材屋面，尺寸如图 10-8 所示。屋面防水层构造层次为：预制钢筋混凝土空心板、1∶2 水泥砂浆找平层、冷底子油一道、二毡三油一砂防水层。试计算：

①当有女儿墙，屋面坡度为 1∶4 时；②当有女儿墙，屋面坡度为 3%时；③无女儿墙有挑檐，坡度为 3%时的工程量。

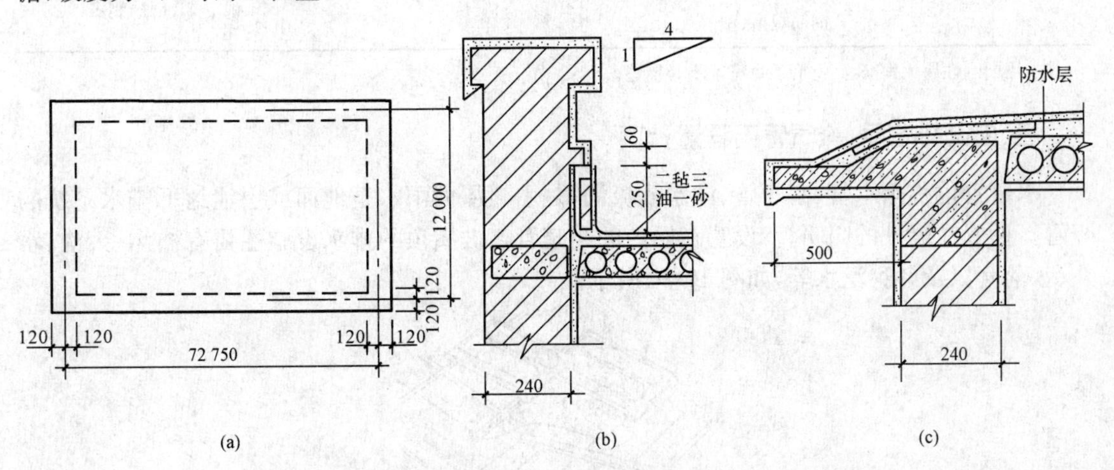

图 10-8　某卷材防水屋面示意图

(a)平面图；(b)女儿墙；(c)挑檐

【解】 (1)当屋面坡度为 1∶4 时，相应的角度为 14°02′，延尺系数 C＝1.0308，则：

屋面工程量＝(72.75－0.24)×(12－0.24)×1.0308＋0.25×[(72.75－0.24)＋(12.0－0.24)]×2＝921.12m^2

(2)当有女儿墙，3%的坡度，因坡度很小，按平屋面计算，则：

屋面工程量＝(72.75－0.24)×(12－0.24)＋(72.75＋12－0.48)×2×0.25＝894.86m^2

或　＝(72.75＋0.24)×(12＋0.24)－(72.75＋12)×2×0.24＋(72.75＋12－0.48)×2×0.25＝894.85m^2

(3)当无女儿墙有挑檐平屋面(坡度 3%)时，按图 10-8(a)、(c)及下式计算屋面工程量：

屋面工程量＝外墙外围水平面积＋($L_{外}$＋4×檐宽)×檐宽

＝(72.75＋0.24)×(12＋0.24)＋[(72.75＋12＋0.48)×2＋4×0.5]×0.5

＝979.63m^2

二、屋面刚性防水工程量计算

刚性防水屋面是指在密实的细石钢筋混凝土屋面上，加防水砂浆抹面而成的屋面。常见的刚性防水屋面构造形式有以下几种：在预制板上做刚性防水层；整体现浇刚性防水层；整体现浇层上做防水砂浆层等，如图 10-9 所示。

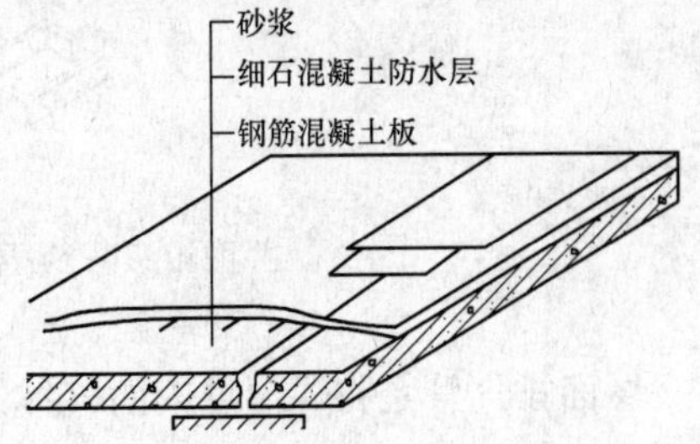

图 10-9　刚性防水屋面示意图

屋面刚性层工程量计算规定应符合表 10-9 的要求。

表 10-9 屋面刚性层

项目编码	项目名称	项目特征	计量单位	工程量计算规则	工作内容
010902003	屋面刚性层	1. 刚性层厚度 2. 混凝土种类 3. 混凝土强度等级 4. 嵌缝材料种类 5. 钢筋规格、型号	m^2	按设计图示尺寸以面积计算。不扣除房上烟囱、风帽底座、风道等所占面积	1. 基层处理 2. 混凝土制作、运输、铺筑、养护 3. 钢筋制安

注：屋面刚性层无钢筋，其钢筋项目特征不必描述。

三、屋面排水管、排气管工程量计算

水落管也称雨水管、落水管、注水或流洞，是引泄屋面雨水至地面或引泄地下排水系统的竖管。设置在墙外的叫明管，设置在墙内的叫暗管。坡屋顶的排水设施主要有檐沟、天沟、水斗、水落管以及各种泛水等，如图 10-10 所示。

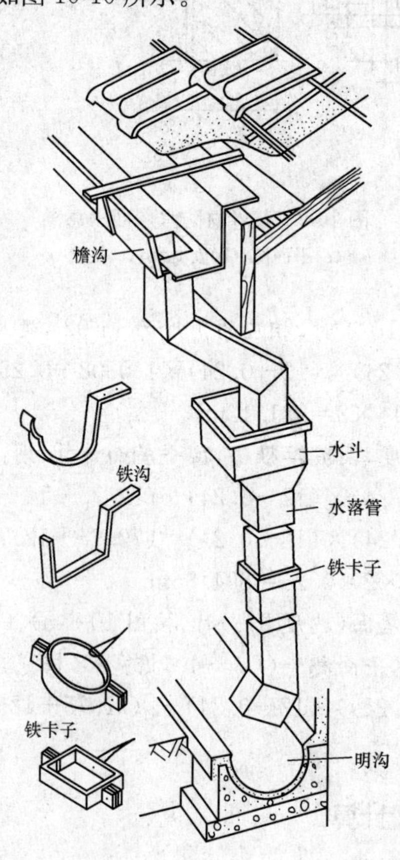

图 10-10 坡屋面檐沟、水斗、水落管形式示意图

屋面排气管是将保温层内的气体及时排出，有效防止屋面因水的冻胀、气体的压力导致屋面开裂破坏而设置的管道。

1. 计算规则与注意事项

屋面排水管、屋面排(透)气管、屋面(廊、阳台)泄(吐)水管工程量计算规定应符合表10-10的要求。

表10-10　　屋面排水管、排气管

项目编码	项目名称	项目特征	计量单位	工程量计算规则	工作内容
010902004	屋面排水管	1. 排水管品种、规格 2. 雨水斗、山墙出水口品种、规格 3. 接缝、嵌缝材料种类 4. 油漆品种、刷漆遍数	m	按设计图示尺寸以长度计算。如设计未标注尺寸,以檐口至设计室外散水上表面垂直距离计算	1. 排水管及配件安装、固定 2. 雨水斗、山墙出水口、雨水箅子安装 3. 接缝、嵌缝 4. 刷漆
010902005	屋面排(透)气管	1. 排(透)气管品种、规格 2. 接缝、嵌缝材料种类 3. 油漆品种、刷漆遍数	m	按设计图示尺寸以长度计算	1. 排(透)气管及配件安装、固定 2. 铁件制作、安装 3. 接缝、嵌缝 4. 刷漆
010902006	屋面(廊、阳台)泄(吐)水管	1. 吐水管品种、规格 2. 接缝、嵌缝材料种类 3. 吐水管长度 4. 油漆品种、刷漆遍数	根(个)	按设计图示数量计算	1. 水管及配件安装、固定 2. 接缝、嵌缝 3. 刷漆

2. 工程量计算实例

【例10-4】 按图10-11所示计算8套铁皮排水(圆形落水管、铸铁弯头、落水口、水斗)工程量(水落管距室外地坪150mm)。

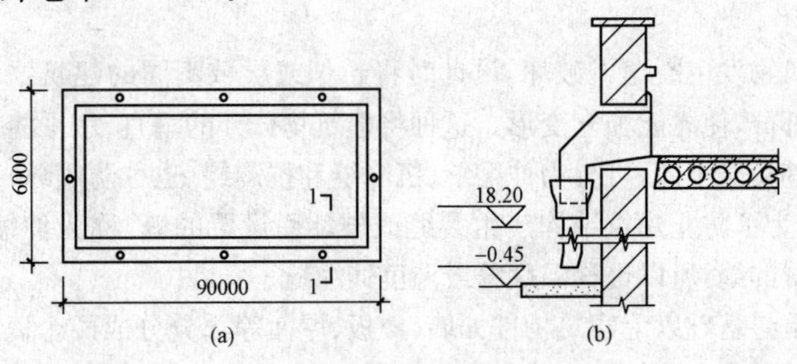

图10-11　铁皮排水示意图

(a)平面图;(b)剖面图

【解】 水落管工程量=(18.2+0.45−0.15)×8=148m

四、屋面天沟、檐沟工程量计算

天沟是指屋面上沿沟长两侧收集雨水用于引导屋面雨水径流的集水沟。檐沟是屋檐边的集水沟,檐沟长单边收集雨水且溢流雨水能沿沟边溢流到室外。

1. 计算规则与注意事项

屋面天沟、檐沟工程量计算规定应符合表 10-11 的要求。

表 10-11　　　　屋面天沟、檐沟

项目编码	项目名称	项目特征	计量单位	工程量计算规则	工作内容
010902007	屋面天沟、檐沟	1. 材料品种、规格 2. 接缝、嵌缝材料种类	m^2	按设计图示尺寸以展开面积计算	1. 天沟材料铺设 2. 天沟配件安装 3. 接缝、嵌缝 4. 刷防护材料

2. 工程量计算实例

【例 10-5】 假设某仓库屋面为铁皮排水天沟(图 10-12),共 12m 长,计算天沟工程量。

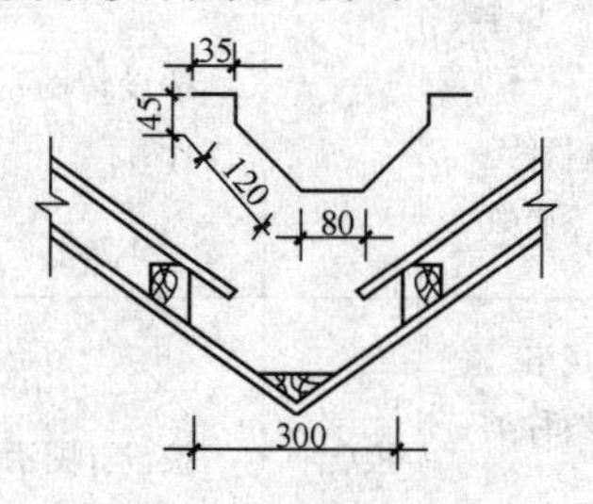

图 10-12　铁皮排水天沟

【解】 天沟工程量＝12×(0.035×2＋0.045×2＋0.12×2＋0.08)＝5.76m^2

五、屋面变形缝工程量计算

1. 变形缝简介

为了避免建筑物发生裂缝或破坏,设计时将超长或层数不同的建筑物用垂直、水平的缝分割为几个单独部分,使之能独立变形。这种将建筑物分开的垂直、水平缝称为变形缝。

变形缝根据其功能不同,可分为伸缩缝、沉降缝和抗震缝(也称防震缝)三种。

(1)伸缩缝。为了防止建筑结构产生裂缝或破坏而设置的缝,称为伸缩缝。因为是受温度变化影响而设置的缝,所以也称温度缝或温度伸缩缝。

伸缩缝一般是将基础以上建筑构件如墙、楼板、屋面等部分分成两个以上的独立部分,在相邻独立部分中间留出空隙,缝宽一般为 25～30mm。因基础部分处于地下,受温度影响小,一般不设置专用的伸缩缝。

(2)沉降缝。沉降缝是指建筑物各部分由于地基不均匀沉降,引起建筑物产生裂缝或破坏,为了防止产生这种裂缝或破坏而设置的缝。

(3)防震缝。在地震区建造房屋,必须充分考虑地震对建筑造成的影响。防震缝应沿建筑全高设置,缝的两侧应布置双墙或双柱,或一墙一柱,使各部分结构都有较好的刚度。

变形缝内应填充泡沫塑料,其上放衬垫材料,并用卷材封盖;顶部应加扣混凝土盖板或金属盖板,如图 10-13 所示。

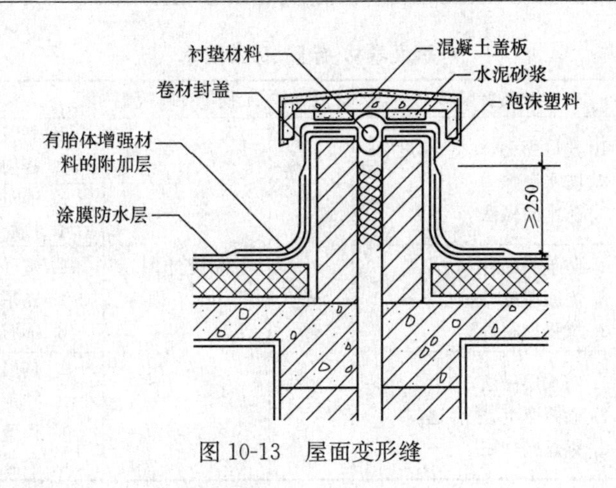

图 10-13　屋面变形缝

2. 计算规则与注意事项

屋面变形缝工程量计算规定应符合表 10-12 的要求。

表 10-12　　屋面变形缝

项目编码	项目名称	项目特征	计量单位	工程量计算规则	工作内容
010902008	屋面变形缝	1. 嵌缝材料种类 2. 止水带材料种类 3. 盖缝材料 4. 防护材料种类	m	按设计图示以长度计算	1. 清缝 2. 填塞防水材料 3. 止水带安装 4. 盖缝制作、安装 5. 刷防护材料

第四节　墙(地)面防水、防潮工程量计算

一、卷材、涂膜防水、砂浆防水(潮)工程量计算

墙面卷材防水层的铺贴一般采用外防外贴法和外防内贴法两种施工方法。由于外防外贴法的防水效果优于外防内贴法,所以在施工场地和条件不受限制时,一般均采用外防外贴法。

涂膜防水层包括无机防水涂料和有机防水涂料。无机防水涂料可选用水泥基防水涂料、水泥基渗透结晶型涂料,应用于结构主体的背水面;有机防水涂料可选用反应型、水乳型、聚合物水泥防水涂料,应用于结构主体的迎水面。

地下工程的防水主要是结构自防水法,即靠防水混凝土来抗渗透水,但在大面积浇筑防水混凝土的过程中,难免留下一些缺陷。在防水混凝土结构的内外表面抹防水砂浆,等于多了一道防水线,它不仅可以弥补缺陷,而且还能大大提高地下结构的防水抗渗能力。

1. 计算规则与注意事项

(1)墙(地)面卷材、涂膜、砂浆防水工程量计算规定应符合表 10-13 的要求。

表 10-13　　墙面卷材、涂膜、砂浆防水

项目编码	项目名称	项目特征	计量单位	工程量计算规则	工作内容
010903001	墙面卷材防水	1. 卷材品种、规格、厚度 2. 防水层数 3. 防水层做法	m^2	按设计图示尺寸以面积计算	1. 基层处理 2. 刷粘结剂 3. 铺防水卷材 4. 接缝、嵌缝
010903002	墙面涂膜防水	1. 防水膜品种 2. 涂膜厚度、遍数 3. 增强材料种类			1. 基层处理 2. 刷基层处理剂 3. 铺布、喷涂防水层
010903003	墙面砂浆防水（防潮）	1. 防水层做法 2. 砂浆厚度、配合比 3. 钢丝网规格			1. 基层处理 2. 挂钢丝网片 3. 设置分格缝 4. 砂浆制作、运输、摊铺、养护

(2)楼(地)面卷材、涂膜、砂浆防水工程量计算规定应符合表 10-14 的要求。

表 10-14　　楼(地)面卷材、涂膜、砂浆防水

项目编码	项目名称	项目特征	计量单位	工程量计算规则	工作内容
010904001	楼(地)面卷材防水	1. 卷材品种、规格、厚度 2. 防水层数 3. 防水层做法 4. 反边高度	m^2	按设计图示尺寸以面积计算 1. 楼(地)面防水：按主墙间净空面积计算，扣除凸出地面的构筑物、设备基础等所占面积，不扣除间壁墙及单个面积≤0.3m^2 柱、垛、烟囱和孔洞所占面积 2. 楼(地)面防水反边高度≤300mm 算作地面防水，反边高度＞300mm 按墙面防水计算	1. 基层处理 2. 刷粘结剂 3. 铺防水卷材 4. 接缝、嵌缝
010904002	楼(地)面涂膜防水	1. 防水膜品种 2. 涂膜厚度、遍数 3. 增强材料种类 4. 反边高度			1. 基层处理 2. 刷基层处理剂 3. 铺布、喷涂防水层
010904003	楼(地)面砂浆防水（防潮）	1. 防水层做法 2. 砂浆厚度、配合比 3. 反边高度			1. 基层处理 2. 砂浆制作、运输、摊铺、养护

2. 工程量计算实例

【例 10-6】 试计算如图 10-14 所示地面防水层工程量，其防水层做法如图 10-15 所示。

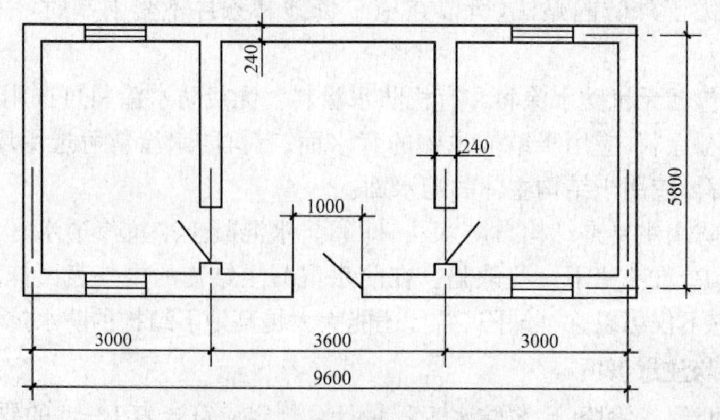

图 10-14　某建筑物平面示意图

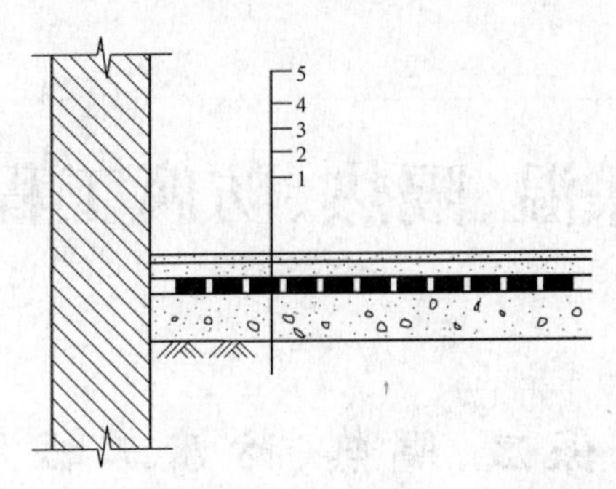

图 10-15　地面防水层构造层次示意图

1—素土夯实；2—100 厚 C20 混凝土；3—冷底子油一遍，玛琋脂玻璃布一布二油；
4—20 厚 1∶3 水泥砂浆找平层；5—10 厚 1∶2 水泥砂浆面层

【解】 地面防水层工程量＝(9.6－0.24×3)×(5.8－0.24)＝49.37m^2

二、变形缝工程量计算

(1)墙面变形缝工程量计算规定应符合表 10-15 的要求。

表 10-15　　墙面变形缝

项目编码	项目名称	项目特征	计量单位	工程量计算规则	工作内容
010903004	墙面变形缝	1. 嵌缝材料种类 2. 止水带材料种类 3. 盖缝材料 4. 防护材料种类	m	按设计图示以长度计算	1. 清缝 2. 填塞防水材料 3. 止水带安装 4. 盖缝制作、安装 5. 刷防护材料

注：工程量计算时墙面变形缝，若做双面，工程量乘系数 2。

(2)楼(地)面变形缝工程量计算规定应符合表 10-16 的要求。

表 10-16　　楼(地)面变形缝

项目编码	项目名称	项目特征	计量单位	工程量计算规则	工作内容
010904004	楼(地)面变形缝	1. 嵌缝材料种类 2. 止水带材料种类 3. 盖缝材料 4. 防护材料种类	m	按设计图示以长度计算	1. 清缝 2. 填塞防水材料 3. 止水带安装 4. 盖缝制作、安装 5. 刷防护材料

第十一章　保温、隔热、防腐工程工程量计算

第一节　保温、隔热、防腐工程用料计算

一、各种胶泥、砂浆、混凝土、玻璃钢用料计算

各种胶泥、砂浆、混凝土、玻璃钢用料按下列公式计算(均按质量比计算)：

(1)统一计算公式：设甲、乙、丙三种材料密度分别为 A、B、C，配合比分别为 a、b、c，则：

$$单位用量\ G=\frac{1}{a+b+c}$$

$$甲材料用量(质量)=Ga$$

$$乙材料用量(质量)=Gb$$

$$丙材料用量(质量)=Gc$$

$$配合后\ 1m^3\ 砂浆(胶泥)质量=\frac{1}{\frac{Ga}{A}+\frac{Gb}{B}+\frac{Gc}{C}}$$

$1m^3$ 砂浆(胶泥)需要各种材料质量分别为：

$$甲材料(kg)=1m^3\ 砂浆(胶泥)质量\times Ga$$

$$乙材料(kg)=1m^3\ 砂浆(胶泥)质量\times Gb$$

$$丙材料(kg)=1m^3\ 砂浆(胶泥)质量\times Gc$$

(2)例如：耐酸沥青砂浆(铺设压实)用配合比(质量比)1.3∶2.6∶7.4，即沥青∶石英粉∶石英砂的配合比。

$$单位用量\ G=\frac{1}{1.3+2.6+7.4}=0.0885$$

$$沥青=1.3\times 0.0885=0.115$$

$$石英粉=2.6\times 0.0885=0.23$$

$$石英砂=7.4\times 0.0885=0.655$$

$$1m^3\ 砂浆质量=\frac{1000}{\frac{0.115}{1.1}+\frac{0.23}{2.7}+\frac{0.655}{2.7}}=2313kg$$

$1m^3$ 砂浆材料用量：

$$沥\quad 青=2313\times 0.115=266kg(另加损耗)$$

$$石英粉=2313\times 0.23=532kg(另加损耗)$$

$$石英砂=2313\times 0.655=1515kg(另加损耗)$$

注：树脂胶泥中的稀释剂：如丙酮、乙醇、二甲苯等在配合比计算中未有比例成分，而是按取定值(表 11-1)直接算入。

表 11-1　　树脂胶泥中的稀释剂参考取定值

材料名称＼种类	环氧胶泥	酚醛胶泥	环氧酚醛胶泥	环氧呋喃胶泥	环氧煤焦油胶泥	环氧打底材料
丙　　酮	0.1		0.06	0.06	0.04	1
乙　　醇		0.06				
乙二胺苯磺酰氯	0.08		0.05	0.05	0.04	0.07
二　甲　苯		0.08			0.10	

二、玻璃钢类用料计算

根据一般做法，环氧玻璃钢、环氧酚醛玻璃钢、环氧呋喃玻璃钢、酚醛玻璃钢、环氧煤焦油玻璃钢项目，其计算过程如下：

(1)底漆：各种玻璃钢底漆均用环氧树脂胶料，其用量为 0.116kg/m^2，另加 2.5%的损耗量，石英粉的损耗量为 1.5%。

(2)腻子：各种玻璃钢腻子所用树脂与底漆相同，均为环氧树脂，其用量为底漆的 30%。

(3)贴布一层：各种玻璃钢，均为各该底漆一层耗用树脂量的 150%，玻璃布厚为 0.2mm。

(4)面漆一层：均与各该底漆一层所需用树脂量相同。

(5)各层的其他材料：其耗用量均按各种玻璃钢各该层的配合比计算取得。

(6)各种玻璃钢各层次所用的稀释剂：其用量除按配合比所需计算外，每层按照 100m^2 另加 2.5kg 洗刷工具的耗用量。

(7)各种玻璃钢各层次每增一层的各种材料，与该层次一层的耗用量相同。

(8)沥青胶泥不带填充料，每 1m^3 用 30 号石油沥青 1155kg。

三、软氯乙烯塑料地面用料计算

塑料板厚规格为 3mm，XG-401 胶 0.9kg/m^2，塑料焊条 0.0244kg/m 焊缝。踢脚线是按 15cm 高度计算的。

四、块料面层用料计算

(1)块料：

$$每\ 100m^2\ 块料用量=\frac{100}{(块料长+灰缝宽)\times(块料宽+灰缝宽)}$$

$$=块数(另加损耗)$$

(2)胶料(各种胶泥或砂浆)：

$$计算量=结合层数量+灰缝胶料计算量(另加损耗)$$

其中：每 100m^2 灰缝胶料计算量=(100－块料长×块料宽×块数)×灰缝深度。

(3)水玻璃胶料基层涂稀胶泥用量为 0.2m^3/(100m^2)。

(4)表面擦拭用的丙酮，按 0.1kg/m^2 计算。

(5)其他材料费按每 100m^2 用棉纱 2.4kg 计算。

五、保温隔热材料计算

常用保温材料的导热系数见表 11-2。

表 11-2　常用保温材料的导热系数

材料名称	干密度 (kg/m³)	导热系数 [W/(m·K)]	材料名称	干密度 (kg/m³)	导热系数 [W/(m·K)]
钢筋混凝土	2500	1.74	膨胀珍珠岩	120	0.07
碎石、卵石混凝土	2300	1.51		80	0.058
	2100	1.28	水泥膨胀珍珠岩	800	0.26
膨胀矿渣珠混凝土	2000	0.77		600	0.21
	1800	0.63		400	0.16
	1600	0.53	沥青、乳化沥青膨胀珍珠岩	400	0.12
自然煤矸石、炉渣混凝土	1700	1.00		300	0.093
	1500	0.76	水泥膨胀蛭石	350	0.14
	1300	0.56	矿棉、岩棉、玻璃棉板	80 以下	0.05
粉煤灰陶粒混凝土	1700	0.95		80～200	0.045
	1500	0.70	矿棉、岩棉、玻璃棉毡	70 以下	0.05
	1300	0.57		70～200	0.045
	1100	0.44	聚乙烯泡沫塑料	100	0.047
黏土陶粒混凝土	1600	0.84	聚苯乙烯泡沫塑料	30	0.042
	1400	0.70	聚氨酯硬泡沫塑料	30	0.033
	1200	0.53	聚氯乙烯硬泡沫塑料	130	0.048
加气混凝土、泡沫混凝土	700	0.22	钙塑	120	0.049
	500	0.19	泡沫玻璃	140	0.058
水泥砂浆	1800	0.93	泡沫石灰	300	0.116
水泥白灰砂浆	1700	0.87	炭化泡沫石灰	400	0.14
石灰砂浆	1600	0.81	木屑	250	0.093
保温砂浆	800	0.29	稻壳	120	0.06
重砂浆砌筑黏土砖砌体	1800	0.81	沥青油毡，油毡纸	600	0.17
轻砂浆砌筑黏土砖砌体	1700	0.76	沥青混凝土	2100	1.05
高炉炉渣	900	0.26	石油沥青	1400	0.27
浮石、凝灰岩	600	0.23		1050	0.17
膨胀蛭石	300	0.14	加草黏土	1600	0.76
	200	0.10		1400	0.58
硅藻土	200	0.076	轻质黏土	1200	0.47

(1)胶结料的消耗量按隔热层不同部件、缝厚的要求按实计算。

(2)熬制 1kg 沥青损耗用木柴为 0.46kg。

(3)关于稻壳损耗率问题，只包括了施工损耗2%，晾晒损耗5%，共计7%。施工后墙体、屋面松散稻壳的自然沉陷损耗，未包括在定额内。露天堆放损耗约4%(包括运输损耗)，应计算在稻壳的预算价格内。

六、每100m² 胶结料(沥青)参考消耗量

每100m² 胶结料(沥青)的参考消耗量见表11-3。

表11-3　每100m² 胶结料(沥青)参考消耗量

隔热材料名称	缝厚(mm)	墙体、柱子、吊顶				楼地面	
		独立墙体		附墙、柱子、吊顶		基本层厚	
		基本层厚100	基本层厚200	基本层厚100	基本层厚200	100	200
软木板	4	47.41					
软木板	5			93.50		115.50	
聚苯乙烯泡沫塑料	4	47.41					
聚苯乙烯泡沫塑料	5			93.50		115.50	
加气混凝土块	5		34.10		60.50		
膨胀珍珠岩板	4			93.50			60.50
稻壳板	4			93.50			

注：1. 表内沥青用量未加损耗。

2. 独立板材墙体、吊顶的木框架及龙骨所占体积已按设计扣除。

第二节　保温、隔热、防腐工程分项工程划分

一、“13工程计量规范”中保温、隔热、防腐工程划分

“13工程计量规范”中保温、隔热、防腐工程共3节16个项目，包括保温、隔热，防腐面层，其他防腐。

1. 保温、隔热

(1)保温隔热屋面、保温隔热天棚、保温隔热楼地面工作内容包括：①基层清理；②刷粘结材料；③铺粘保温层；④铺、刷(喷)防护材料。

(2)保温隔热墙面、保温柱、梁、其他保温隔热工作内容包括：①基层清理；②刷界面剂；③安装龙骨；④填贴保温材料；⑤保温板安装；⑥粘贴面层；⑦铺设增强格网、抹抗裂防水砂浆面层；⑧嵌缝；⑨铺、刷(喷)防护材料。

2. 防腐面层

(1)防腐混凝土面层工作内容包括：①基层清理；②基层刷稀胶泥；③混凝土制作、运输、摊铺、养护。

(2)防腐砂浆面层工作内容包括：①基层清理；②基层刷稀胶泥；③砂浆制作、运输、摊铺、养护。

(3)防腐胶泥面层工作内容包括：①基层清理；②胶泥调制、摊铺。

(4)玻璃钢防腐面层工作内容包括：①基层清理；②刷底漆、刮腻子；③胶浆配制、涂刷；④

粘布、涂刷面层。

(5)聚氯乙烯板面层工作内容包括:①基层清理;②配料、涂胶;③聚氯乙烯板铺设。

(6)块料防腐面层、池、槽块料防腐面层工作内容包括:①基层清理;②铺贴块料;③胶泥调制、勾缝。

3. 其他防腐

(1)隔离层工作内容包括:①基层清理、刷油;②煮沥青;③胶泥调制;④隔离层铺设。

(2)砌筑沥青浸渍砖工作内容包括:①基层清理;②胶泥调制;③浸渍砖铺砌。

(3)防腐涂料工作内容包括:①基层清理;②刮腻子;③刷涂料。

二、基础定额中保温、隔热、防腐工程划分

《全国统一建筑工程基础定额》(土建工程)(GJD—101—1995)规定保温、隔热、防腐工程划分为保温隔热、防腐两部分。

1. 保温隔热

(1)泡沫混凝土块、沥青玻璃棉毡、沥青矿渣棉毡、沥青珍珠岩块等屋面保温项目工作内容均包括:清扫基层、拍实、平整、找坡、铺砌。

(2)水泥蛭石块、现浇水泥珍珠岩、现浇水泥蛭石、干铺蛭石、干铺珍珠岩、铺细砂等屋面保温项目工作内容均包括:清扫基层、铺砌保温层。

(3)混凝土板下铺贴聚苯乙烯塑料板、沥青贴软木等天棚保温(带木龙骨)项目均工作内容包括:熬制沥青、铺贴隔热层、清理现场。

(4)聚苯乙烯塑料板、沥青贴软木等墙体保温项目工作内容均包括:木框架制作安装、熬制沥青、铺贴隔热层、清理现场。

(5)砌加气混凝土块、沥青珍珠岩板墙、水泥珍珠岩板墙等墙体保温项目工作内容均包括:搬运材料、熬制沥青、加气混凝土块锯制铺砌、铺贴隔热层。

(6)沥青玻璃棉、沥青矿渣棉、松散稻壳等墙体保温项目工作内容均包括:搬运材料、玻璃棉袋装、填装玻璃棉、矿渣棉、清理现场。

(7)聚苯乙烯塑料板、沥青贴软木、沥青铺加气混凝土块等楼地面隔热项目工作内容均包括:场内搬运材料、熬制沥青、铺贴隔热层、清理现场。

(8)聚苯乙烯塑料板、沥青贴软木等柱子保温及沥青稻壳板铺贴墙或柱子保温项目工作内容均包括:熬制沥青、铺贴隔热层、清理现场。

2. 防腐

(1)水玻璃耐酸混凝土、耐酸沥青砂浆整体防腐面层工作内容包括:清扫基层、底层或施工缝刷稀胶泥、调运砂浆胶泥、混凝土、浇灌混凝土。

(2)耐酸沥青混凝土、碎土灌沥青整体防腐面层工作内容包括:清扫基层、熬沥青、填充料加热、调运胶泥、刷胶泥、搅拌沥青混凝土、摊铺并压实沥青混凝土。

(3)硫磺混凝土、环氧砂浆整体防腐面层工作内容包括:清扫基层、熬制硫磺、烘干粉骨料、调运混凝土、砂浆、胶泥。

(4)环氧稀胶泥、环氧煤焦油砂浆整体防腐面层工作内容包括:清扫基层、调运胶泥、刷稀胶泥。

(5)环氧呋喃砂浆、邻苯型不饱和聚酯砂浆、双酚A型不饱和聚酯砂浆、邻苯型聚酯稀胶泥、铁屑砂浆等整体防腐面层工作内容包括:清扫基层、打底料、调运砂浆、摊铺砂浆。

(6)不发火沥青砂浆、重晶石混凝土、重晶石砂浆、酸化处理等整体防腐面层工作内容包括:清扫基层、调运砂浆、摊铺砂浆。

(7)玻璃钢防腐面层底漆、刮腻子工作内容包括:材料运输、填料干燥、过筛、胶浆配制、涂刷、配制腻子及嵌刮。

(8)玻璃钢防腐面层工作内容包括:清扫基层、调运胶泥、胶浆配制、涂刷、贴布一层。

(9)软聚氯乙烯塑料防腐地面工作内容包括:清扫基层、配料、下料、涂胶、铺贴、滚压、养护、焊接缝、整平、安装压条、铺贴踢脚板。

(10)耐酸沥青胶泥卷材、耐酸沥青胶泥玻璃布等隔离层工作内容包括:清扫基层、熬沥青、填充料加热、调运胶泥、基层涂冷底子油、铺设油毡。

(11)沥青胶泥、一道冷底子油二道热沥青等隔离层、树脂类胶泥平面砌块料面层、水玻璃胶泥平面砌块料面层、硫磺胶泥平面砌块料面层、耐酸沥青胶泥平面砌块料面层工作内容包括:清扫基层、运料、清洗块料、调制胶泥、砌块料。

(12)水玻璃胶泥结合层、树脂胶泥勾缝平面砌块料面层工作内容包括:清扫基层、运料、清洗块料、调制胶泥、砌块料、树脂胶泥勾缝。

(13)耐酸沥青胶泥结合层、树脂胶泥勾缝平面砌块料面层工作内容包括:清扫基层、运料、清洗块料、调制胶泥、砌块料、树脂胶泥勾缝。

(14)树脂类胶泥池、沟、槽砌块料面层工作内容包括:清扫基层、洗运块料、调制胶泥、打底料、砌块料。

(15)水玻璃胶泥、耐酸沥青胶泥等池、沟、槽砌块料面层工作内容包括:清扫基层、洗运块料、调制胶泥、砌块料。

(16)过氯乙烯漆、沥青漆、漆酚树脂漆、酚醛树脂漆、氯磺化聚乙烯漆、聚氨酯漆等耐酸防腐涂料工作内容包括:清扫基层、配制油漆、油漆涂刷。

第三节 隔热、保温工程量计算

一、保温隔热屋面、天棚、楼地面工程量计算

屋面是室外热量侵入的主要介质部位,为减少室外热量传入室内,降低室内温度,现有多种屋面隔热降温的措施,如采取架空隔热、涂料反射隔热、蓄水屋面隔热、种植屋面隔热、倒置式屋面隔热等形式。屋面保温层的构造,如图 11-1 所示。

凡是为了防止建筑物内部热量的散失和隔阻外界热量的传入,使建筑物内部维持一定温度而采取的措施,即为建筑物的保温、隔热工程,而用于屋顶棚中即为保温、隔热天棚。

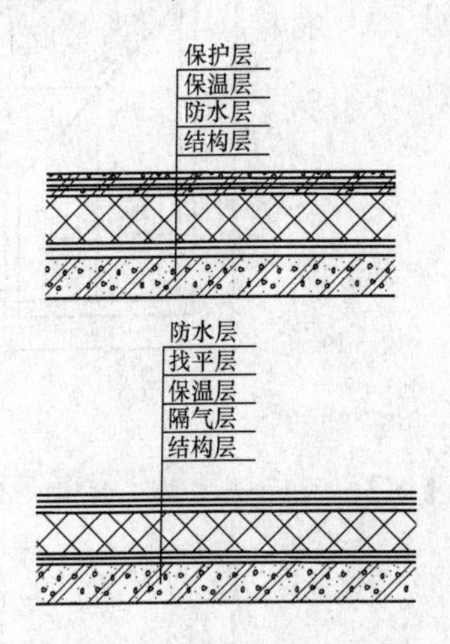

图 11-1 保温层构造示意图

保温隔热层是指隔绝热的传播构造层，一般工业或民用建筑中的楼地面中都设有此层。

1. 计算规则与注意事项

保温隔热屋面、天棚、楼地面工程量计算规定应符合表 11-4 的要求。

表 11-4　　保温隔热屋面、天棚、楼地面

项目编码	项目名称	项目特征	计量单位	工程量计算规则	工作内容
011001001	保温隔热屋面	1. 保温隔热材料品种、规格、厚度 2. 隔气层材料品种、厚度 3. 粘结材料种类、做法 4. 防护材料种类、做法		按设计图示尺寸以面积计算。扣除面积＞0.3m² 孔洞及占位面积	
011001002	保温隔热天棚	1. 保温隔热面层材料品种、规格、性能 2. 保温隔热材料品种、规格及厚度 3. 粘结材料种类及做法 4. 防护材料种类及做法	m²	按设计图示尺寸以面积计算。扣除面积＞0.3m² 柱、垛、孔洞所占面积，与天棚相连的梁按展开面积，计算并入天棚工程量内	1. 基层清理 2. 刷粘结材料 3. 铺粘保温层 4. 铺、刷(喷)防护材料
011001005	保温隔热楼地面	1. 保温隔热部位 2. 保温隔热材料品种、规格、厚度 3. 隔气层材料品种、厚度 4. 粘结材料种类、做法 5. 防护材料种类、做法		按设计图示尺寸以面积计算。扣除面积＞0.3m² 柱、垛、孔洞等所占面积。门洞、空圈、暖气包槽、壁龛的开口部分不增加面积	

注：柱帽保温隔热应并入天棚保温隔热工程量内。

2. 工程量计算实例

【例 11-1】 如图 11-2 所示为某保温平屋面示意图，试计算屋面保温层工程量。

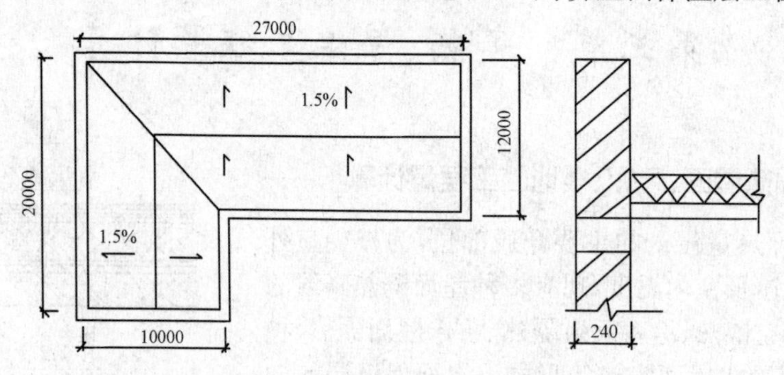

图 11-2　保温平屋面示意图

【解】 屋面保温层工程量＝保温层设计长度×设计宽度

＝(27.00－0.24)×(12.00－0.24)＋(10.00－0.24)×(20.00－12.00)

＝392.78m²

二、保温隔热墙面工程量计算

建筑墙体保温的基本措施是采用高效保温材料并做覆面层。所用的保温材料品种很多，其中无机材料有：岩棉、矿棉、玻璃棉作成毡或板挂贴，或直接将絮棉装入间隙层（空腔）内松填；有机材料有：聚苯乙烯（膨胀型的或挤出型的）、聚氨酯、酚醛树脂等制成板、片，吊挂、粘贴或铺设。在上述材料中，用得比较普遍的还是岩棉、聚苯乙烯和玻璃棉。

保温隔热墙面工程量计算规定应符合表 11-5 的要求。

表 11-5　　保温隔热墙面

项目编码	项目名称	项目特征	计量单位	工程量计算规则	工作内容
011001003	保温隔热墙面	1. 保温隔热部位 2. 保温隔热方式 3. 踢脚线、勒脚线保温做法 4. 龙骨材料品种、规格 5. 保温隔热面层材料品种、规格、性能 6. 保温隔热材料品种、规格及厚度 7. 增强网及抗裂防水砂浆种类 8. 粘结材料种类及做法 9. 防护材料种类及做法	m^2	按设计图示尺寸以面积计算。扣除门窗洞口以及面积 $>0.3m^2$ 梁、孔洞所占面积；门窗洞口侧壁以及与墙相连的柱，并入保温墙体工程量内	1. 基层清理 2. 刷界面剂 3. 安装龙骨 4. 填贴保温材料 5. 保温板安装 6. 粘贴面层 7. 铺设增强格网、抹抗裂、防水砂浆面层 8. 嵌缝 9. 铺、刷（喷）防护材料

三、保温柱、梁工程量计算

保温层是为了防止室内热量散失太快和围护结构构件的内部及表面产生凝结水的可能（保温层受潮失去保温的作用）而增加的构造层。带有此构造层的柱、梁即为保温柱、梁。

1. 计算规则与注意事项

保温柱、梁工程量计算规定应符合表 11-6 的要求。

表 11-6　　保温柱、梁

项目编码	项目名称	项目特征	计量单位	工程量计算规则	工作内容
011001004	保温柱、梁	1. 保温隔热部位 2. 保温隔热方式 3. 踢脚线、勒脚线保温做法 4. 龙骨材料品种、规格 5. 保温隔热面层材料品种、规格、性能 6. 保温隔热材料品种、规格及厚度 7. 增强网及抗裂防水砂浆种类 8. 粘结材料种类及做法 9. 防护材料种类及做法	m^2	按设计图示尺寸以面积计算 1. 柱按设计图示柱断面保温层中心线展开长度乘保温层高度以面积计算，扣除面积 $>0.3m^2$ 梁所占面积 2. 梁按设计图示梁断面保温层中心线展开长度乘保温层长度以面积计算	1. 基层清理 2. 刷界面剂 3. 安装龙骨 4. 填贴保温材料 5. 保温板安装 6. 粘贴面层 7. 铺设增强格网、抹抗裂、防水砂浆面层 8. 嵌缝 9. 铺、刷（喷）防护材料

注：1. 保温隔热方式：指内保温、外保温、夹心保温。

2. 保温柱、梁适用于不与墙、天棚相连的独立柱、梁。

2. 工程量计算实例

【例 11-2】 某保温隔热冷库内设两根直径为 0.5m 的圆柱，上带柱帽，尺寸如图 11-3 所示，采用软木保温，试计算其工程量。

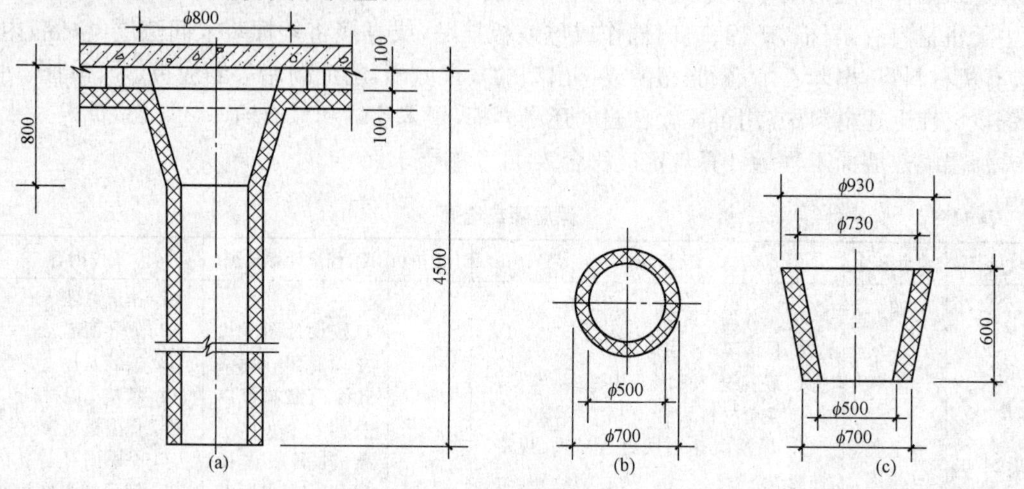

图 11-3 柱保温层结构示意图

(a)圆柱软木保温示意图；(b)柱身构造示意图；(c)柱帽构造示意图

【解】 保温柱工程量计算时，按设计图示以保温层中心线展开长度乘以保温层高度计算，即：

(1)柱身保温层工程量$=0.6\pi\times(4.5-0.8)\times2=13.94\text{m}^2$

(2)柱帽保温工程量$=\dfrac{1}{2}\pi\times(0.6+0.83)\times0.6\times2=2.69\text{m}^2$

四、其他保温隔热工程量计算

其他保温隔热工程量计算规定应符合表 11-7 的要求。

表 11-7 其他保温隔热

项目编码	项目名称	项目特征	计量单位	工程量计算规则	工作内容
011001006	其他保温隔热	1. 保温隔热部位 2. 保温隔热方式 3. 隔气层材料品种、厚度 4. 保温隔热面层材料品种、规格、性能 5. 保温隔热材料品种、规格、厚度 6. 粘结材料种类、做法 7. 增强网及抗裂防水砂浆种类 8. 防护材料种类及做法	m^2	按设计图示尺寸以展开面积计算。扣除面积＞0.3m^2 孔洞占位面积	1. 基层清理 2. 刷界面剂 3. 安装龙骨 4. 填贴保温材料 5. 保温板安装 6. 粘贴面层 7. 铺设增强格网、抹抗裂、防水砂浆面层 8. 嵌缝 9. 铺、刷(喷)防护材料

注：池槽保温隔热应按其他保温隔热项目编码列项。

第四节 防腐工程量计算

一、防腐面层工程量计算

防腐工程，大多是为一些工程中的特殊需要而采取的保护建筑物的正常使用、延长建筑物使用寿命的防范、抵御措施手段。

建筑物的防腐工程，多见于工业建筑、科研单位、医药卫生、化工企业等具有较强酸、碱或化学腐蚀及射线辐射的工程中。

1. 计算规则与注意事项

防腐面层工程量计算规定应符合表11-8的要求。

表11-8 防腐面层

<table>
<tr><th>项目编码</th><th>项目名称</th><th>项目特征</th><th>计量单位</th><th>工程量计算规则</th><th>工作内容</th></tr>
<tr><td>011002001</td><td>防腐混凝土面层</td><td>1. 防腐部位
2. 面层厚度
3. 混凝土种类
4. 胶泥种类、配合比</td><td rowspan="7">m²</td><td rowspan="6">按设计图示尺寸以面积计算
1. 平面防腐：扣除凸出地面的构筑物、设备基础等以及面积＞0.3m² 孔洞、柱、垛等所占面积。门洞、空圈、暖气包槽、壁龛的开口部分不增加面积
2. 立面防腐：扣除门、窗、洞口以及面积＞0.3m² 孔洞、梁所占面积，门、窗、洞口侧壁、垛突出部分按展开面积并入墙面积内</td><td>1. 基层清理
2. 基层刷稀胶泥
3. 混凝土制作、运输、摊铺、养护</td></tr>
<tr><td>011002002</td><td>防腐砂浆面层</td><td>1. 防腐部位
2. 面层厚度
3. 砂浆、胶泥种类、配合比</td><td>1. 基层清理
2. 基层刷稀胶泥
3. 砂浆制作、运输、摊铺、养护</td></tr>
<tr><td>011002003</td><td>防腐胶泥面层</td><td>1. 防腐部位
2. 面层厚度
3. 胶泥种类、配合比</td><td>1. 基层清理
2. 胶泥调制、摊铺</td></tr>
<tr><td>011002004</td><td>玻璃钢防腐面层</td><td>1. 防腐部位
2. 玻璃钢种类
3. 贴布材料的种类、层数
4. 面层材料品种</td><td>1. 基层清理
2. 刷底漆、刮腻子
3. 胶浆配制、涂刷
4. 粘布、涂刷面层</td></tr>
<tr><td>011002005</td><td>聚氯乙烯板面层</td><td>1. 防腐部位
2. 面层材料品种、厚度
3. 粘结材料种类</td><td>1. 基层清理
2. 配料、涂胶
3. 聚氯乙烯板铺设</td></tr>
<tr><td>011002006</td><td>块料防腐面层</td><td>1. 防腐部位
2. 块料品种、规格
3. 粘结材料种类
4. 勾缝材料种类</td><td>1. 基层清理
2. 铺贴块料
3. 胶泥调制、勾缝</td></tr>
<tr><td>011002007</td><td>池、槽块料防腐面层</td><td>1. 防腐池、槽名称、代号
2. 块料品种、规格
3. 粘结材料种类
4. 勾缝材料种类</td><td>按设计图示尺寸以展开面积计算</td><td>1. 基层清理
2. 铺贴块料
3. 胶泥调制、勾缝</td></tr>
</table>

注：防腐踢脚线，应按《房屋建筑与装饰工程工程量计算规范》(GB 50854－2013)附录L楼地面装饰工程“踢脚线”项目编码列项。

2. 工程量计算实例

【例 11-3】 某仓库防腐地面、踢脚线抹铁屑砂浆，厚度 20mm，尺寸如图 11-4 所示，计算防腐砂浆面层工程量。

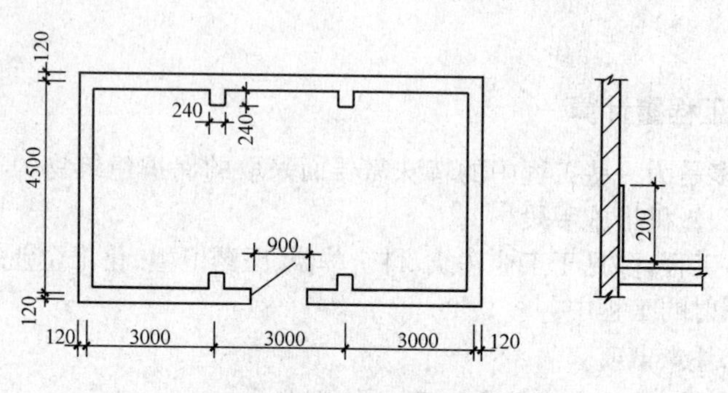

图 11-4　仓库防腐地面、踢脚线尺寸示意图

【解】 耐酸防腐地面工程量＝设计图示净长×净宽－应扣面积＝(9－0.24)×(4.5－0.24)＝37.32m^2

二、隔离层、防腐涂料工程量计算

隔离层是指使腐蚀性材料和非腐蚀性材料隔离的构造层。

防腐蚀涂料常用于涂覆经常遭受化工大气或粉尘腐蚀、酸雾腐蚀、盐雾腐蚀及腐蚀性液体滴溅的各种建筑结构、管道和生产设备的表面等部位，起到防护层的作用，以提高耐久性，但不适用于受冲击、冲刷、严重磨损或直接接触液态强腐蚀介质的部位。

隔离层、防腐涂料工程量计算规定应符合表 11-9 的要求。

表 11-9　　　　**隔离层、防腐涂料**

<table>
<tr><th>项目编码</th><th>项目名称</th><th>项目特征</th><th>计量单位</th><th>工程量计算规则</th><th>工作内容</th></tr>
<tr><td>011003001</td><td>隔离层</td><td>1. 隔离层部位
2. 隔离层材料品种
3. 隔离层做法
4. 粘贴材料种类</td><td rowspan="2">m^2</td><td rowspan="2">按设计图示尺寸以面积计算
1. 平面防腐：扣除凸出地面的构筑物、设备基础等以及面积＞0.3m^2 孔洞、柱、垛等所占面积，门洞、空圈、暖气包槽、壁龛的开口部分不增加面积
2. 立面防腐：扣除门、窗、洞口以及面积＞0.3m^2 孔洞、梁所占面积，门、窗、洞口侧壁、垛突出部分按展开面积并入墙面积内</td><td>1. 基层清理、刷油
2. 煮沥青
3. 胶泥调制
4. 隔离层铺设</td></tr>
<tr><td>011003003</td><td>防腐涂料</td><td>1. 涂刷部位
2. 基层材料类型
3. 刮腻子的种类、遍数
4. 涂料品种、刷涂遍数</td><td>1. 基层清理
2. 刮腻子
3. 刷涂料</td></tr>
</table>

三、砌筑沥青浸渍砖工程量计算

沥青浸渍砖是指放到沥青液中浸渍过的砖。

砌筑沥青浸渍砖工程量计算规定应符合表 11-10 的要求。

表 11-10　砌筑沥青浸渍砖

项目编码	项目名称	项目特征	计量单位	工程量计算规则	工作内容
011003002	砌筑沥青浸渍砖	1. 砌筑部位 2. 浸渍砖规格 3. 胶泥种类 4. 浸渍砖砌法	m^3	按设计图示尺寸以体积计算	1. 基层清理 2. 胶泥调制 3. 浸渍砖铺砌

第十二章　措施项目工程量计算

第一节　单价措施项目

一、脚手架工程量计算

脚手架是指为施工作业需要所搭设的架子。随着脚手架品种和多功能用途的发展，现已扩展为使用脚手架材料（杆件、配件和构件）所搭设的、用于施工要求的各种临时性构架。

1. 脚手架的分类与构造

(1)脚手架主要有以下几种分类方法：

1)按用途分为操作（作业）脚手架、防护用脚手架、承重支撑用脚手架。

2)按构架方式分为杆件组合式脚手架、框架组合式脚手架、格构件组合式脚手架和台架。

3)按设置形式分为单排脚手架、双排脚手架、多排脚手架、满堂脚手架、满高脚手架、交圈（周边）脚手架和特形脚手架。

4)按脚手架的支固方式分为落地式脚手架、悬挑脚手架、附墙悬挂脚手架、悬吊脚手架、附着升降脚手架和水平移动脚手架。

5)按脚手架平、立杆的连接方式分为承插式脚手架、扣接式脚手架和销栓式脚手架。

6)按脚手架材料分为竹脚手架、木脚手架和钢管或金属脚手架。

(2)扣件式钢管外脚手架构造形式如图 12-1 所示。其相邻立杆接头位置应错开布置在不同的步距内，与相近大横杆的距离不宜大于步距的 1/3，上下横杆的接长位置也应错开布置在不同的立杆纵距中，与相邻立杆的距离不大于纵距的 1/3（图 12-2）。

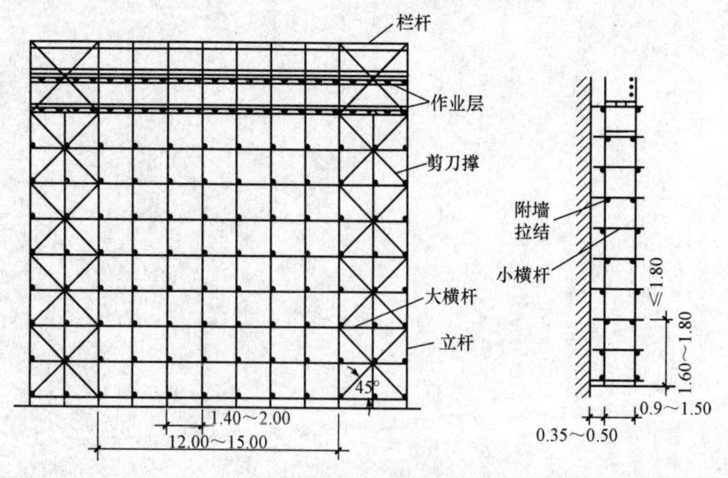

图 12-1　扣件式钢管外脚手架（单位：m）

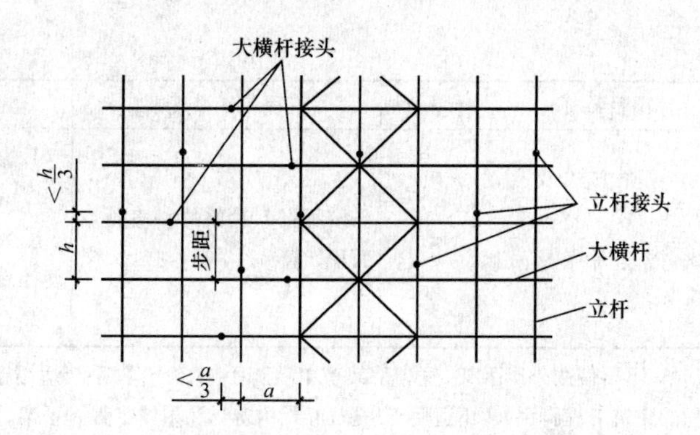

图 12-2　立杆、大横杆的接头位置

2. 计算规则与注意事项

脚手架工程工程量计算规定应符合表 12-1 的要求。

表 12-1　　脚手架工程

项目编码	项目名称	项目特征	计量单位	工程量计算规则	工作内容
011701001	综合脚手架	1. 建筑结构形式 2. 檐口高度	m^2	按建筑面积计算	1. 场内、场外材料搬运 2. 搭、拆脚手架、斜道、上料平台 3. 安全网的铺设 4. 选择附墙点与主体连接 5. 测试电动装置、安全锁等 6. 拆除脚手架后材料的堆放
011701002	外脚手架	1. 搭设方式 2. 搭设高度 3. 脚手架材质		按所服务对象的垂直投影面积计算	1. 场内、场外材料搬运 2. 搭、拆脚手架、斜道、上料平台 3. 安全网的铺设 4. 拆除脚手架后材料的堆放
011701003	里脚手架				
011701004	悬空脚手架	1. 搭设方式 2. 悬挑宽度 3. 脚手架材质		按搭设的水平投影面积计算	
011701005	挑脚手架		m	按搭设长度乘以搭设层数以延长米计算	
011701006	满堂脚手架	1. 搭设方式 2. 搭设高度 3. 脚手架材质	m^2	按搭设的水平投影面积计算	
011701007	整体提升架	1. 搭设方式及启动装置 2. 搭设高度		按所服务对象的垂直投影面积计算	1. 场内、场外材料搬运 2. 选择附墙点与主体连接 3. 搭、拆脚手架、斜道、上料平台 4. 安全网的铺设 5. 测试电动装置、安全锁等 6. 拆除脚手架后材料的堆放

续表

项目编码	项目名称	项目特征	计量单位	工程量计算规则	工作内容
011701008	外装饰吊篮	1. 升降方式及启动装置 2. 搭设高度及吊篮型号	m^2	按所服务对象的垂直投影面积计算	1. 场内．场外材料搬运 2. 吊篮的安装 3. 测试电动装置、安全锁、平衡控制器等 4. 吊篮的拆卸

注：1. 使用综合脚手架时．不再使用外脚手架、里脚手架等单项脚手架；综合脚手架适用于能够按"建筑面积计算规则"计算建筑面积的建筑工程脚手架，不适用于房屋加层、构筑物及附属工程脚手架。

2. 同一建筑物有不同檐高时，按建筑物竖向切面分别按不同檐高编列清单项目。

3. 整体提升架已包括 2m 高的防护架体设施。

4. 脚手架材质可以不描述，但应注明由投标人根据工程实际情况按照国家现行标准《建筑施工扣件式钢管脚手架安全技术规范》(JGJ 130)、《建筑施工附着升降脚手架管理暂行规定》(建建[2000]230 号)等规范自行确定。

3. 工程量计算实例

【例 12-1】 如图 12-3 所示，单层建筑物高度为 4.2m，试计算其脚手架工程量。

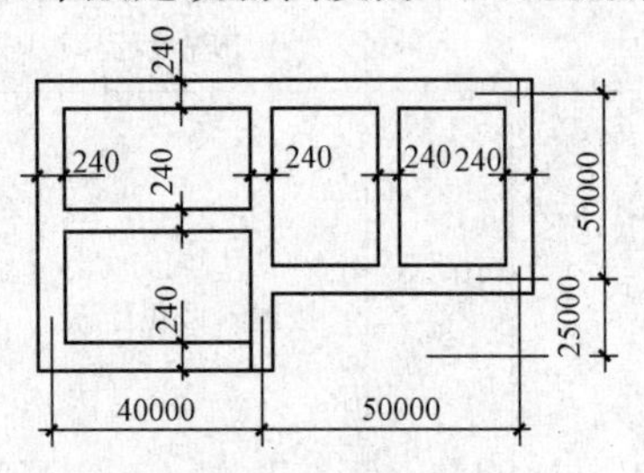

图 12-3　某单层建筑平面图

【解】 该单层建筑物脚手架按综合脚手架考虑。

综合脚手架工程量＝(40＋0.12×2)×(25＋50＋0.12×2)＋50×(50＋0.25×2)

＝5539.66m^2

【例 12-2】 某工程外墙平面尺寸如图 12-4 所示，已知该工程设计室外地坪标高为－0.500m，女儿墙顶面标高＋15.200m，外封面贴面砖及墙面勾缝时搭设钢管扣件式脚手架，试计算该钢管外脚手架工程量。

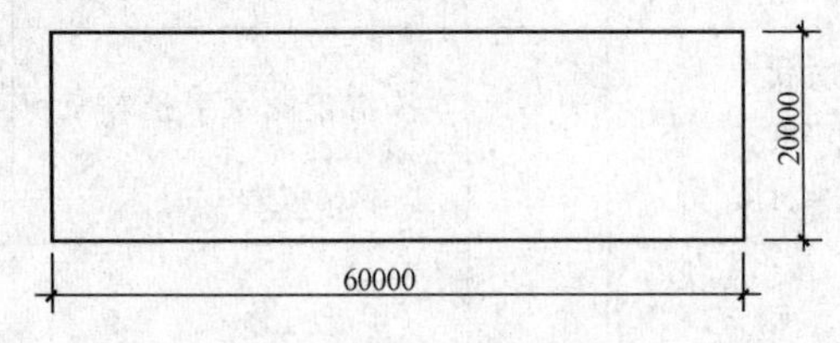

图 12-4　某工程外墙平面图

【解】 外脚手架工程量按所服务对象的垂直投影面积计算。

周长＝(60＋20)×2＝160m

高度＝15.2＋0.5＝15.7m

外脚手架工程量＝160×15.7＝2512m^2

【例 12-3】 根据图 12-5 所示尺寸，计算该建筑物外墙钢管脚手架工程量。

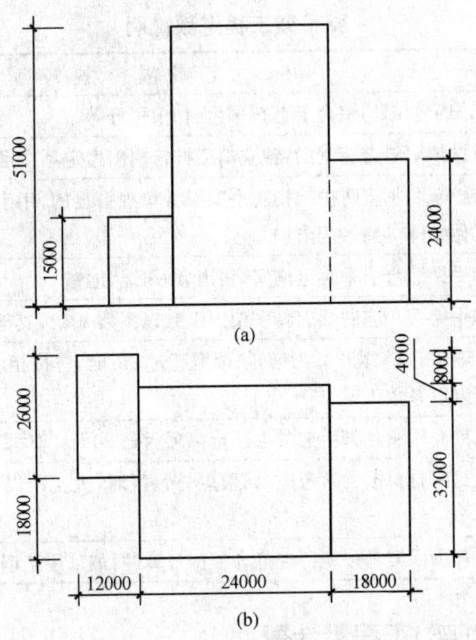

图 12-5　某建筑物示意图

(a)建筑物立面；(b)建筑物平面

【解】 同一建筑物有不同檐高时，应按建筑物竖向切面分别按不同檐高编列清单项目。

15m 檐高脚手架工程量＝(26＋12×2＋8)×15＝870m²

24m 檐高脚手架工程量＝(18×2＋32)×24＝1632m²

27m 檐高脚手架工程量＝32×27＝864m²

36m 檐高脚手架工程量＝(26－8)×36＝648m²

51m 檐高脚手架工程量＝(18＋24×2＋4)×51＝3570m²

【例 12-4】 某厂房构造如图 12-6 所示，计算其室内采用满堂脚手架工程量。

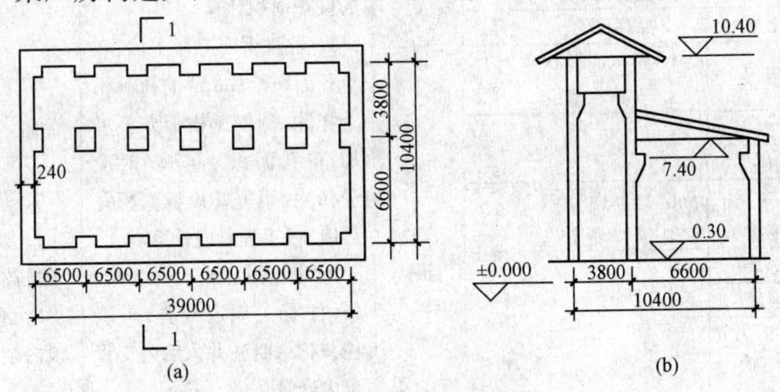

图 12-6　某厂房示意图

(a)平面图；(b)1—1 剖面图

【解】 满堂脚手架工程量按搭设的水平投影面积计算。

满堂脚手架工程量＝39×(6.6＋3.8)＝405.6m²

4. 基础定额关于脚手架工程说明

脚手架工程定额说明见表 12-2。

表 12-2 脚手架工程定额说明

序号	定额项目	定额说明
1	外脚手架	外脚手架定额中均综合了上料平台、护卫栏杆等
2	斜道	斜道是按依附斜道编制的，独立斜道按依附斜道定额项目人工、材料、机械乘以系数 1.8
3	水平防护架和垂直防护架	水平防护架和垂直防护架指脚手架以外单独搭设的，用于车辆通道、人行通道、临街防护和施工与其他物体隔离等的防护
4	烟囱脚手架	烟囱脚手架综合了垂直运输架，斜道，缆风绳，地锚
5	水塔脚手架	水塔脚手架按相应的烟囱脚手架人工乘以系数 1.11，其他不变
6	架空运输道	架空运输道，以架宽 2m 为准，如架宽超过 2m 时，应按相应项目乘以系数 1.2，超过 3m 时按相应项目乘以系数 1.5
7	满堂脚手架	满堂基础套用满堂脚手架基本层定额项目的 50%计算脚手架
8	外架全封闭材料	外架全封闭材料按竹席考虑，如采用竹笆板时，人工乘以系数 1.10；采用纺织布时，人工乘以系数 0.80
9	高层钢管脚手架	高层钢管脚手架是按现行规范为依据计算的，如采用型钢平台加固时，各地市自行补充定额

二、混凝土模板及支撑(架)工程量计算

1. 计算规则与注意事项

混凝土模板及支架(撑)工程量计算规定应符合表 12-3 的要求。

表 12-3 混凝土模板及支架(撑)

项目编码	项目名称	项目特征	计量单位	工程量计算规则	工作内容
011702001	基础	基础类型	m^2	按模板与现浇混凝土构件的接触面积计算 1. 现浇钢筋混凝土墙、板单孔面积≤0.3m^2的孔洞不予扣除，洞侧壁模板亦不增加；单孔面积＞0.3m^2时应予扣除，洞侧壁模板面积并入墙、板工程量内计算 2. 现浇框架分别按梁、板、柱有关规定计算；附墙柱、暗梁、暗柱并入墙内工程量内计算 3. 柱、梁、墙、板相互连接的重叠部分，均不计算模板面积 4. 构造柱按图示外露部分计算模板面积	1. 模板制作 2. 模板安装、拆除、整理堆放及场内外运输 3. 清理模板粘结物及模内杂物、刷隔离剂等
011702002	矩形柱				
011702003	构造柱				
011702004	异形柱	梁截面形状			
011702005	基础梁	梁截面形状			
011702006	矩形梁	支撑高度			
011702007	异形梁	1. 梁截面形状 2. 支撑高度			
011702008	圈梁				
011702009	过梁				
011702010	弧形、拱形梁	1. 梁截面形状 2. 支撑高度			
011702011	直形墙				
011702012	弧形墙				
011702013	短肢剪力墙、电梯井壁				
011702014	有梁板	支撑高度			
011702015	无梁板				
011702016	平板				
011702017	拱板				
011702018	薄壳板				
011702019	空心板				
011702020	其他板				
011702021	栏板				

续表

项目编码	项目名称	项目特征	计量单位	工程量计算规则	工作内容
011702022	天沟、檐沟	构件类型	m^2	按模板与现浇混凝土构件的接触面积计算	1. 模板制作 2. 模板安装、拆除、整理堆放及场内外运输 3. 清理模板粘结物及模内杂物、刷隔离剂等
011702023	雨篷、悬挑板、阳台板	1. 构件类型 2. 板厚度		按图示外挑部分尺寸的水平投影面积计算，挑出墙外的悬臂梁及板边不另计算	
011702024	楼梯	类型		按楼梯（包括休息平台、平台梁、斜梁和楼层板的连接梁）的水平投影面积计算，不扣除宽度≤500mm 的楼梯井所占面积，楼梯踏步、踏步板、平台梁等侧面模板不另计算，伸入墙内部分亦不增加	
011702025	其他现浇构件	构件类型		按模板与现浇混凝土构件的接触面积计算	
011702026	电缆沟、地沟	1. 沟类型 2. 沟截面		按模板与电缆沟、地沟接触的面积计算	
011702027	台阶	台阶踏步宽		按图示台阶水平投影面积计算，台阶端头两侧不另计算模板面积。架空式混凝土台阶，按现浇楼梯计算	
011702028	扶手	扶手断面尺寸		按模板与扶手的接触面积计算	
011702029	散水			按模板与散水的接触面积计算	
011702030	后浇带	后浇带位置		按模板与后浇带的接触面积计算	
011702031	化粪池	1. 化粪池部位 2. 化粪池规格		按模板与混凝土接触面积计算	
011702032	检查井	1. 检查井部位 2. 检查井规格			

注：1. 原槽浇灌的混凝土基础，不计算模板。

2. 混凝土模板及支撑（架）项目，只适用于以平方米计量，按模板与混凝土构件的接触面积计算。以立方米计量的模板及支撑（支架），按混凝土及钢筋混凝土实体项目执行，其综合单价中应包含模板及支撑（支架）。

3. 采用清水模板时，应在特征中注明。

4. 若现浇混凝土梁、板支撑高度超过 3.6m 时，项目特征应描述支撑高度。

2. 工程量计算实例

【例 12-5】 某现浇钢筋混凝土雨篷模板如图 12-7 所示，试计算其模板工程量（雨篷总长为 2.26＋0.12×2＝2.5m)。

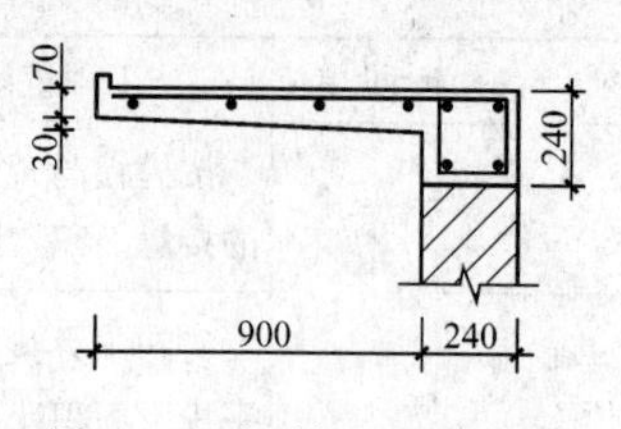

图 12-7　钢筋混凝土雨篷

【解】　雨篷模板工程量按图示外挑部分尺寸的水平投影面积计算，挑出墙外的悬臂梁及板边不另计算。

雨篷模板工程量＝2.5×0.9＝2.25m^2

【例 12-6】　如图 12-8 所示为某钢筋混凝土楼梯栏板示意图(已知栏板高为 0.9m)，试计算其模板工程量。

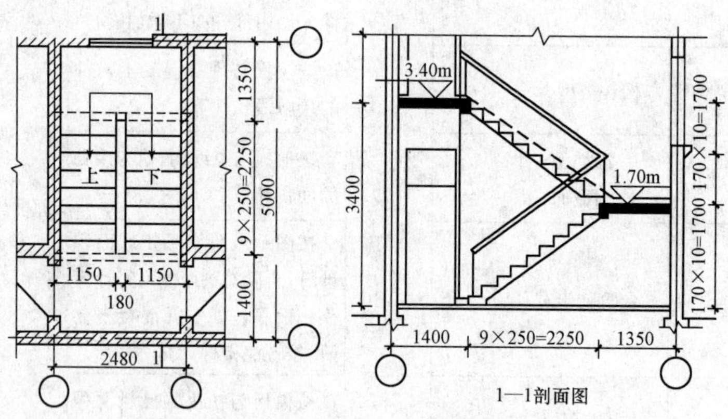

图 12-8　现浇钢筋混凝土楼梯栏板示意图

【解】　楼梯栏板模板工程量按模板与现浇钢筋混凝土栏板的接触面积计算。

栏板模板工程量＝[2.25×1.15(斜长系数)×2＋0.18×2＋1.15]×0.9(高度)×2(面)

＝12.03m^2

【例 12-7】　如图 12-9 所示为某现浇混凝土台阶示意图，试计算其模板工程量。

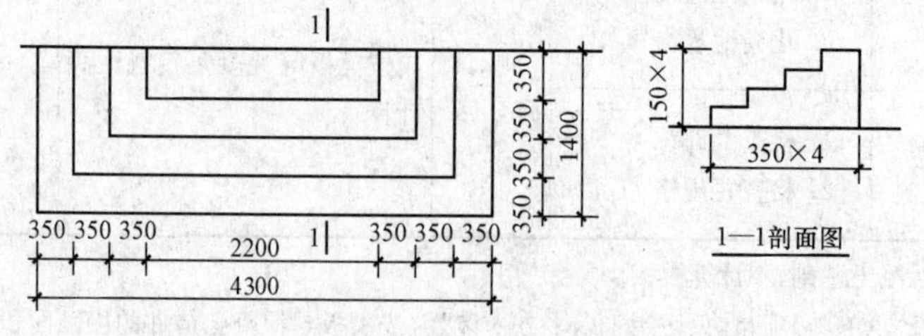

图 12-9　现浇混凝土台阶示意图

【解】　混凝土台阶模板工程量按图示台阶水平投影面积计算，台阶端头两侧不另计算模板面积。架空式混凝土台阶，按现浇楼梯计算。

现浇混凝土台阶工程量＝4.3×1.4＝6.02m^2

三、垂直运输工程量计算

1. 计算规则与注意事项

垂直运输工程量计算规定应符合表 12-4 的要求。

表 12-4　垂直运输

项目编码	项目名称	项目特征	计量单位	工程量计算规则	工作内容
011703001	垂直运输	1. 建筑物建筑类型及结构形式 2. 地下室建筑面积 3. 建筑物檐口高度、层数	1. m^2 2. 天	1. 按建筑面积计算 2. 按施工工期日历天数计算	1. 垂直运输机械的固定装置、基础制作、安装 2. 行走式垂直运输机械轨道的铺设、拆除、摊销

注：1. 建筑物的檐口高度是指设计室外地坪至檐口滴水的高度（平屋顶系指屋面板底高度），突出主体建筑物屋顶的电梯机房、楼梯出口间、水箱间、瞭望塔、排烟机房等不计入檐口高度。
2. 垂直运输指施工工程在合理工期内所需垂直运输机械。
3. 同一建筑物有不同檐高时。按建筑物的不同檐高做纵向分割，分别计算建筑面积，以不同檐高分别编码列项。

2. 工程量计算实例

【例 12-8】 某五层建筑物底层为框架结构，二层及二层以上为砖混结构，每层建筑面积 1200m^2，合理施工工期为 165 天，试计算其垂直运输工程量。

【解】 建筑物垂直运输工程量应按建筑物的建筑面积或施工工期的日历天数计算。

垂直运输工程量$=1200\times5=6000m^2$ 或$=165$ 天

3. 基础定额关于垂直运输费用计算的内容

建筑物垂直运输包括 20m（六层）以内卷扬机施工，20m（六层）以内塔式起重机施工和 20m（六层）以上塔式起重机施工三个部分。

基础定额中关于建筑物垂直运输的相关说明见表 12-5。

表 12-5　建筑物垂直运输定额说明

序号	定额项目	定额说明
1	檐高	檐高是指设计室外地坪至檐口的高度，突出主体建筑屋顶的电梯间、水箱间等不计入檐口高度之内
2	现浇框架	定额中现浇框架系指柱、梁全部为现浇的钢筋混凝土框架结构，如部分现浇时按现浇框架定额乘以 0.96 系数，如楼板也为现浇的钢筋混凝土时，按现浇框架定额乘以 1.04 系数
3	预制混凝土柱、钢屋架	预制钢筋混凝土柱、钢屋架的单层厂房按预制排架定额计算
4	单身宿舍	单身宿舍按住宅定额乘以 0.9 系数
5	服务用房	服务用房系指城镇、街道、居民区具有较小规模综合服务功能的设施。其建筑面积不超过 1000m^2，层数不超过三层的建筑，如副食、百货、饮食店等

续表

序号	定额项目	定额说明
6	各项目划分	定额项目划分是以建筑物的檐高及层数两个指标同时界定的，凡檐高达到上限而层数未达到时，以檐高为准；如层数达到上限而檐高未达到时，以层数为准
7	Ⅱ类厂房	定额按Ⅰ类厂房为准编制的，Ⅱ类厂房定额乘以1.14系数。厂房分类见表12-6
8	单层建筑	檐高3.6m以内的单层建筑，不计算垂直运输机械台班
9	定额编制	定额是按全国统一《建筑安装工程工期定额》中规定的Ⅱ类地区标准编制的，Ⅰ、Ⅱ类地区按相应定额乘以表12-7规定系数

注：1. 定额包括单位工程在合理工期内完成全部工程项目所需的垂直运输机械台班，不包括机械的场外往返运输，一次安拆及路基铺垫和轨道铺拆等的费用。

2. 同一建筑物多种用途（或多种结构），按不同用途或结构分别计算。分别计算后的建筑物檐高均应以该建筑物总檐高为准。

表 12-6　　厂房分类

Ⅰ类	Ⅱ类
机加工、机修、五金缝纫、一般纺织（粗纺、制条、洗毛等）及无特殊要求的车间	厂房内设备基础及工艺要求较复杂、建筑设备或建筑标准较高的车间。如铸造、锻压、电镀、酸碱、电子、仪表、手表、电视、医药、食品等车间

表 12-7　　系数表

项目	Ⅰ类地区	Ⅱ类地区
建筑物	0.95	1.10
构筑物	1	1.11

四、超高施工增加工程量计算

1. 计算规则与注意事项

超高施工增加工程量计算规定应符合表12-8的要求。

表 12-8　　超高施工增加

项目编码	项目名称	项目特征	计量单位	工程量计算规则	工作内容
011704001	超高施工增加	1. 建筑物建筑类型及结构形式 2. 建筑物檐口高度、层数 3. 单层建筑物檐口高度超过20m，多层建筑物超过6层部分的建筑面积	m^2	按建筑物超高部分的建筑面积计算	1. 建筑物超高引起的人工工效降低以及由于人工工效降低引起的机械降效 2. 高层施工用水加压水泵的安装、拆除及工作台班 3. 通信联络设备的使用及摊销

注：1. 单层建筑物檐口高度超过20m，多层建筑物超过6层时，可按超高部分的建筑面积计算超高施工增加。计算层数时，地下室不计入层数。

2. 同一建筑物有不同檐高时，可按不同高度的建筑面积分别计算建筑面积，以不同檐高分别编码列项。

2. 基础定额关于超高施工增加费用计算的内容

建筑物超高增加人工、机械定额综合了由于超高引起的人工降效、机械降效、人工降效引起的机械降效以及超高施工水压不足所增加的水泵等因素。

(1)定额说明。基础定额中关于建筑物超高施工增加的相关说明见表12-9。

表12-9　建筑物超高增加人工、机械定额说明

序号	定额项目	定额说明
1	檐高	檐高是指设计室外地坪至檐口的高度。突出主体建筑屋顶的电梯间、水箱间等不计入檐高之内
2	同一建筑物不同高度	同一建筑物高度不同时，按不同高度的建筑面积，分别按相应项目计算
3	加压水泵	加压水泵选用电动多级离心清水泵，规格见表12-10

表12-10　电动多级离心清水泵规格

建筑物檐高	水泵规格
20m以上～40m以内	50m以内
40m以上～80m以内	100m以内
80m以上～120m以内	150m以内

2. 建筑物超高人工、机械降效率。建筑物超高人工、机械降效率见表12-11。

表12-11　建筑物超高人工、机械降效率

定额编号		14－1	14－2	14－3	14－4	14－5
项　目	降效率	檐高(层数)				
		30m (7～10) 以内	40m (11～13) 以内	50m (14～16) 以内	60m (17～19) 以内	70m (20～22) 以内
人工降效	%	3.33	6.00	9.00	13.33	17.86
吊装机械降效	%	7.67	15.00	22.20	34.00	46.43
其他机械降效	%	3.33	6.00	9.00	13.33	17.86
定额编号		14－6	14－7	14－8	14－9	14－10
项　目	降效率	檐高(层数)				
		30m (7～10) 以内	40m (11～13) 以内	50m (14～16) 以内	60m (17～19) 以内	70m (20～22) 以内
人工降效	%	22.50	27.22	35.20	40.91	45.83
吊装机械降效	%	59.25	72.33	85.60	99.00	112.50
其他机械降效	%	22.50	27.22	35.20	40.91	45.83

五、大型机械设备进出场及安拆工程量计算

大型机械设备进出场及安拆工程量计算规定应符合表 12-12 的要求。

表 12-12　　大型机械设备进出场及安拆

项目编码	项目名称	项目特征	计量单位	工程量计算规则	工作内容
011705001	大型机械设备进出场及安拆	1. 机械设备名称 2. 机械设备规格型号	台次	按使用机械设备的数量计算	1. 安拆费包括施工机械、设备在现场进行安装拆卸所需人工、材料、机械和试运转费用以及机械辅助设施的折旧、搭设、拆除等费用 2,进出场费包括施工机械、设备整体或分体自停放地点运至施工现场或由一施工地点运至另一施工地点所发生的运输、装卸、辅助材料等费用

六、施工排水、降水工程量计算

施工排水、降水工程量计算规定应符合表 12-13 的要求。

表 12-13　　施工排水、降水

项目编码	项目名称	项目特征	计量单位	工程量计算规则	工作内容
011706001	成井	1. 成井方式 2. 地层情况 3. 成井直径 4. 井(滤)管类型、直径	m	按设计图示尺寸以钻孔深度计算	1. 准备钻孔机械、埋设护筒、钻机就位;泥浆制作、固壁;成孔、出渣、清孔等 2. 对接上、下井管(滤管),焊接,安放,下滤料,洗井,连接试抽等
011706002	排水、降水	1. 机械规格型号 2. 降排水管规格	昼夜	按排、降水日历天数计算	1. 管道安装、拆除,场内搬运等 2. 抽水、值班、降水设备维修等

注:相应专项设计不具备时,可按暂估量计算。

第二节　总价措施项目

安全文明施工及其他措施项目工程量清单项目设置、项目特征描述的内容、计量单位及工程量计算规则应按表 12-14 的规定执行。

表 12-14　安全文明施工及其他措施项目

项目编码	项目名称	工作内容及包含范围
011707001	安全文明施工	1. 环境保护:现场施工机械设备降低噪声、防扰民措施;水泥和其他易飞扬细颗粒建筑材料密闭存放或采取覆盖措施等;工程防扬尘洒水;土石方、建渣外运车辆防护措施等;现场污染源的控制、生活垃圾清理外运、场地排水排污措施;其他环境保护措施 2. 文明施工:"五牌一图";现场围挡的墙面美化(包括内外粉刷、刷白、标语等)、压顶装饰;现场厕所便槽刷白、贴面砖,水泥砂浆地面或地砖,建筑物内临时便溺设施;其他施工现场临时设施的装饰装修、美化措施;现场生活卫生设施;符合卫生要求的饮水设备、淋浴、消毒等设施;生活用洁净燃料;防煤气中毒、防蚊虫叮咬等措施;施工现场操作场地的硬化;现场绿化、治安综合治理;现场配备医药保健器材、物品和急救人员培训;现场工人的防暑降温、电风扇、空调等设备及用电;其他文明施工措施 3. 安全施工:安全资料、特殊作业专项方案的编制,安全施工标志的购置及安全宣传;"三宝"(安全帽、安全带、安全网)、"四口"(楼梯口,电梯井口、通道口、预留洞口)、"五临边"(阳台围边、楼板围边、屋面围边、槽坑围边、卸料平台两侧),水平防护架、垂直防护架、外架封闭等防护;施工安全用电,包括配电箱三级配电、两级保护装置要求、外电防护措施;起重机、塔吊等起重设备(含井架、门架)及外用电梯的安全防护措施(含警示标志)及卸料平台的临边防护、层间安全门、防护棚等设施;建筑工地起重机械的检验检测:施工机具防护栅及其围栏的安全保护设施;施工安全防护通道;工人的安全防护用品、用具购置;消防设施与消防器材的配置;电气保护、安全照明设施;其他安全防护措施 4. 临时设施:施工现场采用彩色、定型钢板,砖、混凝土砌块等围挡的安砌、维修、拆除;施工现场临时建筑物、构筑物的搭设、维修、拆除,如临时宿舍、办公室,食堂、厨房、厕所、诊疗所、临时文化福利用房、临时仓库、加工场、搅拌台、临时简易水塔、水池等;施工现场临时设施的搭设、维修、拆除,如临时供水管道、临时供电管线、小型临时设施等;施工现场规定范围内临时简易道路铺设,临时排水沟、排水设施安砌、维修、拆除;其他临时设施搭设、维修、拆除
011707002	夜间施工	1. 夜间固定照明灯具和临时可移动照明灯具的设置、拆除 2. 夜间施工时,施工现场交通标志、安全标牌、警示灯等的设置、移动、拆除 3. 包括夜间照明设备及照明用电、施工人员夜班补助、夜间施工劳动效率降低等
011707003	非夜间施工照明	为保证工程施工正常进行,在地下室等特殊施工部位施工时所采用的照明设备的安拆、维护及照明用电等
011707004	二次搬运	由于施工场地条件限制而发生的材料、成品、半成品等一次运输不能到达堆放地点,必须进行的二次或多次搬运
011707005	冬雨季施工	1. 冬雨(风)季施工时增加的临时设施(防寒保温、防雨、防风设施)的搭设、拆除 2. 冬雨(风)季施工时,对砌体、混凝土等采用的特殊加温、保温和养护措施 3. 冬雨(风)季施工时,施工现场的防滑处理、对影响施工的雨雪的清除 4. 包括冬雨(风)季施工时增加的临时设施、施工人员的劳动保护用品、冬雨(风)季施工劳动效率降低等
011707006	地上、地下设施、建筑物的临时保护设施	在工程施工过程中,对已建成的地上、地下设施和建筑物进行的遮盖、封闭、隔离等必要保护措施
011707007	已完工程及设备保护	对已完工程及设备采取的覆盖、包裹、封闭、隔离等必要保护措施

注:本表所列项目应根据工程实际情况计算措施项目费用. 需分摊的应合理计算摊销费用。

第十三章　工程量清单与计价

第一节　概　　述

工程量清单计价是指在建设工程招投标工作中，招标人或受其委托、具有相应资质的工程造价咨询人员依据国家统一的工程量计算规范编制招标工程量清单，由投标人依据招标工程量清单自主报价，并按照经评审合理低价中标的工程计价模式。

一、工程量清单的概念及作用

工程量清单是指载明建设工程分部分项工程项目、措施项目、其他项目的名称和相应数量以及规费、税金项目等内容的明细清单。其中，招标工程量清单是招标人依据国家标准、招标文件、设计文件以及施工现场实际情况编制的，随招标文件发布供投标报价的工程量清单，包括其说明和表格；已标价工程量清单是指构成合同文件组成部分的投标文件中已标明价格，经算术性错误修正(如有)且承包人已确认的工程量清单，包括其说明和表格。

工程量清单作为招标文件的组成部分，一个最基本的功能是作为信息的载体，为潜在的投标者提供必要的信息。除此之外，还具有以下作用：

(1)为投标者提供了一个公开、公平、公正的竞争环境。招标工程量清单由招标人统一提供，统一的工程量避免了由于计算不准确、项目不一致等人为因素造成的不公正影响，使投标者站在同一起跑线上，创造了一个公平的竞争环境。

(2)招标工程量清单是计价和评标的基础。招标工程量清单由招标人提供，无论是招标控制价还是企业投标报价的编制，都必须在招标工程量清单的基础上进行，同时，也为今后的评标奠定了基础。当然，如果发现清单有计算错误或是漏项，也可按招标文件的有关要求在中标后进行修正。

(3)为施工过程中支付工程进度款提供依据。与合同结合，已标价工程量清单为施工过程中的进度款支付提供依据。

(4)为办理工程结算、竣工结算及工程索赔提供了重要依据。

二、工程量清单计价的目的和意义

(1)推行工程量清单计价是深化工程造价管理改革，推进建设市场化的重要途径。

长期以来，工程预算定额是我国承发包计价、定价的主要依据。现预算定额中规定的消耗量和有关施工措施性费用是按社会平均水平编制的，以此为依据形成的工程造价基本上也属于社会平均价格。这种平均价格可作为市场竞争的参考价格，但不能反映参与竞争企业的实际消耗和技术管理水平，在一定程度上限制了企业的公平竞争。

20 世纪 90 年代国家提出了“控制量、指导价、竞争费”的改革措施，将工程预算定额中的人工、材料、机械消耗量和相应的量价分离，国家控制量以保证质量，价格逐步走向市场化，这一措施走出了向传统工程预算定额改革的第一步。但是，这种做法难以改变工程预算定额中国家指令性内容较多的状况，难以满足招标投标竞争定价和经评审的合理低价中标的要求。因为，国家定额的控制量是社会平均消耗量，不能反映企业的实际消耗量，不能全面体现企业的技术装备水平、管理水平和劳动生产率，不能体现公平竞争的原则，社会平均水平不能代表社会先进水平，改变以往的工程预算定额的计价模式，适应招标投标的需要，推行工程量清单计价办法是十分必要的。

工程量清单计价是建设工程招标投标中，按照国家统一的工程量清单计价规范，由招标人提供工程数量，投标人自主报价，经评审低价中标的工程造价计价模式。采用工程量清单计价能反映工程个别成本，有利于企业自主报价和公平竞争。

(2)在建设工程招标投标中实行工程量清单计价是规范建筑市场秩序的治本措施之一，适应社会主义市场经济的需要。

工程造价是工程建设的核心，也是市场运行的核心内容，建筑市场存在着许多不规范的行为，大多数与工程造价有直接联系。建筑产品是商品，具有商品的共性，它受价值规律、货币流通规律和供求规律的支配。但是，建筑产品与一般的工业产品价格构成不一样，建筑产品具有某些特殊性：

1)它竣工后一般不在空间发生物理运动，可以直接移交用户，立即进入生产消费或生活消费，因而价格中不含商品使用价值运动发生的流通费用，即因生产过程在流通领域内继续进行而支付的商品包装运输费、保管费。

2)它是固定在某地方的。

3)由于施工人员和施工机具围绕着建设工程流动，因而，有的建设工程构成还包括施工企业远离基地的费用，甚至包括成建制转移到新的工地所增加的费用等。

建筑产品价格随建设时间和地点而变化，相同结构的建筑物在同一地段建造，施工的时间不同造价就不一样；同一时间、不同地段造价也不一样；即使时间和地段相同，施工方法、施工手段、管理水平不同工程造价也有所差别。所以说，建筑产品的价格，既有它的同一性，又有它的特殊性。

为了推动社会主义市场经济的发展，国家颁发了相应的有关法律，如《中华人民共和国价格法》第三条规定：我国实行并逐步完善宏观经济调控下主要由市场形成价格的机制。价格的制定应当符合价格规律，对多数商品和服务价格实行市场调节价，极少数商品和服务价格实行政府指导价或政府定价。市场调节价，是指由经营者自主定价，通过市场竞争形成价格。中华人民共和国建设部第 107 号令《建设工程施工发包与承包计价管理办法》第七条规定：投标报价应依据企业定额和市场信息，并按国务院和省、自治区、直辖市人民政府建设行政主管部门发布的工程造价计价办法编制。建筑产品市场形成价格是社会主义市场经济的需要。过去工程预算定额在调节承发包双方利益和反映市场价格、需求方面存在着不相适应的地方，特别是公开、公正、公平竞争方面，还缺乏合理的机制，甚至出现了一些漏洞，高估冒算，相互串通，从中回扣。发挥市场规律“竞争”和“价格”的作用是治本之策。尽快建立和完善市场形成工程造价的机制，是当前规范建筑市场的需要。通过推行工程量清单计价有利于发挥企业自主报价的能力，同时也有利于规范业主在工程招标中计价行为，有效改变招标单位在招标中盲目压价的行为，从而真正体现公开、公平、公正的原则，反映市场经济规律。

(3)实行工程量清单计价，是促进建设市场有序竞争和企业健康发展的需要。

工程量清单是招标文件的重要组织部分，由招标单位编制或委托有资质的工程造价咨询单位编制，工程量清单编制的准确、详尽、完整，有利于提高招标单位的管理水平，减少索赔事件的发生。由于工程量清单是公开的，有利于防止招标工程中弄虚作假、暗箱操作等不规范行为。投标单位通过对单位工程成本、利润进行分析，统筹考虑，精心选择施工方案，根据企业的定额合理确定人工、材料、机械等要素投入量的合理配置、优化组合，合理控制现场经费和施工技术措施费，在满足招标文件需要的前提下，合理确定自己的报价，让企业有自主报价权。改变了过去依赖建设行政主管部门发布的定额和规定的取费标准进行计价的模式，有利于提高劳动生产率，促进企业技术进步，节约投资和规范建设市场。采用工程量清单计价后，将使招标活动的透明度增加，在充分竞争的基础上降低了造价，提高了投资效益，且便于操作和推行，业主和承包商将都会接受这种计价模式。

(4)实行工程量清单计价，有利于我国工程造价政府职能的转变。

按照政府部门真正履行起“经济调节、市场监督、社会管理和公共服务”的职能要求，政府对工程造价管理的模式要进行相应的改变，将推行政府宏观调控、企业自主报价、市场形成价格、社会全面监督的工程造价管理思路。实行工程量清单计价，将会有利于我国工程造价政府职能的转变，由过去的政府控制的指令性定额转变为制定适应市场经济规律需要的工程量清单计价方法，由过去的行政干预转变为对工程造价进行依法监管，有效地强化政府对工程造价的宏观调控。

三、定额计价与清单计价的区别

长期以来，工程预算定额是我国承发包计价、定价的主要依据。但这种平均价格可做为市场竞争的参考价格，不能反映参与竞争企业的实际消耗和技术管理水平，在一定程度上限制了企业的公平竞争。为改变以往的工程预算定额的计价模式，适应招标投标的需要，推行工程量清单计价办法是十分必要的。工程量清单计价与定额计价的差别具体体现在以下几个方面：

1. 编制工程量单位不同

传统定额预算计价办法是：建设工程的工程量由招标单位和投标单位分别按图计算。工程量清单计价是：工程量由招标单位统一计算或委托有工程造价咨询资质单位统一计算，“招标工程量清单”是招标文件的重要组成部分，各投标单位根据招标人提供的“招标工程量清单”，根据自身的技术装备、施工经验、企业成本、企业定额、管理水平自主填报单价。

2. 编制工程量清单时间不同

传统的定额预算计价法是在发出招标文件后编制（招标与投标人同时编制或投标人编制在前，招标人编制在后）。工程量清单报价法必须在发出招标文件前编制。

3. 表现形式不同

采用传统的定额预算计价法一般是总价形式。工程量清单报价法采用综合单价形式，综合单价包括人工费、材料费、机械使用费、管理费、利润，并考虑风险因素。工程量清单报价具有直观、单价相对固定的特点，工程量发生变化时，单价一般不作调整。

4. 编制依据不同

传统的定额预算计价依据工程图纸；人工、材料、机械台班消耗量依据建设行政主管部门颁发的预算定额；人工、材料、机械台班单价依据工程造价管理部门发布的价格信息进行计算。工程量清单报价法，根据建设部第107号令规定，招标控制价的编制根据招标文件中的招标工程量清单和有关要求、施工现场情况、合理的施工方法以及按建设行政主管部门制定的有关工程造价计价办法编制；企业的投标报价则根据企业定额和市场价格信息，或参照建设行政主管部门发布的社会平均消耗量定额编制。

5. 评标所用的方法不同

传统预算定额计价投标一般采用百分制评分法。采用工程量清单计价法投标，一般采用合理低报价中标法，既要对总价进行评分，还要对综合单价进行分析评分。

6. 项目编码不同

采用传统的预算定额项目编码，全国各省市采用不同的定额子目。采用工程量清单计价全国实行统一编码，项目编码采用十二位阿拉伯数字表示。一到九位为统一编码，其中，一、二位为专业工程代码，三、四位为专业工程附录分类顺序码；五、六位为分部工程顺序码；七、八、九位为分项工程项目名称顺序码；十至十二位为清单项目名称顺序码。前九位编码不能变动，后三位编码由清单编制人根据项目设置的清单项目编制。

7. 合同价调整方式不同

传统的定额预算计价合同价调整方式有：变更签证、定额解释、政策性调整。工程量清单计价法合同价调整方式主要是索赔。工程量清单的综合单价一般通过招标中报价的形式体现，一旦中标，报价作为签订施工合同的依据相对固定下来，工程结算按承包商实际完成工程量乘以清单中相应的单价计算。减少了调整活口。采用传统的预算定额经常有定额解释及定额规定，结算中又有政策性文件调整。工程量清单计价单价不能随意调整。

8. 工程量计算时间前置

工程量清单在招标前由招标人编制。也可能业主为了缩短建设周期，通常在初步设计完成后就开始施工招标，在不影响施工进度的前提下陆续发放施工图纸，因此承包商据以报价的工程量清单中各项工作内容下的工程量一般为概算工程量。

9. 投标计算口径达到了统一

各投标单位都根据统一的工程量清单报价，因此能达到投标计算口径统一。不再是传统预算定额招标，各投标单位各自计算工程量，各投标单位计算的工程量均不一致。

10. 索赔事件增加

因承包商对工程量清单单价包含的工作内容一目了然，故凡建设方不按清单内容施工的，任意要求修改清单的，都会增加施工索赔的因素。

第二节　工程量清单及计价相关规定

一、计价方式

(1)使用国有资金投资的建设工程发承包，必须采用工程量清单计价。国有投资的资金包括国家融资资金、国有资金为主的投资资金。

1)国有资金投资的工程建设项目包括：

①使用各级财政预算资金的项目。

②使用纳入财政管理的各种政府性专项建设资金的项目。

③使用国有企事业单位自有资金，并且国有资产投资者实际拥有控制权的项目。

2)国家融资资金投资的工程建设项目包括：

①使用国家发行债券所筹资金的项目。

②使用国家对外借款或者担保所筹资金的项目。

③使用国家政策性贷款的项目。

④国家授权投资主体融资的项目。

⑤国家特许的融资项目。

3)国有资金为主的工程建设项目是指国有资金占投资总额50%以上，或虽不足50%但国有投资者实质上拥有控股权的工程建设项目。

(2)非国有资金投资的建设工程，《建设工程工程量清单计价规范》(GB 50500－2013)(以下简称“13计价规范”)鼓励采用工程量清单计价方式，但是否采用，由项目业主自主确定。

(3)不采用工程量清单计价的建设工程，应执行“13计价规范”中除工程量清单等专门性规定外的其他规定。

(4)实行工程量清单计价应采用综合单价法，不论分部分项工程项目、措施项目、其他项目，还是以单价形式或以总价形式表现的项目，其综合单价的组成内容均包括完成该项目所需的、除规费和税金以外的所有费用。

(5)根据《中华人民共和国安全生产法》、《中华人民共和国建筑法》、《建设工程安全生产管理条例》、《安全生产许可证条例》等法律、法规的规定，建设部办公厅印发了《建筑工程安全防护、文明施工措施费及使用管理规定》(建办[2005]89号)，将安全文明施工费纳入国家强制性标准管理范围，其费用标准不予竞争，并规定“投标方安全防护、文明施工措施的报价，不得低于依据工程所在地工程造价管理机构测定费率计算所需费用总额的90%”。2012年2月14日，财政部、国家安全生产监督管理总局印发《企业安全生产费用提取和使用管理办去》(财企[2012]16号)规定：“建设工程施工企业提取的安全费用列入工程造价，在竞标时，不得删减，列入标外管理”。

“13计价规范”规定措施项目清单中的安全文明施工费必须按国家或省级、行业建设主管部门的规定费用标准计算，招标人不得要求投标人对该项费用进行优惠，投标人也不得将该项费用参与市场竞争。此处的安全文明施工费包括《建筑安装工程费用项目组成》(建标[2013]44号)中措施费的文明施工费、环境保护费、临时设施费、安全施工费。

(6)根据建设部、财政部印发的《建筑安装工程费用项目组成》(建标[2013]44号)的规定，规费是政府和有关权力部门规定必须缴纳的费用。税金是国家按照税法预先规定的标准，强制地、无偿地要求纳税人缴纳的费用。它们都是工程造价的组成部分，但是其费用内容和计取标准都不是发、承包人能自主确定的，更不是由市场竞争决定的。因而“13计价规范”规定：“规费和税金必须按国家或省级、行业建设主管部门的规定计算，不得作为竞争性费用。”

二、发包人提供材料和机械设备

(1)《建设工程质量管理条例》第14条规定:“按照合同约定,由建设单位采购建筑材料、建筑构配件和设备的,建设单位应当保证建筑材料、建筑构配件和设备符合设计文件和合同要求”;《中华人民共和国合同法》第283条规定:“发包人未按照约定的时间和要求提供原材料、设备、场地、资金、技术资料的,承包人可以顺延工程日期,并有权要求赔偿停工、窝工等损失”。“13计价规范”根据上述法律条文对发包人提供材料和机械设备的情况进行了如下约定:

(1)发包人提供的材料和工程设备(以下简称甲供材料)应在招标文件中按照规定填写《发包人提供材料和工程设备一览表》,写明甲供材料的名称、规格、数量、单价、交货方式、交货地点等。承包人投标时,甲供材料价格应计入相应项目的综合单价中,签约后,发包人应按合同约定扣除甲供材料款,不予支付。

(2)承包人应根据合同工程进度计划的安排,向发包人提交甲供材料交货的日期计划。发包人应按计划提供。

(3)发包人提供的甲供材料如规格、数量或质量不符合合同要求,或由于发包人原因发生交货日期延误、交货地点及交货方式变更等情况的,发包人应承担由此增加的费用和(或)工期延误,并应向承包人支付合理利润。

(4)发承包双方对甲供材料的数量发生争议不能达成一致的,应按照相关工程的计价定额同类项目规定的材料消耗量计算。

(5)若发包人要求承包人采购已在招标文件中确定为甲供材料的,材料价格应由发承包双方根据市场调查确定,并应另行签订补充协议。

三、承包人提供材料和工程设备

《建设工程质量管理条例》第29条规定:“施工单位必须按照工程设计要求、施工技术标准和合同约定,对建筑材料、建筑构配件、设备和商品混凝土进行检验,检验应当有书面记录和专人签字;未经检验或者检验不合格的,不得使用。”“13计价规范”根据此法律条文对承包人提供材料和机械设备的情况进行了如下约定:

(1)除合同约定的发包人提供的甲供材料外,合同工程所需的材料和工程设备应由承包人提供,承包人提供的材料和工程设备均应由承包人负责采购、运输和保管。

(2)承包人应按合同约定将采购材料和工程设备的供货人及品种、规格、数量和供货时间等提交发包人确认,并负责提供材料和工程设备的质量证明文件,满足合同约定的质量标准。

(3)对承包人提供的材料和工程设备经检测不符合合同约定的质量标准,发包人应立即要求承包人更换,由此增加的费用和(或)工期延误应由承包人承担。对发包人要求检测承包人已具有合格证明的材料、工程设备,但经检测证明该项材料、工程设备符合合同约定的质量标准,发包人应承担由此增加的费用和(或)工期延误,并向承包人支付合理利润。

四、计价风险

(1)建设工程发承包,必须在招标文件、合同中明确计价中的风险内容及其范围,不得采用无限风险、所有风险或类似语句规定计价中的风险内容及范围。

风险是一种客观存在的、会带来损失的、不确定的状态。它具有客观性、损失性、不确定性的特点,并且风险始终是与损失相联系的。工程施工发包是一种期货交易行为,工程建设本身又具有单件性和建设周期长的特点。在工程施工过程中影响工程施工及工程造价的风险因素很多,但并非所有的风险都是承包人能预测、能控制和应承担其造成损失的。

工程施工招标发包是工程建设交易方式之一,一个成熟的建设市场应是一个体现交易公平性的市场。在工程建设施工发包中实行风险共担和合理分摊原则是实现建设市场交易公平性的具体体现,是维护建设市场正常秩序的措施之一。其具体体现则是应在招标文件或合同中对发、承包双方各自应承担的风险内容及其风险范围或幅度进行界定和明确,而不能要求承包人承担所有风险或无限度风险。

根据我国工程建设特点,投标人应完全承担的风险是技术风险和管理风险,如管理费和利润;应有限度承担的是市场风险,如材料价格、施工机械使用费等的风险;应完全不承担的是法律、法规、规章和政策变化的风险。

(2)由于下列因素出现,影响合同价款调整的,应由发包人承担:

1)由于国家法律、法规、规章或有关政策出台导致工程税金、规费等发生变化的。

2)对于根据我国目前工程建设的实际情况,各省、自治区、直辖市建设行政主管部门均根据当地人力资源和社会保障行政主管部门的有关规定发布人工成本信息或人工费调整,对此关系职工切身利益的人工费进行调整的,但承包人对人工费或人工单价的报价高于发布的除外。

3)按照《中华人民共和国合同法》第63条规定:"执行政府定价或者政府指导价的,在合同约定的交付期限内价格调整时,按照交付的价格计价。逾期交付标的物的,遇价格上涨时,按照原价格执行;价格下降时,按照新价格执行。逾期提取标的物或者逾期付款的,遇价格上涨时,按照新价格执行;价格下降时,按照原价格执行"。因此,对政府定价或政府指导价管理的原材料价格按照相关文件规定进行合同价款调整的。

因承包人原因导致工期延误的,应按本书后叙"合同价款调整"中"法律法规变化"和"物价变化"中的有关规定进行处理。

(3)对于主要由市场价格波动导致的价格风险,如工程造价中的建筑材料、燃料等价格风险,应由发承包双方合理分摊,并按规定填写《承包人提供主要材料和工程设备一览表》作为合同附件;当合同中没有约定,发承包双方发生争议时,应按"13计价规范"的相关规定调整合同价款。

"13计价规范"中提出承包人所承担的材料价格的风险宜控制在5%以内,施工机械使用费的风险可控制在10%以内,超过者予以调整。

(4)由于承包人使用机械设备、施工技术以及组织管理水平等自身原因造成施工费用增加的,应由承包人全部承担。

(5)当不可抗力发生,影响合同价款时,应按本书后叙"合同价款调整"中"不可抗力"的相关规定处理。

第三节　工程量清单编制

一、工程量清单编制一般规定

(1)招标工程量清单应由招标人负责编制,若招标人不具有编制工程量清单的能力,则可根据《工程造价咨询企业管理办法》(建设部第149号令)的规定,委托具有工程造价咨询性质的工程造价咨询人编制。

(2)招标工程量清单必须作为招标文件的组成部分,其准确性(数量不算错)和完整性(不缺项漏项)应由招标人负责。招标人应将工程量清单连同招标文件一起发(售)给投标人。投标人依据工程量清单进行投标报价时,对工程量清单不负有核实的义务,更不具有修改和调整的权力。如招标人委托工程造价咨询人编制工程量清单,其责任仍由招标人负责。

(3)招标工程量清单是工程量清单计价的基础,应作为编制招标控制价、投标报价、计算或调整工程量以及工程索赔等的依据之一。

(4)招标工程量清单应以单位(项)工程为单位编制,应由分部分项工程项目清单、措施项目清单、其他项目清单、规费和税金项目清单组成。

(5)编制招标工程量清单应依据:

1)"13计价规范"和相关工程的国家计量规范。

2)国家或省级、行业建设主管部门颁发的计价定额和办法。

3)建设工程设计文件及相关资料。

4)与建设工程有关的标准、规范、技术资料。

5)拟定的招标文件。

6)施工现场情况、地勘水文资料、工程特点及常规施工方案。

7)其他相关资料。

二、分部分项工程项目

(1)分部分项工程项目清单必须载明项目编码、项目名称、项目特征、计量单位和工程量。这是构成一个分部分项工程项目清单的五个要件,在分部分项工程项目清单的组成中缺一不可。

(2)分部分项工程项目清单必须根据相关工程现行国家计量规范规定的项目编码、项目名称、项目特征、计量单位和工程量计算规则进行编制。

三、措施项目

(1)措施项目清单必须根据相关工程现行国家计量规范的规定编制。

(2)由于工程建设施工特点和承包人组织施工生产的施工装备水平、施工方案及施工管理水平的差异,同一工程由不同承包人组织施工采用的施工技术措施也不完全相同,因此,措施项目清单应根据拟建工程的实际情况列项。

四、其他项目

(1)其他项目清单宜按照下列内容列项：

1)暂列金额。暂列金额是招标人在工程量清单中暂定并包括在合同价款中的一笔款项。清单计价规范中明确规定暂列金额用于施工合同签订时尚未确定或者不可预见的所需材料、设备、服务的采购,施工中可能发生的工程变更、合同约定调整因素出现时的工程价款调整以及发生的索赔、现场签证确认等的费用。

不管采用何种合同形式,工程造价理想的标准是,一份合同的价格就是其最终的竣工结算价格,或者至少两者应尽可能接近。我国规定对政府投资工程实行概算管理,经项目审批部门批复的设计概算是工程投资控制的刚性指标,即使商业性开发项目也有成本的预先控制问题,否则,无法相对准确预测投资的收益和科学合理地进行投资控制。但工程建设自身的特性决定了工程的设计需要根据工程进展不断地进行优化和调整,业主需求可能会随工程建设进展出现变化,工程建设过程还会存在一些不能预见、不能确定的因素。消化这些因素必然会影响合同价格的调整,暂列金额正是为这类不可避免的价格调整而设立,以便达到合理确定和有效控制工程造价的目标。

另外,暂列金额列入合同价格不等于就属于承包人所有了,即使是总价包干合同,也不等于列入合同价格的所有金额就属于承包人,是否属于承包人应得金额取决于具体的合同约定,只有按照合同约定程序实际发生后,才能成为承包人的应得金额,纳入合同结算价款中。扣除实际发生金额后的暂列金额余额仍属于发包人所有。设立暂列金额并不能保证合同结算价格就不会再出现超过合同价格的情况,是否超出合同价格完全取决于工程量清单编制人暂列金额预测的准确性,以及工程建设过程是否出现了其他事先未预测到的事件。

例:某工程量清单中给出的暂列金额及拟用项目见表13-1。投标人只需要直接将工程量清单中所列的暂列金额纳入投标总价,并且不需要在工程量清单中所列的暂列金额以外再考虑任何其他费用。

表 13-1 暂列金额明细表

工程名称:×××工程 标段: 第 页共 页

序号	项目名称	计量单位	暂定金额(元)	备注
1	图纸中已经标明可能位置,但未最终确定是否需要的主入口处的钢结构雨篷工程的安装工作	项	500000	此部分的设计图纸有待进一步完善
2	其他	项	60000	
3				
合计			560000	—

2)暂估价。暂估价是指招标阶段直至签订合同协议时,招标人在招标文件中提供的用于支付必然发生但暂时不能确定价格的材料以及专业工程的金额。暂估价包括材料暂估单价、工程设备暂估单价和专业工程暂估价。暂估价类似于FIDIC合同条款中的Prime Cost Items,在招标阶段预见肯定要发生,只是因为标准不明确或者需要由专业承包人完成,暂时无法确定价格。暂估价数量和拟用项目应当结合工程量清单中的“暂估价表”予以

补充说明。

为方便合同管理，需要纳入分部分项工程项目清单综合单价中的暂估价应只是材料费、工程设备费，以方便投标人组价。

专业工程的暂估价一般应是综合暂估价，应当包括除规费和税金以外的管理费、利润等取费。总承包招标时，专业工程设计深度往往是不够的，一般需要交由专业设计人设计，国际上，出于提高可建造性考虑，一般由专业承包人负责设计，以发挥其专业技能和专业施工经验的优势。这类专业工程交由专业分包人完成是国际工程的良好实践，目前在我国工程建设领域也已经比较普遍。公开透明地合理确定这类暂估价的实际开支金额的最佳途径，就是通过施工总承包人与工程建设项目招标人共同组织的招标。

例：某工程材料和专业工程暂估价项目及其暂估价清单见表 13-2 和表 13-3。

表 13-2　　**材料(工程设备)暂估单价及调整表**

工程名称：　　标段：　　第　页共　页

序号	材料(工程设备)名称、规格、型号	计量单位	数量		暂估(元)		确认(元)		差额(元)		备注
			暂估	确认	单价	合价	单价	合价	单价	合价	
1	硬木门	m^2	23.5		856.00	20116.00					含门框、门扇，用于本工程的门安装工程项目
2	低压开关柜（CGD190380/220V）	台	2		38000.00	76000.00					用于低压开关柜安装项目
	合计					96116.00					

表 13-3　　**专业工程暂估价及结算价表**

工程名称：　　标段：　　第　页共　页

序号	工程名称	工程内容	暂估金额(元)	结算金额(元)	差额(元)	备注
1	消防工程	合同图纸中标明的以及工程规范和技术说明中规定的各系统，包括但不限于消火栓系统、消防游泳池供水系统、水喷淋系统、火灾自动报警系统及消防联动系统中的设备、管道、阀门、线缆等的供应、安装和调试工作	760000.00			
		合计	760000.00			

3)计日工。计日工是为解决现场发生的零星工作的计价而设立的,其为额外工作和变更的计价提供了一个方便快捷的途径。计日工适用的所谓零星工作一般是指合同约定之外的或者因变更而产生的、工程量清单中没有相应项目的额外工作,尤其是那些时间不允许事先商定价格的额外工作。计日工以完成零星工作所消耗的人工工时、材料数量、机械台班进行计量,并按照计日工表中填报的适用项目的单价进行计价支付。

国际上常见的标准合同条款中,大多数都设立了计日工(Daywork)计价机制。但在我国以往的工程量清单计价实践中,由于计日工项目的单价水平一般要高于工程量清单项目的单价水平,因而经常被忽略。从理论上讲,由于计日工往往是用于一些突发性的额外工作,缺少计划性,承包人在调动施工生产资源方面难免会影响已经计划好的工作,生产资源的使用效率也有一定的降低,客观上造成超出常规的额外投入。另外,其他项目清单中计日工往往是一个暂定的数量,其无法纳入有效的竞争。所以,合理的计日工单价水平一定是要高于工程量清单的价格水平的。为获得合理的计日工单价,发包人在其他项目清单中对计日工一定要给出暂定数量,并需要根据经验尽可能估算一个较接近实际的数量。

4)总承包服务费。总承包服务费是为了解决招标人在法律、法规允许的条件下进行专业工程发包,以及自行供应材料、设备,并需要总承包人对发包的专业工程提供协调和配合服务,对供应的材料、设备提供收、发和保管服务以及进行施工现场管理时发生,并向总承包人支付的费用。招标人应预计该项费用并按投标人的投标报价向投标人支付该项费用。

(2)为保证工程施工建设的顺利实施,投标人在编制招标工程量清单时应对施工过程中可能出现的各种不确定因素对工程造价的影响进行估算,列出一笔暂列金额。暂列金额可根据工程的复杂程度、设计深度、工程环境条件(包括地质、水文、气候条件等)进行估算,一般可按分部分项工程费的10%～15%作为参考。

(3)暂估价中的材料、工程设备暂估单价应根据工程造价信息或参照市场价格估算,列出明细表;专业工程暂估价应分不同专业,按有关计价规定估算,列出明细表。

(4)计日工应列出项目名称、计量单位和暂估数量。

(5)总承包服务费应列出服务项目及其内容等。

(6)出现上述第(1)条中未列的项目,应根据工程实际情况补充。如办理竣工结算时就需将索赔及现场鉴证列入其他项目中。

五、规费

规费是根据省级政府或省级有关权力部门规定必须缴纳的,应计入建筑安装工程造价的费用。根据住房和城乡建设部、财政部“关于印发《建筑安装工程费用项目组成》的通知”(建标[2013]44号)的规定,规费主要包括社会保险费、住房公积金、工程排污费,其中社会保险费包括养老保险费、医疗保险费、失业保险费、工伤保险费和生育保险费;税金主要包括营业税、城市维护建设税、教育费附加和地方教育附加。规费作为政府和有关权力部门规定必须缴纳的费用,政府和有关权力部门可根据形势发展的需要,对规费项目进行调整,因此,清单编制人对《建筑安装工程费用项目组成》中未包括的规费项目,在编制规费项目清单时应根据省级政府或省级有关权力部门的规定列项。

规费项目清单应按照下列内容列项:

(1)社会保险费:包括养老保险费、失业保险费、医疗保险费、工伤保险费、生育保险费。

(2)住房公积金。

(3)工程排污费。

相对于2008年版清单计价规范,"13计价规范"对规费项目清单进行了以下调整:

(1)根据《中华人民共和国社会保险法》的规定,将2008年版清单计价规范使用的"社会保障费"更名为"社会保险费",将"工伤保险费、生育保险费"列入社会保险费。

(2)根据十一届全国人大常委会第20次会议将《中华人民共和国建筑法》第四十八条由"建筑施工企业必须为从事危险作业的职工办理意外伤害保险,支付保险费"修改为"建筑施工企业应当依法为职工参加工伤保险缴纳工伤保险费。鼓励企业为从事危险作业的职工办理意外伤害保险,支付保险费"。由于建筑法将意外伤害保险由强制改为鼓励,因此,"13计价规范"中规费项目增加了工伤保险费,删除了意外伤害保险,将其列入企业管理费中列支。

(3)根据《财政部、国家发展改革委关于公布取消和停止征收100项行政事业性收费项目的通知》(财综[2008]78号)的规定,工程定额测定费从2009年1月1日起取消,停止征收。因此,"13计价规范"中规费项目取消了工程定额测定费。

六、税金

根据住房和城乡建设部、财政部"关于印发《建筑安装工程费用项目组成》的通知"(建标[2013]44号)的规定,目前我国税法规定应计入建筑安装工程造价的税种包括营业税、城市建设维护税、教育费附加和地方教育附加。如国家税法发生变化,税务部门依据职权增加了税种,应对税金项目清单进行补充。

税金项目清单应按下列内容列项:

(1)营业税。

(2)城市维护建设税。

(3)教育费附加。

(4)地方教育附加。

根据《财政部关于统一地方教育政策有关内容的通知》(财综[2011]98号)的有关规定,"13计价规范"相对于2008年版清单计价规范,在税金项目增列了地方教育附加项目。

第四节　工程量清单计价

一、招标控制价编制

(一)一般规定

招标控制价是招标人根据国家或省级、行业建设主管部门颁发的有关计价依据和办法,按设计施工图纸计算的,对招标工程限定的最高工程造价。国有资金投资的工程建设项目必须实行工程量清单招标,并必须编制招标控制价。

1. 招标控制价的作用

(1)我国对国有资金投资项目的是投资控制实行的投资概算审批制度,国有资金投资的工程原则上不能超过批准的投资概算。因此,在工程招标发包时,当编制的招标控制价超过批准的概算,招标人应当将其报原概算审批部门重新审核。

(2)国有资金投资的工程进行招标,根据《中华人民共和国招标投标法》的规定,招标人可以设标底。当招标人不设标底时,为有利于客观、合理的评审投标报价和避免哄抬标价,造成国有资产流失,招标人必须编制招标控制价。

(3)国有资金投资的工程,招标人编制并公布的招标控制价相当于招标人的采购预算,同时要求其不能超过批准的概算,因此,招标控制价是招标人在工程招标时能接受投标人报价的最高限价。

2. 招标控制价的编制人员

招标控制价应由具有编制能力的招标人编制,当招标人不具有编制招标控制价的能力时,可委托具有相应资质的工程造价咨询人编制。工程造价咨询人接受招标人委托编制招标控制价,不得再就同一工程接受投标人委托编制投标报价。

所谓具有相应工程造价咨询资质的工程造价咨询人是指根据《工程造价咨询企业管理办法》(建设部令第149号)的规定,依法取得工程造价咨询企业资质,并在其资质许可的范围内接受招标人的委托,编制招标控制价的工程造价咨询企业。即取得甲级工程造价咨询资质的咨询人可承担各类建设项目的招标控制价编制,取得乙级(包括乙级暂定)工程造价咨询资质的咨询人,则只能承担5000万元以下的招标控制价的编制。

3. 其他规定

(1)招标控制价的作用决定了招标控制价不同于标底,无须保密。为体现招标的公平、公正,防止招标人有意抬高或压低工程造价,招标人应在招标文件中如实公布招标控制价,不得对所编制的招标控制价进行上浮或下调。招标人在招标文件中公布招标控制价时,应公布招标控制价各组成部分的详细内容,不得只公布招标控制价总价。

(2)招标人应将招标控制价及有关资料报送工程所在地或有该工程管辖权的行业管理部门工程造价管理机构备查。

(二)招标控制价编制与复核

1. 招标控制价编制依据

(1)"13计价规范"。

(2)国家或省级、行业建设主管部门颁发的计价定额和计价办法。

(3)建设工程设计文件及相关资料。

(4)拟定的招标文件及招标工程量清单。

(5)与建设项目相关的标准、规范、技术资料。

(6)施工现场情况、工程特点及常规施工方案。

(7)工程造价管理机构发布的工程造价信息,当工程造价信息没有发布时,参照市场价。

(8)其他的相关资料。

按上述依据进行招标控制价编制,应注意以下事项:

(1)使用的计价标准、计价政策应是国家或省、自治区、直辖市建设行政主管部门或行业建设主管部门颁布的计价定额和计价方法。

(2)采用的材料价格应是工程造价管理机构通过工程造价信息发布的材料单价，工程造价信息未发布材料单价的材料，其材料价格应通过市场调查确定。

(3)国家或省、自治区、直辖市建设行政主管部门或行业建设主管部门对工程造价计价中费用或费用标准有规定的，应按规定执行。

2. 招标控制价的编制

(1)综合单价中应包括招标文件中划分的应由投标人承担的风险范围及其费用。招标文件中没有明确的，如是工程造价咨询人编制，应提请招标人明确；如是招标人编制，应予明确。

(2)分部分项工程和措施项目中的单价项目，应根据拟定的招标文件和招标工程量清单项目中的特征描述及有关要求确定综合单价计算。招标文件中提供了暂估单价的材料，按暂估的单价计入综合单价。

(3)措施项目中的总价项目应根据拟定的招标文件和常规施工方案采用综合单价计价。措施项目中的安全文明施工费必须按国家或省级、行业建设主管部门的规定计算，不得作为竞争性费用。

(4)其他项目费应按下列规定计价。

1)暂列金额。暂列金额应按招标工程量清单中列出的金额填写。

2)暂估价。暂估价包括材料暂估单价、工程设备暂估单价和专业工程暂估价。暂估价中的材料、工程设备单价应根据招标工程量清单列出的单价计入综合单价。

3)计日工。计日工包括计日工人工、材料和施工机械。在编制招标控制价时，对计日工中的人工单价和施工机械台班单价应按省级、行业建设主管部门或其授权的工程造价管理机构公布的单价计算；材料应按工程造价管理机构发布的工程造价信息中的材料单价计算，工程造价信息未发布材料单价的材料，其价格应按市场调查确定的单价计算。

4)总承包服务费。招标人编制招标控制价时，总承包服务费应根据招标文件中列出的内容和向总承包人提出的要求，按照省级或行业建设主管部门的规定或参照下列标准计算：

①招标人仅要求对分包的专业工程进行总承包管理和协调时，按分包的专业工程估算造价的1.5%计算。

②招标人要求对分包的专业工程进行总承包管理和协调，并同时要求提供配合服务时，根据招标文件中列出的配合服务内容和提出的要求，按分包的专业工程估算造价的3%～5%计算。

③招标人自行供应材料的，按招标人供应材料价值的1%计算。

(5)招标控制价的规费和税金必须按国家或省级、行业建设主管部门的规定计算。

(三)投诉与处理

(1)投标人经复核认为招标人公布的招标控制价未按照本规范的规定进行编制的，应在招标控制价公布后5d内向招投标监督机构和工程造价管理机构投诉。

(2)投诉人投诉时，应当提交由单位盖章和法定代表人或其委托人签名或盖章的书面投诉书。投诉书应包括下列内容：

1)投诉人与被投诉人的名称、地址及有效联系方式。

2)投诉的招标工程名称、具体事项及理由。

3)投诉依据及有关证明材料。

4)相关的请求及主张。

(3)投诉人不得进行虚假、恶意投诉,阻碍招投标活动的正常进行。

(4)工程造价管理机构在接到投诉书后应在2个工作日内进行审查,对有下列情况之一的,不予受理:

1)投诉人不是所投诉招标工程招标文件的收受人。

2)投诉书提交的时间不符合上述第(1)条规定的。

3)投诉书不符合上述第(2)条规定的。

4)投诉事项已进入行政复议或行政诉讼程序的。

(5)工程造价管理机构应在不迟于结束审查的次日将是否受理投诉的决定书面通知投诉人、被投诉人以及负责该工程招投标监督的招投标管理机构。

(6)工程造价管理机构受理投诉后,应立即对招标控制价进行复查,组织投诉人、被投诉人或其委托的招标控制价编制人等单位人员对投诉问题逐一核对。有关当事人应当予以配合,并应保证所提供资料的真实性。

(7)工程造价管理机构应当在受理投诉的10d内完成复查,特殊情况下可适当延长,并作出书面结论通知投诉人、被投诉人及负责该工程招投标监督的招投标管理机构。

(8)当招标控制价复查结论与原公布的招标控制价误差大于±3%时,应当责成招标人改正。

(9)招标人根据招标控制价复查结论需要重新公布招标控制价的,其最终公布的时间至招标文件要求提交投标文件截止时间不足15d的,应相应延长投标文件的截止时间。

二、投标报价编制

(一)一般规定

(1)投标价应由投标人或受其委托具有相应资质的工程造价咨询人编制。

(2)投标价中除"13计价规范"中规定的规费、税金及措施项目清单中的安全文明施工费应按国家或省级、行业建设主管部门的规定计价,不得作为竞争性费用外,其他项目的投标报价由投标人自主决定。

(3)投标人的投标报价不得低于工程成本。《中华人民共和国反不正当竞争法》第十一条规定:"经营者不得以排挤竞争对手为目的,以低于成本的价格销售商品。"《中华人民共和国招标投标法》第四十一条规定:"中标人的投标应当符合下列条件……(二)能够满足招标文件的实质性要求,并且经评审的投标价格最低;但是投标价格低于成本的除外。"《评标委员会和评标方法暂行规定》(国家计委等七部委第12号令)第二十一条规定:"在评标过程中,评标委员会发现投标人的报价明显低于其他投标报价或者在设有标底时明显低于标底的,使得其投标报价可能低于其个别成本的,应当要求该投标人作出书面说明并提供相关证明材料。投标人不能合理说明或者不能提供相关证明材料的,由评标委员会认定该投标人以低于成本报价竞标,其投标应作废标处理。"

(4)实行工程量清单招标,招标人在招标文件中提供工程量清单,其目的是使各投标人在投标报价中具有共同的竞争平台。因此,要求投标人必须按招标工程量清单填报价格,工程量清单的项目编码、项目名称、项目特征、计量单位、工程数量必须与招标人招标文件中提供的招标工程量清单一致。

(5)根据《中华人民共和国政府采购法》第三十六条规定:“在招标采购中,出现下列情形之一的,应予废标……(三)投标人的报价均超过了采购预算,采购人不能支付的。”《中华人民共和国招标投标法实施条例》第五十一条规定:“有下列情形之一者,评标委员会应当否决其投标:……(五)投标报价低于成本或者高于招标文件设定的最高投标限价”。对于国有资金投资的工程,其招标控制价相当于政府采购中的采购预算,且其定义就是最高投标限价,因此投标人的投标报价不能高于招标控制价,否则,应予废标。

(二)编制与复核

(1)投标报价应根据下列依据编制和复核:

1)“13 计价规范”。

2)国家或省级、行业建设主管部门颁发的计价办法。

3)企业定额,国家或省级、行业建设主管部门颁发的计价定额和计价办法。

4)招标文件、招标工程量清单及其补充通知、答疑纪要。

5)建设工程设计文件及相关资料。

6)施工现场情况、工程特点及投标时拟定的施工组织设计或施工方案。

7)与建设项目相关的标准、规范等技术资料。

8)市场价格信息或工程造价管理机构发布的工程造价信息。

9)其他的相关资料。

(2)综合单价中应考虑招标文件中要求投标人承担的风险内容及其范围(幅度)产生的风险费用,招标文件中没有明确的,应提请招标人明确。在施工过程中,当出现的风险内容及其范围(幅度)在合同约定的范围内时,合同价款不作调整。

(3)分部分项工程和措施项目中的单价项目,应根据招标文件和招标工程量清单项目中的特征描述确定综合单价。招标工程量清单的项目特征描述是确定分部分项工程和措施项目中的单价的重要依据之一,投标人投标报价时应依据招标工程量清单项目的特征描述确定清单项目的综合单价。招投标过程中,当出现招标工程量清单项目特征描述与设计图纸不符时,投标人应以招标工程量清单的项目特征描述为准,确定投标报价的综合单价。当施工中施工图纸或设计变更与招标工程量清单的项目特征描述不一致时,发、承包双方应按实际施工的项目特征,依据合同约定重新确定综合单价。

招标文件中提供了暂估单价的材料,应按暂估的单价计入综合单价;综合单价中应考虑招标文件中要求投标人承担的风险内容及其范围(幅度)产生的风险费用。在施工过程中,当出现的风险内容及其范围(幅度)在合同约定的范围内时,工程价款不做调整。

(4)投标人可根据工程实际情况并结合施工组织设计,对招标人所列的措施项目进行增补。由于各投标人拥有的施工装备、技术水平和采用的施工方法有所差异,招标人提出的措施项目清单是根据一般情况确定的,没有考虑不同投标人的“个性”,投标人投标时应根据自身编制的投标施工组织设计或施工方案确定措施项目,对招标人提供的措施项目进行调整。投标人根据投标施工组织设计或施工方案调整和确定的措施项目应通过评标委员会的评审。

措施项目中的总价项目应采用综合单价计价。其中安全文明施工费应按国家或省级、行业建设主管部门的规定确定,且不得作为竞争性费用。

(5)其他项目应按下列规定报价:

1)暂列金额应按招标工程量清单中列出的金额填写,不得变动。

2)材料、工程设备暂估价应按招标工程量清单中列出的单价计入综合单价,不得变动和更改。

3)专业工程暂估价应按招标工程量清单中列出的金额填写,不得变动和更改。

4)计日工应按招标工程量清单中列出的项目和数量,自主确定综合单价并计算计日工金额。

5)总承包服务费应依据招标工程量清单中列出的专业工程暂估价内容和供应材料、设备情况,按照招标人提出协调、配合与服务要求和施工现场管理需要自主确定。

(6)规费和税金应按国家或省级、行业建设主管部门的规定计算,不得作为竞争性费用。规费和税金的计取标准是依据有关法律、法规和政策规定制定的,具有强制性。投标人是法律、法规和政策的执行者,不能改变,更不能制定,而必须按照法律、法规、政策的有关规定执行。

(7)招标工程量清单与计价表中列明的所有需要填写单价和合价的项目,投标人均应填写且只允许有一个报价。未填写单价和合价的项目,可视为此项费用已包含在已标价工程量清单中其他项目的单价和合价之中。当竣工结算时,此项目不得重新组价予以调整。

(8)实行工程量清单招标,投标人的投标总价应当与组成已标价工程量清单的分部分项工程费、措施项目费、其他项目费和规费、税金的合计金额相一致,即投标人在投标报价时,不能进行投标总价优惠(或降价、让利),投标人对招标人的任何优惠(或降价、让利)均应反映在相应清单项目的综合单价中。

三、竣工结算编制

(一)一般规定

(1)工程完工后,发承包双方必须在合同约定时间内办理工程竣工结算。合同中没有约定或约定不清的,按“13计价规范”中有关规定处理。

(2)工程竣工结算应由承包人或受其委托具有相应资质的工程造价咨询人编制,并应由发包人或受其委托具有相应资质的工程造价咨询人核对。实行总承包的工程,由总承包人对竣工结算的编制负总责。

(3)当发承包双方或一方对工程造价咨询人出具的竣工结算文件有异议时,可向工程造价管理机构投诉,申请对其进行执业质量鉴定。

(4)工程造价管理机构对投诉的竣工结算文件进行质量鉴定,宜按本章第五节的相关规定进行。

(5)根据《中华人民共和国建筑法》第六十一条规定:“交付竣工验收的建筑工程,必须符合规定的建筑工程质量标准,有完整的工程技术经济资料和经签署的工程保修书,并具备国家规定的其他竣工条件”，由于竣工结算是反映工程造价计价规定执行情况的最终文件，竣工结算办理完毕，发包人应将竣工结算文件报送工程所在地或有该工程管辖权的行业管理部门的工程造价管理机构备案。竣工结算文件应作为工程竣工验收备案、交付使用的必备文件。

(二)编制与复核

(1)工程竣工结算应根据下列依据编制和复核：

1)“13 计价规范”。

2)工程合同。

3)发承包双方实施过程中已确认的工程量及其结算的合同价款。

4)发承包双方实施过程中已确认调整后追加(减)的合同价款。

5)建设工程设计文件及相关资料。

6)投标文件。

7)其他依据。

(2)分部分项工程和措施项目中的单价项目应依据发承包双方确认的工程量与已标价工程量清单的综合单价计算；发生调整的，应以发承包双方确认调整的综合单价计算。

(3)措施项目中的总价项目应依据已标价工程量清单的项目和金额计算；发生调整的，应以发承包双方确认调整的金额计算，其中安全文明施工费应按照国家或省级、行业建设主管部门的规定计算。施工过程中，国家或省级、行业建设主管部门对安全文明施工费进行了调整的，措施项目费中和安全文明施工费应作相应调整。

(4)办理竣工结算时，其他项目费的计算应按以下要求进行计价：

1)计日工的费用应按发包人实际签证确认的数量和合同约定的相应项目综合单价计算。

2)当暂估价中的材料、工程设备是招标采购的，其单价按中标价在综合单价中调整。当暂估价中的材料、设备为非招标采购的，其单价按发承包双方最终确认的单价在综合单价中调整。当暂估价中的专业工程是招标发包的，其专业工程费按中标价计算。当暂估价中的专业工程为非招标发包的，其专业工程费按发承包双方与分包人最终确认的金额计算。

3)总承包服务费应依据已标价工程量清单金额计算，发承包双方依据合同约定对总承包服务进行了调整，应按调整后的金额计算。

4)索赔事件产生的费用在办理竣工结算时应在其他项目费中反映。索赔费用的金额应依据发承包双方确认的索赔事项和金额计算。

5)现场签证发生的费用在办理竣工结算时应在其他项目费中反映。现场签证费用金额依据发承包双方签证资料确认的金额计算。

6)合同价款中的暂列金额在用于各项价款调整、索赔与现场签证后，若有余额，则余额归发包人，若出现差额，则由发包人补足并反映在相应的工程价款中。

(5)规费和税金应按国家或省级、行业建设主管部门对规费和税金的计取标准计算。规费中的工程排污费应按工程所在地环境保护部门规定的标准缴纳后按实列入。

(6)由于竣工结算与合同工程实施过程中的工程计量及其价款结算、进度款支付、合同价款调整等具有内在联系，因此发承包双方在合同工程实施过程中已经确认的工程计量结果和合同价款，在竣工结算办理中应直接进入结算，从而简化结算流程。

第五节　工程计价表格

工程量清单与计价宜采用统一的格式。“13 计价规范”对工程计价表格，按工程量清单、招标控制价、投标报价、竣工结算和工程造价鉴定等各个计价阶段共设计了 5 种封面和 22 种(类)表样。各省、自治区、直辖市建设行政主管部门和行业建设主管部门可根据本地区、本行业的实际情况，在“13 计价规范”规定的工程计价表格的基础上进行补充完善。工程计价表格的设置应满足工程计价的需要，方便使用。

一、计价表格种类及使用范围

“13 计价规范”中规定的工程计价表格的种类及其使用范围见表 13-4。

表 13-4　　工程计价表格的种类及其使用范围

表格编号	表格种类	表格名称	表格使用范围				
			工程量清单	招标控制价	投标报价	竣工结算	工程造价鉴定
封—1	工程计价文件封面	招标工程量清单封面	●				
封—2		招标控制价封面		●			
封—3		投标总价封面			●		
封—4		竣工结算书封面				●	
封—5		工程造价鉴定意见书封面					●
扉—1	工程计价文件扉页	招标工程量清单扉页	●				
扉—2		招标控制价扉页		●			
扉—3		投标总价扉页			●		
扉—4		竣工结算总价扉页				●	
扉—5		工程造价鉴定意见书扉页					●
表—01	工程计价总说明	总说明	●	●	●	●	●
表—02	工程计价汇总表	建设项目招标控制价/投标报价汇总表		●	●		
表—03		单项工程招标控制价/投标报价汇总表		●	●		
表—04		单位工程招标控制价/投标报价汇总表		●	●		
表—05		建设项目竣工结算汇总表				●	●
表—06		单项工程竣工结算汇总表				●	●
表—07		单位工程竣工结算汇总表				●	●

续表

表格编号	表格种类	表格名称	表格使用范围				
			工程量清单	招标控制价	投标报价	竣工结算	工程造价鉴定
表—08	分部分项工程和措施项目计价表	分部分项工程和单价措施项目清单与计价表	●	●	●	●	●
表—09		综合单价分析表		●	●	●	●
表—10		综合单价调整表				●	●
表—11		总价措施项目清单与计价表	●	●	●	●	●
表—12	其他项目计价表	其他项目清单与计价汇总表	●	●	●	●	●
表—12—1		暂列金额明细表	●	●	●	●	●
表—12—2		材料(工程设备)暂估单价及调整表	●	●	●	●	●
表—12—3		专业工程暂估价及结算价表	●	●	●	●	●
表—12—4		计日工表	●	●	●	●	●
表—12—5		总承包服务费计价表	●	●	●	●	●
表—12—6		索赔与现场签证计价汇总表				●	●
表—12—7		费用索赔申请(核准)表				●	●
表—12—8		现场签证表				●	●
表—13	规费、税金项目计价表	●	●	●	●	●	
表—14	工程计量申请(核准)表				●	●	
表—15	合同价款支付申请(核准)表	预付款支付申请(核准)表				●	●
表—16		总价项目进度款支付分解表			●	●	●
表—17		进度款支付申请(核准)表				●	●
表—18		竣工结算款支付申请(核准)表				●	●
表—19		最终结清支付申请(核准)表				●	●
表—20	主要材料、工程设备一览表	发包人提供材料和工程设备一览表	●	●	●	●	●
表—21		承包人提供主要材料和工程设备一览表(适用于造价信息差额调整法)	●	●	●	●	●
表—22		承包人提供主要材料和工程设备一览表(适用于价格指数差额调整法)	●	●	●	●	●

二、工程计价表格形式

(一)工程计价文件封面

1. 招标工程量清单封面(封-1)

________________工程

招标工程量清单

招　标　人：________________

(单位盖章)

造价咨询人：________________

(单位盖章)

年　　月　　日

封-1

2. 招标控制价封面(封-2)

________________工程

招标控制价

招　标　人：________________
（单位盖章）

造价咨询人：________________
（单位盖章）

年　　月　　日

封-2

3. 投标总价封面(封-3)

______________________________工程

投 标 总 价

投 标 人:______________________________
(单位盖章)

年 月 日

封-3

4. 竣工结算书封面(封-4)

______________________工程

竣工结算书

发 包 人:______________________

(单位盖章)

承 包 人:______________________

(单位盖章)

造价咨询人:______________________

(单位盖章)

年 月 日

封-4

5. 工程造价鉴定意见书封面(封-5)

______________________________工程

编号:×××[2×××]××号

工程造价鉴定意见书

造价咨询人:______________________________

(单位盖章)

年　　月　　日

封-5

（二）工程计价文件扉页

1. 招标工程量清单扉页（扉-1）

______________工程

招标工程量清单

招　标　人：__________
（单位盖章）

造价咨询人：__________
（单位资质专用章）

法定代表人
或其授权人：__________
（签字或盖章）

法定代表人
或其授权人：__________
（签字或盖章）

编　制　人：__________
（造价人员签字盖专用章）

复　核　人：__________
（造价工程师签字盖专用章）

编制时间：　年　月　日

复核时间：　年　月　日

扉-1

2. 招标控制价扉页(扉-2)

______________________工程

招标控制价

招标控制价(小写)：______________________

(大写)：______________________

招　标　人：______________
(单位盖章)

造价咨询人：______________
(单位资质专用章)

法定代表人
或其授权人：______________
(签字或盖章)

法定代表人
或其授权人：______________
(签字或盖章)

编　制　人：______________
(造价人员签字盖专用章)

复　核　人：______________
(造价工程师签字盖专用章)

编制时间：　年　月　日

复核时间：　年　月　日

扉-2

3. 投标总价扉页(扉-3)

工程

投 标 总 价

招　标　人：________________

工 程 名 称：________________

投标总价(小写)：________________

(大写)：________________

投　标　人：________________

(单位盖章)

法定代表人

或其授权人：________________

(签字或盖章)

编　制　人：________________

(造价人员签字盖专用章)

时　　间：　　年　　月　　日

4. 竣工结算总价扉页(扉-4)

________________________________工程

竣工结算总价

签约合同价(小写):________________ (大写):____________________

竣工结算价(小写):________________ (大写):____________________

发 包 人:__________ 承 包 人:__________ 造价咨询人:__________

(单位盖章) (单位盖章) (单位资质专用章)

法定代表人 法定代表人 法定代表人

或其授权人:____________ 或其授权人:__________ 或其授权人:__________

(签字或盖章) (签字或盖章) (签字或盖章)

编 制 人:__________________ 核 对 人:__________________

(造价人员签字盖专用章) (造价工程师签字盖专用章)

编制时间: 年 月 日 核对时间: 年 月 日

扉-4

5. 工程造价鉴定意见书扉页(扉-5)

________________________工程

工程造价鉴定意见书

鉴定结论：

造价咨询人：________________________

(盖单位章及资质专用章)

法定代表人：________________________

(签字或盖章)

造价工程师：________________________

(签字盖专用章)

年　　月　　日

扉-5

(三)工程计价总说明(表-01)

总说明

工程名称:　　第　页共　页

表-01

(四)工程计价汇总表

1. 建设项目招标控制价/投标报价汇总表(表-02)

建设项目招标控制价/投标报价汇总表

工程名称:　　第　页共　页

序号	单项工程名称	金额(元)	其中:(元)		
			暂估价	安全文明施工费	规费
合计					

注:本表适用于建设项目招标控制价或投标报价的汇总。

表-02

2. 单项工程招标控制价/投标报价汇总表(表-03)

单项工程招标控制价/投标报价汇总表

工程名称:　　第　页共　页

序号	单位工程名称	金额(元)	其中:(元)		
			暂估价	安全文明施工费	规费
合　计					

注:本表适用于单项工程招标控制价或投标报价的汇总。暂估价包括分部分项工程中的暂估价和专业工程暂估价。

表-03

3. 单位工程招标控制价/投标报价汇总表(表-04)

单位工程招标控制价/投标报价汇总表

工程名称：　　　　　　标段：　　　　　　第　页共　页

序号	汇　总　内　容	金额(元)	其中:暂估价(元)
1	分部分项工程		
1.1			
1.2			
1.3			
1.4			
1.5			
2	措施项目		—
2.1	其中:安全文明施工费		—
3	其他项目		—
3.1	其中:暂列金额		—
3.2	其中:专业工程暂估价		—
3.3	其中:计日工		—
3.4	其中:总承包服务费		—
4	规费		—
5	税金		—
招标控制价合计=1+2+3+4+5			

注:本表适用于单位工程招标控制价或投标报价的汇总,如无单位工程划分,单项工程也使用本表汇总。

表-04

4. 建设项目竣工结算汇总表(表-05)

建设项目竣工结算汇总表

工程名称：　　　　　　第　页共　页

序号	单项工程名称	金额(元)	其中:(元)	
			安全文明施工费	规费
合　计				

表-05

5. 单项工程竣工结算汇总表(表-06)

单项工程竣工结算汇总表

工程名称： 第 页共 页

序号	单位工程名称	金额(元)	其中:(元)	
			安全文明施工费	规费
	合 计			

表-06

6. 单位工程竣工结算汇总表(表-07)

单位工程竣工结算汇总表

工程名称： 标段： 第 页共 页

序号	汇 总 内 容	金额(元)
1	分部分项工程	
1.1		
1.2		
1.3		
1.4		
1.5		
2	措施项目	
2.1	其中:安全文明施工费	
3	其他项目	
3.1	其中:专业工程结算价	
3.2	其中:计日工	
3.3	其中:总承包服务费	
3.4	其中:索赔与现场签证	
4	规费	
5	税金	
竣工结算总价合计=1+2+3+4+5		

注:如无单位工程划分,单项工程也使用本表汇总。

表-07

(五)分部分项工程和措施项目计价表

1. 分部分项工程和单价措施项目清单与计价表(表-08)

分部分项工程和单价措施项目清单与计价表

工程名称：　　　　　　　　　　　　标段：　　　　　　　　　　　　第　页共　页

<table>
<tr><th rowspan="3">序号</th><th rowspan="3">项目
编码</th><th rowspan="3">项目
名称</th><th rowspan="3">项目特征描述</th><th rowspan="3">计量
单位</th><th rowspan="3">工程量</th><th colspan="3">金　额(元)</th></tr>
<tr><th rowspan="2">综合
单价</th><th rowspan="2">合价</th><th>其中</th></tr>
<tr><th>暂估价</th></tr>
<tr><td></td><td></td><td></td><td></td><td></td><td></td><td></td><td></td><td></td></tr>
<tr><td></td><td></td><td></td><td></td><td></td><td></td><td></td><td></td><td></td></tr>
<tr><td></td><td></td><td></td><td></td><td></td><td></td><td></td><td></td><td></td></tr>
<tr><td></td><td></td><td></td><td></td><td></td><td></td><td></td><td></td><td></td></tr>
<tr><td></td><td></td><td></td><td></td><td></td><td></td><td></td><td></td><td></td></tr>
<tr><td colspan="7">本页小计</td><td></td><td></td></tr>
<tr><td colspan="7">合　计</td><td></td><td></td></tr>
</table>

注：为计取规费等的使用，可在表中增设其中："定额人工费"。

表-08

2. 综合单价分析表(表-09)

综合单价分析表

工程名称：　　　　　　　　　　　　标段：　　　　　　　　　　　　第　页共　页

<table>
<tr><td colspan="2">项目编码</td><td colspan="2"></td><td colspan="2">项目名称</td><td colspan="2"></td><td>计量单位</td><td></td><td>工程量</td><td></td></tr>
<tr><td colspan="12">清单综合单价组成明细</td></tr>
<tr><td rowspan="2">定额
编号</td><td rowspan="2">定额
项目
名称</td><td rowspan="2">定额
单位</td><td rowspan="2">数量</td><td colspan="4">单　价</td><td colspan="4">合　价</td></tr>
<tr><td>人工费</td><td>材料费</td><td>机械费</td><td>管理费
和利润</td><td>人工费</td><td>材料费</td><td>机械费</td><td>管理费
和利润</td></tr>
<tr><td></td><td></td><td></td><td></td><td></td><td></td><td></td><td></td><td></td><td></td><td></td><td></td></tr>
<tr><td></td><td></td><td></td><td></td><td></td><td></td><td></td><td></td><td></td><td></td><td></td><td></td></tr>
<tr><td colspan="2">人工单价</td><td colspan="6">小　计</td><td></td><td></td><td></td><td></td></tr>
<tr><td colspan="2">元/工日</td><td colspan="6">未计价材料费</td><td colspan="4"></td></tr>
<tr><td colspan="8">清单项目综合单价</td><td colspan="4"></td></tr>
<tr><td rowspan="5">材料费明细</td><td colspan="5">主要材料名称、规格、型号</td><td>单位</td><td>数量</td><td>单价
(元)</td><td>合价
(元)</td><td>暂估单
价(元)</td><td>暂估合
价(元)</td></tr>
<tr><td colspan="5"></td><td></td><td></td><td></td><td></td><td></td><td></td></tr>
<tr><td colspan="5"></td><td></td><td></td><td></td><td></td><td></td><td></td></tr>
<tr><td colspan="7">其他材料费</td><td>—</td><td></td><td>—</td><td></td></tr>
<tr><td colspan="7">材料费小计</td><td>—</td><td></td><td>—</td><td></td></tr>
</table>

注：1. 如不使用省级或行业建设主管部门发布的计价依据，可不填定额编号、名称等。

2. 招标文件提供了暂估单价的材料，按暂估的单价填入表内"暂估单价"栏及"暂估合价"栏。

表-09

3. 综合单价调整表(表-10)

综合单价调整表

工程名称： 标段： 第 页共 页

序号	项目编码	项目名称	已标价清单综合单价(元)					调整后综合单价(元)				
			综合单价	其中				综合单价	其中			
				人工费	材料费	机械费	管理费和利润		人工费	材料费	机械费	管理费和利润
造价工程师(签章)：			发包人代表(签章)：				造价人员(签章)：			承包人代表(签章)：		
			日期：							日期：		

注：综合单价调整应附调整依据。

表-10

4. 总价措施项目清单与计价表(表-11)

总价措施项目清单与计价表

工程名称： 标段： 第 页共 页

序号	项目编码	项目名称	计算基础	费率(%)	金额(元)	调整费率(%)	调整后金额(元)	备注
		安全文明施工费						
		夜间施工增加费						
		二次搬运费						
		冬雨季施工增加费						
		已完工程及设备保护费						
		合 计						

编制人(造价人员)： 复核人(造价工程师)：

注：1. “计算基础”中安全文明施工费可为“定额基价”、“定额人工费”或“定额人工费＋定额机械费”，其他项目可为“定额人工费”或“定额人工费＋定额机械费”

2. 按施工方案计算的措施费，若无“计算基础”和“费率”的数值，也可只填“金额”数值，但应在备注栏说明施工方案出处或计算方法。

表-11

(六)其他项目计价表

1. 其他项目清单与计价汇总表(表-12)

其他项目清单与计价汇总表

工程名称：　　　　　　　　　　　　　　标段：　　　　　　　　　　　　　　第　页共　页

序号	项目名称	金额(元)	结算金额(元)	备注
1	暂列金额			明细详见表-12-1
2	暂估价			
2.1	材料(工程设备)暂估价/结算价	—		明细详见表-12-2
2.2	专业工程暂估价/结算价			明细详见表-12-3
3	计日工			明细详见表-12-4
4	总承包服务费			明细详见表-12-5
5	索赔与现场签证	—		明细详见表-12-6
合　计				—

注：材料(工程设备)暂估单价计入清单项目综合单价，此处不汇总。

表-12

2. 暂列金额明细表(表-12-1)

暂列金额明细表

工程名称：　　　　　　　　　　　　　　标段：　　　　　　　　　　　　　　第　页共　页

序号	项　目　名　称	计量单位	暂定金额(元)	备　注
1				
2				
3				
4				
5				
6				
7				
8				
9				
10				
11				
合　　计				—

注：此表由招标人填写，如不能详列，也可只列暂定金额总额，投标人应将上述暂列金额计入投标总价中。

表-12-1

3. 材料(工程设备)暂估单价及调整表(表-12-2)

材料(工程设备)暂估单价及调整表

工程名称:　　　　　　标段:　　　　　　第　页共　页

序号	材料(工程设备)名称、规格、型号	计量单位	数量		暂估(元)		确认(元)		差额±(元)		备注
			暂估	确认	单价	合价	单价	合价	单价	合价	
合　计											

注:此表由招标人填写"暂估单价",并在备注栏说明暂估单价的材料、工程设备拟用在哪些清单项目上,投标人应将上述材料、工程设备暂估单价计入工程量清单综合单价报价中。

表-12-2

4. 专业工程暂估价及结算价表(表-12-3)

专业工程暂估价及结算价表

工程名称:　　　　　　标段:　　　　　　第　页共　页

序号	工程名称	工程内容	暂估金额(元)	结算金额(元)	差额±(元)	备注
合　计						

注:此表"暂估金额"由招标人填写,招标人应将"暂估金额"计入投标总价中。结算时按合同约定结算金额填写。

表-12-3

5. 计日工表(表-12-4)

计日工表

工程名称：　　　　　　　　　　　　　　　标段：　　　　　　　　　　　　　　　第　页共　页

编号	项目名称	单位	暂定数量	实际数量	综合单价(元)	合价(元)	
						暂定	实际
一	人工						
1							
2							
3							
4							
人工小计							
二	材料						
1							
2							
3							
4							
5							
材料小计							
三	施工机械						
1							
2							
3							
4							
施工机械小计							
四、企业管理费和利润							
总　计							

注：此表项目名称、暂定数量由招标人填写，编制招标控制价时，单价由招标人按有关规定确定；投标时，单价由投标人自主确定，按暂定数量计算合价计入投标总价中；结算时，按发承包双方确定的实际数量计算合价。

表-12-4

6. 总承包服务费计价表(表-12-5)

总承包服务费计价表

工程名称：　　　　　　　　　　　　标段：　　　　　　　　　　　　第　页共　页

序号	项目名称	项目价值(元)	服务内容	计算基础	费率(%)	金额(元)
1	发包人发包专业工程					
2	发包人提供材料					
	合　计	—	—		—	

注：此表项目名称、服务内容由招标人填写，编制招标控制价时，费率及金额由招标人按有关计价规定确定；投标时，费率及金额由投标人自主报价，计入投标总价中。

表-12-5

7. 索赔与现场签证计价汇总表(表-12-6)

索赔与现场签证计价汇总表

工程名称：　　　　　　　　　　　　标段：　　　　　　　　　　　　第　页共　页

序号	签证及索赔项目名称	计量单位	数量	单价(元)	合价(元)	索赔及签证依据
—	本页小计	—	—	—		—
—	合　计	—	—	—		—

注：签证及索赔依据是指经双方认可的签证单和索赔依据的编号。

表-12-6

8. 费用索赔申请(核准)表(表-12-7)

费用索赔申请(核准)表

工程名称：　　　　　　　　　　标段：　　　　　　　　　　编号：

<table>
<tr><td colspan="2">致：____(发包人全称)
根据施工合同条款____条的约定，由于__________原因，我方要求索赔金额(大写)__________元，(小写__________)，请予核准。
附：1. 费用索赔的详细理由和依据：
2. 索赔金额的计算：
3. 证明材料：
承包人(章)
造价人员________　承包人代表________　日　期________</td></tr>
<tr><td>复核意见：
根据施工合同条款____条的约定，你方提出的费用索赔申请经复核：
□不同意此项索赔，具体意见见附件。
□同意此项索赔，索赔金额的计算，由造价工程师复核
监理工程师________
日　期________</td><td>复核意见：
根据施工合同条款____条的约定，你方提出的费用索赔申请经复核，索赔金额为(大写)________(小写________)。
造价工程师________
日　期________</td></tr>
<tr><td colspan="2">审核意见：
□不同意此项索赔。
□同意此项索赔，与本期进度款同期支付。
发包人(章)
发包人代表________
日　期________</td></tr>
</table>

注：1. 在选择栏中的“□”内作标识“√”。

2. 本表一式四份，由承包人填报，发包人、监理人、造价咨询人、承包人各存一份。

表-12-7

9. 现场签证表(表-12-8)

现场签证表

工程名称：　　　　　　　　标段：　　　　　　　　编号：

<table>
<tr><td>施工部位</td><td></td><td>日期</td><td></td></tr>
<tr><td colspan="4">致：________________________________（发包人全称）
根据________（指令人姓名）　年　月　日的口头指令或你方________（或监理人）　年　月　日的书面通知，我方要求完成此项工作应支付价款金额为(大写)________(小写________)，请予核准。
附：1. 签证事由及原因：
2. 附图及计算式：

承包人(章)
造价人员________　承包人代表________　日　期________</td></tr>
<tr><td colspan="2">复核意见：
你方提出的此项签证申请经复核：
□不同意此项签证，具体意见见附件。
□同意此项签证，签证金额的计算，由造价工程师复核。

监理工程师________
日　期________</td><td colspan="2">复核意见：
□此项签证按承包人中标的计日工单价计算，金额为(大写)____元，(小写)____元。
□此项签证因无计日工单价，金额为(大写)____元，(小写)____。

造价工程师________
日　期________</td></tr>
<tr><td colspan="4">审核意见：
□不同意此项签证。
□同意此项签证，价款与本期进度款同期支付。

发包人(章)
发包人代表________
日　期________</td></tr>
</table>

注：1. 在选择栏中的“□”内作标识“√”。

2. 本表一式四份，由承包人在收到发包人(监理人)的口头或书面通知后填写，发包人、监理人、造价咨询人、承包人各存一份。

表-12-8

(七)规费、税金项目计价表(表-13)

规费、税金项目计价表

工程名称：　　　　　　　　　　　标段：　　　　　　　　　　　第　页共　页

序号	项目名称	计算基础	计算基数	计算费率(%)	金额(元)
1	规费	定额人工费			
1.1	社会保险费	定额人工费			
(1)	养老保险费	定额人工费			
(2)	失业保险费	定额人工费			
(3)	医疗保险费	定额人工费			
(4)	工伤保险费	定额人工费			
(5)	生育保险费	定额人工费			
1.2	住房公积金	定额人工费			
1.3	工程排污费	按工程所在地环境保护部门收取标准，按实计入			
2	税金	分部分项工程费＋措施项目费＋其他项目费＋规费—按规定不计税的工程设备金额			
合计					

编制人(造价人员)：　　　　　　　　　　　　　　复核人(造价工程师)：

表-13

(八)工程计量申请(核准)表(表-14)

工程计量申请(核准)表

工程名称：　　　　　　　　　　　标段：　　　　　　　　　　　第　页共　页

序号	项目编码	项目名称	计量单位	承包人申报数量	发包人核实数量	发承包人确认数量	备注

承包人代表	监理工程师：	造价工程师：	发包人代表：
日期：	日期：	日期：	日期：

表-14

(九)合同价款支付申请(核准)表

1. 预付款支付申请(核准)表(表-15)

预付款支付申请(核准)表

工程名称：　　　　　　　　标段：　　　　　　　　编号：

致：________________________________(发包人全称)

我方根据施工合同的约定，现申请支付工程预付款额为(大写)________(小写________)，请予核准。

序号	名　称	申请金额(元)	复核金额(元)	备　注
1	已签约合同价款金额			
2	其中：安全文明施工费			
3	应支付的预付款			
4	应支付的安全文明施工费			
5	合计应支付的预付款			

承包人(章)

造价人员________　　承包人代表________　　日　期________

复核意见：	复核意见：
□与合同约定不相符，修改意见见附件。 □与合同约定相符，具体金额由造价工程师复核。 监理工程师________ 日　期________	你方提出的支付申请经复核，应支付预付款金额为(大写)________(小写________)。 造价工程师________ 日　期________

审核意见：

□不同意。

□同意，支付时间为本表签发后的15天内。

发包人(章)

发包人代表________

日　期________

注：1. 在选择栏中的“□”内作标识“√”。

2. 本表一式四份，由承包人填报，发包人、监理人、造价咨询人、承包人各存一份。

表-15

2. 总价项目进度款支付分解表(表-16)

总价项目进度款支付分解表

工程名称：　　　　　　　　　　　　　　标段：　　　　　　　　　　　　　　单位：元

序号	项目名称	总价金额	首次支付	二次支付	三次支付	四次支付	五次支付	
	安全文明施工费							
	夜间施工增加费							
	二次搬运费							
	社会保险费							
	住房公积金							
合　计								

编制人(造价人员)：　　　　　　　　　　　　　　　　复核人(造价工程师)：

注：1. 本表应由承包人在投标报价时根据发包人在招标文件明确的进度款支付周期与报价填写，签订合同时，发承包双方可就支付分解协商调整后作为合同附件。

2. 单价合同使用本表，“支付”栏时间应与单价项目进度款支付周期相同。

3. 总价合同使用本表，“支付”栏时间应与约定的工程计量周期相同。

表-16

3. 进度款支付申请(核准)表(表-17)

进度款支付申请(核准)表

工程名称: 标段: 编号:

致:________________________________(发包人全称)

我方于______至______期间已完成了______工作,根据施工合同的约定,现申请支付本周期的合同款额为(大写)______(小写______),请予核准。

序号	名称	实际金额(元)	申请金额(元)	复核金额(元)	备注
1	累计已完成的合同价款		—		
2	累计已实际支付的合同价款		—		
3	本周期合计完成的合同价款				
3.1	本周期已完成单价项目的金额				
3.2	本周期应支付的总价项目的金额				
3.3	本周期已完成的计日工价款				
3.4	本周期应支付的安全文明施工费				
3.5	本周期应增加的合同价款				
4	本周期合计应扣减的预付款				
4.1	本周期应抵扣的预付款				
4.2	本周期应扣减的金额				
5	本周期应支付的合同价款				

附:上述3、4详见附件清单

承包人(章)

造价人员______ 承包人代表______ 日 期______

复核意见:

□与实际施工情况不相符,修改意见见附件。

□与实际施工情况相符,具体金额由造价工程师复核。

监理工程师______

日 期______

复核意见:

你方提出的支付申请经复核,本期间已完成工程款额为(大写)______(小写______)。本期间应支付金额为(大写)______(小写______)。

造价工程师______

日 期______

审核意见:

□不同意。

□同意,支付时间为本表签发后的15天内。

发包人(章)

发包人代表______

日 期______

注:1. 在选择栏中的"□"内作标识"√"。

2. 本表一式四份,由承包人填报,发包人、监理人、造价咨询人、承包人各存一份。

表-17

4. 竣工结算款支付申请(核准)表(表-18)

竣工结算款支付申请(核准)表

工程名称：　　　　　　　　　　　　　　　　　标段：　　　　　　　　　　　　　　　编号：

致：____(发包人全称)

我方于________至________期间已完成合同约定的工作，工程已经完工，根据施工合同的约定，现申请支付竣工结算合同款额为(大写)________(小写________)，请予核准。

序号	名　称	申请金额(元)	复核金额(元)	备　注
1	竣工结算合同价款总额			
2	累计已实际支付的合同价款			
3	应预留的质量保证金			
4	应支付的竣工结算款金额			

承包人(章)

造价人员__________　　承包人代表__________　　日　　期__________

复核意见：

□与实际施工情况不相符，修改意见见附件。

□与实际施工情况相符，具体金额由造价工程师复核。

监理工程师__________

日　　期__________

复核意见：

你方提出的竣工结算款支付申请经复核，竣工结算款总额为(大写)__________(小写__________)，扣除前期支付以及质量保证金后应支付金额为(大写)__________(小写__________)。

造价工程师__________

日　　期__________

审核意见：

□不同意。

□同意，支付时间为本表签发后的15天内。

发包人(章)

发包人代表__________

日　　期__________

注：1. 在选择栏中的“□”内作标识“√”。

2. 本表一式四份，由承包人填报，发包人、监理人、造价咨询人、承包人各存一份。

表-18

5. 最终结清支付申请(核准)表(表-19)

最终结清支付申请(核准)表

工程名称：　　　　　　　　　标段：　　　　　　　　　编号：

致：________________________________（发包人全称）

我方于______至______期间已完成了缺陷修复工作，根据施工合同的约定，现申请支付最终结清合同款额为(大写)______(小写______)，请予核准。

序号	名　称	申请金额(元)	复核金额(元)	备　注
1	已预留的质量保证金			
2	应增加因发包人原因造成缺陷的修复金额			
3	应扣减承包人不修复缺陷、发包人组织修复的金额			
4	最终应支付的合同价款			

上述3、4详见附件清单。

承包人(章)

造价人员________　　承包人代表________　　日　期________

复核意见：	复核意见：
□与实际施工情况不相符，修改意见见附件。 □与实际施工情况相符，具体金额由造价工程师复核。 监理工程师________ 日　期________	你方提出的支付申请经复核，最终应支付金额为(大写)________(小写________)。 造价工程师________ 日　期________

审核意见：

□不同意。

□同意，支付时间为本表签发后的15天内。

发包人(章)

发包人代表________

日　期________

注：1. 在选择栏中的“□”内作标识“√”。如监理人已退场，监理工程师栏可空缺。

2. 本表一式四份，由承包人填报，发包人、监理人、造价咨询人、承包人各存一份。

表-19

(十)主要材料、工程设备一览表

1. 发包人提供材料和工程设备一览表(表-20)

发包人提供材料和工程设备一览表

工程名称：　　　　　　　　　　　　　　　标段：　　　　　　　　　　　　　　　第　页共　页

序号	材料(工程设备)名称、规格、型号	单位	数量	单价(元)	交货方式	送达地点	备注

注:此表由招标人填写,供投标人在投标报价、确定总承包服务费时参考。

表-20

2. 承包人提供主要材料和工程设备一览表(适用于造价信息差额调整法)(表-21)

承包人提供主要材料和工程设备一览表(适用于造价信息差额调整法)

工程名称：　　　　　　　　　　　　　　　标段：　　　　　　　　　　　　　　　第　页共　页

序号	名称、规格、型号	单位	数量	风险系数(%)	基准单价(元)	投标单价(元)	发承包人确认单价(元)	备注

注:1. 此表由招标人填写除"投标单价"栏的内容,投标人在投标时自主确定投标单价。

2. 招标人应优先采用工程造价管理机构发布的单价作为基准单价,未发布的,通过市场调查确定其基准单价。

表-21

3. 承包人提供主要材料和工程设备一览表(适用于价格指数差额调整法)(表-22)

承包人提供主要材料和工程设备一览表(适用于价格指数调整法)

工程名称：　　　　　　　　　　　　　　　标段：　　　　　　　　　　　　　　　第　页共　页

序号	名称、规格、型号	变值权重 B	基本价格指数 F_0	现行价格指数 F_t	备注
	定值权重 A		—	—	
合　计		1	—	—	

注:1. "名称、规格、型号"、"基本价格指数"栏由招标人填写,基本价格指数应首先采用工程造价管理机构发布的价格指数,没有时,可采用发布的价格代替。如人工、机械费也采用本法调整,由招标人在名称"名称"栏填写。

2. "变值权重"栏由投标人根据该项人工、机械费和材料、工程设备价值在投标总报价中所占比例填写,1减去其比例为定值权重。

3. "现行价格指数"按约定付款证书相关周期最后一天的前42天的各项价格指数填写,该指数应首先采用工程造价管理机构发布的价格指数,没有时,可采用发布的价格代替。

表-22

第十四章 建筑工程定额计价

第一节 建筑工程设计概算编制

一、设计概算的概念

设计概算是初步设计概算的简称，是初步设计文件的重要组成部分，是在投资估算的控制下由设计单位根据初步设计图纸、定额、指标、其他工程费用定额等，对工程投资进行的概略计算。建设项目设计概算是确定工程设计阶段投资的依据，经过批准的设计概算是控制工程建设投资的最高限额。设计概算分为三级概算，即单位工程概算、单项工程综合概算、建设项目总概算。其编制内容及相互关系如图 14-1 所示。

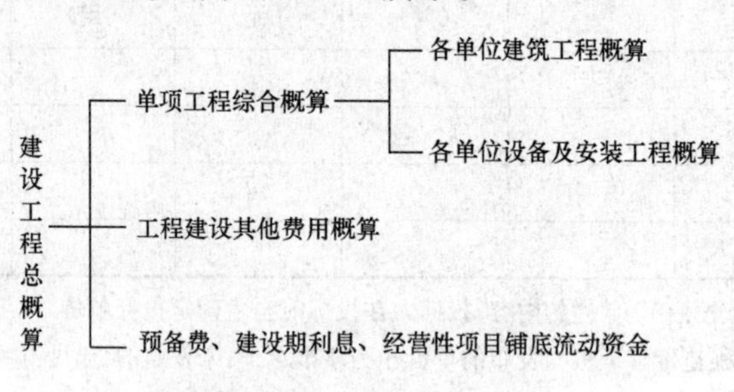

图 14-1 设计概算的编制内容及相互关系

二、设计概算的作用

(1)设计概算是确定建设项目、各单项工程及各单位工程投资的依据。按照规定报请有关部门或单位批准的初步设计及总概算，一经批准即作为建设项目静态总投资的最高限额，不得任意突破，必须突破时须报原审批部门(单位)批准。

(2)设计概算是编制投资计划的依据。计划部门根据批准的设计概算编制建设项目年固定资产投资计划，并严格控制投资计划的实施。若建设项目实际投资数额超过了总概算，那么必须在原设计单位和建设单位共同提出追加投资的申请报告基础上，经上级计划部门审核批准后，方能追加投资。

(3)设计概算是进行拨款和贷款的依据。建设银行根据批准的设计概算和年度投资计划进行拨款和贷款，并严格实行监督控制。对超出概算的部分，未经计划部门批准，建行不得追加拨款和贷款。

(4)设计概算是实行投资包干的依据。在进行概算包干时，单项工程综合概算及建设项目总概算是投资包干指标商定和确定的基础，尤其经上级主管部门批准的设计概算或修正概算，是主管单位和包干单位签订包干合同，控制包干数额的依据。

(5)设计概算是考核设计方案的经济合理性和控制施工图预算的依据。设计单位根据设计概算进行技术经济分析和多方案评价，以提高设计质量和经济效果，同时保证施工图预算在设计概算的范围内。

(6)设计概算是进行各种施工准备、设备供应指标、加工订货及落实各项技术经济责任制的依据。

(7)设计概算是控制项目投资、考核建设成本、提高项目实施阶段工程管理和经济核算水平的必要手段。

三、建设工程设计概算编制

1. 编制依据

(1)批准的可行性研究报告和主管部门的有关规定。

(2)初步设计一览表。

(3)设计工程量。

(4)项目涉及的概算指标或定额。

(5)国家、行业和地方政府有关法律、法规或规定。

(6)资金筹措方式。

(7)项目的管理(含监理)、施工条件。

(8)项目所在地区有关的气候、水文、地质地貌等自然条件。

(9)项目所在地区有关的经济、人文等社会条件。

(10)项目的技术复杂程度，以及新技术、专利使用情况等。

(11)有关文件、合同、协议等。

(12)正常的施工组织设计。

(13)能满足编制设计概算的设计图纸、文字说明和主要设备及材料表。

2. 设计概算文件的编制程序

设计概算文件编制的有关单位应当一起制定编制原则、方法，以及确定合理的概算投资水平，对设计概算的编制质量、投资水平负责。

(1)概算文件的编制与审查人员必须具有国家注册造价工程师资格，或者具有省市(行业)颁发的造价员资格证，并根据工程项目大小按持证专业承担相应的编审工作。

(2)概算文件编制人员应参与设计方案的讨论。

(3)设计人员要树立以经济效益为中心的观念，严格按照批准的工程内容及投资额度设计，提出满足概算文件编制深度的技术资料；概算文件编制人员对投资的合理性负责。

(4)概算文件需要经编制单位自审，建设单位(项目业主)复审，工程造价主管部门审批。

(5)各造价协会(或者行业)、造价主管部门可根据所主管的工程特点制定概算编制质量的管理办法，并对编制人员采取相应的措施进行考核。

3. 建设项目总概算及单项工程综合概算的编制

(1)概算编制说明应包括以下主要内容：

1)项目概况：简述建设项目的建设地点、设计规模、建设性质(新建、扩建或改建)、工程类别、建设期(年限)、主要工程内容、主要工程量、主要工艺设备及数量等。

2)主要技术经济指标:项目概算总投资(有引进的给出所需外汇额度)及主要分项投资、主要技术经济指标(主要单位工程投资指标)等。

3)资金来源:按资金来源不同渠道分别说明,发生资产租赁的说明租赁方式及租金。

4)编制依据。

5)其他需要说明的问题。

6)总说明附表。

①建筑、安装工程工程费用计算程序表。

②引进设备、材料清单及从属费用计算表。

③具体建设项目概算要求的其他附表及附件。

(2)总概算表。概算总投资由工程费用、其他费用、预备费及应列入项目概算总投资中的几项费用组成:

1)第一部分　工程费用

第一部分　工程费用按单项工程综合概算组成编制,采用二级编制的按单位工程概算组成编制。市政民用建设项目一般排列顺序:主体建(构)筑物、辅助建(构)筑物、配套系统;工业建设项目一般排列顺序:主要工艺生产装置、辅助工艺生产装置、公用工程、总图运输、生产管理服务性工程、生活福利工程、厂外工程。

2)第二部分　其他费用

第二部分　其他费用一般按其他费用概算顺序列项。

3)第三部分　预备费

第三部分　预备费包括基本预备费和价差预备费。

4)第四部分　应列入项目概算总投资中的几项费用

第四部分　应列入项目概算总投资中的几项费用一般包括建设期利息、铺底流动资金、固定资产投资方向调节税(暂停征收)等。

(3)对单一的、具有独立性的单项工程建设项目,按二级编制形式编制,直接编制总概算。

4. 其他费用、预备费、专项费用概算编制

(1)一般建设项目其他费用包括建设用地费、建设管理费、勘察设计费、可行性研究费、环境影响评价费、劳动安全卫生评价费、场地准备及临时设施费、工程保险费、联合试运转费、生产准备及开办费、特殊设备安全监督检验费、市政公用设施建设及绿化补偿费、引进技术和引进设备材料其他费、专利及专有技术使用费、研究试验费等。

1)建设管理费。

①以建设投资中的工程费用为基数乘以建设管理费费率计算。

建设管理费=工程费用×建设管理费费率

②工程监理是受建设单位委托的工程建设技术服务,属建设管理范畴。如采用监理,建设单位部分管理工作量会转移至监理单位。监理费应根据委托的监理工作范围和监理深度在监理合同中商定或按当地或所属行业部门有关规定计算。

③如建设管理采用工程总承包方式,其总包管理费由建设单位与总包单位根据总包工作范围在合同中商定,从建设管理费中支出。

④改扩建项目的建设管理费费率应比新建项目适当降低。

⑤建设项目建成后,应及时组织验收,移交生产或使用。已超过批准的试运行期,并已符

合验收条件但未及时办理竣工验收手续的建设项目，视同项目已交付生产，其费用不得从基建投资中支付，所实现的收入作为生产经营收入，不再作为基建收入。

2)建设用地费。

①根据征用建设用地面积、临时用地面积，按建设项目所在省、市、自治区人民政府制定颁发的土地征用补偿费、安置补助费标准和耕地占用税、城镇土地使用税标准计算。

②建设用地上的建(构)筑物如需迁建，其迁建补偿费应按迁建补偿协议计列或按新建同类工程造价计算。

③建设项目采用“长租短付”方式租用土地使用权，在建设期间支付的租地费用计入建设用地费，在生产经营期间支付的土地使用费应进入营运成本中核算。

3)可行性研究费。

①依据前期研究委托合同计列，或参照《国家计委关于印发〈建设项目前期工作咨询收费暂行规定〉的通知》(计投资[1999]1283 号)规定计算。

②编制预可行性研究报告参照编制项目建议书收费标准并可适当调增。

4)研究试验费。

①按照研究试验内容和要求进行编制。

②研究试验费不包括以下项目：

a. 应由科技三项费用(即新产品试制费、中间试验费和重要科学研究补助费)开支的项目。

b. 应在建筑安装费用中列支的施工企业对建筑材料、构件和建筑物进行一般鉴定、检查所发生的费用及技术革新的研究试验费。

c. 应由勘察设计费或工程费用中开支的项目。

5)勘察设计费。依据勘察设计委托合同计列，或参照原国家计委、建设部《关于发布〈工程勘察设计收费管理规定〉的通知》(计价格[2002]10 号)规定计算。

6)环境影响评价及验收费、水土保持评价及验收费、劳动安全卫生评价及验收费。环境影响评价及验收费依据委托合同计列，或按照原国家计委、国家环境保护总局《关于规范环境影响咨询收费有关问题的通知》(计价格[2002]125 号)规定及建设项目所在省、市、自治区环境保护部门有关规定计算；水土保持评价及验收费、劳动安全卫生评价及验收费依据委托合同以及按照国家和建设项目所在省、市、自治区劳动和国土资源等行政部门规定的标准计算。

7)职业病危害评价费等。依据职业病危害评价、地震安全性评价、地质灾害评价委托合同计列，或按照建设项目所在省、市、自治区有关行政部门规定的标准计算。

8)场地准备及临时设施费。

①场地准备及临时设施费应尽量与永久性工程统一考虑。建设场地的大型土石方工程应进入工程费用中的总图运输费用中。

②新建项目的场地准备和临时设施费应根据实际工程量估算，或按工程费用的比例计算。改扩建项目一般只计拆除清理费。

场地准备和临时设施费＝工程费用×费率＋拆除清理费

③发生拆除清理费时可按新建同类工程造价或主材费、设备费的比例计算。

凡可回收材料的拆除工程采用以料抵工方式冲抵拆除清理费。

④此项费用不包括已列入建筑安装工程费用中的施工单位临时设施费用。

9)引进技术和引进设备其他费。

①引进项目图纸资料翻译复制费:根据引进项目的具体情况计列或按引进货价(FOB或CIF)的比例估列;引进项目发生备品备件测绘费时按具体情况估列。

②出国人员费用:依据合同或协议规定的出国人次、期限以及相应的费用标准计算。生活费按照财政部、外交部规定的现行标准计算,旅费按中国民航公布的票价计算。

③来华人员费用:依据引进合同或协议有关条款及来华技术人员派遣计划进行计算。来华人员接待费用可按每人次费用指标计算。引进合同价款中已包括的费用内容不得重复计算。

④银行担保及承诺费:应按担保或承诺协议计取。投资估算和概算编制时可以担保金额或承诺金额为基数乘以费率计算。

⑤引进设备材料的国外运输费、国外运输保险费、关税、增值税、外贸手续费、银行财务费、国内运杂费、引进设备材料国内检验费等,按照引进货价(FOB或CIF)计算后进入相应的设备、材料费中。

⑥单独引进软件,不计关税只计增值税。

10)工程保险费。

①不投保的工程不计取此项费用。

②不同的建设项目可根据工程特点选择投保险种,根据投保合同计列保险费用。编制投资估算和概算时可按工程费用的比例估算。

③不包括已列入施工企业管理费中的施工管理用财产、车辆保险费。

11)联合试运转费。

①不发生试运转或试运转收入大于(或等于)费用支出的工程,不列此项费用。

②当联合试运转收入小于试运转支出时:

$$联合试运转费=联合试运转费用支出-联合试运转收入$$

③联合试运转费不包括应由设备安装工程费用开支的调试及试车费用,以及在试运转中暴露出来的因施工原因或设备缺陷等发生的处理费用。

④试运行期按照以下规定确定:引进国外设备项目按建设合同中规定的试运行期执行;国内一般性建设项目试运行期原则上按照批准的设计文件所规定的期限执行。个别行业的建设项目试运行期需要超过规定试运行期的,应报项目设计文件审批机关批准。试运行期一经确定,各建设单位应严格按规定执行,不得擅自缩短或延长。

12)特殊设备安全监督检验费。按照建设项目所在省、市、自治区安全监察部门的规定标准计算。无具体规定的,在编制投资估算和概算时可按受检设备现场安装费的比例估算。

13)市政公用设施费。按工程所在地人民政府规定标准计列;不发生或按规定免征项目不计算。

14)专利及专有技术使用费。

①按专利使用许可协议和专有技术使用合同的规定计列。

②专有技术的界定应以省、部级鉴定批准为依据。

③项目投资中只计需要在建设期支付的专利及专有技术使用费。协议或合同规定在生产期支付的使用费应在生产成本中核算。

④一次性支付的商标权、商誉及特许经营权费按协议或合同规定计列。协议或合同规定

在生产期支付的商标权或特许经营权费应在生产成本中核算。

⑤为项目配套的专用设施投资，包括专用铁路线、专用公路、专用通讯设施、变送电站、地下管道、专用码头等，如由项目建设单位负责投资但产权不归属本单位的，应作无形资产处理。

15)生产准备及开办费

①新建项目按设计定员为基数计算，改扩建项目按新增设计定员为基数计算：

生产准备费＝设计定员×生产准备费用指标（元/人）

②可采用综合的生产准备费用指标进行计算，也可以按费用内容的分类指标计算。

(2)引进工程其他费用中的国外技术人员现场服务费、出国人员旅费和生活费折合人民币列入，用人民币支付的其他几项费用直接列入其他费用中。

(3)预备费包括基本预备费和价差预备费，基本预备费以总概算第一部分“工程费用”和第二部分“其他费用”之和为基数的百分比计算；价差预备费一般按下式计算：

$$P=\sum_{t=1}^{n}I_t[(1+f)^m(1+f)^{0.5}(1+f)^{t-1}-1]$$

式中　P——价差预备费；

n——建设期(年)数；

I_t——建设期第 t 年的投资；

f——投资价格指数；

t——建设期第 t 年；

m——建设前年数(从编制概算到开工建设年数)。

(4)应列入项目概算总投资中的几项费用：

1)建设期利息：根据不同资金来源及利率分别计算。

$$Q=\sum_{j=1}^{n}(P_{j-1}+A_j/2)i$$

式中　Q——建设期利息；

P_{j-1}——建设期第 $j-1$ 年末贷款累计金额与利息累计金额之和；

A_j——建设期第 j 年贷款金额；

i——贷款年利率；

n——建设期年数。

2)铺底流动资金按国家或行业有关规定计算。

3)固定资产投资方向调节税(暂停征收)。

5. 单位工程概算的编制

单位工程概算是编制单项工程综合概算(或项目总概算)的依据，单位工程概算项目根据单项工程中所属的每个单体按专业分别编制，一般分建筑工程、设备及安装工程两大类，其中建筑工程单位工程概算按下述要求编制：

(1)建筑工程概算费用内容及组成按住房和城乡建设部、财政部发布的《建筑安装工程费用项目组成》(建标[2013]44 号)的有关规定。

(2)建筑工程概算要采用“建筑工程概算表”编制，按构成单位工程的主要分部分项工程编制，根据初步设计工程量按工程所在省、市、自治区颁发的概算定额(指标)或行业概算定额

(指标),以及工程费用定额计算。

(3)对于通用结构建筑可采用"造价指标"编制概算;对于特殊或重要的建(构)筑物,必须按构成单位工程的主要分部分项工程编制,必要时结合施工组织设计进行详细计算。

6. 调整概算的编制

设计概算批准后一般不得调整。但如出现某些特殊原因(如超出原设计范围的重大变更;超出基本预备费规定范围内不可抗拒的重大自然灾害引起的工程变动和费用增加;超出工程造价调整预备费的国家重大政策性的调整)需要调整概算时,由建设单位调查分析变更原因,报主管部门审批同意后,由原设计单位核实编制、调整概算,并按有关审批程序报批。

影响工程概算的主要因素已经清楚,工程量完成了一定量后方可进行调整,一个工程只允许调整一次概算。

调整概算编制深度与要求、文件组成及表格形式同原设计概算,调整概算还应对工程概算调整的原因做详尽分析说明,所调整的内容在调整概算总说明中要逐项与原批准概算对比,并编制调整前后概算对比表,分析主要变更原因。在上报调整概算时,应同时提供有关文件和调整依据。

第二节　建筑工程施工图预算编制

一、施工图预算的概念

施工图预算是施工图设计预算的简称,又称设计预算,是在设计的施工图完成以后,以施工图为依据,根据不同设计阶段的具体内容和国家规定的定额、指标和各种取费标准,预先计算和确定每项新建、扩建、改建和重建工程全部投资额的技术经济文件。

二、施工图预算的作用

(1)施工图预算是工程实行招标、投标的重要依据。

(2)施工图预算是签订建设工程施工合同的重要依据。

(3)施工图预算是办理工程财务拨款、工程贷款和工程结算的依据。

(4)施工图预算是施工单位进行人工和材料准备、编制施工进度计划、控制工程成本的依据。

(5)施工图预算是落实或调整年度进度计划和投资计划的依据。

(6)施工图预算是施工企业降低工程成本、实行经济核算的依据。

三、施工图预算的编制

施工图预算有单位工程预算、单项工程预算和建设项目总预算。单位工程预算是根据施工图设计文件、现行预算定额、费用定额以及人工、材料、设备、机械台班等预算价格资料,以一定方法,编制单位工程的施工图预算;然后汇总所有各单位工程施工图预算,成为单项工程施工图预算;再汇总各所有单项工程施工图预算,便是一个建设项目建筑安装工程的总预算。

1. 施工图预算编制依据

(1)建设场地中的自然条件和施工条件,并据以确定的施工方案或施工组织设计。

(2)各专业设计施工图和文字说明、工程地质勘察资料。

(3)当地和主管部门颁布的现行建筑工程和专业安装工程预算定额(基础定额)、单位估价表、地区资料、构配件预算价格(或市场价格)、间接费用定额和有关费用规定等文件。

(4)现行的有关其他费用定额、指标和价格。

(5)现行的有关设备原价(出厂价或市场价)及运杂费率。

2. 施工图预算编制准备

施工图预算是确定施工预算造价的文件。编制施工图预算的过程是具体确定建筑安装工程预算造价的过程。施工图预算编制前要做好两大准备工作:一是组织准备;二是资料的收集和现场情况的调查。

3. 工料单价法编制施工图预算

工料单价法可分为传统施工图预算和实物法编制施工图预算。

(1)在编制施工图预算时特别要注意,所用的工程量和人工、材料量是统一的计算方法和基础定额;所用的单价是地区性的(定额、价格信息、价格指数和调价方法)。由于在市场条件下价格是变动的,要特别重视定额价格的调整。传统施工图预算使用工料单价法,其计算步骤如下:

1)准备资料,熟悉施工图。准备的资料包括施工组织设计、预算定额、工程量计算规范、取费标准、地区材料预算价格等。

2)计算工程量。

①要根据工程内容和定额项目,列出分项工程目录。

②根据计算顺序和计算规划列出计算式。

③根据图纸上的设计尺寸及有关数据,代入计算式进行计算。

④对计算结果进行整理,使之与定额中要求的计量单位保持一致,并予以核对。

3)套工料单价。核对计算结果后,按相应计算公式求得单位工程人工费、材料费和施工机具使用费之和。同时注意以下几项内容:

①分项工程的名称、规格、计量单位必须与预算定额工料单价或单位计价表中所列内容完全一致。以防重套、漏套或错套工料单价而产生偏差。

②进行局部换算或调整时,换算是指定额中已计价的主要材料品种不同而进行的换价,一般不调量;调整是指施工工艺条件不同而对人工、机械的数量增减,一般调量不换价。

③若分项工程不能直接套用定额、不能换算和调整时,应编制补充单位计价表。

④定额说明允许换算与调整以外部分不得任意修改。

4)编制工料分析表。根据各分部分项工程项目实物工程量和预算定额中项目所列的用工及材料数量,计算各分部分项工程所需人工及材料数量,汇总后算出该单位工程所需各类人工、材料的数量。

5)计算并汇总造价。根据规定的税、费率和相应的计取基础,分别计算企业管理费、利润、税金等。将上述费用累计后进行汇总,求出单位工程预算造价。

6)复核。对项目填列、工程量计算公式、计算结果、套用的单价、采用的各项取费费率、数字计算、数据精确度等进行全面复核,以便及时发现差错,及时修改,提高预算的准确性。

7)填写封面、编制说明。封面应写明工程编号、工程名称、工程量、预算总造价和单方造价、编制单位名称、负责人和编制日期以及审核单位的名称、负责人和审核日期等。编制说明主要应写明预算所包括的工程内容范围、依据的图纸编号、承包企业的等级和承包方式、有关部门现行的调价文件号、套用单价需要补充说明的问题及其他需说明的问题等。

(2)实物法编制施工图预算是先算工程量,再乘以地区定额中人工、材料、施工机械台班的定额消耗量,得出该单位工程所需的全部人工、材料、机械台班消耗数量(即实物量),然后再计算费用和价格的方法。这种方法适应市场经济条件下编制施工图预算的需要,在改革中应当努力实现这种方法的普遍应用。其编制步骤与传统施工图预算基本相同,所不同的是:传统施工图预算是套用工料单价和编制工料分析表的,实物法编制施工图预算是套用基础定额计算人工、材料、机械数量,并根据当时、当地的人工、材料、机械单价,计算并汇总得出人工费、材料费、施工机具使用费。

从上述步骤可见,实物法与定额单价法不同,实物法是在由当地工程价格权威部门(主管部门或专业协会)定期发布价格信息和价格指数的基础上,自行确定人工单价、材料单价、施工机械台班单价。这样便不会使工程价格脱离实际,并为价格的调整减少了许多麻烦。

4. 综合单价法编制施工图预算

按照单价综合的内容不同,综合单价法可分为全费用综合单价和清单综合单价。

(1)全费用综合单价。全费用综合单价,即单价中综合了分部分项工程人工费、材料费、施工机具使用费,企业管理费、利润、规费以及有关文件规定的调价、税金以及一定范围的风险等全部费用。以各分部分项工程量乘以全费用单价的合价汇总后,再加上措施项目的完全价格,就生成了单位工程施工图造价。

(2)清单综合单价。清单综合单价,是指分部分项工程和措施工项目综合了人工费、材料费、施工机具使用费,企业管理费、利润,并考虑了一定范围的风险费用,但并未包括规费和税金,因此它是一种不完全单价。以各分部分项工程量和措施项目乘以该综合单价的合价汇总后,再加上规费和税金后,就是单位工程的造价。

第三节 竣工决算编制

一、竣工决算的概念

竣工决算是指所有建设项目竣工后,并经建设单位和工程质量监督部门等验收合格交工后,由建设单位按照国家有关规定在新建、改建和扩建工程建设项目竣工验收阶段所编制的竣工决算报告。竣工决算是建设工程经济效益的全面反映,是项目法人核定各类新增资产价值、办理其交付使用的依据。

根据国家有关《基本建设项目竣工决算编制办法》的规定,竣工结算分大、中型建设项目和小型建设项目进行编制。

二、竣工决算的作用

(1)竣工决算是综合、全面地反映竣工项目建设成果及财务情况的总结性文件。

(2)竣工决算是办理交付使用资产的依据,也是竣工验收报告的重要组成部分。

(3)竣工决算是分析和检查设计概算的执行情况,考核投资效果的依据。

三、竣工决算的内容

竣工决算由竣工财务决算报表、竣工财务说明书、竣工工程平面示意图和工程造价比较分析四部分组成。

1. 竣工财务决算报表

竣工财务决算报表要根据大、中型项目和小型项目分别制定。大、中型项目竣工财务决算报表包括:项目竣工财务决算审批表,大、中型项目概况表,大、中型项目竣工财务决算表和大、中型项目交付使用资产总表。小型项目竣工财务决算报表包括:项目竣工财务决算审批表,竣工工财务决算总表和项目支付使用资产明细表。

2. 竣工财务说明书

竣工财务决算说明书主要反映竣工工程建设成果和经验,是对竣工决算报表进行分析和补充说明的文件,是全面考核分析工程投资与造价的书面总结,其主要包括:项目概况,对工程总的评价、资金来源及运用等财务分析、基本建设收入、投资包干结余、竣工结余资金的上交分配情况、各项经济技术指标的分析、工程建设的经验及项目管理和财务管理工作以及竣工财务决算中有待解决的问题及需要说明的其他事项等内容。

3. 竣工工程平面示意图

竣工工程平面示意图是工程交工验收的依据,是国家的重要技术档案,由施工单位负责在施工图上加盖“竣工图”标志,作为竣工图。

(1)凡按竣工图没有变动的,由施工单位(包括总包和分包施工单位,两者不同)在原施工图上加盖“竣工图”标志后,作为竣工图。

(2)凡在施工过程中,虽有一般性设计变更,但能将原施工图加以修改补充作为竣工图的,可不重新绘制,由施工单位负责在原施工图(必须是新蓝图)上注明修改的部分,并附以设计变更通知单和施工说明,加盖“竣工图”标志后,作为竣工图。

(3)凡结构形式改变、施工工艺改变、平面布置改变、项目改变以及其他重大改变,不应再在原施工图上修改、补充时,应重新绘制改变后的竣工图。由原设计原因造成的,由设计单位负责重新绘制;由施工原因造成的,由施工单位负责重新绘图;由其他原因造成的,由建设单位自行绘制或委托设计单位绘制。施工单位负责在新图上加盖“竣工图”标志,并附以有关记录和说明,作为竣工图。

4. 工程造价比较分析

竣工决算是用来综合反映竣工建设项目或单项工程的建设成果和财务情况的总结性文件。在竣工决算报告中,必须对控制工程造价所采取的措施、效果,以及其动态的变化进行认真的比较分析,总结经验教训。

对控制工程造价所采取的措施、效果及其动态的变化进行认真的比较对比,总结经验教训。批准的概算是考核建设工程造价的依据。在分析时，可先对比整个项目的总概算，然后将建筑安装工程费、设备工器具费和其他工程费用逐一与竣工决算表中所提供的实际数据和相关资料及批准的概算、预算指标、实际的工程造价进行对比分析，以确定竣工项目总造价是节约还是超支，并在对比的基础上，总结先进经验，找出节约和超支的内容和原因，提出改进措施。

四、竣工决算的编制

1. 竣工决算编制依据

(1)经批准的可行性研究报告及其投资估算。

(2)经批准的初步设计或扩大初步设计及其概算或修正概算。

(3)经批准的施工图设计及其施工图预算。

(4)设计交底或图纸会审纪要。

(5)招投标的标底(招标控制价)、承包合同、工程结算资料。

(6)施工记录或施工签证单，以及其他施工中发生的费用记录，如：索赔报告与记录、停(交)工报告等。

(7)竣工图及各种竣工验收资料。

(8)历年基建资料、历年财务决算及批复文件。

(9)设备、材料调价文件和调价记录。

(10)有关财务核算制度、办法和其他有关资料、文件等。

2. 竣工决算编制步骤

编制竣工决算时搜集的资料主要包括建设工程档案资料，如：设计文件、施工记录、上级批文、概(预)算文件、工程结算的归集整理，财务处理、财产物资的盘点核实及债权债务的清偿，做到账账、账证、账实、账表相符。

按照国家财政部印发的关于《基本建设财务管理若干规定》的通知要求，竣工决算的编制步骤如下所述：

(1)搜集、整理、分析原始资料。从建设工程开始就按编制依据的要求，搜集、清点、整理有关资料。对各种设备、材料、工具、器具等要逐项盘点核实并填列清单，妥善保管，或按照国家有关规定处理，不准任意侵占和挪用。

(2)对照、核实工程变动情况，重新核实各单位工程、单项工程造价。将竣工资料与原设计图纸进行查对、核实，必要时可实地测量，确认实际变更情况；根据经审定的施工单位竣工结算等原始资料，按照有关规定对原概(预)算进行增减调整，重新核定工程造价。

(3)将审定后的待摊投资、设备工器具投资、建筑安装工程投资、工程建设其他投资严格划分和核定后，分别计入相应的建设成本栏目内。

(4)编制竣工财务决算说明书，力求内容全面、简明扼要、文字流畅、说明问题。

(5)填报竣工财务决算报表。

(6)做好工程造价对比分析。

(7)清理、装订好竣工图。

第十五章　建筑工程造价管理

第一节　工程计量

一、一般规定

(1)正确的计量是发包人向承包人支付合同价款的前提和依据，因此“13 计价规范”中规定：“工程量必须按照相关工程现行国家计量规范规定的工程量计算规则计算。”这就明确了不论采用何种计价方式，其工程量必须按照相关工程的现行国家计量规范规定的工程量计算规则计算。采统一的工程量计算规则，对于规范工程建设各方的计量计价行为，有效减少计量争议具有十分重要的意义。

(2)选择恰当的工程计量方式对于正确计量是十分必要的。由于工程建设具有投资大、周期长等特点，因而“13 计价规范”中规定：“工程计量可选择按月或按工程形象进度分段计量，当采用分段结算方式时，应在合同中约定具体的工程分段划分界限。”按工程形象进度分段计量与按月计量相比，其计量结果更具稳定性，可以简化竣工结算。但应注意工程形象进度分段的时间应与按月计量保持一定关系，不应过长。

(3)因承包人原因造成的超出合同工程范围施工或返工的工程量，发包人不予计量。

(4)成本加酬金合同应按单价合同的规定计量。

二、单价合同的计量

(1)招标工程量清单标明的工程量是招标人根据拟建工程设计文件预计的工程量，不能作为承包人在实际工作中应予完成的实际和准确的工程量。招标工程量清单所列的工程量一方面是各投标人进行投标报价的共同基础；另一方面也是对各投标人的投标报价进行评审的共同平台，是招投标活动应当遵循公开、公平、公正和诚实、信用原则的具体体现。

发承包双方竣工结算的工程量应以承包人按照现行国家计量规范规定的工程量计算规则计算的实际完成应予计量的工程量确定，而非招标工程量清单所列的工程量。

(2)施工中进行工程计量，当发现招标工程量清单中出现缺项、工程量偏差，或因工程变更引起工程量增减时，应按承包人在履行合同义务中完成的工程量计算。

(3)承包人应当按照合同约定的计量周期和时间向发包人提交当期已完工程量报告。发包人应在收到报告后 7d 内核实，并将核实计量结果通知承包人。发包人未在约定时间内进行核实的，承包人提交的计量报告中所列的工程量应视为承包人实际完成的工程量。

(4)发包人认为需要进行现场计量核实时，应在计量前 24h 通知承包人，承包人应为计量提供便利条件并派人参加。当双方均同意核实结果时，双方应在上述记录上签字确认。承包人收到通知后不派人参加计量，视为认可发包人的计量核实结果。发包人不按照约定时间通知承包人，致使承包人未能派人参加计量，计量核实结果无效。

(5)当承包人认为发包人核实后的计量结果有误时，应在收到计量结果通知后的7d内向发包人提出书面意见，并应附上其认为正确的计量结果和详细的计算资料。发包人收到书面意见后，应在7d内对承包人的计量结果进行复核后通知承包人。承包人对复核计量结果仍有异议的，按照合同约定的争议解决办法处理。

(6)承包人完成已标价工程量清单中每个项目的工程量并经发包人核实无误后，发承包双方应对每个项目的历次计量报表进行汇总，以核实最终结算工程量，并应在汇总表上签字确认。

三、总价合同的计量

(1)由于工程量是招标人提供的，招标人必须对其准确性和完整性负责，且工程量必须按照相关工程现行国家计量规范规定的工程量计算规则计算，因而对于采用工程量清单方式形成的总价合同，若招标工程量清单中工程量与合同实施过程中的工程量存在差异时，都应按上述"单价合同的计量"中的相关规定进行调整。

(2)采用经审定批准的施工图纸及其预算方式发包形成的总价合同，由于承包人自行对施工图纸进行计量，因此除按照工程变更规定引起的工程量增减外，总价合同各项目的工程量是承包人用于结算的最终工程量。

(3)总价合同约定的项目计量应以合同工程经审定批准的施工图纸为依据，发承包双方应在合同中约定工程计量的形象目标或时间节点进行计量。

(4)承包人应在合同约定的每个计量周期内对已完成的工程进行计量，并向发包人提交达到工程形象目标完成的工程量和有关计量资料的报告。

(5)发包人应在收到报告后7d内对承包人提交的上述资料进行复核，以确定实际完成的工程量和工程形象目标。对其有异议的，应通知承包人进行共同复核。

第二节　工程合同价款处理

一、合同价款约定

(一)一般规定

(1)工程合同价款的约定是建设工程合同的主要内容。根据有关法律条款的规定，实行招标的工程合同价款应在中标通知书发出之日起30d内，由发承包双方依据招标文件和中标人的投标文件在书面合同中约定。

工程合同价款的约定应满足以下几个方面的要求：

1)约定的依据要求：招标人向中标的投标人发出的中标通知书。

2)约定的时间要求：自招标人发出中标通知书之日起30d内。

3)约定的内容要求：招标文件和中标人的投标文件。

4)合同的形式要求：书面合同。

在工程招投标及建设工程合同签订过程中，招标文件应视为要约邀请，投标文件为要约，中标通知书为承诺。因此，在签订建设工程合同时，若招标文件与中标人的投标文件有不一致的地方，应以投标文件为准。

(2)实行招标的工程，合同约定不得违背招标文件中关于工期、造价、资质等方面的实质性内容。所谓合同实质性内容，按照《中华人民共和国合同法》第三十条规定："有关合同标的、数量、质量、价款或者报酬、履行期限、履行地点和方式、违约责任和解决争议方法等的变更，是对要约内容的实质性变更"。

(3)不实行招标的工程合同价款，应在发承包双方认可的工程价款基础上，由发承包双方在合同中约定。

(4)工程建设合同的形式对工程量清单计价的适用性不构成影响，无论是单价合同、总价合同，还是成本加酬金合同均可以采用工程量清单计价。采用单价合同形式时，经标价的工程量清单是合同文件必不可少的组成内容，其中的工程量一般具备合同约束力(量可调)，工程款结算时按照合同中约定应予计量并实际完成的工程量计算进行调整，由招标人提供统一的工程量清单则彰显了工程量清单计价的主要优点。总价合同是指总价包干或总价不变合同，采用总价合同形式，工程量清单中的工程量不具备合同的约束力(量不可调)，工程量以合同图纸的标示内容为准，工程量以外的其他内容一般均赋予合同约束力，以方便合同变更的计量和计价。成本加酬金合同是承包人不承担任何价格变化风险的合同。

"13计价规范"中规定："实行工程量清单计价的工程，应采用单价合同；建设规模较小，技术难度较低，工期较短，且施工图设计已审查批准的建设工程可采用总价合同；紧急抢险、救灾以及施工技术特别复杂的建设工程可采用成本加酬金合同。"单价合同约定的工程价款中所包含的工程量清单项目综合单价在约定条件内是固定的，不予调整，工程量允许调整。工程量清单项目综合单价在约定的条件外，允许调整。但调整方式、方法应在合同中约定。

(二)合同价款约定内容

(1)发承包双方应在合同条款中对下列事项进行约定：

1)预付工程款的数额、支付时间及抵扣方式。预付款是发包人为解决承包人在施工准备阶段资金周转问题提供的协助。如使用大宗材料，可根据工程具体情况设置工程材料预付款。

2)安全文明施工措施的支付计划，使用要求等。

3)工程计量与支付工程进度款的方式、数额及时间。

4)工程价款的调整因素、方法、程序、支付及时间。

5)施工索赔与现场签证的程序、金额确认与支付时间。

6)承担计价风险的内容、范围以及超出约定内容、范围的调整办法。

7)工程竣工价款结算编制与核对、支付及时间。

8)工程质量保证金的数额、预留方式及时间。

9)违约责任以及发生合同价款争议的解决方法及时间。

10)与履行合同、支付价款有关的其他事项等。

由于合同中涉及工程价款的事项较多，能够详细约定的事项应尽可能具体的约定，约定的用词应尽可能唯一，如有几种解释，最好对用词进行定义，尽量避免因理解上的歧义造成合同纠纷。

(2)合同中没有按照上述第(1)条的要求约定或约定不明的,若发承包双方在合同履行中发生争议由双方协商确定;当协商不能达成一致时,应按“13 计价规范”的规定执行。

二、合同价款调整

(一)一般规定

(1)下列事项(但不限于)发生,发承包双方应当按照合同约定调整合同价款:

1)法律法规变化。

2)工程变更。

3)项目特征不符。

4)工程量清单缺项。

5)工程量偏差。

6)计日工。

7)物价变化。

8)暂估价。

9)不可抗力。

10)提前竣工(赶工补偿)。

11)误期赔偿。

12)索赔。

13)现场签证。

14)暂列金额。

15)发承包双方约定的其他调整事项。

(2)出现合同价款调增事项(不含工程量偏差、计日工、现场签证、索赔)后的 14d 内,承包人应向发包人提交合同价款调增报告并附上相关资料;承包人在 14d 内未提交合同价款调增报告的,应视为承包人对该事项不存在调整价款请求。

此处所指合同价款调增事项不包括工程量偏差,是因为工程量偏差的调整在竣工结算完成之前均可提出;不包括计日工、现场签证和索赔,是因为这三项的合同价款调增时限在“13 计价规范”中另有规定。

(3)出现合同价款调减事项(不含工程量偏差、索赔)后的 14d 内,发包人应向承包人提交合同价款调减报告并附相关资料;发包人在 14d 内未提交合同价款调减报告的,应视为发包人对该事项不存在调整价款请求。

基于上述第(2)条同样的原因,此处合同价款调减事项中不包括工程量偏差和索赔两项。

(3)发(承)包人应在收到承(发)包人合同价款调增(减)报告及相关资料之日起 14d 内对其核实,予以确认的应书面通知承(发)包人。当有疑问时,应向承(发)包人提出协商意见。发(承)包人在收到合同价款调增(减)报告之日起 14d 内未确认也未提出协商意见的,应视为承(发)包人提交的合同价款调增(减)报告已被发(承)包人认可。发(承)包人提出协商意见的,承(发)包人应在收到协商意见后的 14d 内对其核实,予以确认的应书面通知发(承)包人。承(发)包人在收到发(承)包人的协商意见后 14d 内既不确认也未提出不同意见的,应视为发

(承)包人提出的意见已被承(发)包人认可。

(4)发包人与承包人对合同价款调整的不同意见不能达成一致的,只要对发承包双方履约不产生实质影响,双方应继续履行合同义务,直到其按照合同约定的争议解决方式得到处理。

(5)根据财政部、原建设部印发的《建设工程价款结算暂行办法》(财建[2004]369 号)的相关规定,如第十五条:"发包人和承包人要加强施工现场的造价控制,及时对工程合同外的事项如实纪录并履行书面手续。凡由发、承包双方授权的现场代表签字的现场签证以及发、承包双方协商确定的索赔等费用,应在工程竣工结算中如实办理,不得因发、承包双方现场代表的中途变更改变其有效性","13 计价规范"对发承包双方确定调整的合同价款的支付方法进行了约定,即:"经发承包双方确认调整的合同价款,作为追加(减)合同价款,应与工程进度款或结算款同期支付"。

(二)法律法规变化

(1)工程建设过程中,发、承包双方都是国家法律、法规、规章及政策的执行者。因此,在发、承包双方履行合同的过程中,当国家的法律、法规、规章及政策发生变化,国家或省级、行业建设主管部门或其授权的工程造价管理机构据此发布工程造价调整文件,工程价款应当进行调整。"13 计价规范"中规定:"招标工程以投标截止日前 28d、非招标工程以合同签订前 28d 为基准日,其后因国家的法律、法规、规章和政策发生变化引起工程造价增减变化的,发承包双方应按照省级或行业建设主管部门或其授权的工程造价管理机构据此发布的规定调整合同价款。"

(2)因承包人原因导致工期延误的,按上述第(1)条规定的调整时间,在合同工程原定竣工时间之后,合同价款调增的不予调整,合同价款调减的予以调整。这就说明由于承包人原因导致工期延误,将按不利于承包人的原则调整合同价款。

(三)工程变更

建设工程施工合同实施过程中,如果合同签订时所依赖的承包范围、设计标准、施工条件等发生变化,则必须在新的承包范围、新的设计标准或新的施工条件等前提下对发承包双方的权利和义务进行重新分配,从而建立新的平衡,追求新的公平和合理。由于施工条件变化和发包人要求变化等原因,往往会发生合同约定的工程材料性质和品种、建筑物结构形式、施工工艺和方法等的变动,此时必须变更才能维护合同的公平。因此,"13 计价规范"中对因分部分项工程量清单的漏项或非承包人原因引起的工程变更,造成增加新的工程量清单项目时,新增项目综合单价的确定原则进行了约定,具体如下:

(1)因工程变更引起已标价工程量清单项目或其工程数量发生变化时,应按照下列规定调整:

1)已标价工程量清单中有适用于变更工程项目的,应采用该项目的单价;但当工程变更导致该清单项目的工程数量发生变化,且工程量偏差超过 15%时,该项目单价应按照规定进行调整,即当工程量增加 15%以上时,增加部分的工程量的综合单价应予调低;当工程量减少 15%以上时,减少后剩余部分的工程量的综合单价应予调高。采用此条进行调整的前提条件是其采用的材料、施工工艺和方法相同,亦不因此增加关键线路上工程的施工时间。

如:某桩基工程施工过程中,由于设计变更,新增加预制钢筋混凝土管柱 3 根(45m),已标价工程量清单中有预制钢筋混凝土管柱项目的综合单价，且新增部分工程量偏差在15%以内，则就应采用该项目的综合单价。

2)已标价工程量清单中没有适用但有类似于变更工程项目的，可在合理范围内参照类似项目的单价。采用此条进行调整的前提条件是其采用的材料、施工工艺和方法基本相似，不增加关键线路上工程的施工时间，则可仅就其变更后的差异部分，参考类似的项目单价由发、承包双方协商新的项目单价。

如：某现浇混凝土设备基础的混凝土强度等级为C30，施工过程中设计单位将其调整为C35，此时则可将原综合单价组成中C30混凝土价格用C35混凝土价格替换，其余不变，组成新的综合单价。

3)已标价工程量清单中没有适用也没有类似于变更工程项目的，应由承包人根据变更工程资料、计量规则和计价办法、工程造价管理机构发布的信息价格和承包人报价浮动率提出变更工程项目的单价，并应报发包人确认后调整。承包人报价浮动率可按下列公式计算：

招标工程：

$$承包人报价浮动率\ L=(1-中标价/招标控制价)\times 100\%$$

非招标工程：

$$承包人报价浮动率\ L=(1-报价/施工图预算)\times 100\%$$

【例15-1】 某工程招标控制价为2383692元，中标人的投标报价为2276938元，试求该中标人的报价浮动率。

【解】 该中标人的报价浮动率＝(1－2276938/2383692)×100%＝4.48%

【例15-2】 若例15-1中工程项目，施工过程中屋面防水采用自粘橡胶沥青防水卷材，已标价清单项目中没有此类似项目，工程造价管理机构发布有该卷材单价为25元/m^2，该确定该项目综合单价。

【解】 由于已标价工程量清单中没有适用也没有类似于该工程项目的，故承包人应根据有关资料变更该工程项目的综合单价。查项目所在地该项目定额人工费为5.85元，除防水卷材外的其他材料费为1.35元，管理费和利润为1.48元，则

$$该项目综合单价=(5.85+25+1.35+1.48)\times(1-4.48\%)=32.17\ 元$$

发承包双方可按32.17元协商确定该项目综合单价。

4)已标价工程量清单中没有适用也没有类似于变更工程项目，且工程造价管理机构发布的信息价格缺价的，应由承包人根据变更工程资料、计量规则、计价办法和通过市场调查等取得有合法依据的市场价格提出变更工程项目的单价，并应报发包人确认后调整。

(2)工程变更引起施工方案改变并使措施项目发生变化时，承包人提出调整措施项目费的，应事先将拟实施的方案提交发包人确认，并应详细说明与原方案措施项目相比的变化情况。拟实施的方案经发承包双方确认后执行，并应按照下列规定调整措施项目费：

1)安全文明施工费应按照实际发生变化的措施项目依据国家或省级、行业建设主管部门的规定计算。

2)采用单价计算的措施项目费，应按照实际发生变化的措施项目，按上述第(1)条的规定确定单价。

3)按总价(或系数)计算的措施项目费，按照实际发生变化的措施项目调整，但应考虑承包人报价浮动因素，即调整金额按照实际调整金额乘以上述第(1)条规定的承包人报价浮动

率计算。

如果承包人未事先将拟实施的方案提交给发包人确认，则应视为工程变更不引起措施项目费的调整或承包人放弃调整措施项目费的权利。

(3)当发包人提出的工程变更因非承包人原因删减了合同中的某项原定工作或工程，致使承包人发生的费用或(和)得到的收益不能被包括在其他已支付或应支付的项目中，也未被包含在任何替代的工作或工程中时，承包人有权提出并应得到合理的费用及利润补偿。这主要是为了维护合同的公平，防止发包人在签约后擅自取消合同中的工作，转而由发包人自己或其他承包人实施而使本合同工程承包人蒙受损失。

(四)项目特征不符

工程量清单的项目特征是确定一个清单项目综合单价不可缺少的主要依据。对工程量清单项目的特征描述具有十分重要的意义，其主要体现包括三个方面：①项目特征是区分清单项目的依据。工程量清单项目特征是用来表述分部分项清单项目的实质内容，用于区分计价规范中同一清单条目下各个具体的清单项目。没有项目特征的准确描述，对于相同或相似的清单项目名称，就无从区分。②项目特征是确定综合单价的前提。由于工程量清单项目的特征决定了工程实体的实质内容，必然直接决定了工程实体的自身价值。因此，工程量清单项目特征描述得准确与否，直接关系到工程量清单项目综合单价的准确确定。③项目特征是履行合同义务的基础。实行工程量清单计价，工程量清单及其综合单价是施工合同的组成部分，因此，如果工程量清单项目特征的描述不清甚至漏项、错误，从而引起在施工过程中的更改，都会引起分歧，导致纠纷。

在按"13工程计量规范"对工程量清单项目的特征进行描述时，应注意"项目特征"与"工作内容"的区别。"项目特征"是工程项目的实质，决定着工程量清单项目的价值大小，而"工作内容"主要讲的是操作程序，是承包人完成能通过验收的工程项目所必须要操作的工序。在"13工程计量规范"中，工程量清单项目与工程量计算规则、工作内容具有一一对应的关系，当采用"13工程计量规范"进行计价时，工作内容即有规定，无需再对其进行描述。而"项目特征"栏中的任何一项都影响着清单项目的综合单价的确定，招标人应高度重视分部分项工程项目清单项目特征的描述，任何不描述或描述不清，均会在施工合同履约过程中产生分歧，导致纠纷、索赔。例如屋面卷材防水，按照"13工程计量规范"编码为010902001项目中"项目特征"栏的规定，发包人在对工程量清单项目进行描述时，就必须要对卷材的品种、规格、厚度，防水层数及防水层做法等进行详细的描述，因为这其中任何一项的不同都直接影响到屋面卷材防水的综合单价。而在该项"工作内容"栏中阐述了屋面卷材防水应包括基层处理、刷底油、铺油毡卷材、接缝等施工工序，这些工序即便发包人不提，承包人为完成合格屋面卷材防水工程也必然要经过，因而发包人在对工程量清单项目进行描述时就没有必要对屋面卷材防水的施工工序对承包人提出规定。

正因为此，在编制工程量清单时，必须对项目特征进行准确而且全面的描述，准确的描述工程量清单的项目特征对于准确的确定工程量清单项目的综合单价具有决定性的作用。

"13计价规范"中对清单项目特征描述及项目特征发生变化后重新确定综合单价的有关要求进行了如下约定：

(1)发包人在招标工程量清单中对项目特征的描述，应被认为是准确的和全面的，并且与实际施工要求相符合。承包人应按照发包人提供的招标工程量清单，根据项目特征描述的内容及有关要求实施合同工程，直到项目被改变为止。

(2)承包人应按照发包人提供的设计图纸实施合同工程，若在合同履行期间出现设计图纸(含设计变更)与招标工程量清单任一项目的特征描述不符，且该变化引起该项目工程造价增减变化的，应按照实际施工的项目特征，按前述“工程变更”中的有关规定重新确定相应工程量清单项目的综合单价，并调整合同价款。

(五)工程量清单缺项

导致工程量清单缺项的原因主要包括：①设计变更；②施工条件改变；③工程量清单编制错误。由于工程量清单的增减变化必然使合同价款发生增减变化。

(1)合同履行期间，由于招标工程量清单中缺项，新增分部分项工程清单项目的，应按照前述“工程变更”中的第(1)条的有关规定确定单价，并调整合同价款。

(2)新增分部分项工程清单项目后，引起措施项目发生变化的，应按照前述“工程变更”中的第(2)条的有关规定，在承包人提交的实施方案被发包人批准后调整合同价款。

(3)由于招标工程量清单中措施项目缺项，承包人应将新增措施项目实施方案提交发包人批准后，按照前述“工程变更”中的第(1)、(2)条的有关规定调整合同价款。

(六)工程量偏差

施工过程中，由于施工条件、地质水文、工程变更等变化以及招标工程量清单编制人专业水平的差异，往往会造成实际工程量与招标工程量清单出现偏差，工程量偏差过大，对综合成本的分摊带来影响。如突然增加太多，仍按原综合单价计价，对发包人不公平；如突然减少太多，仍按原综合单价计价，对承包人不公平。并且，这给有经验的承包人的不平衡报价打开了大门。为维护合同的公平，“13 计价规范”中进行了如下规定：

(1)合同履行期间，当应予计算的实际工程量与招标工程量清单出现偏差，且符合下述第(2)、(3)条规定时，发承包双方应调整合同价款。

(2)对于任一招标工程量清单项目，当因工程量偏差和前述“工程变更”中规定的工程变更等原因导致工程量偏差超过 15%时，可进行调整。当工程量增加 15%以上时，增加部分的工程量的综合单价应予调低；当工程量减少 15%以上时，减少后剩余部分的工程量的综合单价应予调高。调整后的某一分部分项工程费结算价可参照以下公式计算：

1)当 $Q_1>1.15Q_0$ 时：

$$S=1.15Q_0\times P_0+(Q_1-1.15Q_0)\times P_1$$

2)当 $Q_1<0.85Q_0$ 时：

$$S=Q_1\times P_1$$

式中　S——调整后的某一分部分项工程费结算价；

Q_1——最终完成的工程量；

Q_0——招标工程量清单中列出的工程量；

P_1——按照最终完成工程量重新调整后的综合单价；

P_0——承包人在工程量清单中填报的综合单价。

由上述两式可以看出，计算调整后的某一分部分项工程费结算价的关键是确定新的综合单价 P_1。确定的方法，一是发承包双方协商确定；二是与招标控制价相联系。当工程量偏差项目出现承包人在工程量清单中填报的综合单价与发包人招标控制价相应清单项目的综合单价偏差超过15%时，工程量偏差项目综合单价的调整可参考以下公式确定：

1)当 $P_0<P_2\times(1-L)\times(1-15\%)$ 时，该类项目的综合单价 P_1 按 $P_2\times(1-L)\times(1-15\%)$ 进行调整。

2)当 $P_0>P_2\times(1+15\%)$ 时，该类项目的综合单价 P_1 按 $P_2\times(1+15\%)$ 进行调整。

3)当 $P_0>P_2\times(1-L)\times(1-15\%)$ 或 $P_0<P_2\times(1+15\%)$ 时，可不进行调整。

以上各式中　P_0——承包人在工程量清单中填报的综合单价；

P_2——发包人招标控制价相应项目的综合单价；

L——承包人报价浮动率。

【例 15-3】 某工程项目投标报价浮动率为8%，各项目招标控制价及投标报价的综合单价见表15-4，试确定当招标工程量清单中工程量偏差超过15%时，其综合单价是否应进行调整，应怎样调整。

【解】 该工程综合单价调整情况见表15-1。

表 15-1　工程量偏差项目综合单价调整

项目	综合单价(元)		投标报价浮动率 L	综合单价偏差	$P_2\times(1-L)\times(1-15\%)$	$P_2\times(1+15\%)$	结论
	招标控制价 P_2	投标报价 P_0					
1	540	432	8%	20%	422.28	—	由于 $P_0>422.28$ 元，故当该项目工程量偏差超过15%时，其综合单价不予调整
2	450	531	8%	18%	—	517.5	由于 $P_0>517.5$，故当该项目工程量偏差超过15%时，其综合单价应调整为517.5元

【例 15-4】 若例15-3中某工程，其招标工程量清单中项目1的工程数量为500m，施工中由于设计变更调整为410m；招标工程量清单中项目2的工程数量为785m³，施工中由于设计变更调整为942m³。试确定其分部分项工程费结算价应怎样进行调整。

【解】 该工程分部分项工程费结算价调整情况见表15-2。

表 15-2　分部分项工程费结算价调整

项目	工程量数量清单数量 Q_0	调整后数量 Q_1	工程量偏差	调整后的综合单价①	调整后的分部分项工程结算价
1	500	410	18%	432	$S=410\times432=177120$ 元
2	785	942	20%	517.5	$S=1.15\times785\times531+(942-1.15\times785)\times517.5=499672.13$ 元

①调整后的综合单价取自例15-3。

(3)如果工程量出现变化引起相关措施项目相应发生变化时，按系数或单一总价方式计价的，工程量增加的措施项目费调增，工程量减少的措施项目费调减。反之，如未引起相关措施项目发生变化，则不予调整。

(七)计日工

(1)发包人通知承包人以计日工方式实施的零星工作,承包人应予执行。

(2)采用计日工计价的任何一项变更工作,在该项变更的实施过程中,承包人应按合同约定提交下列报表和有关凭证送发包人复核:

1)工作名称、内容和数量。

2)投入该工作所有人员的姓名、工种、级别和耗用工时。

3)投入该工作的材料名称、类别和数量。

4)投入该工作的施工设备型号、台数和耗用台时。

5)发包人要求提交的其他资料和凭证。

(3)任一计日工项目持续进行时,承包人应在该项工作实施结束后的24h内向发包人提交有计日工记录汇总的现场签证报告一式三份。发包人在收到承包人提交现场签证报告后的2d内予以确认并将其中一份返还给承包人,作为计日工计价和支付的依据。发包人逾期未确认也未提出修改意见的,应视为承包人提交的现场签证报告已被发包人认可。

(4)任一计日工项目实施结束后,承包人应按照确认的计日工现场签证报告核实该类项目的工程数量,并应根据核实的工程数量和承包人已标价工程量清单中的计日工单价计算,提出应付价款;已标价工程量清单中没有该类计日工单价的,由发承包双方按前述“工程变更”中的相关规定商定计日工单价计算。

(5)每个支付期末,承包人应按规定向发包人提交本期间所有计日工记录的签证汇总表,并应说明本期间自己认为有权得到的计日工金额,调整合同价款,列入进度款支付。

(八)物价变化

1. 物价变化合同价款调整方法

(1)价格指数调整价格差额。

1)价格调整公式。因人工、材料和设备等价格波动影响合同价格时,根据投标函附录中的价格指数和权重表约定的数据,按以下公式计算差额并调整合同价格:

$$\Delta P=P_0\left[A+\left(B_1\times\frac{F_{t1}}{F_{01}}+B_2\times\frac{F_{t2}}{F_{02}}+B_3\times\frac{F_{t3}}{F_{03}}+\cdots+B_n\times\frac{F_{tn}}{F_{0n}}\right)-1\right]$$

式中 ΔP——需调整的价格差额;

P_0——约定的付款证书中承包人应得到的已完成工程量的金额。此项金额应不包括价格调整、不计质量保证金的扣留和支付、预付款的支付和扣回。约定的变更及其他金额已按现行价格计价的,也不计在内;

A——定值权重(即不调部分的权重);

$B_1,B_2,B_3,\cdots,B_n$——各可调因子的变值权重(即可调部分的权重),为各可调因子在投标函投标总报价中所占的比例;

$F_{t1},F_{t2},F_{t3},\cdots,F_{tn}$——各可调因子的现行价格指数,指约定的付款证书相关周期最后一天的前42d的各可调因子的价格指数;

$F_{01},F_{02},F_{03},\cdots,F_{0n}$——各可调因子的基本价格指数,指基准日期的各可调因子的价格指数。

以上价格调整公式中的各可调因子、定值和变值权重，以及基本价格指数及其来源在投标函附录价格指数和权重表中约定。价格指数应首先采用有关部门提供的价格指数，缺乏上述价格指数时，可采用有关部门提供的价格代替。

2)暂时确定调整差额。在计算调整差额时得不到现行价格指数的，可暂用上一次价格指数计算，并在以后的付款中再按实际价格指数进行调整。

3)权重的调整。约定的变更导致原定合同中的权重不合理时，由监理人与承包人和发包人协商后进行调整。

4)承包人工期延误后的价格调整。由于承包人原因未在约定的工期内竣工的，则对原约定竣工日期后继续施工的工程，在使用第1)条的价格调整公式时，应采用原约定竣工日期与实际竣工日期的两个价格指数中较低的一个作为现行价格指数。

5)若人工因素已作为可调因子包括在变值权重内，则不再对其进行单项调整。

【例 15-5】 某工程项目合同约定采用价格指数调整价格差额，由发承包双方确认的《承包人提供主要材料和工程设备一览表》见表15-3。已知本期完成合同价款为589073元，其中，包括已按现行价格计算的计日工价款2600元，发承包双方确认应增加的索赔金额2879元。试对此工程项目该期应调整的合同价款差额进行计算。

表 15-3　　承包人提供主要材料和工程设备一览表

(适用于价格指数调整法)

工程名称：某工程　　标段：　　第1页共1页

序号	名称、规格、型号	变值权重 B	基本价格指数 F_0	现行价格指数 F_t	备注
1	人工费	0.15	120%	128%	
2	钢材	0.23	4500元/t	4850元/t	
3	水泥	0.11	420元/t	445元/t	
4	烧结普通砖	0.05	350元/千块	320元/千块	
5	施工机械费	0.08	100%	110%	
	定值权重 A	0.38	—	—	
合　计		1	—	—	

【解】 (1)本期完成的合同价款应扣除已按现行价格计算的计日工价款和双方确认的索赔金额，即

$$P_0 = 589073 - 2600 - 2879 = 583594 \text{ 元}$$

(2)按公式计算应调整的合同价款差额。

$$\Delta P = 583594 \times \left[0.38 + \left(0.15 \times \frac{128}{120} + 0.23 \times \frac{4850}{4500} + 0.11 \times \frac{445}{420} + 0.05 \times \frac{320}{350} + 0.08 \times \frac{110}{100}\right) - 1\right]$$

$$= 583594 \times 0.039$$

$$= 22760.17 \text{ 元}$$

即本期应增加合同价款 22760.17 元。

若本期合同价款中人工费单独按有关规定进行调整，则应扣除人工费所占变值权重，将其列入定值权重，即

$$\Delta P=583594\times\left[(0.38+0.15)+\left(0.23\times\frac{4850}{4500}+0.11\times\frac{445}{420}+0.05\times\frac{320}{350}+0.08\times\frac{110}{100}\right)-1\right]$$

$$=583594\times0.029$$

$$=16924.23\text{元}$$

即本期应增加合同价款 16924.23 元。

(2)造价信息调整价格差额。

1)施工期内，因人工、材料和工程设备、施工机械台班价格波动影响合同价格时，人工、机械使用费按照国家或省、自治区、直辖市建设行政管理部门、行业建设管理部门或其授权的工程造价管理机构发布的人工成本信息、机械台班单价或机械使用费系数进行调整；需要进行价格调整的材料，其单价和采购数应由发包人复核，发包人确认需调整的材料单价及数量，作为调整合同价款差额的依据。

2)人工单价发生变化且该变化因省级或行业建设主管部门发布的人工费调整文件所致时，承包双方应按省级或行业建设主管部门或其授权的工程造价管理机构发布的人工成本文件调整合同价款。人工费调整时应以调整文件的时间为界限进行。

3)材料、工程设备价格变化按照发包人提供的《承包人提供主要材料和工程设备一览表(适用于造价信息差额调整法)》，由发承包双方约定的风险范围按下列规定调整合同价款：

①承包人投标报价中材料单价低于基准单价：施工期间材料单价涨幅以基准单价为基础超过合同约定的风险幅度值，或材料单价跌幅以投标报价为基础超过合同约定的风险幅度值时，其超过部分按实调整。

②承包人投标报价中材料单价高于基准单价：施工期间材料单价跌幅以基准单价为基础超过合同约定的风险幅度值，或材料单价涨幅以投标报价为基础超过合同约定的风险幅度值时，其超过部分按实调整。

③承包人投标报价中材料单价等于基准单价：施工期间材料单价涨、跌幅以基准单价为基础超过合同约定的风险幅度值时，其超过部分按实调整。

④承包人应在采购材料前将采购数量和新的材料单价报送发包人核对，确认用于本合同工程时，发包人应确认采购材料的数量和单价。发包人在收到承包人报送的确认资料后 3 个工作日不予答复的视为已经认可，作为调整合同价款的依据。如果承包人未报经发包人核对即自行采购材料，再报发包人确认调整合同价款的，如发包人不同意，则不作调整。

4)施工机械台班单价或施工机械使用费发生变化超过省级或行业建设主管部门或其授权的工程造价管理机构规定的范围时，按其规定调整合同价款。

【例 15-6】 某工程项目合同中约定工程中所用钢材由承包人提供，所需品种见表 15-4。在施工期间，采购的各品种钢材的单价分别为 Φ6：4800 元/t，Φ16：4750 元/t，Φ22：4900 元/t。试对合同约定的钢材单价进行调整。

表 15-4 承包人提供主要材料和工程设备一览表

（适用于造价信息差额调整法）

工程名称:某工程 标段: 第1页共1页

序号	名称、规格、型号	单位	数量	风险系数（%）	基准单价（元）	投标单价（元）	发承包人确认单价（元）	备注
1	钢筋 Φ6	t	15	≤5	4400	4500	4575	
2	钢筋 Φ16	t	38	≤5	4600	4550	4550	
3	钢筋 Φ22	t	26	≤5	4700	4700	4700	
4								

【解】 (1)钢筋 Φ6:投标单价高于基准单价,现采购单价为 4800 元/t,则以投标单价为基准的钢材涨幅为

$$(4800-4500)\div4500=6.67\%$$

由于涨幅已超过约定的风险系数,故应对单价进行调整:

$$4500+4500\times(6.67\%-5\%)=4575 \text{ 元}$$

(2)钢筋 Φ16:投标单价低于基准单价,现采购单价为 4750 元/t,则以基准单价为基准的钢材涨幅为

$$(4750-4600)\div4600=3.26\%$$

由于涨幅未超过约定的风险系数,故不应对单价进行调整。

(3)钢筋 Φ22:投标单价等于基准单价,现采购单价为 4900 元/t,则以基准单价为基准的钢材涨幅为

$$(4900-4700)\div4700=4.26\%$$

由于涨幅未超过约定的风险系数,故不应对单价进行调整。

2. 物价变化合同价款调整要求

(1)合同履行期间,因人工、材料、工程设备、机械台班价格波动影响合同价款时,应根据合同约定,按上述“1.”中介绍的方法之一调整合同价款。

(2)承包人采购材料和工程设备的,应在合同中约定主要材料、工程设备价格变化的范围或幅度;当没有约定,且材料、工程设备单价变化超过 5%时,超过部分的价格应按照上述“1.”中介绍的方法计算调整材料、工程设备费。

(3)发生合同工程工期延误的,应按照下列规定确定合同履行期的价格调整:

1)因非承包人原因导致工期延误的,计划进度日期后续工程的价格,应采用计划进度日期与实际进度日期两者的较高者。

2)因承包人原因导致工期延误的,计划进度日期后续工程的价格,应采用计划进度日期与实际进度日期两者的较低者。

(4)发包人供应材料和工程设备的,不适用上述第(1)和第(2)条规定,应由发包人按照实际变化调整,列入合同工程的工程造价内。

(九)暂估价

(1)按照《工程建设项目货物招标投标办法》(国家发改委、建设部等七部委 27 号令)第五条规定:“以暂估价形式包括在总承包范围内的货物达到国家规定规模标准的,应当由总

承包中标人和工程建设项目招标人共同依法组织招标”。若发包人在招标工程量清单中给定暂估价的材料、工程设备属于依法必须招标的,应由发承包双方以招标的方式选择供应商,确定价格,并应以此为依据取代暂估价,调整合同价款。

所谓共同招标,不能简单理解为发承包双方共同作为招标人,最后共同与招标人签订合同。恰当的做法应当是仍由总承包中标人作为招标人,采购合同应当由总承包人签订。建设项目招标人参与的所谓共同招标可以通过恰当的途径体现建设项目招标人对这类招标组织的参与、决策和控制。建设项目招标人约束总承包人的最佳途径就是通过合同约定相关的程序。建设项目招标人的参与主要体现在对相关项目招标文件、评标标准和方法等能够体现招标目的和招标要求的文件进行审批,未经审批不得发出招标文件;评标时建设项目招标人也可以派代表进入评标委员会参与评标,否则,中标结果对建设项目招标人没有约束力,并且,建设项目招标人有权拒绝对相应项目拨付工程款,对相关工程拒绝验收。

(2)发包人在招标工程量清单中给定暂估价的材料、工程设备不属于依法必须招标的,应由承包人按照合同约定采购,经发包人确认单价后取代暂估价,调整合同价款。暂估材料或工程设备的单价确定后,在综合单价中只应取代暂估单价,不应再在综合单价中涉及企业管理费或利润等其他费用的变动。

(3)发包人在工程量清单中给定暂估价的专业工程不属于依法必须招标的,应按照前述“工程变更”中的相关规定确定专业工程价款,并应以此为依据取代专业工程暂估价,调整合同价款。

(4)发包人在招标工程量清单中给定暂估价的专业工程,依法必须招标的,应当由发承包双方依法组织招标选择专业分包人,并接受有管辖权的建设工程招标投标管理机构的监督,还应符合下列要求:

1)除合同另有约定外,承包人不参加投标的专业工程发包招标,应由承包人作为招标人,但拟定的招标文件、评标工作、评标结果应报送发包人批准。与组织招标工作有关的费用应当被认为已经包括在承包人的签约合同价(投标总报价)中。

2)承包人参加投标的专业工程发包招标,应由发包人作为招标人,与组织招标工作有关的费用由发包人承担。同等条件下,应优先选择承包人中标。

3)应以专业工程发包中标价为依据取代专业工程暂估价,调整合同价款。

(十)不可抗力

(1)因不可抗力事件导致的人员伤亡、财产损失及其费用增加,发承包双方应按下列原则分别承担并调整合同价款和工期:

1)合同工程本身的损害、因工程损害导致第三方人员伤亡和财产损失以及运至施工场地用于施工的材料和待安装的设备的损害,应由发包人承担。

2)发包人、承包人人员伤亡应由其所在单位负责,并应承担相应费用。

3)承包人的施工机械设备损坏及停工损失,应由承包人承担。

4)停工期间,承包人应发包人要求留在施工场地的必要的管理人员及保卫人员的费用应由发包人承担。

5)工程所需清理、修复费用,应由发包人承担。

(2)不可抗力解除后复工的,若不能按期竣工,应合理延长工期。发包人要求赶工的,赶工费用应由发包人承担。

（十一）提前竣工（赶工补偿）

《建设工程质量管理条例》第十条规定："建设工程发包单位不得迫使承包方以低于成本的价格竞标，不得任意压缩合理工期"。因此为了保证工程质量，承包人除了根据标准规范、施工图纸进行施工外，还应当按照科学合理的施工组织设计，按部就班地进行施工作业。

（1）招标人应依据相关工程的工期定额合理计算工期，压缩的工期天数不得超过定额工期的20%，超过者，应在招标文件中明示增加赶工费用。赶工费用主要包括：①人工费的增加，如新增加投入人工的报酬，不经济使用人工的补贴等；②材料费的增加，如可能造成不经济使用材料而损耗过大，材料运输费的增加等；③机械费的增加，例如可能增加机械设备投入，不经济的使用机械等。

（2）发包人要求合同工程提前竣工的，应征得承包人同意后与承包人商定采取加快工程进度的措施，并应修订合同工程进度计划。发包人应承担承包人由此增加的提前竣工（赶工补偿）费用，除合同另有约定外，提前竣工补偿的金额可为合同价款的5%。

（3）发承包双方应在合同中约定提前竣工每日历天应补偿额度，此项费用应作为增加合同价款列入竣工结算文件中，应与结算款一并支付。

（十二）误期赔偿

（1）如果承包人未按照合同约定施工，导致实际进度迟于计划进度的，承包人应加快进度，实现合同工期。即使承包人采取了赶工措施，赶工费用仍应由承包人承担。如合同工程仍然误期，承包人应赔偿发包人由此造成的损失，并按照合同约定向发包人支付误期赔偿费，除合同另有约定外，误期赔偿可为合同价款的5%。即使承包人支付误期赔偿费，也不能免除承包人按照合同约定应承担的任何责任和应履行的任何义务。

（2）发承包双方应在合同中约定误期赔偿费，并应明确每日历天应赔偿额度。误期赔偿费应列入竣工结算文件中，并应在结算款中扣除。

（3）在工程竣工之前，合同工程内的某单项（位）工程已通过了竣工验收，且该单项（位）工程接收证书中表明的竣工日期并未延误，而是合同工程的其他部分产生了工期延误时，误期赔偿费应按照已颁发工程接收证书的单项（位）工程造价占合同价款的比例幅度予以扣减。

（十三）索赔

索赔是合同双方依据合同约定维护自身合法利益的行为，它的性质属于经济补偿行为，而非惩罚。

1. 索赔的条件

当合同一方向另一方提出索赔时，应有正当的索赔理由和有效证据，并应符合合同的相关约定。建设工程施工中的索赔是发、承包双方行使正当权利的行为，承包人可向发包人索赔，发包人也可向承包人索赔。任何索赔事件的确立，其前提条件是必须有正当的索赔理由。对正当索赔理由的说明必须具有证据，因为进行索赔主要是靠证据说话。没有证据或证据不足，索赔是难以成功的。

2. 索赔的证据

（1）索赔证据的要求。一般有效的索赔证据都具有以下几个特征：

1)及时性:既然干扰事件已发生,又意识到需要索赔,就应在有效时间内提出索赔意向。在规定的时间内报告事件的发展影响情况,在规定时间内提交索赔的详细额外费用计算账单,对发包人或工程师提出的疑问及时补充有关材料。如果拖延太久,将增加索赔工作的难度。

2)真实性:索赔证据必须是在实际过程中产生,完全反映实际情况,能经得住对方的推敲。由于在工程过程中合同双方都在进行合同管理,收集工程资料,所以双方应有相同的证据。使用不实的、虚假证据是违反商业道德甚至法律的。

3)全面性:所提供的证据应能说明事件的全过程。索赔报告中所涉及的干扰事件、索赔理由、索赔值等都应有相应的证据,不能凌乱和支离破碎,否则发包人将退回索赔报告,要求重新补充证据。这会拖延索赔的解决,损害承包商在索赔中的有利地位。

4)关联性:索赔的证据应当能互相说明,相互具有关联性,不能互相矛盾。

5)法律证明效力:索赔证据必须有法律证明效力,特别对准备递交仲裁的索赔报告更要注意这一点。

①证据必须是当时的书面文件,一切口头承诺、口头协议不算。

②合同变更协议必须由双方签署,或以会谈纪要的形式确定,且为决定性决议。一切商讨性、意向性的意见或建议都不算。

③工程中的重大事件、特殊情况的记录、统计应由工程师签署认可。

(2)索赔证据的种类。

1)招标文件、工程合同、发包人认可的施工组织设计、工程图纸、技术规范等。

2)工程各项有关的设计交底记录、变更图纸、变更施工指令等。

3)工程各项经发包人或合同中约定的发包人现场代表或监理工程师签认的签证。

4)工程各项往来信件、指令、信函、通知、答复等。

5)工程各项会议纪要。

6)施工计划及现场实施情况记录。

7)施工日报及工长工作日志、备忘录。

8)工程送电、送水、道路开通、封闭的日期及数量记录。

9)工程停电、停水和干扰事件影响的日期及恢复施工的日期记录。

10)工程预付款、进度款拨付的数额及日期记录。

11)工程图纸、图纸变更、交底记录的送达份数及日期记录。

12)工程有关施工部位的照片及录像等。

13)工程现场气候记录,如有关天气的温度、风力、雨雪等。

14)工程验收报告及各项技术鉴定报告等。

15)工程材料采购、订货、运输、进场、验收、使用等方面的凭据。

16)国家和省级或行业建设主管部门有关影响工程造价、工期的文件、规定等。

(3)索赔时效的功能。索赔时效是指合同履行过程中,索赔方在索赔事件发生后的约定期限内不行使索赔权即视为放弃索赔权利,其索赔权归于消灭的制度。一方面,索赔时效届满,即视为承包人放弃索赔权利,发包人可以此作为证据的代用,避免举证的困难;另一方面,只有促使承包人及时提出索赔要求,才能警示发包人充分履行合同义务,避免类似索赔事件的再次发生。

3. 承包人的索赔

(1)若承包人认为非承包人原因发生的事件造成了承包人的损失,承包人应在确认该事件发生后,持证明索赔事件发生的有效证据和依据正当的索赔理由,按合同约定的时间向发包人发出索赔通知。发包人应按合同约定的时间对承包人提出的索赔进行答复和确认。发包人在收到最终索赔报告后并在合同约定时间内,未向承包人作出答复,视为该项索赔已经认可。

这种索赔方式称之为单项索赔,即在每一件索赔事项发生后,递交索赔通知书,编报索赔报告书,要求单项解决支付,不与其他的索赔事项混在一起。单项索赔是施工索赔通常采用的方式。它避免了多项索赔的相互影响制约,所以解决起来比较容易。

当施工过程中受到非常严重的干扰,以致承包人的全部施工活动与原来的计划不大相同,原合同规定的工作与变更后的工作相互混淆,承包人无法为索赔保持准确而详细的成本记录资料,无法采用单项索赔的方式,而只能采用综合索赔。综合索赔俗称一揽子索赔。即对整个工程(或某项工程)中所发生的数起索赔事项,综合在一起进行索赔。采取这种方式进行索赔,是在特定的情况下被迫采用的一种索赔方法。

采取综合索赔时,承包人必须提出以下证明:①承包商的投标报价是合理的;②实际发生的总成本是合理的;③承包商对成本增加没有任何责任;④不可能采用其他方法准确地计算出实际发生的损失数额。

据合同约定,承包人应按下列程序向发包人提出索赔:

1)承包人应在知道或应当知道索赔事件发生后 28d 内,向发包人提交索赔意向通知书,说明发生索赔事件的事由。承包人逾期未发出索赔意向通知书的,丧失索赔的权利。

2)承包人应在发出索赔意向通知书后 28d 内,向发包人正式提交索赔通知书。索赔通知书应详细说明索赔理由和要求,并应附必要的记录和证明材料。

3)索赔事件具有连续影响的,承包人应继续提交延续索赔通知,说明连续影响的实际情况和记录。

4)在索赔事件影响结束后的 28d 内,承包人应向发包人提交最终索赔通知书,说明最终索赔要求,并应附必要的记录和证明材料。

(2)承包人索赔应按下列程序处理:

1)发包人收到承包人的索赔通知书后,应及时查验承包人的记录和证明材料。

2)发包人应在收到索赔通知书或有关索赔的进一步证明材料后的 28d 内,将索赔处理结果答复承包人,如果发包人逾期未作出答复,视为承包人索赔要求已被发包人认可。

3)承包人接受索赔处理结果的,索赔款项应作为增加合同价款,在当期进度款中进行支付;承包人不接受索赔处理结果的,应按合同约定的争议解决方式办理。

(3)承包人要求赔偿时,可以选择下列一项或几项方式获得赔偿:

1)延长工期。

2)要求发包人支付实际发生的额外费用。

3)要求发包人支付合理的预期利润。

4)要求发包人按合同的约定支付违约金。

(4)索赔事件发生后,在造成费用损失时,往往会造成工期的变动。当索赔事件造成的费用损失与工期相关联时,承包人应根据发生的索赔事件向发包人提出费用索赔要求的同时,提出工期延长的要求。发包人在批准承包人的索赔报告时，应将索赔事件造成的费用损失和工期延长联系起来，综合做出批准费用索赔和工期延长的决定。

(5)发承包双方在按合同约定办理了竣工结算后，应被认为承包人已无权再提出竣工结算前所发生的任何索赔。承包人在提交的最终结清申请中，只限于提出竣工结算后的索赔，提出索赔的期限应自发承包双方最终结清时终止。

4. 发包人的索赔

(1)根据合同约定，发包人认为由于承包人的原因造成发包人的损失，宜按承包人索赔的程序进行索赔。当合同中未就发包人的索赔事项作具体约定，按以下规定处理。

1)发包人应在确认引起索赔的事件发生后 28d 内向承包人发出索赔通知，否则，承包人免除该索赔的全部责任。

2)承包人在收到发包人索赔报告后的 28d 内，应作出回应，表示同意或不同意并附具体意见，如在收到索赔报告后的 28d 内，未向发包人作出答复，视为该项索赔报告已经认可。

(2)发包人要求赔偿时，可以选择下列一项或几项方式获得赔偿：

1)延长质量缺陷修复期限。

2)要求承包人支付实际发生的额外费用。

3)要求承包人按合同的约定支付违约金。

(3)承包人应付给发包人的索赔金额可从拟支付给承包人的合同价款中扣除，或由承包人以其他方式支付给发包人。

(十四)现场签证

由于施工生产的特殊性，施工过程中往往会出现一些与合同工程或合同约定不一致或未约定的事项，这时就需要发承包双方用书面形式记录下来，这就是现场签证。签证有多种情形，一是发包人的口头指令，需要承包人将其提出，由发包人转换成书面签证；二是发包人的书面通知如涉及工程实施，需要承包人就完成此通知需要的人工、材料、机械设备等内容向发包人提出，取得发包人的签证确认；三是合同工程招标工程量清单中已有，但施工中发现与其不符，比如土方类别，出现流砂等，需承包人及时向发包人提出签证确认，以便调整合同价款；四是由于发包人原因未按合同约定提供场地、材料、设备或停水、停电等造成承包人停工，需承包人及时向发包人提出签证确认，以便计算索赔费用；五是合同中约定材料、设备等价格，由于市场发生变化，需承包人向发包人提出采纳数量及其单价，以便发包人核对后取得发包人的签证确认；六是其他由于施工条件、合同条件变化需现场签证的事项等。

(1)承包人应发包人要求完成合同以外的零星项目、非承包人责任事件等工作的，发包人应及时以书面形式向承包人发出指令，并应提供所需的相关资料；承包人在收到指令后，应及时向发包人提出现场签证要求。

(2)承包人应在收到发包人指令后的 7d 内向发包人提交现场签证报告，发包人应在收到现场签证报告后的 48h 内对报告内容进行核实，予以确认或提出修改意见。发包人在收到承包人现场签证报告后的 48h 内未确认也未提出修改意见的，应视为承包人提交的现场签证报告已被发包人认可。

(3)现场签证的工作如已有相应的计日工单价，现场签证中应列明完成该类项目所需的人工、材料、工程设备和施工机械台班的数量。

如现场签证的工作没有相应的计日工单价，应在现场签证报告中列明完成该签证工作所需的人工、材料设备和施工机械台班的数量及单价。

(4)合同工程发生现场签证事项，未经发包人签证确认，承包人便擅自施工的，除非征得发包人书面同意，否则发生的费用应由承包人承担。

(5)按照财政部、建设部印发的《建设工程价款结算办法》(财建[2004]369号)等十五条的规定："发包人和承包人要加强施工现场的造价控制，及时对工程合同外的事项如实纪录并履行书面手续。凡由发、承包双方授权的现场代表签字的现场签证以及发、承包双方协商确定的索赔等费用，应在工程竣工结算中如实办理，不得因发、承包双方现场代表的中途变更改变其有效性。""13计价规范"规定："现场签证工作完成后的7d内，承包人应按照现场签证内容计算价款，报送发包人确认后，作为增加合同价款，与进度款同期支付。"此举可避免发包方变相拖延工程款以及发包人以现场代表变更而不承认某些索赔或签证的事件发生。

(6)在施工过程中，当发现合同工程内容因场地条件、地质水文、发包人要求等不一致时，承包人应提供所需的相关资料，并提交发包人签证认可，作为合同价款调整的依据。

(十五)暂列金额

(1)已签约合同价中的暂列金额应由发包人掌握使用。

(2)暂列金额虽然列入合同价款，但并不属于承包人所有，也并不必然发生。只有按照合同约定实际发生后，才能成为承包人的应得金额，纳入工程合同结算价款中，发包人按照前述相关规定与要求进行支付后，暂列金额余额仍归发包人所有。

三、合同价款期中支付

(一)预付款

(1)预付款是发包人为解决承包人在施工准备阶段资金周转问题提供的协助，预付款用于承包人为合同工程施工购置材料、工程设备，购置或租赁施工设备以及组织施工人员进场。预付款应专用于合同工程。

(2)按照财政部、原建设部印发的《建设工程价款结算暂行办法》的相关规定，"13计价规范"中对预付款的支付比例进行了约定：包工包料工程的预付款的支付比例不得低于签约合同价(扣除暂列金额)的10%，不宜高于签约合同价(扣除暂列金额)的30%。预付款的总金额，分期拨付次数，每次付款金额、付款时间等应根据工程规模、工期长短等具体情况，在合同中约定。

(3)承包人应在签订合同或向发包人提供与预付款等额的预付款保函(如有)后向发包人提交预付款支付申请。

(4)发包人应在收到支付申请的7d内进行核实，向承包人发出预付款支付证书，并在签发支付证书后的7d内向承包人支付预付款。

(5)发包人没有按合同约定按时支付预付款的，承包人可催告发包人支付；发包人在预付款期满后的7d内仍未支付的，承包人可在付款期满后的第8天起暂停施工。发包人应承担由此增加的费用和延误的工期，并应向承包人支付合理利润。

(6)当承包人取得相应的合同价款时，预付款应从每一个支付期应支付给承包人的工程进度款中扣回，直到扣回的金额达到合同约定的预付款金额为止。通常约定承包人完成签约合同价款的比例在20%～30%时，开始从进度款中按一定比例扣还。

(7)承包人的预付款保函(如有)的担保金额根据预付款扣回的数额相应递减，但在预付款全部扣回之前一直保持有效。发包人应在预付款扣完后的14d内将预付款保函退还给承包人。

(二)安全文明施工费

(1)财政部、国家安全生产监督管理总局印发的《企业安全生产费用提取和使用管理办法》(财企[2012]16号]第十九条规定："建设工程施工企业安全费用应当按照以下范围使用：

(一)完善、改造和维护安全防护设施设备支出(不含'三同时'要求初期投入的安全设施)，包括施工现场临时用电系统、洞口、临边、机械设备、高处作业防护、交叉作业防护、防火、防爆、防尘、防毒、防雷、防台风、防地质灾害、地下工程有害气体监测、通风、临时安全防护等设施设备支出；

(二)配备、维护、保养应急救援器材、设备支出和应急演练支出；

(三)开展重大危险源和事故隐患评估、监控和整改支出；

(四)安全生产检查、评价(不包括新建、改建、扩建项目安全评价)、咨询和标准化建设支出；

(五)配备和更新现场作业人员安全防护用品支出；

(六)安全生产宣传、教育、培训支出；

(七)安全生产适用的新技术、新标准、新工艺、新装备的推广应用支出；

(八)安全设施及特种设备检测检验支出；

(九)其他与安全生产直接相关的支出。"

由于工程建设项目因专业及施工阶段的不同，对安全文明施工措施的要求也不一致，因此"13工程计量规范"针对不同的专业工程特点，规定了安全文明施工的内容和包含的范围。在实际执行过程中，安全文明施工费包括的内容及使用范围，既应符合国家现行有关文件的规定，也应符合"13工程计量规范"中的规定。

(2)发包人应在工程开工后的28d内预付不低于当年施工进度计划的安全文明施工费总额的60%，其余部分应按照提前安排的原则进行分解，并应与进度款同期支付。

(3)发包人没有按时支付安全文明施工费的，承包人可催告发包人支付；发包人在付款期满后的7d内仍未支付的，若发生安全事故，发包人应承担相应责任。

(4)承包人对安全文明施工费应专款专用，在财务账目中应单独列项备查，不得挪作他用，否则发包人有权要求其限期改正；逾期未改正的，造成的损失和延误的工期应由承包人承担。

(三)进度款

(1)发承包双方应按照合同约定的时间、程序和方法，根据工程计量结果，办理期中价款结算，支付进度款。

(2)发包人支付工程进度款，其支付周期应与合同约定的工程计量周期一致。工程量的正确计量是发包人向承包人支付工程进度款的前提和依据。计量和付款周期可采用分段或按月结算的方式。

1)按月结算与支付。即实行按月支付进度款，竣工后结算的办法。合同工期在两个年度以上的工程,在年终进行工程盘点,办理年度结算。

2)分段结算与支付。即当年开工、当年不能竣工的工程按照工程形象进度,划分不同阶段,支付工程进度款。

当采用分段结算方式时,应在合同中约定具体的工程分段划分,付款周期应与计量周期一致。

(3)已标价工程量清单中的单价项目,承包人应按工程计量确认的工程量与综合单价计算;综合单价发生调整的,以发承包双方确认调整的综合单价计算进度款。

(4)已标价工程量清单中的总价项目和采用经审定批准的施工图纸及其预算方式发包形成的总价合同应由承包人根据施工进度计划和总价构成、费用性质、计划发生时间和相应的工程量等因素按计量周期进行分解,分别列入进度款支付申请中的安全文明施工费和本周期应支付的总价项目的金额中,并形成进度款支付分解表,在投标时提交,非招标工程在合同洽商时提交。在施工过程中,由于进度计划的调整,发承包双方应对支付分解进行调整。

1)已标价工程量清单中的总价项目进度款支付分解方法可选择以下之一(但不限于):

①将各个总价项目的总金额按合同约定的计量周期平均支付。

②按照各个总价项目的总金额占签约合同价的百分比,以及各个计量支付周期内所完成的单价项目的总金额,以百分比方式均摊支付。

③按照各个总价项目组成的性质(如时间、与单价项目的关联性等)分解到形象进度计划或计量周期中,与单价项目一起支付。

2)采用经审定批准的施工图纸及其预算方式发包形成的总价合同,除由于工程变更形成的工程量增减予以调整外,其工程量不予调整。因此,总价合同的进度款支付应按照计量周期进行支付分解,以便进度款有序支付。

(5)发包人提供的甲供材料金额,应按照发包人签约提供的单价和数量从进度款支付中扣除,列入本周期应扣减的金额中。

(6)承包人现场签证和得到发包人确认的索赔金额应列入本周期应增加的金额中。

(7)进度款的支付比例按照合同约定,按期中结算价款总额计,不低于60%,不高于90%。

(8)承包人应在每个计量周期到期后的7d内向发包人提交已完工程进度款支付申请一式四份,详细说明此周期认为有权得到的款额,包括分包人已完工程的价款。支付申请应包括下列内容:

1)累计已完成的合同价款。

2)累计已实际支付的合同价款。

3)本周期合计完成的合同价款:

①本周期已完成单价项目的金额。

②本周期应支付的总价项目的金额。

③本周期已完成的计日工价款。

④本周期应支付的安全文明施工费。

⑤本周期应增加的金额。

4)本周期合计应扣减的金额:

①本周期应扣回的预付款。

②本周期应扣减的金额。

5)本周期实际应支付的合同价款。

上述“本周期应增加的金额”中包括除单价项目、总价项目、计日工、安全文明施工费外的全部应增金额,如索赔、现场签证金额,“本周期应扣减的金额”包括除预付款外的全部应减金额。

由于进度款的支付比例最高不超过90%,而且根据原建设部、财政部印发的《建设工程质量保证金管理暂行办法》第七条规定:“全部或者部分使用政府投资的建设项目,按工程价款结算总额5%左右的比例预留保证金”,因此“13计价规范”未在进度款支付中要求扣减质量保证金,而是在竣工结算价款中预留保证金。

(9)发包人应在收到承包人进度款支付申请后的14d内,根据计量结果和合同约定对申请内容予以核实,确认后向承包人出具进度款支付证书。若发承包双方对部分清单项目的计量结果出现争议,发包人应对无争议部分的工程计量结果向承包人出具进度款支付证书。

(10)发包人应在签发进度款支付证书后的14d内,按照支付证书列明的金额向承包人支付进度款。

(11)若发包人逾期未签发进度款支付证书,则视为承包人提交的进度款支付申请已被发包人认可,承包人可向发包人发出催告付款的通知。发包人应在收到通知后的14d内,按照承包人支付申请的金额向承包人支付进度款。

(12)发包人未按照规定支付进度款的,承包人可催告发包人支付,并有权获得延迟支付的利息;发包人在付款期满后的7d内仍未支付的,承包人可在付款期满后的第8d起暂停施工。发包人应承担由此增加的费用和延误的工期,向承包人支付合理利润,并应承担违约责任。

(13)发现已签发的任何支付证书有错、漏或重复的数额,发包人有权予以修正,承包人也有权提出修正申请。经发承包双方复核同意修正的,应在本次到期的进度款中支付或扣除。

四、竣工结算价款支付

(一)竣工结算核对

竣工结算的编制与核对是工程造价计价中发、承包双方应共同完成的重要工作。按照交易的一般原则,任何交易结束,都应做到钱、货两清,工程建设也不例外。工程施工的发承包活动作为期货交易行为,当工程竣工验收合格后,承包人将工程移交给发包人时,发承包双方应将工程价款结算清楚,即竣工结算办理完毕。

(1)合同工程完工后,承包人应在经发承包双方确认的合同工程期中价款结算的基础上汇总编制完成竣工结算文件,应在提交竣工验收申请的同时向发包人提交竣工结算文件。

承包人未在合同约定的时间内提交竣工结算文件,经发包人催告后14d内仍未提交或没有明确答复的,发包人有权根据已有资料编制竣工结算文件,作为办理竣工结算和支付结算款的依据,承包人应予以认可。

因承包人无正当理由在约定时间内未递交竣工结算书,造成工程结算价款延期支付的,责任由承包人承担。

(2)发包人应在收到承包人提交的竣工结算文件后的28d内核对。发包人经核实,认为承包人还应进一步补充资料和修改结算文件，应在上述时限内向承包人提出核实意见，承包人在收到核实意见后的28d内应按照发包人提出的合理要求补充资料，修改竣工结算文件，并应再次提交给发包人复核后批准。

(3)发包人应在收到承包人再次提交的竣工结算文件后的28d内予以复核，将复核结果通知承包人，并应遵守下列规定：

1)发包人、承包人对复核结果无异议的，应在7d内在竣工结算文件上签字确认，竣工结算办理完毕。

2)发包人或承包人对复核结果认为有误的，无异议部分按照本条第1)款规定办理不完全竣工结算；有异议部分由发承包双方协商解决；协商不成的，应按照合同约定的争议解决方式处理。

(4)《最高人民法院关于审理建设工程施工合同纠纷案件适用法律问题的解释》(法释[2004]14号)第二十条规定："当事人约定，发包人收到竣工结算文件后，在约定期限内不予答复，视为认可竣工结算文件的，按照约定处理。承包人请求按照竣工结算文件结算工程价款的，应予支持"。根据这一规定，要求发承包双方不仅应在合同中约定竣工结算的核对时间，并应约定发包人在约定时间内对竣工结算不予答复，视为认可承包人递交的竣工结算。"13计价规范"对发包人未在竣工结算中履行核对责任的后果进行了规定，即：发包人在收到承包人竣工结算文件后的28d内，不核对竣工结算或未提出核对意见的，应视为承包人提交的竣工结算文件已被发包人认可，竣工结算办理完毕。

(5)承包人在收到发包人提出的核实意见后的28d内，不确认也未提出异议的，应视为发包人提出的核实意见已被承包人认可，竣工结算办理完毕。

(6)发包人委托工程造价咨询人核对竣工结算的，工程造价咨询人应在28d内核对完毕，核对结论与承包人竣工结算文件不一致的，应提交给承包人复核；承包人应在14d内将同意核对结论或不同意见的说明提交工程造价咨询人。工程造价咨询人收到承包人提出的异议后，应再次复核，复核无异议的，应在7d内在竣工结算文件上签字确认，竣工结算办理完毕；复核后仍有异议的，对于无异议部分按照规定办理不完全竣工结算；有异议部分由发承包双方协商解决；协商不成的，应按照合同约定的争议解决方式处理。

承包人逾期未提出书面异议的，应视为工程造价咨询人核对的竣工结算文件已经承包人认可。

(7)对发包人或发包人委托的工程造价咨询人指派的专业人员与承包人指派的专业人员经核对后无异议并签名确认的竣工结算文件，除非发承包人能提出具体、详细的不同意见，发承包人都应在竣工结算文件上签名确认，如其中一方拒不签认的，按下列规定办理：

1)若发包人拒不签认的，承包人可不提供竣工验收备案资料，并有权拒绝与发包人或其上级部门委托的工程造价咨询人重新核对竣工结算文件。

2)若承包人拒不签认的，发包人要求办理竣工验收备案的，承包人不得拒绝提供竣工验收资料，否则，由此造成的损失，承包人承担相应责任。

(8)合同工程竣工结算核对完成，发承包双方签字确认后，发包人不得要求承包人与另一个或多个工程造价咨询人重复核对竣工结算。这可以有效地解决了工程竣工结算中存在的一审再审、以审代拖、久审不结的现象。

(9)发包人对工程质量有异议，拒绝办理工程竣工结算的，已竣工验收或已竣工未验收但实际投入使用的工程,其质量争议应按该工程保修合同执行,竣工结算应按合同约定办理;已竣工未验收且未实际投入使用的工程以及停工、停建工程的质量争议,双方应就有争议的部分委托有资质的检测鉴定机构进行检测,并应根据检测结果确定解决方案,或按工程质量监督机构的处理决定执行后办理竣工结算,无争议部分的竣工结算应按合同约定办理。

(二)结算款支付

(1)承包人应根据办理的竣工结算文件向发包人提交竣工结算款支付申请。申请应包括下列内容:

1)竣工结算合同价款总额。

2)累计已实际支付的合同价款。

3)应预留的质量保证金。

4)实际应支付的竣工结算款金额。

(2)发包人应在收到承包人提交竣工结算款支付申请后 7d 内予以核实,向承包人签发竣工结算支付证书。

(3)发包人签发竣工结算支付证书后的 14d 内,应按照竣工结算支付证书列明的金额向承包人支付结算款。

(4)发包人在收到承包人提交的竣工结算款支付申请后 7d 内不予核实,不向承包人签发竣工结算支付证书的,视为承包人的竣工结算款支付申请已被发包人认可;发包人应在收到承包人提交的竣工结算款支付申请 7d 后的 14d 内,按照承包人提交的竣工结算款支付申请列明的金额向承包人支付结算款。

(5)工程竣工结算办理完毕后,发包人应按合同约定向承包人支付工程价款。发包人按合同约定应向承包人支付而未支付的工程款视为拖欠工程款。根据《最高人民法院关于审理建设工程施工合同纠纷案件适用法律问题的解释》(法释[2004]14 号)第十七条:"当事人对欠付工程价款利息计付标准有约定的,按照约定处理;没有约定的,按照中国人民银行发布的同期同类贷款利率信息。发包人应向承包人支付拖欠工程款的利息,并承担违约责任。"和《中华人民共和国合同法》第二百八十六条:"发包人未按照合同约定支付价款的,承包人可以催告发包人在合理期限内支付价款。发包人逾期不支付的,除按照建设工程的性质不宜折价、拍卖的以外,承包人可以与发包人协议将该工程折价,也可以申请人民法院将该工程依法拍卖。建设工程的价款就该工程折价或者拍卖的价款优先受偿。"等规定,"13 计价规范"中指出:"发包人未按照上述第(3)条和第(4)条规定支付竣工结算款的,承包人可催告发包人支付,并有权获得延迟支付的利息。发包人在竣工结算支付证书签发后或者在收到承包人提交的竣工结算款支付申请 7d 后的 56d 内仍未支付的,除法律另有规定外,承包人可与发包人协商将该工程折价,也可直接向人民法院申请将该工程依法拍卖。承包人应就该工程折价或拍卖的价款优先受偿。"

所谓优先受偿,最高人民法院在《关于建设工程价款优先受偿权的批复》(法释[2002]16 号)中规定如下:

1)人民法院在审理房地产纠纷案件和办理执行案件中,应当依照《中华人民共和国合同法》第二百八十六条的规定,认定建筑工程的承包人的优先受偿权优于抵押权和其他债权。

2)消费者交付购买商品房的全部或者大部分款项后,承包人就该商品房享有的工程价款优先受偿权不得对抗买受人。

3)建筑工程价款包括承包人为建设工程应当支付的工作人员报酬、材料款等实际支出的费用,不包括承包人因发包人违约所造成的损失。

4)建设工程承包人行使优先权的期限为六个月,自建设工程竣工之日或者建设工程合同约定的竣工之日起计算。

(三)质量保证金

(1)发包人应按照合同约定的质量保证金比例从结算款中预留质量保证金。质量保证金用于承包人按照合同约定履行属于自身责任的工程缺陷修复义务的,为发包人有效监督承包人完成缺陷修复提供资金保证。原建设部、财政部印发的《建设工程质量保证金管理暂行办法》(建质[2005]7号)第七条规定:“全部或者部分使用政府投资的建设项目,按工程价款结算总额5%左右的比例预留保证金。社会投资项目采用预留保证金方式的,预留保证金的比例可参照执行。”

(2)承包人未按照合同约定履行属于自身责任的工程缺陷修复义务的,发包人有权从质量保证金中扣除用于缺陷修复的各项支出。经查验,工程缺陷属于发包人原因造成的,应由发包人承担查验和缺陷修复的费用。

(3)在合同约定的缺陷责任期终止后,发包人应按照规定,将剩余的质量保证金返还给承包人。原建设部、财政部印发的《建设工程质量保证金管理暂行办法》(建质[2005]7号)第九条规定:“缺陷责任期内,承包人认真履行合同约定的责任,到期后,承包人向发包人申请返还保证金。”

(四)最终结清

(1)缺陷责任期终止后,承包人已完成合同约定的全部承包工作,但合同工程的财务账目需要结清,因此承包人应按照合同约定向发包人提交最终结清支付申请。发包人对最终结清支付申请有异议的,有权要求承包人进行修正和提供补充资料。承包人修正后,应再次向发包人提交修正后的最终结清支付申请。

(2)发包人应在收到最终结清支付申请后的14d内予以核实,并应向承包人签发最终结清支付证书。

(3)发包人应在签发最终结清支付证书后的14d内,按照最终结清支付证书列明的金额向承包人支付最终结清款。

(4)发包人未在约定的时间内核实,又未提出具体意见的,应视为承包人提交的最终结清支付申请已被发包人认可。

(5)发包人未按期最终结清支付的,承包人可催告发包人支付,并有权获得延迟支付的利息。

(6)最终结清时,承包人被预留的质量保证金不足以抵减发包人工程缺陷修复费用的,承包人应承担不足部分的补偿责任。

(7)承包人对发包人支付的最终结清款有异议的,应按照合同约定的争议解决方式处理。

五、合同解除的价款结算与支付

合同解除是合同非常态的终止,为了限制合同的解除,法律规定了合同解除制度。根据解除权来源划分,可分为协议解除和法定解除。鉴于建设工程施工合同的特性,为了防止社会资源浪费,法律不赋予发承包人享有任意单方解除权,因此,除了协议解除,按照《最高人民法院关于审理建设工程施工合同纠纷案件适用法律问题的解释》第八条、第九条的规定,施工合同的解除有承包人根本违约的解除和发包人根本违约的解除两种。

(1)发承包双方协商一致解除合同的,应按照达成的协议办理结算和支付合同价款。

(2)由于不可抗力致使合同无法履行解除合同的,发包人应向承包人支付合同解除之日前已完成工程但尚未支付的合同价款,此外,还应支付下列金额:

1)招标文件中明示应由发包人承担的赶工费用。

2)已实施或部分实施的措施项目应付价款。

3)承包人为合同工程合理订购且已交付的材料和工程设备货款。

4)承包人撤离现场所需的合理费用,包括员工遣送费和临时工程拆除、施工设备运离现场的费用。

5)承包人为完成合同工程而预期开支的任何合理费用,且该项费用未包括在本款其他各项支付之内。

发承包双方办理结算合同价款时,应扣除合同解除之日前发包人应向承包人收回的价款。当发包人应扣除的金额超过了应支付的金额,承包人应在合同解除后的 86d 内将其差额退还给发包人。

(3)由于承包人违约解除合同的,对于价款结算与支付应按以下规定处理:

1)发包人应暂停向承包人支付任何价款。

2)发包人应在合同解除后 28d 内核实合同解除时承包人已完成的全部合同价款以及按施工进度计划已运至现场的材料和工程设备货款,按合同约定核算承包人应支付的违约金以及造成损失的索赔金额,并将结果通知承包人。发承包双方应在 28d 内予以确认或提出意见,并办理结算合同价款。如果发包人应扣除的金额超过了应支付的金额,则承包人应在合同解除后的 56d 内将其差额退还给发包人。

3)发承包双方不能就解除合同后的结算达成一致的,按照合同约定的争议解决方式处理。

(4)由于发包人违约解除合同的,对于价款结算与支付应按以下规定处理:

1)发包人除应按照上述第(2)条的有关规定向承包人支付各项价款外,应按合同约定核算发包人应支付的违约金以及给承包人造成损失或损害的索赔金额费用。该笔费用由承包人提出,发包人核实后与承包人协商确定后的 7d 内向承包人签发支付证书。

2)发承包双方协商不能达成一致的,按照合同约定的争议解决方式处理。

六、合同价款争议的解决

施工合同履行过程中出现争议是在所难免的,解决合同履行过程中争议的主要方法包括协商、调解、仲裁和诉讼四种。当发承包双方发生争议后,可以先进行协商和解从而达到消除争议的目的,也可以请第三方进行调解;若争议继续存在,发承包双方可以继续通过仲裁或诉讼的途径解决,当然,也可以直接进入仲裁或诉讼程序解决争议。不论采用何种方式解决发承包双方的争议,只有及时并有效的解决施工过程中的合同价款争议,才是工程建设顺利进行的必要保证。

(一)监理或造价工程师暂定

从我国现行施工合同示范文本、监理合同示范文本、造价咨询合同示范文本的内容可以看出，合同中一般均会对总监理工程师或造价工程师在合同履行过程中发承包双方的争议如何处理有所约定。为使合同争议在施工过程中就能够由总监理工程师或造价工程师予以解决，“13计价规范”对总监理工程师或造价工程师的合同价款争议处理流程及职责权限进行了如下约定：

(1)若发包人和承包人之间就工程质量、进度、价款支付与扣除、工期延期、索赔、价款调整等发生任何法律上、经济上或技术上的争议，首先应根据已签约合同的规定，提交合同约定职责范围内的总监理工程师或造价工程师解决，并应抄送另一方。总监理工程师或造价工程师在收到此提交件后14d内应将暂定结果通知发包人和承包人。发承包双方对暂定结果认可的，应以书面形式予以确认，暂定结果成为最终决定。

(2)发承包双方在收到总监理工程师或造价工程师的暂定结果通知之后的14d内未对暂定结果予以确认也未提出不同意见的，应视为发承包双方已认可该暂定结果。

(3)发承包双方或一方不同意暂定结果的，应以书面形式向总监理工程师或造价工程师提出，说明自己认为正确的结果，同时抄送另一方，此时该暂定结果成为争议。在暂定结果对发承包双方当事人履约不产生实质影响的前提下，发承包双方应实施该结果，直到按照发承包双方认可的争议解决办法被改变为止。

(二)管理机构的解释和认定

(1)合同价款争议发生后，发承包双方可就工程计价依据的争议以书面形式提请工程造价管理机构对争议以书面文件进行解释或认定。工程造价管理机构是工程造价计价依据、办法以及相关政策的制定和管理机构。对发包人、承包人或工程造价咨询人在工程计价中，对计价依据、办法以及相关政策规定发生的争议进行解释是工程造价管理机构的职责。

(2)工程造价管理机构应在收到申请的10个工作日内就发承包双方提请的争议问题进行解释或认定。

(3)发承包双方或一方在收到工程造价管理机构书面解释或认定后仍可按照合同约定的争议解决方式提请仲裁或诉讼。除工程造价管理机构的上级管理部门作出了不同的解释或认定，或在仲裁裁决或法院判决中不予采信的外，工程造价管理机构作出的书面解释或认定应为最终结果，并应对发承包双方均有约束力。

(三)协商和解

(1)合同价款争议发生后，发承包双方任何时候都可以进行协商。协商达成一致的，双方应签订书面和解协议，并明确和解协议对发承包双方均有约束力。

(2)如果协商不能达成一致协议，发包人或承包人都可以按合同约定的其他方式解决争议。

(四)调解

按照《中华人民共和国合同法》的规定，当事人可以通过调解解决合同争议，但在工程建设领域，目前的调解主要出现在仲裁或诉讼中，即所谓司法调解；有的通过建设行政主管部门或工程造价管理机构处理，双方认可，即所谓行政调解。司法调解耗时较长，且增加了诉讼成本；行政调解受行政管理人员专业水平、处理能力等的影响，其效果也受到限制。因此，“13计价规范”提出了由发承包双方约定相关工程专家作为合同工程争议调解人的思路，类似于国外的争议评审或争端裁决，可定义为专业调解，这在我国合同法的框架内，为有法可依，使争议尽可能在合同履行过程中得到解决，确保工程建设顺利进行。

(1)发承包双方应在合同中约定或在合同签订后共同约定争议调解人，负责双方在合同履行过程中发生争议的调解。

(2)合同履行期间，发承包双方可协议调换或终止任何调解人，但发包人或承包人都不能单独采取行动。除非双方另有协议，在最终结清支付证书生效后，调解人的任期应即终止。

(3)如果发承包双方发生了争议，任何一方可将该争议以书面形式提交调解人，并将副本抄送另一方，委托调解人调解。

(4)发承包双方应按照调解人提出的要求，给调解人提供所需要的资料、现场进入权及相应设施。调解人应被视为不是在进行仲裁人的工作。

(5)调解人应在收到调解委托后28d内或由调解人建议并经发承包双方认可的其他期限内提出调解书，发承包双方接受调解书的，经双方签字后作为合同的补充文件，对发承包双方均具有约束力，双方都应立即遵照执行。

(6)当发承包双方中任一方对调解人的调解书有异议时，应在收到调解书后28d内向另一方发出异议通知，并应说明争议的事项和理由。但除非并直到调解书在协商和解或仲裁裁决、诉讼判决中作出修改，或合同已经解除，承包人应继续按照合同实施工程。

(7)当调解人已就争议事项向发承包双方提交了调解书，而任一方在收到调解书后28d内均未发出表示异议的通知时，调解书对发承包双方应均具有约束力。

(五)仲裁、诉讼

(1)发承包双方的协商和解或调解均未达成一致意见，其中的一方已就此争议事项根据合同约定的仲裁协议申请仲裁，应同时通知另一方。进行协议仲裁时，应遵守《中华人民共和国仲裁法》的有关规定，如第四条："当事人采用仲裁方式解决纠纷，应当双方自愿，达成仲裁协议。没有仲裁协议，一方申请仲裁的，仲裁委员会不予受理"；第五条："当事人达成仲裁协议，一方向人民法院起诉的，人民法院不予受理，但仲裁协议无效的除外"；第六条："仲裁委员会应当由当事人协议选定。仲裁不实行级别管辖和地域管辖"。

(2)仲裁可在竣工之前或之后进行，但发包人、承包人、调解人各自的义务不得因在工程实施期间进行仲裁而有所改变。当仲裁是在仲裁机构要求停止施工的情况下进行时，承包人应对合同工程采取保护措施，由此增加的费用应由败诉方承担。

(3)在前述(一)至(四)中规定的期限之内，暂定或和解协议或调解书已经有约束力的情况下，当发承包中一方未能遵守暂定或和解协议或调解书时，另一方可在不损害他可能具有的任何其他权利的情况下，将未能遵守暂定或不执行和解协议或调解书达成的事项提交仲裁。

(4)发包人、承包人在履行合同时发生争议，双方不愿和解、调解或者和解、调解不成，又没有达成仲裁协议的，可依法向人民法院提起诉讼。

七、工程造价鉴定

发承包双方在履行施工合同过程中，由于不同的利益诉求，有一些施工合同纠纷需要采用仲裁、诉讼的方式解决，工程造价鉴定在一些施工合同纠纷案件处理中就成了裁决、判决的主要依据。

(一)一般规定

(1)在工程合同价款纠纷案件处理中,需做工程造价司法鉴定的,应根据《工程造价咨询企业管理办法》(建设部令第149号)第二十条的规定,委托具有相应资质的工程造价咨询人进行。

(2)工程造价咨询人接受委托时提供工程造价司法鉴定服务,不仅应符合建设工程造价方面的规定,还应按仲裁、诉讼程序和要求进行,并应符合国家关于司法鉴定的规定。

(3)按照《注册造价工程师管理办法》(建设部令第150号)的规定,工程计价活动应由造价工程师担任。《建设部关于对工程造价司法鉴定有关问题的复函》(建办标函[2005]155号)第二条:“从事工程造价司法鉴定的人员,必须具备注册造价工程师执业资格,并只得在其注册的机构从事工程造价司法鉴定工作,否则不具有在该机构的工程造价成果文件上签字的权力。”鉴于进入司法程序的工程造价鉴定的难度一般较大,因此,工程造价咨询人进行工程造价司法鉴定时,应指派专业对口、经验丰富的注册造价工程师承担鉴定工作。

(4)工程造价咨询人应在收到工程造价司法鉴定资料后10d内,根据自身专业能力和证据资料判断能否胜任该项委托,如不能,应辞去该项委托。工程造价咨询人不得在鉴定期满后以上述理由不作出鉴定结论,影响案件处理。

(5)为保证工程造价司法鉴定的公正进行,接受工程造价司法鉴定委托的工程造价咨询人或造价工程师如是鉴定项目一方当事人的近亲属或代理人、咨询人以及其他关系可能影响鉴定公正的,应当自行回避;未自行回避,鉴定项目委托人以该理由要求其回避的,必须回避。

(6)《最高人民法院关于民事诉讼证据的若干规定》(法释[2001]33号)第五十九条规定:“鉴定人应当出庭接受当事人质询”,因此,工程造价咨询人应当依法出庭接受鉴定项目当事人对工程造价司法鉴定意见书的质询。如确因特殊原因无法出庭的,经审理该鉴定项目的仲裁机关或人民法院准许,可以书面形式答复当事人的质询。

(二)取证

(1)工程造价的确定与当时的法律法规、标准定额以及各种要素价格具有密切关系,为做好一些基础资料不完备的工程鉴定,工程造价咨询人进行工程造价鉴定工作,应自行收集以下(但不限于)鉴定资料:

1)适用于鉴定项目的法律、法规、规章、规范性文件以及规范、标准、定额。

2)鉴定项目同时期同类型工程的技术经济指标及其各类要素价格等。

(2)真实、完整、合法的鉴定依据是做好鉴定项目工程造价司法工作鉴定的前提。工程造价咨询人收集鉴定项目的鉴定依据时,应向鉴定项目委托人提出具体书面要求,其内容如下:

1)与鉴定项目相关的合同、协议及其附件。

2)相应的施工图纸等技术经济文件。

3)施工过程中的施工组织、质量、工期和造价等工程资料。

4)存在争议的事实及各方当事人的理由。

5)其他有关资料。

(3)根据最高人民法院规定“证据应当在法庭上出示,由当事人质证。未经质证的证据,不能作为认定案件事实的依据(法释[2001] 33号)”,工程造价咨询人在鉴定过程中要求鉴定项目当事人对缺陷资料进行补充的,应征得鉴定项目委托人同意,或者协调鉴定项目各方当事人共同签认。

(4)根据鉴定工作需要现场勘验的,工程造价咨询人应提请鉴定项目委托人组织各方当事人对被鉴定项目所涉及的实物标的进行现场勘验。

(5)勘验现场应制作勘验记录、笔录或勘验图表,记录勘验的时间、地点、勘验人、在场人、勘验经过、结果,由勘验人、在场人签名或者盖章确认。绘制的现场图应注明绘制的时间、测绘人姓名、身份等内容。必要时应采取拍照或摄像取证,留下影像资料。

(6)鉴定项目当事人未对现场勘验图表或勘验笔录等签字确认的,工程造价咨询人应提请鉴定项目委托人决定处理意见,并在鉴定意见书中作出表述。

(三)鉴定

(1)《最高人民法院关于审理建设工程施工合同纠纷案件适用法律问题的解释》(法释[2004]14号)第十六条第一款规定:"当事人对建设工程的计价标准或者计价方法有约定的,按照约定结算工程价款",因此,如鉴定项目委托人明确告之合同有效,工程造价咨询人就必须依据合同约定进行鉴定,不得随意改变发承包双方合法的合意,不能以专业技术方面的惯例来否定合同的约定。

(2)工程造价咨询人在鉴定项目合同无效或合同条款约定不明确的情况下应根据法律法规、相关国家标准和"13计价规范"的规定,选择相应专业工程的计价依据和方法进行鉴定。

(3)为保证工程造价鉴定的质量,尽可能将当事人之间的分歧缩小直至化解,为司法调解、裁决或判决提供科学合理的依据,工程造价咨询人出具正式鉴定意见书之前,可报请鉴定项目委托人向鉴定项目各方当事人发出鉴定意见书征求意见稿,并指明应书面答复的期限及其不答复的相应法律责任。

(4)工程造价咨询人收到鉴定项目各方当事人对鉴定意见书征求意见稿的书面复函后,应对不同意见认真复核,修改完善后再出具正式鉴定意见书。

(5)工程造价咨询人出具的工程造价鉴定书应包括下列内容:

1)鉴定项目委托人名称、委托鉴定的内容。

2)委托鉴定的证据材料。

3)鉴定的依据及使用的专业技术手段。

4)对鉴定过程的说明。

5)明确的鉴定结论。

6)其他需说明的事宜。

7)工程造价咨询人盖章及注册造价工程师签名盖执业专用章。

(6)进入仲裁或诉讼的施工合同纠纷案件,一般都有明确的结案时限,为避免影响案件的处理,工程造价咨询人应在委托鉴定项目的鉴定期限内完成鉴定工作,如确因特殊原因不能在原定期限内完成鉴定工作时,应按照相应法规提前向鉴定项目委托人申请延长鉴定期限,并应在此期限内完成鉴定工作。

经鉴定项目委托人同意等待鉴定项目当事人提交、补充证据的,质证所用的时间不应计入鉴定期限。

(7)对于已经出具的正式鉴定意见书中有部分缺陷的鉴定结论,工程造价咨询人应通过补充鉴定作出补充结论。

参考文献

[1] 中华人民共和国住房和城乡建设部. GB 50500—2013 建设工程工程量清单计价规范[S]. 北京:中国计划出版社,2013.

[2] 中华人民共和国住房和城乡建设部. GB 50854—2013 房屋建筑与装饰工程工程量计算规范[S]. 北京:中国计划出版社,2013.

[3] 建设工程工程量清单计价规范编制组. 2013 建设工程计价计量规范辅导[M]. 北京:中国计划出版社,2013.

[4] 全国造价工程师执业资格考试培训教材编审委员会. 建设工程计价[M]. 2013 年版. 北京:中国计划出版社,2013.

[5] 全国造价工程师执业资格考试培训教材编审委员会. 工程造价计价与控制[M]. 北京:中国计划出版社,2006.

[6] 王朝霞. 建筑工程定额与计价[M]. 北京:中国电力出版社,2004.

[7] 李文利. 建筑装饰工程概预算[M]. 北京:机械工业出版社,2003.

[8] 王瑞红,谢洪. 预算员[M]. 北京:机械工业出版社,2002.

[9] 刘宝生. 建筑工程概预算[M]. 北京:机械工业出版社,2001.

[10] 杨其富,杨天水. 预算员必读[M]. 北京:中国电力出版社,2005.

中国建材工业出版社
China Building Materials Press